中华传世藏书

【图文珍藏版】

茶經

[唐]陆羽⊙原著

王艳军⊙主编

第四册

线装书局

第三章　跟着《茶经》来学茶

第一节　茶之源

　　我国是茶的故乡，也是世界上最早种植和利用茶的国家，在漫长的岁月中，茶叶始终陪伴着古老的中华民族。五千年的文明史，就是蕴含着茶香的厚重历史。茶不仅是一种饮品，更是一种博大精深的文化，若想了解茶，必然要从茶文化着眼，而探索茶之源也必须熟读《茶经》。

一、茶树原产于中国

　　"茶者，南方之嘉木也，一尺二尺，乃至数十尺。"

——《茶经·一之源》

　　在中国古代的著作中，曾经有很多关于野生茶树的文字记载。公元6世纪以前的《桐君录》中提到的"瓜芦木"即为茶树的大叶变种；唐代陆羽的《茶经》中，明确记载了"茶者，南方之嘉木也"；宋代沈括的《梦溪笔谈》中也有"建茶皆乔木"；明代《大理府志》记载"点苍山……产茶树高一丈"等。

　　中国西南地区被认为是茶树的原产地，是基于以下五个原因：（1）中国西南地区野生大茶树分布最集中、数量最多；（2）中国西南地区是茶树近缘植物的地理分布中心；（3）茶树生物学的研究证明：某种植物变异最多的地方就是这种植物的起源中心。中国西南地区茶树有乔木、半乔木、灌木，有大叶种、中叶种、小叶种，资源之丰富，种类变异之多，是世界上任何其他地区无法比拟的；（4）古地质学、古气候学的研究证明我国西南地区是茶树的原产地；（5）中国西南地区是世界茶文化的发祥地。据《华阳国志》等史籍的记载，在公元前1000多年前的周代，巴蜀一带已经有了人工采制的茶，并作为贡品贡献朝廷。茶的利用史和茶文化从另一层面证明了茶树起源于我

西南地区野生于崖壁的茶树

（一）关于产地的争论

茶树原产于中国，这是举世公认的，但是在 19 世纪初，一位英国少校在印度发现了野生的大茶树，于是有人开始认为茶的发源地是印度而非中国，从而在国际学术界引发了一场争论。

1823 年，英军少校布劳土（R. Brouce）在印度与缅甸的交界处发现了一株高约 13 米，直径约 1 米的野生古茶树。次年，他的哥哥在印度境内也发现了类似的野生茶树，于是他们据此断言，印度是茶的原产地。之后，很多西方学者都坚持这一观点。

1919 年，荷兰学者斯图尔特（C. Stuarlt）认为，茶叶的原产地分为两种：大叶种原产自印度、缅甸和中国云南；小叶种则产自中国东南部。1935 年，美国学者在其著作《茶叶全书》中又提出了茶叶原产地的"多元说"，认为茶叶原产自印度和中国，以及泰国、缅甸等国家和地区。除此以外，仍有很多国家的学者坚持着茶叶发源于中国的观点。

（二）最初的记载

在周武王伐商灭纣时，参加征战的巴蜀等南方小国部落就把茶作为贡品敬献给周武王。晋常璩著的《华阳国志》中记载："周武王伐纣，实得巴蜀之师……茶蜜……皆纳贡之。"武王伐纣的时间在公元前 1066 年前后，由此可见，中国有明确记录的茶事活动距今至少已有 3000 年的历史了。

现在所能够看见的文献资料里面，有着确切的茶记载，最早并且最可靠的应该是汉代王褒所撰写的《僮约》。这篇文章写作的时间是汉宣帝神爵三年（公元前59年），是茶学史上重要的文献。其中的"烹茶尽具""武阳买茶"，说明"茶"已经成为当时社会饮食的一项，并且是用来待客的贵重之物，饮茶已开始在中产阶层中流行。

（三）文物的明证

1980年，贵州晴隆县发现100万年前的茶籽化石，从另一个角度为中国是茶树起源地的观点提供了明证。

近年来在浙江省上虞区出土的东汉时期的瓷器中，有壶、盏、杯、碗等器具，据考古学家判断，这些器物当属世界上最早的茶具。这说明东汉时期饮茶已渐渐普遍。湖北省江陵县的西汉古墓中还曾出土过一些作为陪葬品的茶叶；湖南省的长沙马王堆中也曾出土过一只刻有"荼"字的青瓷瓮，这被考古学家推定为是人们用来储存茶叶的器具。此外，在考古中还发现了陪葬清册中有"一笥"的文字，经查证"桔"即"槚"字，这表明在距今2000年前，皇族中已流行烹煮饮茶。

（四）中国野生茶树的发现

在中国古代的著作中，曾经有很多关于野生茶树的记载。如公元6世纪以前的《桐君录》中提到的"瓜芦木"即为茶树的大叶变种；唐代陆羽的《茶经》中，明确记载了"茶者，南方之嘉木也"；宋代沈括的《梦溪笔谈》中也有"建茶皆乔木"；明代《大理府志》载"点苍山……产茶树高一丈"等。

除了史书的记载，研究人员于1939—1940年，在中国贵州务川先后发现了十几株野生大茶树；1958年，在云南发现了高约10米、树龄已有800多年的野生大茶树和在镇源2700年树龄的"茶树王"；1961年更是发现了高达30多米，树龄约1700年的野生茶树；同一时期，在广东、广西、四川、湖南等10个省区的198处发现野生大茶树。大茶树如此之多，分布如此广泛，堪称世界之最。

（五）中国是茶树的原产地

当然，发现野生茶树的地方，不一定就是茶树的原产地。中国是茶树原产地的结论，是科学家们依据现实，从各个方面分析考证得出的，已无争议。

根据植物学家和地质学家的分析，茶树起源至今已有6000万~7000万年的历史了。印度所处的喜马拉雅山南坡在那个时期还被深深地埋在海底，不可能生长茶树；而在中国西南地区发现的山茶树有 100 多种，可以推测这里是这一植物区系的起源中心。

此外，日本的科学家在中国、泰国、缅甸、印度等地多次调查，研究发现，中国和印度茶种的细胞染色体数目相同，各地茶树没有种的变异，外形则具有连续性的变异，因此得出结论：茶的传播是以中国四川、云南为中心，向南推移，朝乔木化、大叶种发展；向北推移，朝灌木化、小叶种发展。

二、茶的传播

中国茶叶向海外传播的历史悠久，最早可追溯到南北朝时期，那时就开始陆续输出至东南亚邻国及亚洲其他地区。大约到了唐代，中国茶叶开始传入日本，中国茶籽被带到日本种植，茶树开始向世界传播。到隋唐时期，丝绸之路开通，边境贸易得到发展壮大，中国商人以茶马交易的方式，使茶叶经回纥及西域等地向外输送，中途辗转西伯利亚，送往西亚、北亚和阿拉伯国家，最终抵达俄罗斯和欧洲各国。

明代郑和下西洋，把茶叶由海路传播到东南亚和波斯湾。自 17 世纪起，茶叶相继传到荷兰、英国、法国、德国、瑞典、丹麦、西班牙等欧洲国家。18 世纪，饮茶风俗已经传遍了整个欧洲，欧洲殖民者又将中国茶带到美洲大陆以及大洋洲的英、法殖民地。到 19 世纪，中国茶几乎遍及全世界，成为众所周知的饮品。

（一）茶马古道

1. 起源与发展

位于中国西南地区的茶马古道是以马为交通工具，进行民间商品贸易的通道。古道的诞生起源于古代西南边疆的茶马互市，最初的线路青藏线始于公元 7 世纪。那时居住在青藏高原的吐蕃民族崛起，南下到中甸境内的金沙江上建造了一座铁桥，从此打通了云南向西藏输送茶叶的往来之路。青藏线在唐朝时期十分繁荣，行走在古道上的马帮为茶叶的传播做出了不朽的贡献。

宋朝时期，由于一些重要关隘的丧失，茶马交易逐渐东移至云南、四川境内。在元朝政府大力开辟驿路和设置驿站的基础上，茶马古道的川藏线于明朝时期正式形成，随着茶叶贸易的发展和扩大，其兴盛持续至明清，到 20 世纪初达到鼎盛。

2. 茶马互市

在中国的西部地区，长期以来生活着很多马背上的少数民族。对于这些少数民族的人们来说，每天吃肉喝奶，缺乏必要的维生素的摄入，所以饮茶就变得格外重要，有"一日无茶则滞，三日无茶则病"的说法。而对于广大的汉族地区来说，盛产茶叶，但是没有马匹。那时，战场上骑兵是主导力量，汉族地区的统治者为了增强自己的军事实力，就采取控制对少数民族供应茶量的办法，抬高茶叶价格，用少量的茶叶来换取更多的马匹。这样，茶叶就在控制周边地区中起到重要作用，这就是"以茶治边"。

以茶换马的交易从唐朝开始，最初的时候是回纥部落驱赶着马匹到汉族地区换取茶叶。从唐入宋，茶马交易一直持续着，直到元朝时被废除。明朝时，茶马法不仅被重新恢复，而且成了一个重要的政策，茶叶的价格也不断升高，竟然达到每匹马换不到 40 斤茶叶的地步。清朝时，中央政府对于茶叶的流通控制不力，茶叶的价格越来越便宜，不得已之下，雍正十三年（1735 年）的时候，茶马法被废弃。

3. 主要线路

茶马古道是一个广义的统称，其主要线路共有三条：青藏线、滇藏线和川藏线。其中青藏线始于唐朝时期，历史最为悠久，而川藏线则在后代的影响最大，也最为著名。

青藏线，又名唐蕃古道，是自唐代以来中原内陆去往青海、西藏乃至尼泊尔、印度等国的必经之路。它的起点为唐都长安，即今天的陕西西安，途中主要经过甘肃、青海两省，至西藏拉萨，全长 3000 多千米，横贯中国西部。

滇藏线，从云南的西双版纳出发，途经普洱、大理、丽江、德钦、察隅、邦达、林芝等地，到达拉萨，此路线全长 3800 多千米。到达拉萨后，还会经喜马拉雅山口延伸至印度的加尔各答。

川藏线，则从四川的雅安出发，经泸定、康定、巴塘和昌都到达拉萨，之后再辗转至尼泊尔和印度，仅境内路线已长达 3100 多千米。

（二）传入日本

1. 与佛教同行

唐朝时期，日本僧人最澄禅师来到中国浙江天台山的国清寺研究佛学，其间接触到茶，并且十分喜爱，回国时他带回茶籽，并传播到日本的中部和南部地区。南宋宝祐年间（1253—1258 年），又有日本佛教高僧数名来到浙江径山寺研习佛学，回国时也带去了径山寺的"茶道具""茶台子"等茶具，更将径山寺的茶宴活动和"抹茶"的制法一起传播到日本，对日本茶道的兴起产生了极大的启发和促进作用。

在日本，中国茶因佛教的传播而被引入并传播，佛教教义对于日本茶道文化精髓的形成也产生了重要影响。总而言之，日本的茶道呈现出佛中有茶、茶中有佛、佛离不了茶、茶因佛而兴的文化特色，故此有"茶佛一味"或"茶禅一味"之说。

2. 茶籽的传播

中国茶种最早传播到东亚邻邦——日本。据《日吉神道密记》记载，805 年，从中国学佛归来的最澄禅师将茶籽带回日本，并栽种于日本贺滋县的日吉神社的旁边，从而使那里成为日本最古老的茶园。至今在京都的比睿山东麓还立有一块"日吉茶园之碑"，其周围仍有茶树在茁壮生长。

宋代时，又有一位荣西禅师从中国携带茶籽回日本种植。他在登陆的第一站——九州平户岛上的富春院即撒下茶籽，种植茶树。此外，荣西禅师还把茶籽播种到九州的背振山，繁衍出漫山遍野的茶树，并形成了名为"石上苑"的茶园。

日本茶业经过引种、扩种、再植等长久缓慢的发展历程，到 19 世纪以后，茶业发展逐渐步入了上升时期。

3. 日本茶道

日本的饮茶风尚是由贵族社会逐渐向广大群众普及的。日本的茶道源于中国，同时也具有日本民族特色，它有自己的形成、发展过程以及特有的内蕴。

16 世纪末，日本茶道的集大成者千利休汲取并继承了历代茶道精神，正式创立了日本茶道。日本茶道以"和""敬""清""寂"四字为宗旨，内容精练而内涵丰富。它以日常生活行为为基础，与宗教、伦理、哲学和美学艺术等内容融合在一起，形成了一项综合性的文化艺术活动。饮茶不仅仅是一项饮食活动，更是要通过茶事活动来学习礼仪、陶冶情操、培养审美观和道德观。

（三）传到欧洲

1. 海上之路

唐宋时期，中央政权积极推行对外开放的国策，使得茶叶得以流传到世界更广泛的地区，也为"海上茶叶之路"的形成与发展奠定了坚实基础。茶叶的海上之路最早是通往中国的海上近邻日本和朝鲜，主要线路是从江苏、浙江和福建等茶区出发，由宁波、扬州和泉州的港口入海。

此外，茶叶输往海外其他国家的主要海路有两条：一是从江西、浙江、福建茶区出发，经宁波、泉州和广州的港口入海，直接横跨太平洋运往美洲；第二条是从中国的茶区输往南洋，再驶过印度洋、波斯湾等地销往欧洲。

2. 功不可没的传教士

公元851年，阿拉伯人苏莱曼在其出版的《中国印度见闻录》一书中介绍了中国广州的情况，其中就特别提到了茶叶。

公元14~17世纪，中国的茶叶经由陆路输往中亚、波斯、印度西北部和阿拉伯等地区，再通过阿拉伯人，首次被传到西欧。

这一时期，欧洲的传教士也开始来到中国传教，不但为中西方文化的沟通交流搭建起桥梁，也将中国丰富的物产，特别是茶叶介绍到欧洲。

其中，意大利传教士利玛窦就是其中厥功至伟的一位。由他著述的《利玛窦中国札记》一书对中国的茶风、茶俗进行了详细而具体的描述和记载。

葡萄牙也有一位叫作克鲁兹的传教士曾于1556年前后在广州定居传教。他观察并记录了中国人的茶事活动，并将其载入专门介绍中国的《广州述记》一书，该书于1569年出版。

3. 荷兰人的优势

在17世纪初的时候，荷兰人从澳门装运中国绿茶，然后运输到欧洲。由于只有荷兰人掌握着茶的资源，因此茶在当时的欧洲非常名贵。

茶和贵族的奢侈风尚紧紧地联系在一起，以至于在当时的欧洲，茶只在宫廷贵族和豪门世家之间出入，饮茶成为一种身份的标志和象征。到了17世纪的下半叶，荷兰输入茶叶的数量渐渐增多，饮茶才稍稍从贵族之家传播出来。一时之间，文人名士对于茶叶赞美讴歌，市民阶层则对饮茶兴趣浓厚。饮茶不仅仅成为一种饮食习惯，还成为一种社交行为，甚至有人沉浸于饮茶的社交活动中，弃家庭于不顾。当时的戏剧《茶迷贵妇人》，反映的就是这种现象。

4. 万里茶路

中俄两国于清雍正五年（1727年）签订互市条约，开始以中俄边境重镇恰克图为中心进行通商贸易，茶叶便是其中重要的商品，促进了两国的贸易往来。商人们将茶叶用马匹运送到天津，然后再用骆驼运送，驼队穿越茫茫大草原和万里大沙漠，最终抵达中俄边境口岸恰克图进行交易。俄国商人们将茶叶贩卖到西伯利亚伊尔库兹克、乌拉尔、秋明等地区，甚至一直运送到遥远的莫斯科与圣彼得堡。

这条贯穿南北、水陆交替的运输之路从福建的崇安（今武夷山市）出发，沿途经过江西、湖北、河南、山西、直隶（今河北省一带）以及内蒙古，最终到达乌里雅苏台（今蒙古人民共和国）的恰克图，全程 4600 多千米，人们称之为"万里茶路"。这条茶路持续兴盛了大约 150 年，是一条堪与"丝绸之路"相媲美的辉煌繁荣之路。

（四）茶在英国

1. 嫁入英国的中国茶

1662 年，英国国王查尔斯二世与葡萄牙的公主凯瑟琳结婚。凯瑟琳公主结婚前就已经是饮茶的爱好者，因此出嫁后也把很多种茶叶带到了英国。她在宫廷中用茶招待王室贵族，逐渐使茶的名气流传开来，带动了全国饮茶的风气。

后来，英国将茶传播到殖民地以及德国、法国、瑞士、丹麦、西班牙、匈牙利等欧洲国家。

2. 另辟产地

亚欧的茶叶贸易起源于中国。由于当时航运周期比较长，以及欧洲的口味偏好，英国人选择了全发酵的红茶。红茶的起源应该是武夷山的正山小种。

早期东印度公司垄断茶叶贸易，并由茶叶贸易带来了暴利，英国人一直想引进茶叶种植，但因地理条件的限制而没能种植成功。

后来经过百般周折，终于在其殖民地印度成功地种植了茶树。北印度的海拔和气候十分适宜茶树的生长，因此后来印度与斯里兰卡成为重要的红茶出口国。时至今日，印度仍然是亚欧茶叶贸易的第一大国。随着产地的开辟和扩大，英国茶叶的消费量在 1801—1900 年的 100 年间增长了 10 倍之多。

（五）其他传播路线

1. 纽约——饮茶者的天堂

美国是世界主要茶叶进口、消费国之一，而且历史悠久。早在美国独立以前的 1660 年就有欧洲移民将茶叶引进北美殖民地，1767 年已达 400 多吨。由于英国殖民当局征收高额茶叶进口税，1773 年 12 月发生历史上有名的"波士顿倾茶事件"。独立战争后美国的"中国皇后号"满载花旗参等来广东换取茶叶等物资返回，获利甚丰，轰动一时。1784 年又派"智慧女神之星号"来华，以后又多次派船来华运茶回国。

纽约，因具有和英国、荷兰、俄罗斯相近的饮茶传统、高雅的礼仪和精美的茶具，在北美被誉为"饮茶者的天堂"。

2. 从欧洲出发

荷兰人和葡萄牙人从中国进口茶叶，并转运到欧洲各国。在世界各地建立殖民地的欧洲人，也开始尝试将茶叶引入自己的殖民地，传播茶种，移植茶树，创建茶园。

19世纪30年代，英国人在印度建立茶叶生产基地；1929年，在马来西亚创建茶园；1884—1914年，德国人在喀麦隆尝试栽种茶树；1905年，德国人在坦桑尼亚种植茶树；18世纪初，荷兰人在印度尼西亚建茶园；1770年，法国人将茶种引进毛里求斯；1825年，在越南创建茶叶种植园。

3. 郑和传播的地方

郑和七次下西洋的壮举加强了中华民族与海外各国之间的往来，促进了包括茶叶在内的大批货物与其他各国货物之间的交换和传播。与此同时，茶文化也同茶叶一起随着郑和七下西洋由中国传播至东南亚以及东非等地，并且也对当地的茶风和茶俗起到了不容忽视的影响和推动作用。

从明朝开始，在部分古籍资料中开始出现关于中国茶叶出口的记载。与此同时，海外各国也开始对本国的饮茶习俗时有记叙，并逐渐发展出了种茶制茶的相关行业以及茶叶贸易。

郑和塑像

郑和七下西洋曾经抵达的泰国、新加坡、马来西亚、印度、斯里兰卡、肯尼亚等亚非国家，发展到现代都是茶叶种植和销量最大的国家，也是茶风盛行的地区。新加坡和马来西亚的华人华侨曾出资3000万元人民币，在马六甲郑和官仓遗址修建郑和文化馆以示纪念，其中就专门开设了茶文化馆。

三、茶字的由来

"其字，或从草，或从木，或草木并。其名，一曰茶，二曰槚，三曰蔎，四曰茗，五曰荈。"

——《茶经·一之源》

在古代汉语中，用来表示茶的文字有很多个。陆羽在《茶经》也将其一一列举，但"荼"才是正名。"荼"字在中唐之前一般都写作"荼"。"荼"是一个多义字，其中有一项是表示茶叶。"茶"字是由"荼"字直接演变而来的，在汉代的印章中，有的"荼"字已被减去一笔，成为"茶"字了。一直到陆羽著《茶经》之后，"茶"的字形才进一步得到确立，一直沿用至今。

中国历史悠久、民族众多，各民族在语言和文字上异彩纷呈，对同一物品往往会有多种称呼，而同一称呼又有很多种写法。在古代史料中，有关茶的名称很多，在陆羽的《茶经·七之事》里面，收集了大量的唐朝以前的关于茶的记录，其中称谓虽然不一样，但指的都是"茶"。茶、苦荼、荼茗、荼荈共 32 则，约占总茶事的 70%。而茗是茶芽，荈是茶老叶，因此荼、茗、荈其实是一种叫法。由此不难看出，"荼"是中唐以前对茶的最主要称谓，其他的都是别称。

而关于"茶"字的读音的发展也十分有趣，因为方言的原因，茶字在发音上也有差异。广东是中国重要的港口，从古代起，茶叶便从广东出口。广东话中把"茶"读作"cha"，因此，茶经广东传至中东。再由中东传播到东欧国家，这一传播线路上的很多国家都把中国茶叫作"cha"。英国、荷兰从福建的福州、厦门进行茶叶贸易，将茶传到西欧各国，"茶"就被读作带有福建方言口音的"cai"。当茶叶出口从内陆港口汉口开始，俄罗斯人将茶读作"chai"，是从"茶叶"的发音转化而成的。

关于茶的起源时间，民间有很多传说。有人认为起源于上古，有人认为起源于周代，也有人认为起源于秦汉、三国、南北朝、唐代等。造成这种现象的主要原因是唐代以前的史书中无"茶"字，而只有"荼"字的记载，直到陆羽写出《茶经》才将荼字写成"茶"，但是茶始于神农的传说的确是存在的。

中国古代有"神农尝百草，日遇七十二毒，得荼而解之"的传说。传说神农有一个水晶般的透明肚子，吃下什么东西，都可以从他的胃肠里看得清清楚楚。那时候的人，茹毛饮血，因此经常生病。神农为了解除人们的疾苦，就把看到的植物都尝试一遍，看看这些植物在肚子里的变化，判断哪些无毒哪些有毒。当他尝到一种开白花的树木的嫩叶时，发现其在肚子里从上到下，从左到右，到处流动洗涤，好像在肚子里检查什么，于是他就把这种绿叶称为"查"，以后人们又把"查"叫成"茶"。这当然只是一个传说，不足以证明茶的起源时间，茶起源于何时，至今仍是个谜。

四、茶树的形态

"其巴山峡川有两人合抱者，伐而掇之，其树如瓜芦，叶如栀子，花如白蔷薇，实如栟栟，蒂如丁香，根如胡桃。"

现代科学研究指出：茶树是多年生常绿木本植物，学名 Camelliasinensis，在植物分类系统中属被子植物门、双子叶植物纲、原始花被亚纲、山茶目、山茶科、山茶属。

与这些系统的科属数据相比，从陆羽的文字记载中，我们得出的茶树的概念却很形象。与此类似，东晋郭璞《尔雅注》也记载："树小似栀子，冬生，叶可煮作羹饮。"

其实茶树是由根、茎、叶、花、果实和种子等器官组成的，它们分别执行着不同的生理功能。其中根、茎、叶执行着养料及水分的吸收、运输、转化、合成和贮存等功能，称为营养器官。而花、果实及种子完成开花结果至种子成熟的全部生殖过程，称为繁殖器官，它们有机地结合为一个整体，共同完成茶树的新陈代谢及生长发育过程。

（一）根

茶树的根为轴状根系，由主根、侧根、细根、根毛组成。当种子萌发时，胚根最先突破种皮，向下发展成中轴根，称为主根。幼年茶树的根系属直根系类型，在主根伸长的过程中，不断产生的分枝，就是侧根。侧根因形成的先后而分成不同的级次，由主根上直接发生的侧根，称为一级根，依次类推。

（二）茎

茶树的幼茎非常柔软，有茸毛，茎的表皮呈现出绿色，茎围直径从基部至顶端逐渐变细，随着新梢伸长，茎围也逐渐增粗。新梢成熟时，顶端出现驻芽，此时，茎的表皮色泽开始逐渐由青绿转为黄绿，并逐渐变深，直至日趋老化。

（三）叶

茶树的叶片形态特征比较一致，属于不完全叶，有叶柄和叶片，但没有托叶，在枝条上为单叶互生，有直立、半直立、水平、下垂四种。在同一枝条上，上部新生叶较直立，随叶龄增长，自上而下，叶片渐趋平展。

（四）花

茶树的花芽由当年生新梢上叶芽基部两侧的数个花原基分化而成。茶树花芽的形态一般比叶芽肥大，有一个较长的细柄。茶树并没有专门的结果枝，一般都是花芽和

茶经

跟着《茶经》来学茶

一二八七

叶芽同时着生在叶脉上。

茶花的颜色一般都是洁白的，为两性花，略微有芳香之气，也有少数呈淡黄或粉红色的。花的大小不定，大的直径5~5.5厘米，小的直径仅有2~2.5厘米。花由花托、花萼、花瓣、雄蕊、雌蕊五个部分组成。

（五）果实

其间，同时进行着花与果形成的过程，这种"带子怀胎"也是茶树的特征之一。

茶树属于山茶科，果实的大小因品种而不同，直径一般3~7厘米不等。一般来说，由茶花受精至果实成熟，大概需要一年零四个月的时间，果实一般为三室子房，少有四五室子房。

（六）种子

茶树的种子色泽有黑褐、棕褐、油黑等类型。未成熟或受病虫危害的种子，多为黄褐色或带杂斑。种子大小相差悬殊，种径大都在12~15毫米，12毫米以下的种子活力则差。种子的千粒重，轻的500克左右，重的可达2000克，多数在1000克左右。正常采收和保管下，种子的发芽率约为75%~85%。

（七）植株分类

茶树植株在自然性状是一种较为稳定的生态型，其树型可分为乔木型、小乔木型和灌木型三种。

乔木型茶树主干明显，分枝部位高，自然生长状态下，其树高通常达3~5米以上，野生茶树可高达10米以上。这类茶树主根发达，多半属于较原始的野生类型。

灌木型茶树无明显主干，树冠较矮小，自然生长状态下，树高通常只有1.5~3米，分枝多出自近地面根茎处，分枝稠密。根系分布较浅，侧根发达。

小乔木型茶树属于乔木、灌木间的中间类型，也有较明显主干与较高的分枝部位，自然生长状态下，树冠多较直立高大，根系也较发达；树型根据茎的分枝角度大小，可分为直立型、披张型和半披张型。

五、栽种的技巧

"艺而不实、植而罕茂、法如种瓜、三岁可采。"

这里的"艺""植"指的就是茶种繁殖、茶苗移植的两种方法。"不实"是指土壤没有松实兼备；"罕茂"是指茶树很少生长得茂盛。在这两种情况下，应按种瓜法去种茶，三年的时间就能够采摘了。茶树的采摘年限控制除茶种条件外，茶园的地理纬度、气候条件，都有着决定性的影响。现在我国低纬度的南部地区，茶树采摘就不需三年了。

现代的茶树种植，除了种子繁殖之外，还有应用茶树营养器官形成新的植株，包括扦插、压条、分株等方法，即茶树的营养繁殖（无性繁殖）。目前各地茶园对于种子繁殖、营养繁殖都加以采用。

（一）茶子直播

茶种播种前，种子要先筛选、水选、催芽，并适时播种，进行浅播或穴播。茶树种子从采收到第二年 3 月均可播种。春季播种在每年 2、3 月间进行；秋季播种在每年的 10 月下旬至 11 月底进行。目前茶园种植常采用秋播。正常气候条件下，秋播优于春播。

茶树种子比较适宜穴播。每穴适宜播种四五粒，播种深度应控制在 3 厘米左右，不宜太深。

（二）茶苗移栽

茶苗的移栽要考虑三方面的因素：移栽时期、苗龄、移栽技术。移栽时期应选在茶苗的上部进入生长休眠期时进行。以早春和晚秋作为移栽茶苗的最佳时期。另外，移栽时还需考虑茶园的降雨情况。茶树的苗龄，一般为一年生。移栽时，苗木主根可剪去过长部分，按规定丛距，每穴放入健壮的茶苗两三株，每株应稍稍分开，让茶树根系自然伸展，然后填土。土至过半时，压紧茶树根系周围的土壤，随后浇水，要浇透整个松土层，再继续填土到根茎处压实。

（三）茶树种在什么土壤中

茶树喜酸性土壤，是基于以下几种原因：（1）茶树原产于中国云贵高原的原始森林地区，当地属酸性土壤，长期的系统发育造就了茶树喜酸的遗传特性；（2）茶树树根中有丰富的有机酸，根液对酸性具有缓冲能力；（3）茶树具有富集铝的特性，健壮的茶树含铝量可达 1%。酸性土壤中有丰富的活性铝离子，中性土壤中无活性铝离子存在；（4）茶树是嫌钙植物。酸性土壤中活性钙少，而中性、碱性土壤中活性钙高。

长期自然选择与淘汰的结果，在酸性土壤上保存了一批只适应于酸性土壤生存的植物，称之为酸性土壤指示植物。该植物的出现可以作为土壤酸性的标记。芒萁、杜鹃、山茶花、米兰等都是喜酸性植物。

（四）中国什么区域种不了茶树

茶树为常绿木本植物，适应力甚强，除过于干旱或土壤条件不适合外，在很多地方都可以生长。不过欲使茶树生长茂盛、产量高、品质佳且能从事经济栽培，仍需对气候条件有所选择。

气候条件包括日照、温度、水分和风等。茶树具有耐阴性，并不需要太高的光照强度，喜漫射光。因此在高山森林或云雾中生长的茶树有较佳品质。温度因子主要包括气温和地温，茶树最适宜气温在 20℃～30℃之间，最适宜地温在 14℃～20℃之间。茶树对水分的要求主要包括降水和空气湿度，茶树栽培适宜的降水量为 1 500mm/年左右，小于此降水量的空气相对湿度需达到 80%～90% 为宜。

山东以北地区，一方面，从土壤性状来讲，大多为中性和碱性土壤，不适宜茶树生长；另一方面，从气候特点来讲，春秋短夏冬长，年平均气温低，冬季低温伴干燥的西北风，使得茶树易受冻害，且降水量少，空气干燥，这些条件均不适宜茶树生长。所以，山东以北区域种不了茶树。

（五）陆羽《茶经》说茶树最适宜种在哪种土壤中

茶树所需要的养分、水分，95% 是从土壤中取得的，如果要取得高质量的茶青，就必须让茶树生长在良好的土壤中。陆羽《茶经》记载："上者生烂石，中者生砾壤，下者生黄土。"陆羽认为茶树最适宜种在烂石、砾壤中。这是真的吗？

烂石应为岩石母质经完全风化腐熟，且发育良好又含有较高腐殖质的土壤；砾壤是指含沙砂较多，黏性小，孔隙率大，有机质含量高，排水性、通气性佳的沙质土壤，但容易造成土壤冲蚀；黄土是一种质地黏重、结构性差、孔隙少的黄泥土，较不适宜产优质茶。

现代农业科技的观点认为，一般适宜种茶的土壤质地为：有效土层达 1 米以上，土质疏松，有机质含量在 2% 以上，具有良好的土壤结构，孔隙率大，通气性、透水性、保水力均良好，且地下水位低于 1 米以下。

（六）茶树生长环境有何讲究

陆羽《茶经》上有所谓的"阳崖"和"阴崖"的茶树生长环境之说。陆羽认为种茶的环境最不好的是阴山坡谷，茶性滞碍，喝了会肚子痛。有可能是这些地方日照不到，湿气浓厚，茶性本身比较寒凉，加上阴湿的生长环境，因此被人认为不好。

陆羽《茶经》所说的"阳崖"和"阴崖"应为现在所说的坡向，茶园坡向会影响太阳光辐射与地温的变化。一般在阳坡方向获得太阳光辐射及热量多，所以地面温度较高、相对湿度低、土壤较干燥；而阴坡的情况正好相反。因此阳坡茶园的茶树生长是春冬茶优于夏秋茶，而阴坡茶园则夏秋茶优于春冬茶。

（七）高山茶的品质为什么好

高山茶园的日照、气温及空气的相对湿度会随着海拔高度的升高产生明显的变化，一般海拔高度每上升 100 米气温就会降低 0.5℃。当山区海拔达到一定高度时，雨量充沛、云雾多、空气中相对湿度大、漫射光强、昼夜温差大，这些对茶树生育及茶叶品质都是有利的，因此高山茶的品质是芽叶肥壮，滋味鲜爽，香气馥郁，经久耐泡。

但是海拔并非没有限制，当海拔过高时，温度降低、积温减少、生育期长、生长期缩短、冻害严重，对采收量和品质反而不利。因此茶树种植一般以海拔 800 米至1200 米以下为限。

（八）什么地方利于高质量茶树的生长

昼夜温差大的地方有利于高质量的茶树生长，一般是指山地茶园，昼夜温差大时白天温度较高，有利于光合作用的进行，生成较多的有机化合物质，晚间气温较低，茶树呼吸消耗较少，茶树体内的物质趋于累积，利于生产内含成分丰富的优质原料。

但白天温度过高，光照过强时（如夏季），不利于氨基酸、咖啡因等含氮化合物的生成，而有利于茶多酚的生成，导致鲜叶中酚氨比增高，不利于绿茶叶的品质。

（九）茶树可以像蔬菜水果一样无土栽培

茶树无土栽培的特点是以人工创造的茶树根系环境取代土壤环境，这种人工创造的根系环境，不仅满足茶树对矿物质营养、水分、空气条件的需要，而且人工对这些条件能加以控制和调整，促进茶树生长发育，使茶树发挥最大的生产潜力，更快地促进茶树栽培向自动化、工厂化发展。日本茶树工厂无土栽培实践表明，在水培条件下，茶树充分利用养分，生长速率比在田间生长者显著加快。

但是茶树无土栽培对设施和技术条件要求较田间栽培的高，相应其生产成本也高，因此无土栽培主要应用于科研单位培养研究，未能在生产中推广普及。

（十）"名山出好茶"的道理

这里的"名山"是指地理环境优越，适宜茶树生长，且往往有着悠久产茶历史的知名山川及其附近的茶区。如名茶中的黄山毛峰、武夷岩茶、庐山云雾、峨眉竹叶青、阿里山乌龙等都是名山出的好茶。

名山地区的茶园往往具有相对低温、高湿度和多云雾，昼夜温差大的气候特征，促使茶叶形成优异品质。相对低温环境中茶叶生长缓慢，有利于维持新梢组织中高浓度的可溶含氮化合物，适宜氨基酸和香气物质的形成；多云雾和高湿度，不仅能抑制纤维素的合成，保持芽叶柔嫩，而且使照射茶园的太阳散射光和蓝紫光增多，有利于芳香物质的形成；较大的昼夜温差又有利于光合产物的积累，使蛋白质、氨基酸和维生素的含量增加。以上多种因素造就了优质的茶青，故名山茶园所产之茶多为好茶。

（十一）为什么说马路边的茶树不好

马路上常有大量的车流经过，从而排出大量的污染物。科学分析表明，汽车尾气主要分为汽油和柴油尾气，其中含有上百种不同的化合物，主要污染物有固体悬浮颗粒、一氧化碳、二氧化碳、碳氢化合物、氮氧化合物、铅及硫氧化合物等。

现在，我们来分析一下汽车尾气中的有害物质对茶树的影响。固体悬浮颗粒的成分很复杂，并具有较强的吸附能力，可以吸附各种金属粉尘、强致癌物苯并芘和病原微生物等，它会沉降在路边茶园的叶片上。铅是有毒的重金属元素，汽车用油大多数掺有防爆剂四乙基铅或甲基铅，燃烧后生成的铅及其化合物均为有毒物质。研究表明，马路边上的茶园土壤铅含量显著高于远离马路者，会导致茶树重金属的累积。可以说，因为汽车尾气污染，导致了马路边的茶树质量不好。

六、茶饮的渊源

"茶之为饮，发乎神农氏，间于鲁周公，齐有晏婴，汉有扬雄、司马相如，吴有韦曜，晋有刘琨、张载、远祖纳、谢安、左思之徒，皆饮焉。"

　　神农氏即炎帝，中华民族的始祖之一，相传是茶树的最早发现者，古代农耕、医药的发明者。中国人饮茶历史悠久，肇始于何时，众说纷纭。几千年来人们约定俗成地将茶叶被发现、应用归功于神农氏，自他而始，据此为源。

　　传说上古时期的神农氏，生于烈山（今湖北省随州九龙山南麓），长于姜水（今陕西省宝鸡市）。相传他是牛首人身，出生三天会说话、五天能走路、七天长齐了牙、三岁知道农耕之事。他是远古时期姜姓部落首领，因发现火种造福人类，故称炎帝。其部落最初的活动区域在今陕西南部，后沿黄河向东与黄帝部落发生冲突。在阪泉之战中，黄帝打败炎帝，两部落合并组成华夏族，因此今日中国人自称为"炎黄子孙"。

　　相传在公元前3700年前的一天，神农氏在森林中遍尝百草，某天觉得口渴，便在一棵野茶树下烧水。这时一阵微风吹过，几片翠绿的野茶树叶飘落在即将烧开的水中。煮开的水色微黄，神农氏喝入口中，顿觉神清气爽，由此，茶便被发现了。因此后代假托神农氏之名所做的《神农食经》载曰："茶茗久服，令人有力，悦志。"由此可见，五千年前，茶最初是以"药"的身份出场的。

　　另一个传说是："神农尝遍百草，日遇七十二毒，得茶而解之。"（《神农本草经》）相传神农氏吃了一种药草后不幸中毒，幸得茶叶汁流入口中才保住性命。从此茶就成了解毒的特效药。《神农本草经》的成书时间不会晚于西汉初年，至少在当时，我们的祖先已经认识到茶的药用功效了。

　　古人对茶的药效进行总结，再上升为理论，写进医书和药书，这个过程经历了漫长的时间。《神农食经》也说道"茶茗久服，令人有力、悦

神农氏塑像

志"。正因为茶能治病，所以古人又把茶归入药材一类，如司马相如在《凡将篇》中列举了20多种药材，其中就有"荈诧"，即茶叶。华佗《食论》云："苦荼久食，益意思。"华佗是东汉名医，而他所证明的茶叶能够提神、益思的功效早在西汉的著述中就已出现。西汉及以后的论著对茶的药理作用记述更多更详，这说明茶作为药的使用范

围越来越广泛，也从另一个方面证明茶在作为饮料前主要是用作药物的。

茶的饮料作用，是在食用和药用的基础上慢慢形成的。中国人是什么时候开始将茶作为饮料的？吴觉农主编的《茶经述评》作了"茶由药用时期发展为饮用时期，是在战国或秦代以后"的推测，这个推测应当比较可信，但先秦时期的饮茶可能只局限在巴蜀及西南地区。

脱胎于食用和药用的茶的饮用，很长时间里都带有食用和药用的烙印。"煮之百沸"，源于熬药。"采其叶煮"的"茗粥"，显然源于食用。即使唐煎宋点，也是连茶末一道饮下，所以也称"吃茶"。中国又有"药食同源"的说法，但到底是从食用还是药用演变出饮用，已无从探究，抑或兼而有之。

（一）饮茶的起始和发展

中国人利用茶的年代久远，但饮茶的历史相对要晚一些。茶的饮用既脱胎于食用和药用，故最先的饮茶方式源于茶的食用和药用方法。从食用而来，是用鲜叶或干叶烹煮成羹汤而饮，往往加盐调味；从药用而来，用鲜叶或干叶，往往佐以姜、桂、椒、橘皮、薄荷等熬煮成汤汁而饮。

应该说，中国人饮茶不晚于西汉。西汉著名辞赋家王褒《僮约》是关于饮茶最早的可信记载。《僮约》中说"烹茶尽具""武阳买茶"，一般都认为"烹茶""买茶"之"茶"即为茶，既然用来待客，不会是药而应该是饮料。《僮约》作于西汉宣帝神爵三年（前59年），故中国人饮茶不会晚于公元前1世纪中叶的西汉晚期。

汉魏六朝时期的饮茶方式，是将茶煮成羹汤而饮。煮茶，或加冷水，或加热水，煮至沸腾，乃至百沸。

从两汉到三国，在巴蜀之外，茶是供上层社会享用的珍稀之物，饮茶仅限于王公朝士。晋以后，饮茶进入中下层社会。

中国人饮茶习俗的形成，是在两晋南北朝时期。当此时期，上自帝王将相，下到平民百姓，中及文人士大夫、宗教徒，可谓社会各个阶层普遍饮茶。饮茶成一时风尚。

文人士大夫饮茶风气很盛。张载、左思、杜育、陆纳、谢安、桓温、刘琨、王濛、褚裒、王肃、刘镐等文人士大夫均喜饮茶。茶，作为风流雅尚而被士人广泛接受。

晋惠帝蒙难初返洛阳时，侍从以"瓦盂盛茶"供惠帝饮用，可知惠帝日常生活中应当饮茶。南朝宋人山谦之《吴兴记》载："乌程县西二十里有温山，出御荈。"在温山建御茶园，茶叶专供皇室。

汉魏六朝时期，是中国本土的宗教——道教的形成和发展时期，同时也是起源于印度的佛教在中国的传播和发展时期，茶以其清淡、虚静的本性和提神疗病的功能广受宗教徒的青睐。

道家清静淡泊、自然无为的思想，与茶的清和淡静的自然属性极其吻合。中国的饮茶始于古巴蜀，而巴蜀也是道教的诞生地。道教徒很早就接触到茶，并在实践中视茶为成道的"仙药"。道教徒炼丹服药，以求脱胎换骨、羽化成仙，于是茶成为道教徒的首选之药。在茶从食用、药用向饮用的转变中，道教发挥了重要作用。道教徒崇尚饮茶，其对饮茶功效的宣扬，提高了茶的地位，促进了饮茶的广泛传播和饮茶习俗的形成。

同期的佛教徒也以茶资修行，以茶待客，同时，平民阶层的饮茶也越来越普遍。

饮茶起源于巴蜀，历经两汉、三国、两晋、南北朝，逐渐向广大中原地区传播，饮茶由上层社会向民间发展，饮茶的地区越来越广，中国人的饮茶习俗终于形成。

（二）茶文化的酝酿

中国茶艺萌芽于晋。西晋杜育《荈赋》中有不少关于茶艺的描写："水则岷方之注，挹彼清流；器择陶简，出自东瓯；酌之以匏，取式公刘。惟兹初成，沫沈华浮。焕如积雪，晔若春敷。"意思是择水要择取岷江中的清水，选器要选用产自今浙江上虞、温州一带的瓷器，煎好的茶汤，汤华浮泛，像白雪般明亮，如春花般灿烂。酌茶，指的是用匏瓢酌分茶汤。

两晋南北朝是中国茶文学的发轫期。中国茶事小说的起源，可以追溯到魏晋时期。其时，茶的故事已在志怪小说中出现。《搜神记》《神异记》《搜神后记》《异苑》等志怪小说集中有一些关于茶的故事。孙楚、左思、张载、王微撰有涉茶诗篇。杜育的《荈赋》和鲍令晖的《香茗赋》是以茶为题材的散文。

现存最早的涉茶诗是西晋诗人孙楚的《出歌》："姜桂茶荈出巴蜀，椒橘木兰出高山。""茶荈"即是茶，"茶荈出巴蜀"，说明直到西晋时期，茶仍是巴蜀的特产。

最早的涉茶文是西汉王褒的记事散文《僮约》，其中有"烹茶尽具""武阳买茶"之语。

两晋南北朝，茶由巴蜀向广大中原地区传播，茶叶生产地区不断扩大，饮茶从上层社会逐渐向民间普及。从汉代开始，就有了客来敬茶的礼节，到两晋南北朝时，客来敬茶成了普遍的礼仪。不仅如此，茶也成为祭祀的祭品。从晋代开始，道教徒、佛教徒与茶结缘，以茶养生，以茶助修行。两晋南北朝，茶文学初步兴起，产生了《荈赋》等名篇。中国茶艺亦于西晋时萌芽。这一切说明两晋南北朝是中华茶文化的酝酿时期。

（三）饮茶的普及

1. 饮茶习俗的普及

"滂时浸俗，盛于国朝，两都并荆渝间，以为比屋之饮。"（陆羽《茶经·六之饮》）中唐时期，饮茶之风以东都洛阳和西都长安及今湖北、重庆一带最为盛行，形成"比屋之饮"，即家家户户都饮茶。

《封氏闻见记》的作者封演认为是禅宗促进了北方饮茶风俗的形成和传播。建中（780—783 年）以后，中国"茶道大行"，饮茶之风弥漫朝野，"穷日竟夜""遂成风俗"，且"流于塞外"。

中唐以后，不仅中原广大地区饮茶，而且边疆少数民族地区也饮茶，甚至出现了茶馆："起自邹、齐、沧、棣，渐至京邑，城市多开店铺，煎茶卖之。不问道俗，投钱取饮。"（《封氏闻见记·饮茶》）"茶为食物，无异米盐，于人所资，远近同俗，既祛竭乏，难舍斯须，田间之间，嗜好尤甚。"（《旧唐书·李珏传》）茶对于人如同米、盐一样，每日不可缺少，田间农家，尤其嗜好。"累日不食犹得，不得一日无茶也。"（《膳夫经手录》）几天不食可以，一日无茶不可，可见茶在唐代人日常生活中的重要地位。

由上可知，中国人的饮茶习俗普及于中唐。中唐以后，饮茶日益发展，越来越普遍。

2. 茶具的初成体系

唐代茶具在中国茶具发展史上具有重要地位。饮茶风尚的盛行，在一定程度上促进了茶具的生产。产茶之地的茶具发展更是迅速，越州、婺州、寿州、邛州等地既盛产茶，亦盛产茶器。当时最负盛名的为越窑和邢窑茶瓯，可代表当时南青北白两大瓷系。

南方青瓷以越窑为代表，主要窑址在今浙江上虞、余姚、绍兴一带。陆羽在《茶经》中推崇越窑瓯，并用"类玉""类冰"来形容越窑盏的胎釉之美。越窑瓯在当时影响甚大，如顾况《茶赋》"舒铁如金之鼎，越泥似玉之瓯"，孟郊《凭周况先辈于朝贤乞茶》"蒙茗玉花尽，越瓯荷叶空"，李群玉《龙山人惠石廪方及团茶》"红炉爨霜枝，越儿斟井华”等，都是赞颂越窑瓯的名句。越窑瓯"口唇不卷，底卷而浅"，敞口浅腹，斜直壁，璧形足。越窑瓯托口一般较矮，还有带托连烧的茶瓯，托沿卷曲作荷叶形，茶瓯作花瓣形。

北方白瓷以邢窑为代表。陆羽《茶经》认为，邢窑瓯较厚重，外口没有凸起卷唇，"类银""类雪"。白居易诗称"白瓷瓯甚洁"，李肇《唐国史补》说"内邱白瓷瓯、端溪紫石砚，天下无贵贱通用之"。邢窑瓯在陕西、河南、河北、湖南以至广东等地唐墓葬中常有出土，正说明了当时邢窑白瓷瓯"天下无贵贱通用之"的情况。

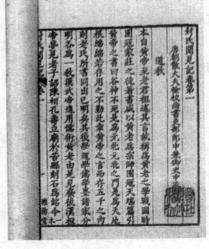

封演《封氏闻见记》书影

唐代茶具已形成体系，煎茶器具有近30种之多。茶鍑是专门的煎茶锅，此外尚有茶铛、茶铫、风炉、茶碾、茶罗等器具。晚唐时，茶盏（碗、瓯）的式样越来越多，有荷叶形、海棠式和葵瓣口形等，其足部已由玉璧形足改为圈足了。

五代时，茶具又有了新的变化，这与当时新兴的一种饮茶方式——点茶法有关。点茶用的汤瓶，形制为高颈长腹，细长流，瓶身则以椭圆形为多，瓶口缘下与肩部之间设一曲形把。唐五代茶具除陶瓷制品外，还有金、银、铜、铁、竹、木、石等制品。

3. 茶馆和茶会的兴起

唐玄宗开元年间，已出现了茶馆的雏形。"开元中，……起自邹、齐、沧、棣，渐至京邑，城市多开店铺，煎茶卖之。不问道俗，投钱取饮。"这种在乡镇、集市、道边"煎茶卖之"的"店铺"，当是茶馆的雏形。到了唐文宗太和年间已有正式的茶馆。大唐中期，国家政治稳定，社会经济空前繁荣，加之陆羽《茶经》的问世，使得"天下益知饮茶矣"，因而茶馆不仅在产茶的江南地区迅速普及，也传播到了北方城乡。

茶会萌芽于两晋南北朝，兴起于唐朝，是饮茶普及化的产物。"茶会"一词，首见于唐。在《全唐诗》中，有钱起《过长孙宅与朗上人茶会》、刘长卿《惠福寺与陈留诸官茶会》、武元衡《资圣寺贲法师晚春茶会》等篇。由于"茶会"在当时尚属初出，有时又称"茶宴""茶集"，如钱起《与赵莒茶宴》、鲍君徽《东亭茶宴》以及王昌龄的《洛阳尉刘晏与府掾诸公茶集天宫寺岸道上人房》等便是。当时的茶会，主角是文人。后来僧人也成了茶会的主角，僧人在寺庙内部也举行茶会。茶会的内容大致是主客在一起品茶，以及赏景叙情、挥翰吟诗等。品茶是雅人韵事，宜伴琴韵花香和吟诗作画。

从唐代诗文中我们可以知道，茶会往往同时也是诗会，是唐代文人雅士的一种集会形式，这种集会在当时蔚为流行。

（四）煎茶道的形成与流行

中国茶道的最初形式就是煎茶道。陆羽《茶经》奠定了煎茶道的基础，因此，陆羽可谓中国茶道的奠基人。

"茶道"一词首见于陆羽的至交，诗人、茶人皎然《饮茶歌诮崔石使君》诗，"孰知茶道全尔真，唯有丹丘得如此"。皎然博学多识，不仅精通佛典，还旁涉经史诸子。皎然常与陆羽酬诗唱和，共同探讨茶道艺术，对中国茶道的创立及发展有着极大的贡献，堪称中国茶道之父。皎然是陆羽一生中交往时间最长、情谊亦最深厚的良师益友。他们在湖州所倡导的茶道对当时的茶文化影响甚巨，更对后代茶道及茶文化的发展产生了巨大的推动作用。

封演《封氏闻见记》卷六"饮茶"记："楚人陆鸿渐为《茶论》，说茶之功效，并煎茶炙茶之法，造茶具二十四事，以都统笼贮之。远近倾慕，好事者家藏一副。有常伯熊者，又因鸿渐之《论》广润色之，于是茶道大行，王公朝士无不饮者。御史大夫李季卿宣慰江南，至临淮县馆，或言伯熊善茶者，李公请为之。伯熊着黄披衫乌纱帽，手执茶器，口通茶名，区分指点，左右刮目。"常伯熊不仅从理论上对陆羽《茶论》（《茶经》的前身）进行了全面的润色，而且擅长茶道实践，是中华煎茶道的开拓者之一。

煎茶从煮茶演化而来，经末茶（制成细末的茶砖）的煮饮改进而得。末茶在煮饮情况下，茶叶中的内含物在沸水中容易浸出，故不需较长时间的熬煮。根据陆羽《茶经》，煎茶的程序有：备器、择水、取水、候汤、炙茶、碾罗、煎茶、酌茶、品茶等。

煎茶道形成于8世纪后期的唐朝代宗、德宗朝，广泛流行于9世纪的中晚唐。9世纪初，一代茶圣陆羽和茶道之父皎然、茶道大师常伯熊相继去世，但由他们创立的煎茶道却深入社会，在中晚唐获得了空前的发展，风行天下。直至五代时期，煎茶道依然流行。

（五）茶书的创著

茶书的撰著肇始于唐，唐和五代的茶书，现存完整的有陆羽《茶经》、张又新《煎茶水记》、苏廙《十六汤品》，部分存文的有裴汶《茶述》、温庭筠《采茶录》、毛文锡《茶谱》，已佚的有皎然《茶诀》、陆龟蒙《品第书》。

陆羽，一名疾，字鸿渐，又字季疵，号桑苎翁、竟陵子、东冈子，复州竟陵县（今湖北天门市）人。幼遭遗弃，被竟陵龙盖寺智积和尚收养。一生坎坷，居无定所，闲云野鹤，四海为家。他交友广泛，"天下贤士大夫，半与之游"，皎然、刘长卿、戴叔伦、颜真卿、张志和、怀素、灵澈、孟郊等，都曾与陆羽来往。

陆羽终生未娶，孑然一身，执着于茶的研究，用心血和汗水铸成不朽之著《茶经》。《茶经》三卷十章，在人类历史上首次全面记载了茶叶知识，标志着传统茶学的形成。《茶经》概貌如下：

"一之源"章论述茶树的起源、名称、品质，介绍茶树的形态特征、茶叶品质与土壤环境的关系，以及栽培方法，饮茶的保健功能等。

"二之具"章介绍茶叶采制用具，详细介绍了采制饼茶所需的十九种工具名称、规格和使用方法。

"三之造"章介绍饼茶采制工艺和成品茶饼的外貌、等级以及鉴别方法，指出采茶的重要性和采茶要求，叙述了制造饼茶的工序。

"四之器"章介绍煎茶、饮茶的器具，详细叙述了各种茶具的名称、形状、用材、规格、制作方法、用途，以及各地茶具的优劣，器具对茶汤品质的影响等。

"五之煮"章写煎茶和烤茶的方法，饼茶茶汤的调制，煎茶的燃料，煎茶用水和煎茶火候，水沸程度对茶汤色香味的影响。

"六之饮"章叙述饮茶风尚的起源、传播和饮茶的方式方法。

"七之事"章记录了陆羽之前的有关茶的历史资料、传说、掌故、诗词、杂文、药方等，虽有少数遗漏，但也难能可贵。

"八之出"章叙说唐代茶叶的产地和品质高低，将唐代全国茶叶生产区域划分为八大茶区，每一茶区出产的茶叶按品质分上、中、下、又下四级。

"九之略"章叙说在某些实际情形中，特殊情况下，茶叶加工的程序、加工的工具，煎茶的程序和器具，可以酌情省略。

"十之图"章说用白绢四幅或六幅，将上述九章的内容写出，张挂四周，随时观看，使《茶经》内容一目了然。

陆羽《茶经》总结了到盛唐为止的中国茶学，以其完备的体例囊括了茶叶从物质到文化、从技术到历史的各个方面。《茶经》的问世，奠定了中国古典茶学的基本构架，创建了一个较为完整的茶学体系，被誉为中国古代茶叶百科全书。

张又新《煎茶水记》主要叙述茶汤品质与宜茶用水的关系，着重于品水。全文仅九百五十字，首述已故刑部侍郎刘伯刍"较水之与茶宜者凡七等"，以扬子江南零水第一，无锡惠山寺石泉水第二。张又新认为用当地的水煎当地的茶，没有不好的。"夫烹茶于所产处，无不佳也，盖水土之宜。离其处，水功其半。然善烹洁器，全其功也。"茶离开本地，就要选择好水以煎出好茶。如果善于烹煎，器具清洁，也可煎出好茶来。张又新此言确是经验之谈。

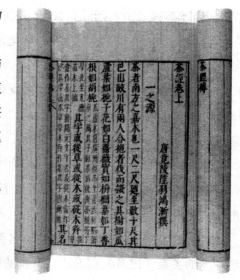

陆羽《茶经》卷首书影

唐末五代毛文锡《茶谱》是一部重要茶书。《茶谱》发展了陆羽《茶经·八之出》，对唐末五代时全国各地产茶地点、茶名、重量、制法、特点等等，都记述得很清楚。其一，所记茶产地，仅《茶谱》佚文就涉及七道三十四州产茶的情况，其中涪、渠、扬、池、洪、虔、谭、梓、渝、容十州，为《茶经·八之出》所未及，可知中唐以后，茶产地又有所扩大。其二，从《茶谱》中不难看出，其反映的制茶技术较之陆羽《茶经》，又要前进一步。《茶谱》不仅记录了各地形制、大小不一的团茶或饼茶，而且也记录了高档散茶。其三，对各地茶的味性记述很具体。其四，记录了各地的一些名茶，弥足珍贵。

唐末五代苏廙《十六汤品》也是一部独特而有价值的茶书，该书首标"汤者，茶之司命，若名茶而滥汤，则与凡末同调矣"，可谓至理名言，上承陆羽，下启蔡襄。所谓"十六汤品"，乃"煎以老嫩言者凡三品""注以缓急言者凡三品""以器类标者共五品""以薪火论者共五品"，共计十六品。《十六汤品》对取火、候汤、点茶、注汤技巧和禁忌等做了形象生动的阐述，弥补了中国历史上取火候汤类茶书的空白，为点茶道的代表之作。

唐代是文学繁荣时期，茶与文学结缘，促成了茶文学的兴盛。唐代茶文学的成就主要在诗，其次是散文。唐代第一流的诗人都写有茶诗，多脍炙人口，如李白、杜甫、钱起、韦应物、孟郊、刘禹锡、柳宗元、白居易、元稹、卢仝、杜牧、温庭筠、李商隐、皮日休、陆龟蒙等。此外，唐代尚有茶事绘画、书法的出现。特别是陆羽《茶经》的问世，终于使得茶文化在唐代成立，并在中唐形成了中华茶文化的第一个高峰。

（六）宋元茶文化

宋代茶叶生产继续发展，市场体系得到完善，茶叶产区继续拓展，茶叶产量有很大提高。辽国、金国控制的部分地区也有茶叶生产，与宋有茶叶贸易。

宋代名茶除建安北苑团茶外，散茶有绍兴日铸茶、洪州双井茶等名茶。元代既保持了原来著名的茶品，又发展了一些名茶，茶叶生产在宋代的基础上有所发展。

赵原《陆羽烹茶图》（局部）

宋代承唐代饮茶之风，日益繁盛。梅尧臣《南有嘉茗赋》云："华夷蛮貊，固日饮而无厌；富贵贫贱，匪时啜而不宁。"自宋代始，茶就成为"开门七件事"之一。

1. 斗茶、分茶和茶会

"斗茶"又称"茗战"，以盏面水痕先现者为负，耐久者为胜。每到新茶上市时节，朝野竞相斗试，成为宋代一时风尚。范仲淹《和章岷从事斗茶歌》，对当时盛行的斗茶活动做了精彩生动的描述："斗茶味兮轻醍醐，斗茶香兮薄兰芷。其间品第胡能欺，十目视而十手指。胜若登仙不可攀，输同降将无穷耻。"南宋刘松年作有《斗茶图》《茗园赌市图》，反映出宋代斗茶风气之盛。

分茶是一种建立在点茶基础上的技艺性游戏，通过技巧使茶盏面上的汤纹水脉幻变出各式图样来，若山水云雾，状花鸟虫鱼，类画图，如书法，所以又称茶百戏、水南宋杨万里《澹庵坐上观显上人分茶》对分茶有生动描写："分茶何似煎茶好，煎茶不似分茶巧。蒸水老禅弄泉手，隆兴元春新玉爪。二者相遭兔瓯面，怪怪奇奇真善幻。纷如擘絮行太空，影落寒江能万变。银瓶首下仍尻高，注汤作字势嫖姚。"此外，陆游有"矮纸斜行闲作草，晴窗细乳戏分茶"（《临安春雨初霁》），李清照有"病起萧萧两鬓华，卧看残月上窗纱。豆蔻连梢煎熟水，莫分茶"（《摊破浣溪沙·莫分茶》），可见宋代文人士大夫间分茶之风的盛况。

刘松年《撵茶图》（局部）

文人茶会是宋代茶会的主流。宋徽宗赵佶《文会图》描绘的是文人集会的场面，茶是其中不可缺少的内容，因此，称其为文人茶会也不为过。南宋刘松年的《撵茶图》描绘了品茶、挥翰、赏画的文人雅士茶会。

肇始于唐代的佛门茶会，在宋代仪规完整，更加威仪庄严。在宋代宗赜《禅苑清规》中，对于在什么时间吃茶，以及吃茶前后的礼请、茶汤会的准备工作、座位的安排、主客的礼仪、烧香的仪式等，都有清楚细致的规定。其中，礼数最为隆重的当数冬夏两节（结夏、解夏、冬至、新年）的茶汤会，以及任免寺务人员的"执事茶汤会"。

宋代寺院茶会，最为著名的是径山寺茶会。径山泉清茗香，饮茶之风颇盛，经常举办茶会活动。径山饮茶风俗相沿数百年，逐渐形成了一套程序化的"茶会"礼法，成为佛教茶礼的代表。

2. 茶馆的初盛

茶馆发展至宋代，便进入了兴盛时期。这是因为宋代的商品经济、城市经济比唐代有了进一步的发展。大量的人口涌进城市，茶馆应运而兴。

张择端的《清明上河图》生动地描绘了北宋都城汴梁（今开封市）当时繁盛的景象，再现了万商云集、百业兴旺的情形，画中不乏茶馆。从孟元老的《东京梦华录》中也可以看到汴梁茶馆业的兴盛。

南宋偏安江南一隅，定都临安（今杭州市），统治阶级骄奢、享乐、安逸的生活使临安的茶馆业更加兴旺发达，茶馆在社会生活中扮演着重要角色。

宋代茶馆已讲究经营策略，为了招徕生意，留住顾客，它们常对茶肆作精心的布置装饰。"今之茶肆，列花架，安顿奇松异桧等物于其上。装饰店面。"（吴自牧《梦粱录·茶肆》）茶肆装饰不仅是为了美化饮茶环境，增添饮茶乐趣，也与宋人好品茶赏画的特点分不开。茶肆根据不同的季节卖不同的茶水，一般冬天卖七宝擂茶、葱茶，或卖盐豉汤，夏天增卖雪泡梅花酒，花色品种颇多。

宋代茶馆种类繁多，行业分工也越来越细。当时临安茶馆林立，不仅有人情茶馆、花茶坊，夜市还有浮铺可点茶汤以便游观之人。出入茶馆的人三教九流都有，除了一般的商人、市民，还有官员、贵族等。宋时茶馆不仅可以供人们喝茶聊天、品尝小吃、谈生意、做买卖，还可以进行各种演艺活动、行业聚会等。

3. 茶具的初盛

宋代饮茶用的是一种广口圈足的茶盏，釉色有黑釉、酱釉、青釉、白釉和青白釉等，黑釉盏最受偏爱，这与当时"斗茶"风尚的流行有关。因为用茶筅"击拂"使得茶汤表面浮起一层白色的乳沫，白色的乳沫和黑色的茶盏泾渭分明，容易勘验，最适宜"斗茶"。因此黑釉盏盛极一时，南北瓷窑几乎无不烧制。全国各地出现了不少专烧黑釉盏的瓷窑，其中以福建建阳窑和江西吉州窑所产之黑釉盏最为著名。

建阳窑盏，敛口，斜腹壁，小圈足，因土质含铁成分较高，故胎色黑而坚，胎体厚重。器内外均施黑或酱黄色釉，底部露胎。有的盏内外还有自然形成的丝状纹，俗称"兔毫"，最受当时人们的喜爱。兔毫、兔毛、兔褐金丝，均是兔毫盏之别名。

吉州窑位于江西省吉安市永和镇，它利用了天然黑色涂料，通过独特的制作技艺，生产出变化多端的纹样与釉面，达到清新雅致的效果，如富于变化的玳瑁釉盏，有独创的剪纸贴花团梅纹盏，有折枝梅花纹盏和造型新颖别致的莲瓣形盏等。

宋代的青釉、白釉和青白釉茶具在全国各地也普遍生产，形制、胎釉各具特色，有许多精致的茶具出现。

宋代兴起的青白釉，以江西景德镇窑产品为代表，具有独特的风格。其釉色介于青、白两色之间，硬度、薄度和透明度等都达到了现代硬瓷的标准，代表了宋代瓷器的烧造水平。青白瓷产地广，生产的茶具种类、式样也相当丰富。

宋代时煮水的容器由锅釜改为汤瓶。宋代绘画及文献中记载的汤瓶形状呈喇叭形口、高颈、溜肩，腹下渐收，肩部分别置管状曲流和曲形执柄。宋代的汤瓶，南北瓷窑都普遍烧造，其颈、流、把都改为修长形，腹为长腹或瓜棱形圆腹，式样较前代为多。尤其是瓜棱形汤瓶，在宋代瓷中比较多见，其形体多变，有仿金银器式样烧制的，肩一侧置弯曲流，另一侧塑扁带式曲柄，以景德镇制品最精。

元代茶具以青白釉居多，黑釉盏显著减少，茶盏釉色由黑色开始向白色过渡。色彩斑斓的钧窑天蓝釉盏、釉色匀净滋润的枢府窑盏、轻盈秀巧的青白釉月映梅枝纹盏以及青花缠枝菊纹小盏等，都是这一时期的主要茶具。高足杯是元、明瓷器中最流行的器型。

4. 点茶道的形成与流行

点茶法约起源于唐末五代。据蔡襄《茶录》和赵佶《大观茶论》，点茶的程序有备器、择水、取火、候汤、熁盏、洗茶、炙茶、碾磨、罗筛、点茶、品茶等。

点茶时用茶匙抄茶入盏，先注少许水调令均匀，继之量茶受汤，边注汤边用茶筅"击拂"。"乳雾汹涌，溢盏而起，周回旋而不动，谓之咬盏。"（赵佶《大观茶论·点》）"视其面色鲜白，著盏无水痕为绝佳。建安斗试，以水痕先者为负，耐久者为胜。"（蔡襄《茶录·点茶》）点茶之色以纯白为上，青白次之，灰白、黄白又次。茶汤在盏中以四至六分为宜，茶少汤多则云脚散，汤少茶多则粥面聚。点茶一般是在茶盏里直接点，不加任何作料，直接持盏饮用。若人多，也可在大茶瓯中点好茶，再分到小茶盏里品饮。

点茶道形成于五代宋初，流行于两宋时期，鼎盛于北宋徽宗朝。宋徽宗精于点茶，撰著茶书《大观茶论》倡导茶道，有力地推动了点茶道在宋代的广泛流行。从河北宣化辽墓壁画和金元诗人的茶诗来看，北方辽、金、元也风行点茶。

5. 茶书始兴

现存宋代茶书有陶穀《荈茗录》、叶清臣《述煮茶小品》、蔡襄《茶录》、赵佶《大观茶论》、熊蕃《宣和北苑贡茶录》、审安老人《茶具图赞》等十种。其中九种撰于北宋，唯《茶具图赞》撰于南宋末年。

散佚的茶书尚有丁谓《北苑茶录》、周绛《补茶经》、刘异《北苑拾遗》、沈括《茶论》等。现存宋代茶书，几乎全是围绕北苑贡茶的采制和品饮而作。

宋元时期茶贵建州，建安北苑龙团凤饼风靡天下。在饮茶方式上，一改唐代的煎茶，而流行点茶、斗茶。蔡襄《茶录》详录了点茶的器具和方法，斗茶时色香味的不同要求，是斗茶胜负的评判标准。

宋徽宗赵佶的《大观茶论》，分地产、天时、采择、蒸压、制造、鉴辨、白茶、罗碾、盏、筅、瓶、杓、水、点、味、香、色、藏焙、品名等二十目。对北宋时期蒸青团茶的产地、采制、烹试、品质、斗茶风尚等均有详细记述，其中地宜、采制、烹试、品质等，讨论相当切实。

熊蕃《宣和北苑贡茶录》详述了宋代福建贡

蔡襄《茶录》卷首拓片

茶的历史及制品的沿革，记录了四十余种茶名。蕃之子克又附图及尺寸大小，可谓图文并茂，使我们对北苑龙凤贡茶有了直观的认识，具有很高的史料价值。

南宋审安老人《茶具图赞》是现存最古的一部茶具专书，从中可见宋代茶具的形制。该书选取了点茶的十二种茶器具绘成图，根据其特性和功用赋予其官职，并姓名字号，同时也为每种茶具题了赞语，使我们对点茶的器具有了直观的认识。

茶文学兴于唐而盛于宋。茶诗方面，梅尧臣、范仲淹、欧阳修、苏轼、苏辙、黄庭坚、秦观、陆游、范成大、杨万里等佳作迭起。茶文方面，有梅尧臣《南有嘉茗赋》、吴淑《茶赋》、黄庭坚《煎茶赋》，而苏轼《叶嘉传》更是写茶的奇文。茶词是宋人的独创，苏轼、黄庭坚、秦观均有传世名篇。此外，宋代书法四大家苏轼、黄庭坚、米芾、蔡襄均有茶事书法传世，赵佶《文会图》、刘松年《撵茶图》、辽墓茶道壁画等大量材料都反映出点茶道的风行。

（七）明代茶文化

明代是中国茶业变革的重要时代，明初废团茶而兴散茶，促进了茶叶加工技术的发展和新茶类的创立。有明一代，先是流行蒸青散茶，后来炒青和烘青散茶日盛。明代名茶主要有虎丘茶、六安茶、龙井茶、武夷茶、普洱茶、天目茶、阳羡茶、雁荡茶等。

1. 茶会的盛行

朱权在《茶谱》中叙写了茶会流程：童子司茶、献茶，主人举瓯奉客，客人起接，主客复坐，品茶，茶毕，童子接瓯而退。话久情长，礼陈再三，继出琴棋。这是典型的文人茶会。

文徵明《惠山茶会图》描绘了明正德十三年（1518 年）清明时节，文徵明同好友蔡羽、汤珍、王守、王宠等五人在惠山山麓的二泉亭举行清明茶会，展示了茶会即将举行前茶人的活动。井亭内有二人围井栏盘腿而坐，一人腿上展书。一童子在取火，另一童子备器。一文士伫立拱手，似向井栏边两文士致意问候。亭后一条小径通向密林深处，曲径之上两个文士一路攀谈，一书童在前面引路。这幅画令人领略到明代文人茶会的艺术化情趣。

文徵明《惠山茶会图》

惠山茶会由来已久，惠山寺住持普真喜与文士交往，晚年住听松庵。明洪武二十八年（1395 年），普真请湖州竹工编制竹炉。竹炉高不满尺，上圆下方，以喻天圆地方。竹炉制成后，普真汲泉煮茶，常常举行竹炉茶会、诗会，接待四方文人雅士。当时无锡画家王绂，专门为竹炉绘图，学士王达等为竹炉记序作诗，构成《竹炉图卷》，成为明代惠山一件盛事。明代中后期以听松庵竹茶炉为中心，又举行了三次题咏茶会。惠山竹炉茶会延续到清代乾隆时期，清代又举行了两次。

2. 茶馆的兴盛

元明以来，曲艺、评话兴起，茶馆成了这些艺术活动的理想场所。北方多说大鼓书和评书，南方则有只说不唱的纯粹说书，即评话和讲唱兼用的弹词。茶馆中的说书一般在晚上，听者以下层劳动群众居多。明代市井文化的发展，使茶馆更加走向大众化。

明代的茶馆较之宋代，最大的特点是更为雅致。茶馆饮茶十分讲究，对水、茶、器都有一定的要求。张岱在《露兄》一文中写道，崇祯年间，绍兴城内有家茶店用水用茶特别讲究，"泉实玉带，茶实兰雪。汤以旋煮，无老汤，器以时涤，无秽器。其火候、汤候，亦时有天合之者"。

3. 茶具的兴盛

明代时直接在茶盏、瓷壶或紫砂壶中泡茶成为时尚，茶具也因饮茶方式的改变而发生了相应的改变，从而使茶具在釉色、造型、品种等方面产生了一系列的变化。由于白色的瓷器最能衬托出叶茶所泡出的茶汤的色泽，茶盏的釉色也由原来的黑色转为白色，摒弃了宋代的黑釉盏。

明代的茶具得到充分的发展，功用更加明确，制作更加精细。茶壶于明代广泛使用，流的曲线部位增加成 S 形，流与把手的下端设在腹的中部，结构合理，更易于倾倒茶水，并且能减少茶壶的倾斜度。流与壶口平齐，使茶水可以保持与壶体的高度一致而不致外溢。

明代以壶泡茶，以杯盏盛之，杯盏的式样亦与前代有所不同。明代高足杯将元代接近垂直的足部改作外撇足，增加了稳定性。明代除高足杯外，小巧玲珑的日用茶具，在永乐、宣德时期也有很多新的创烧，如永乐青花瓷器中的名器"压手杯"，其胎体由口沿而下渐厚，坦口，折腰，圈足，执于手中正好将拇指和食指稳稳压住，并有凝重之感，故有此称。

贮茶主要用瓷或宜兴紫砂陶的茶罂，形制基本为直口，丰肩、腹下渐收，圈足，造型典雅别致，既美观，又实用。

宜兴紫砂茶具，明代时异军突起，在众多茶具中独树一帜。紫砂茶具以宜兴品质独特的陶土烧制而成，土质细腻，含铁量高，具有良好的透气性能和吸水性能，最能保持和发挥茶的色、香、味。

明中期至明末的上百年中，宜兴紫砂艺术突飞猛进地发展起来。紫砂壶造型精美，色泽古朴，光彩夺目，从实用器具发展成为艺术作品。紫砂茶具经过民间艺术家和文人墨客的改进、创新，融汇了文学、书法、绘画、篆刻等多种艺术手法，令人爱不释手，其名贵也可想而知。

从万历到明末是紫砂茶具发展的高峰，前后出现制壶"四名家"和"三大妙手"。

"四名家"为董翰、赵梁、元畅（袁锡）、时朋。董翰以文巧著称，其余三人则以古拙见长。"三大妙手"指的是时大彬和他的两位高足李仲芳、徐友泉。时大彬为时朋之子，最初仿供春，喜欢做大壶。后来他与名士陈继儒交往，共同研究品茗之道，根据文人士大夫雅致的品位把砂壶缩小，更加符合品茗的趣味。他制作的大壶古朴雄浑，小壶令人叫绝，当时就有"千奇万状信手出""宫中艳说大彬壶"的赞誉。

明朝天启年间，惠孟臣制作的紫砂小壶，造型精美，别开生面。因他制的壶都落有"孟臣"款，遂习惯称为"孟臣壶"。

4. 泡茶道的形成与流行

明太祖朱元璋罢贡团饼茶，促进了散茶的普及。但明朝初期，饮茶延续着宋元以来的点茶法。直到明朝中叶，以散茶直接用沸水冲泡的泡茶才逐渐流行。

时大彬提梁壶

时大彬僧帽壶

明代田艺蘅《煮泉小品》中记：生晒茶瀹之瓯中，则旗枪舒畅，青翠鲜明，万为可爱。这是关于散茶在瓯盏中冲泡的最早记录，时值明朝嘉靖年间（16世纪中叶）。田艺蘅为钱塘（今浙江杭州）人，用杯盏泡茶可能是浙江杭州一带的发明。同为钱塘人的陈师《茶考》亦记："杭俗，烹茶用细茗置茶瓯，以沸汤点之，名为'撮泡'。北客多哂之，予亦不满。"这种用细茗置茶瓯以沸水冲泡的方法又称"撮泡"，亦即撮茶入瓯而泡，是杭州的习俗。撮泡法有备器、择水、取火、候汤、投茶、冲注、品啜等步骤。直接置茶入杯盏，然后注沸水即可。

壶泡法萌芽于中唐，酝酿于宋元，形成于明朝中期，流行于晚明以后。成书于明朝嘉靖至万历年间的张源《茶录》一书对壶泡法的记述尤详，因壶泡法的兴起与宜兴紫砂壶的兴起同步，壶泡法可能是苏吴一带的发明。

据张源《茶录》和许次纾《茶疏》，壶泡法归纳起来有备器、择水、取火、候汤、泡茶、酌茶、品茶等程序。

明中期以后，外有国家存亡的危机，内有安身立命的困扰。文人处此境遇，各有其调适的方式，或与世无争，或恬退放闲，纷纷以茶为性灵之寄托，借以寓志。嗜茶人士，以茶为性命，以茶为养志。

明代茶人尤其刻意留心茶室、茶寮的规划，若无茶寮的专设，多半于书斋、书屋中摆置茶具，以备品茶之时的需求，如费元禄的"晃彩馆"、周履靖的"梅墟书屋"，皆于斋室中备置茶炉、茶器。知己友朋来访，或萧然独处一室，汲泉烹茶，也符合茶人的身份。

明代是中国茶道的鼎盛时期，茶人辈出，尤其是江南一带。如苏州沈周、王履约、王履吉、松江陆树声、陈继儒、董其昌，浙江钱塘田艺蘅、高濂，鄞县屠隆，绍兴徐渭等，皆以善茗事而著称于时。除前述所列，对泡茶道的发展与传播有贡献的，还有熊明遇、吴从先、文震亨、袁宏道、李渔等人。

5. 茶书的繁盛

现存明代茶书有三十五种之多，占了现存中国古典茶书一半以上，最能反映明代茶学成就的是张源《茶录》和许次纾《茶疏》，其次则是田艺蘅《煮泉小品》、罗廪《茶解》、闻龙《茶笺》等。

张源，字伯渊，号樵海山人，包山（即洞庭西山，在今江苏震泽县）人。其所著《茶录》，分为采茶、造茶、辨茶、藏茶、火候、汤辨、泡法、投茶、饮茶、香、色、味、品泉、贮水、茶道等二十三则，每条都比较精练简要，言之有物，是明代茶书的经典之作。

许次纾，字然明，号南华，钱塘（今杭州）人，所著《茶疏》有产茶、今古制法、采摘、炒茶、收藏、置顿、取用、包裹、择水、贮水、舀水、火候、烹点、秤量、汤候、瓯注、荡涤、饮啜、论客、茶所、洗茶、童子、饮时、宜辍、不宜用、不宜近等三十六则，集明代茶学之大成。

田艺蘅的《煮泉小品》撰于明嘉靖甲寅（1554 年）。全书分十部分，不仅详论天下之水，述及源泉、石流、清寒、甘香、灵水、弄泉、江水、井水等，还记录了当时茶叶的生产和烹煎方法。

明代中后期，泡茶道形成并流行。明代的茶事诗词虽不及唐宋，但在散文、小说方面有所发展，如《闵老子茶》《兰雪茶》《金瓶梅》对茶事的描写。茶事书画也超越唐宋，代表作有文徵明、唐寅、丁云鹏、陈洪绶的茶画，徐渭的《煎茶七类》书法等。在晚明时期，形成了中华茶文化的第三个高峰。

（八）茶馆的大盛

清代，由于封建的统一多民族国家的最终形成和巩固，政治局面的相对稳定，使得清朝前期出现了"盛世""承平"的局面，为清代茶馆的兴盛奠定了基础。

清代茶馆多种多样。以卖茶为主的称为"清茶馆"，前来清茶馆喝茶的人以文人雅士居多，所以店堂一般都布置得十分雅致，器具清洁，四壁悬挂字画。在以卖茶为主的茶馆中还有一种设在郊外的茶馆，称为"野茶馆"。这种茶馆只有几间土房，茶具有的是砂陶的，条件简陋，但环境十分恬静幽雅，绝无城市茶馆的喧闹。既卖茶又兼营点心、茶食，甚至还经营酒类的称作荤铺式茶馆，具有茶、点、饭合一的性质，但所卖食品有固定套路，故不同于菜馆。还有一种茶馆是兼营说书、演唱的"书茶馆"，是人们娱乐的好场所。

清代茶馆还和戏园紧密联系在一起。最早的戏馆统称为茶园，是朋友聚会喝茶谈话的地方，看戏不过是附带性质。如北京最古老的戏馆广和楼，又名"查家茶楼"，系明代查姓巨室所建，坐落在前门肉市。成都的演戏茶园有"可园""悦来茶园""万春茶园""锦江茶园"，重庆有"萃芳茶园""群仙茶园"等等，它们推动和发展了川剧艺术。上海早期的剧场也以茶园命名，如"丹桂茶园""天仙茶园"等。

清代是我国茶馆的鼎盛时期，茶馆遍布城乡，其数量之多也是历代所少见的。乡镇茶馆的发达也不亚于大城市，如江苏、浙江一带，有的全镇居民只有数千家，而茶馆可以达到百余家之多。

（九）茶具的发展

清代饮茶方式与明代基本相同，茶具造型无显著变化，瓷质茶具仍以景德镇为代表。清代茶具釉色较前代丰富，品种多样，有青花、粉彩以及各种颜色釉。茶壶口加大，腹丰或圆，短颈，浅圈足，流短直，设于腹部，把柄为圆形，附于肩与腹之间，给人以稳重之感。

在款式繁多的清代茶具中，首见于康乾年间的盖碗开了一代先河，延续至今。盖碗由盖、碗、托三位一体组合而成。盖利于保持温度和茶香，撇口利于注水和倾渣清洁，托利于隔热而便于端接。使用盖碗又可以代替茶壶泡茶，可谓当时饮茶器具的一大改进。

清代饮茶用杯，无论是釉色、纹饰，还是器型方面，都有进一步的发展，体现了清代以来人们对文化、生活艺术的追求。清代茶具中，还有壶、若干小杯以及茶盘配套组合使用的。壶、杯、盘绘以相应的纹饰，独具韵味。

紫砂艺术在清代进入了鼎盛时期。这一时期的陈鸣远是继时大彬以后最为著名的壶艺大家。陈鸣远制作的茶壶，线条清晰，轮廓明显，壶盖有行书"鸣远"印章，至今被视为珍藏。他的作品铭刻书法讲究古雅、流利。乾隆晚期到嘉庆、道光年间，宜兴紫砂又步入了一个新的阶段。在紫砂壶上雕刻花鸟、山水和各体书法，始自晚明而盛于清嘉庆以后。当时江苏溧阳知县陈曼生工于诗文、书画、篆

陈鸣远东陵瓜壶

刻，特意到宜兴和杨彭年配合制壶。杨彭年的制品，雅致玲珑，不用模子，随手捏成，天衣无缝，被人推为"当世杰作"。陈曼生设计，杨彭年制作，再由陈氏镌刻书画，其作品世称"曼生壶"，一直为鉴赏家们所珍藏。所制壶形多为几何体，质朴、简练、大方，开创了紫砂壶样一代新风。至此中国传统文化"诗书画"三位一体的风格完美地与紫砂融为一体，使宜兴紫砂文化内涵达到一个新高度。

从清初康熙开始，紫砂壶引起了宫廷的重视，由宜兴制作紫砂壶胎，进呈后由宫廷艺匠们画上珐琅彩后烧制成彩釉名壶。彩釉紫砂器，是为了满足达官贵人追求华丽富贵的心理要求而生产的，是紫砂装饰的新工艺。它是紫砂工艺和景德镇的釉上彩工艺结合起来的尝试，曾于清代风靡一时。由于这种装饰掩盖了紫砂器自然、质朴的本质特点，因而没有得到进一步的发展。尽管如此，也产生了不少传世佳作。

（十）泡茶道和衰退

清和民国时期，茶道艺术总体上呈现由盛转衰的趋势。当然，茶道入清后开始衰落，并未消亡，反而在局部地区还有所发展。作为中国茶道代表的工夫茶道就形成、兴盛于清代。

工夫茶得名于清朝中叶的乾嘉年间，主要流行于广东、福建和台湾地区，是用小壶冲泡青茶（乌龙茶），属泡茶道的一种，主要程序有治壶、投茶、出浴、淋壶、烫杯、酾茶（斟茶）、品茶等。

袁枚《随园食单·茶酒单·武夷茶》是所见最早的关于武夷岩茶泡饮方法及品质特点的记载，虽无工夫茶之名，却有工夫茶之实。俞蛟《梦厂杂著·潮嘉风月·工夫

（十一）茶书的衰退

清代流传至今的茶书有八种：顺治康熙年间共五种，即佚名《茗笈》、陈鉴《虎丘茶经注补》、刘源长《茶史》、余怀《茶史补》、冒襄《岕茶汇钞》。雍正乾隆年间一种：陆廷灿《续茶经》。同治光绪年间两种：醉茶消客《茶书》、程雨亭《整饬皖茶文牍》。

陈曼生石瓢壶

《续茶经》，陆廷灿著。全书依照陆羽《茶经》分上中下三卷十目，约七万字，是中国古代篇幅最大的一部茶书。该书广泛搜集历代文献，征引宏富，条理清晰，便于查阅，颇为实用。有些资料弥足珍贵，是中国古代不可多得的茶史、茶文化资料汇编。

1940年，傅宏镇辑《中外茶业艺文志》，收集中外1400余部（篇）茶书和论文名录。胡浩川在为《中外茶业艺文志》所做的序里发明"茶艺"一词，乃指包括茶树种植、茶叶加工、茶叶品评在内的各种茶之艺。1945年，胡山源辑《古今茶事》，收入古代一些代表性的茶书和茶事资料。翁辉东著《潮州茶经·工夫茶》，从茶质、水、火、器具、烹法等方面对潮州工夫茶进行总结。中华民国时期，茶文化在社会生活中影响不大。

（十二）当代茶艺和茶艺馆的兴起

20世纪80年代以来，中华茶艺开始复兴。

1980年，台湾天仁集团成立陆羽茶艺中心。1982年9月，在台北市茶艺协会和高雄市茶艺协会的基础上，中华茶艺协会成立，并创办《中华茶艺》杂志。此后现代茶艺在台湾迅速推广，并出版了《中国茶艺》画册和一批茶艺书籍。

1988年，范增平到上海等地演示茶艺。1989年，台湾天仁集团陆羽茶艺文化访问团访问大陆，先后到北京、合肥、杭州演示交流茶艺。以此为发端，现代茶艺在大陆各地逐渐兴起和流行。

正是鉴于当代茶艺的迅速发展，中国国家劳动和社会保障部于1998年将茶艺师列入《国家职业分类大典》，茶艺师这一新兴职业走上中国社会舞台。2001年，劳动和社会保障部又颁布了《国家职业标准·茶艺师》，进一步引导、规范茶艺的健康发展。

20 世纪 80 年代，随着台湾经济的腾飞，台湾茶馆业也随之蓬勃发展。但不能重复旧时代的那种老式茶馆，于是，新式茶艺馆应运而生。

到 1982 年时，台北市有十余家茶艺馆。随后的几年间，茶艺馆迅速在台湾全岛兴起。到了 1987 年，台湾地区的茶艺馆就达到了 500 家左右，并影响东南亚地区。

1991 年以后，中国大陆的茶艺馆开始建立。最早的是福建省博物馆设立的"福建茶艺馆"，而后上海、北京、杭州、厦门、广州等城市相继出现了茶艺馆，并影响到内陆许多城市。

20 世纪 90 年代以来，大陆茶馆业的发展更是突飞猛进。现代茶艺馆如雨后春笋般涌现，遍布都市城镇的大街小巷。目前中国每一座大中城市都有茶馆（包括茶楼、茶坊、茶社、茶苑等）数十到数百家，此外，许多宾馆、饭店、酒楼也附设茶室。中国目前有大大小小的各种茶馆 50000 多家，北京、上海各有茶馆 1000 多家，茶艺馆成为当代茶产业发展中亮丽的风景。

（十三）茶道的复兴

中国茶道的复兴始于 20 世纪 80 年代，经过了 20 世纪 90 年代的复苏，进入新世纪的新发展阶段。

台湾是现代中国茶道的最早复兴之地。林资尧、蔡荣章、林瑞萱、范增平、吴智和、张宏庸、周渝等是台湾较早进行茶道理论研究和实践的人。

林资尧，长期致力于国际茶文化交流和茶道教学，尤爱茶礼，致力于茶礼的生活化、社会化。尊礼古圣先贤，曾有祭孔、祭神农、祭屈原、祭陆羽等茶礼；为体现大自然的运作、时节的更替，创作四序茶会；后来又创五方佛献供茶礼、金色莲花茶礼、郊社茶礼，对中国茶礼的建设开拓有功。

在茶道的理论和实践探索上有突出表现的还有庄晚芳、张天福、童启庆、阮浩耕、陈文华、余悦、丁文、林治、马守仁、周文棠、丁以寿、袁勤迹等。

庄晚芳在《文化交流》杂志 1990 年第 2 期上发表的《茶文化浅议》一文中明确主张"发扬茶德，妥用茶艺，为茶人修养之道"。他提出中国的茶德应是"廉、美、和、敬"，并加以解释：廉俭有德，美真康乐，和诚处世，敬爱为人。

（十四）茶文化研究的活跃

最近 30 多年是中国茶文化研究最为活跃的时期，主要成果表现在茶文化综合研究、茶史研究、茶艺茶道研究和茶文化文献资料整理等方面。此外，在陆羽及其《茶经》研究、茶文学、茶俗、茶具、茶馆研究等方面，也都有可观的成果。

茶文化研究的复兴分为肇始阶段（1980—1989 年）、奠基阶段（1990—1999 年）和深化阶段（2000 年以来）。在这三十余年的文化研究复兴过程中，涌现出了数不尽的力作名篇。陈椽《茶业通史》作为世界上第一部茶学通史著作，对茶叶科技、茶叶经济贸易、茶文化都做了全面论述，是构建茶史学科的奠基之著。吴觉农主编的《茶经述评》，是《茶经》研究的集大成之作。姚国坤、王存礼、程启坤编著的《中国茶文化》，从茶文化之源、茶与风情、茶之品饮、茶与生活、茶与文学艺术、历代茶著六个方面全面论述中国茶文化，是第一本以"中国茶文化"为名称的著作，作者筚路蓝缕，功不可没。朱世英主编的《中国茶文化辞典》作为第一部关于中国茶文化的辞典，具有开拓性。《中国茶酒文化史》上篇是由朱自振撰写的《中国茶文化史》，这是第一部中国茶文化史著作。朱世英、王镇恒、詹罗九主编的《中国茶文化大辞典》，收入词条近万，是一部全面宏富的中国茶文化辞典。周志刚的《陆羽年谱》，援引史料，言必有据，是到目前为止关于陆羽生平年表、年谱最准确的一种。

七、有利的自然条件

"其地，上者生烂石，中者生砾壤，下者生黄土。""野者上，园者次；阳崖阴林，紫者上，绿者次；笋者上，牙者次；叶卷上，叶舒次。阴山坡谷者，不堪采掇，性凝滞，结瘕疾。"

——《茶经·一之源》

同其他植物一样，茶树生长也需要合适的自然条件，正如陆羽在《茶经》中所指出的一样，"阳崖阴林""阴山坡谷""其地，上者生烂石，中者生砾壤，下者生黄土。"

（一）土壤：自然基础

陆羽将种茶的土壤分为上、中、下三等，以烂石为上、砾壤为中、黄土为下。茶树生长所需的养分是经由茶树根系从土壤中吸取的。土壤的优良与否直接关系到茶树生长的好坏。"烂石"是指风化较完全的土壤，即所谓生土，其土壤的有机质和生物含量较多，适宜茶树的生长发育。"砾壤"是指黏性小、含砂颗粒多的沙质土壤，土质中等。"黄土"是一种质地黏重、结构较差的土壤，其土质最差。

（二）水分：生命之源

茶树适宜于潮湿、多雨的生长环境，需要充沛的雨水。湿度低、雨量少于 1500 毫米，则不太适宜茶树生长。但如果蒸发量不足、湿度太大时，茶树也极易发生霉病、茶饼病等病症。一年之中茶园的耗水量集中在春、夏两季。年降雨量若超过 3000 毫米，蒸发量不及降水量的 1/2~1/3，就易诱发茶树病。

（三）光照：能量之源

茶树所需光能，主要包括日照、气温、空气湿度等几个方面。"阳崖阴林""阴山坡谷"是两种不同的茶树自然生长条件。"阳崖阴林"是指茶树适宜于向阳的山坡，并且有树木的遮阴。"阴山坡谷"是指茶树不适宜于生长在背阴的山坡和沟谷间，这样的茶树不宜于采摘。

（四）何谓大叶种和小叶种

茶树依据叶片的大小，受品种、生育期、生态条件以及农艺措施的影响，一般成熟老叶若叶长 10~14cm，叶宽 4~5cm 的为大叶种；若叶长 7~10cm，叶宽 3~4cm 的为中叶种；若叶长 7cm 以下，叶宽 3cm 以下的为小叶种；如果叶长在 14cm 以上，叶宽 5cm 以上，则称为特大叶种。一般情况下，特大叶种和小叶种极少，小叶种通常混杂在中叶种之中，因此，从制茶的角度，往往只分为大叶种和中小叶种两个类型。一般来说，普洱茶是用大叶种制成的，红茶也多是用大叶种制成的，绿茶多是用中小叶种制成的。

（五）何谓茶树品种的适制性

不同的茶树品种，有的适合制作绿茶，有的适合制作红茶，还有的适合制作乌龙茶，茶树品种这种适合加工某种茶类的特性，我们称之为茶树品种的适制性。

不同叶形的茶树具有不同的适制性，一般用大叶种制作的茶叶往往滋味浓烈，收敛性强，而用小叶种茶树制作的茶叶往往香高味醇，风味独特。这主要是由于大叶种中含有较多的多酚类物质引起的，多酚类物质具有较强的苦涩味。一般大叶种中含有的多酚类物质达到 30% 以上，小叶种一般只有 20% 左右，所以不同类型的茶树适制性不同。

一般情况下，大叶种茶树适制红茶，而小叶种适制绿茶。但有时也有一些例外，如祁门红茶、小种红茶都是由小叶种制作的，仍然能有优秀的表现；云南大叶种制作成晒青茶，滋味也醇厚，且耐冲泡。

（六）茶树品种的适制性有什么规律

茶树品种的适制性有一定的规律。一般而言，茶树嫩芽茸毛较多的，比较适合加工成显毫的茶叶，如碧螺春、蒙顶甘露等。茶树叶尖较尖削的，比较适合加工成针形茶，如南京雨花茶、安化松针等；而叶尖钝圆、叶形椭圆者较适合加工成扁形茶，如龙井、大方；叶形椭圆、节间短、叶质较硬脆的比较适合加工成青茶。茶树芽叶色泽嫩绿，往往是氨基酸含量较高的表现，比较适合加工成绿茶；而叶色黄绿、杏黄的，是茶多酚类物质含量高的表现，较适合加工成红茶。这些特性是茶树品种的性状决定的，因此认识茶树品种的适制性，结合精湛的加工技术，是获得优良茶叶品质的关键。

（七）"正山小种"是哪种茶树制作成的

"正山小种"是由武夷山星村镇的当地菜茶（土生品种）群体制作而成的一种红茶，属于小种红茶（即小叶红茶），其中的"小种"就是指当地菜茶群体，菜茶属于中小叶种茶树。

红茶的制作，既可以采用大叶种茶树制作，也可以用小叶种茶树制作。例如，我国著名的祁门工夫红茶，就是以当地中小叶群体种制作而成的，具有特殊的花香，国际上称为"祁门香"，被誉为是世界四大高香红茶之一。此外，我国云南地区生产的滇红，以其肥硕多金毫、具有类似于焦糖的香气特点著称于世，其原料即采用云南大叶种，属于大叶红茶。

（八）直接以茶树品种命名的茶商品有哪些

在乌龙茶的领域中，品种的特征与成茶的风味关系最为密切，因此乌龙茶的命名往往以茶树品种来命名。铁观音既是茶叶商品的名称，也是茶树品种的名称。除了铁观音外，还有金萱、翠玉、黄金桂、水仙、肉桂、毛蟹、本山、佛手等也是如此。绿茶中的龙井适用的品种为龙井 43#、龙井长叶。其他的红茶、白茶和黑茶对鲜叶品种也有特定的要求，但少有直接以品种命名茶商品的。

品种园

（九）茶树有所谓的新品种（良种）吗

所谓品种是指具有一定经济价值、遗传性状相对一致的栽培植物群体。如果某个品种具有一项或多项优良的经济性状，则称该品种为良种。当然，要成为良种，需具备下列条件之一：（1）品质明显优于现当家品种，产量相当；（2）品质与现当家品种相当，产量明显增加；（3）抗逆性明显强于现当家品种，产量、品质相当，而且开采期要比现当家品种早5天以上。

茶树也有新品种，如台湾的金萱、翠玉、红玉，其改良的情况如附表；又如，福建省农科院用铁观音和黄金桂培育出金观音和黄观音两个国家级良种；此外浙农117#、浙农113#、龙井长叶、名选特早芽213#、名山白毫131#等也是近年培育出来的新品种。

品种	亲本
台茶12号 （别名金萱）	♀台农8号×♂硬枝红心
台茶13号 （别名翠玉）	♀硬枝红心×♂台农8号

跟着《茶经》来学茶

品种	亲本
台茶 18 号 （别名红玉）	♀Burima×♂台湾山茶

（十）"台茶 12 号"也是茶树品种的名称吗

台茶 12 号是茶树品种的名称，它是由著名茶学家吴振铎教授选育出来的。吴振铎教授因为怀念他的祖母，就为台茶 12 号取名为"金萱"，"金萱"是吴振铎祖母的名字，足见他的一片孝心。台茶 12 号可以制作台湾高山乌龙、冻顶乌龙等高档乌龙茶，也可以将制作的成品茶直接称为金萱茶。

（十一）花店里卖的茶花与茶树开的花是同一回事吗

茶花与茶树花是两个不同的概念。茶花，又名山茶花，学名 Camelliajaponica，山茶科植物，属常绿灌木和小乔木，古名叫海石榴，有玉茗花、耐冬或曼陀罗等别名，又被分为华东山茶、川茶花和晚山茶等，茶花的品种极多，是中国传统的观赏花卉；而茶树花，学名 Camellia sinensis，则是由茶树开的花。二者是属于同科同属不同种的植物。

茶花

茶树花

（十二）茶树在什么季节开花结籽

我国大部分茶区的茶树开花期在 9~12 月，盛花期在 10 月中旬至 11 月中旬。茶树开花、授粉后，约经过 1 年时间发育成茶籽。

茶籽除了作为繁殖使用外，还有很多利用价值。茶籽中含有约 15% 的油脂，茶籽仁中含有约 25% 的油脂，因此，茶籽可以用于榨油，榨出的毛油经过精炼后可以食用，而且毛油经过深加工后可以制作成专用茶油，已经在茶叶加工领域广泛使用。

此外，提取茶油后的茶籽饼中含有 20% 左右的茶皂素。茶皂素可用于养殖、医药、日用化工等行业。

茶树籽

（十三）"茶油"和"苦茶油"有什么区别

目前市场上所销售的"茶油"很少是茶树结籽榨的油，绝大部分是由山茶科植物油茶（Camellia Oleifera Abel）的成熟种子压榨得到的脂肪油，商品名又叫"苦茶油""山茶油"。

用茶树结籽榨的油称茶籽油。茶籽油中脂肪酸成分如下：肉豆蔻酸微量，棕榈酸1.6%，硬脂酸1.67%，油酸59.40%，亚油酸21.80%，花生酸1.23%。因油酸、亚油酸含量很高，故是高血压患者的良好食用油。

（十四）茶树到底能活多久

茶树是属于多年生常绿植物，一般为灌木，在热带地区也有乔木型茶树，高达15~30m，基部树围1.5m以上，树龄可达数百年至上千年。根据调查，中国西南地区有很多千年老茶树，目前坐落于云南省普洱市镇沅县千家寨保护区的一株千年古茶树，其树龄达到2700年。

千家寨老茶树

栽培茶树往往通过修剪来抑制其纵向生长，所以树高多在 0.8~1.2m，看起来小小的。茶树经济学树龄一般在 50~60 年。

（十五）人工栽培的茶园是怎样管理的

现在人工栽培的茶园多采用条栽的集约栽培模式，即将茶树种成一行一行的。这样一方面可以提高单位面积茶园的茶树株数，在符合合理密植和较好的栽培管理条件下，产量高，稳定期长，鲜叶品质较好；另一方面，茶园形态规则，方便锄草、耕作、施肥、灌溉等茶园常规管理。

同时，需要将茶树修剪得很整齐，形成一个采摘面，离地约 80cm 高，一方面方便采摘，另一方面是为了在树冠部分形成较多的生产枝，长出更多的新梢供采摘，从而提高产量。

集约栽培茶园

（十六）野生老茶树有什么特点

我国西南地区特别是云南是我国茶树的发源地，因此分布着较多的野生茶树。市场上所强调的"野生老茶树"是指野放栽培的老茶树，这种茶树有百年以上的树龄，甚至有唐朝时栽培的茶树。《中国的古茶树》一书中将树龄较老的茶树所产原料与栽培型的年轻茶树相比，内含成分上有着较大的差异，滋味成分和香气成分都大为不同。传统野生型茶园与新型栽培型茶园相比，产茶量要少得多，且在管理野生型茶园时采用不施肥、不打农药的野放型栽培，突出它的有机无害化，因此野生老茶树制作的茶

（十七）高大的乔木茶树如何采摘

根据我国茶树品种主要性状和特性的研究，并照顾到现行品种分类的习惯，我们将茶树品种按树型、叶片大小和发芽迟早三个主要性状，分为三个分类等级，作为茶树品种分类系统。其中第一个等级是树型，茶树树型可分为乔木型、半乔木型和灌木型三种。一般情况下，乔木型和半乔木型茶树的叶片长度多在 10cm 以上。乔木型茶树品种多数为大叶种，灌木型茶树品种多数为中小叶种。

热带地区的乔木型茶树可高达 15～30m，基部树围 1.5m 以上，树龄可达数百年至上千年。栽培乔木型茶树往往通过修剪来抑制纵向生长，所以树高多在 0.8～1.2m 之间，采用常规采摘方法即可；如果是野生乔木型茶树，则需要搭梯子或爬到树上去采了。

（十八）修剪型的茶园对茶树的成长与制成茶叶的质量有何影响

修剪使茶树分支增加，产生更多的生产枝，萌发更多的茶梢，对增加茶叶的产量有利；但如果施肥不足则会造成芽叶虽多却瘦弱，品质降低。如果仅为提高产量长年多施氮、磷、钾等化肥，而不施或少施有机肥，则会导致土壤养分比例失调，也会造成茶鲜叶质量的下降。

如果在修剪茶园时做到各种营养元素（氮、磷、钾及微量元素）的充足供应，在提高产量的同时茶叶的质量也不会受到影响。

（十九）茶园耕作上如何避免品种的混杂

品种间在萌芽时间、鲜叶色泽、叶形大小、叶质软硬等性状上有所差异，品种的单纯化对于茶园的管理和制茶质量的掌握是有利的，因此茶园耕作管理常在新茶园建立时即要分清品种，同一品种集中栽培。以后的施肥、修剪及采摘等管理，即可根据品种特点采取相应的管理措施。

（二十）茶园施用有机肥或化肥有什么不同

有机肥是以禽类粪便、动植物残体等富含有机质的副产品资源为主要原料，经过发酵腐熟后制成的产品。有机肥中含有多种有机酸、肽类以及包括氮、磷、钾在内的丰富的营养元素，不仅能为农作物提供全面营养，而且肥效长，可增加和更新土壤的有机质，促进微生物繁殖，改善土壤的理化性质和生物活性，对优良品质茶叶的生产具有重要作用。

而化肥是指化学肥料，是用化学和（或）物理方法人工制成的含有农作物生长需要的一种或几种营养元素的肥料。盲目大量施用化肥，会致使茶园土壤酸化，养分比例失调，肥料利用率和土地生产能力下降，茶叶品质变差。

（二十一）茶叶有农药残留问题吗

由于茶树受到病虫的危害，茶农在茶园的常规管理中，要喷施一定量的、茶树上允许施用的农药，以消灭这些病虫害，保证茶叶的产量，因此在茶叶中造成了一定的农药残留。

但是，我们不能一谈"茶叶农残"就色变：首先，在茶树上使用的农药是受到政府部门监管的低残留农药；其次，喷药后的茶园必须在 7 天以后才可以采茶，以进一步确保茶叶安全；再次，茶树上使用的农药多为非水溶性农药，在泡茶时农药残留绝大部分保留在叶底当中；最后，茶叶农药残留含量低达 ppm 级（百万分之一）或 ppb 级（十亿分之一），而我们每天饮茶量最多不过数十克，所以我们摄入的农药残留量是在安全范围之内的。

（二十二）何谓有机茶

有些商店特别贩卖"有机茶"。所谓有机茶，是指茶叶原料在生产过程中遵循自然规律和生态学原理，采取有益于生态和环境的可持续发展的农业技术，不使用化学合成的农药、肥料及生长调节剂等物质，在茶叶加工过程中不使用合成的食品添加剂，符合农业行业有机茶系列标准和有机产品国家标准，并经过有资格的有机产品认证机构认证的茶叶及相关产品。

（二十三）有机茶与非有机茶喝得出来吗

从国家标准要求上来看，有机茶重在安全性上，在风味上和非有机茶并没有明显的区别。如果说市场上有机茶在品质上比非有机茶更佳，常常是因为有机茶栽培对环境条件的严格要求，因此只能在一些生态条件良好、无污染的茶山之中栽培生产，这样生产的有机茶常带有高山茶的品质特点。

（二十四）有机茶与绿色食品茶、无公害茶有何区别

有机茶的概念是 20 世纪 90 年代初引入我国的，其宗旨是保护生态环境、降低资源消耗、提高茶叶品质；绿色食品茶是原农垦部门根据我国国情发展起来的，强调产品具有安全、优质、富含营养的特点；无公害茶是 21 世纪初我国加入 WTO 后，政府实施食品安全基本国策提出的，是保障茶叶的基本安全，满足大众消费，是最基本的市场准入条件。

绿色食品茶分为 A 级和 AA 级，AA 级绿色食品茶与有机茶相当。有机茶和 AA 级绿色食品茶在安全性方面要求更高，规定生产基地要远离工厂、公路、生活区和传统农业区以避免各种污染源，在生产过程中不准使用任何化学合成的农药、化肥和除草剂，只能使用有机肥料，以农业、生物和物理方法控制病虫害。

有机茶与无公害茶、绿色食品茶都是安全的茶叶产品，但在层次上有机茶属于最高层次，其次是绿色食品茶（AA 级绿色食品茶与有机茶相当），再次是无公害茶。

（二十五）抹茶原料为何要"遮阴"

抹茶的风味特点要求高鲜，回甘，无苦涩味，香气具有海苔香，因此内质成分的特色为氨基酸、可溶性糖、叶绿素的含量高，茶多酚、咖啡因的含量低等。研究显示：覆盖遮阴改变了光照强度、光质、温度等环境因素，因而影响到茶叶香气品质的形成。露天茶不含 β-檀香醇、苯甲酸及其酯，除低级脂肪族化合物的含量较高外，其他香气成分的含量明显低于遮阴茶。经过覆盖的绿茶叶绿素和氨基酸明显增加，类胡萝卜素为露天栽培的 1.5 倍，氨基酸总量为自然光栽培的 1.4 倍，叶绿素为自然光栽培的 1.6 倍，儿茶素含量降低 40%。因此，遮阴可明显提高抹茶的品质。

其他茶叶亦可以采用此法，我国部分茶区在绿茶与乌龙茶的生产上也使用了这种方式。在茶园中植树也能起到类似的作用。

（二十六）茶树繁殖有哪些方式

茶树繁殖一般有两种方式：无性繁殖和有性繁殖。所谓"无性繁殖"，又称营养繁殖，是指由植物的根、茎、叶等营养器官或离体组织产生新个体的生殖方式，不涉及性细胞的融合，可保持母本的优良遗传性状。在茶树上常用的方法有扦插、压条和嫁接等。目前绝大部分茶树都是采用无性繁殖。

遮阴茶园的架子

"有性繁殖"又称"种子繁殖",即由种子播种繁殖成新个体,通称为实生苗或有性苗,播种期一般在当年11月至次年3月。由于茶花授粉的来源难以掌控,种子繁殖难以保持母本完整的遗传。

(二十七) 茶树繁殖中的"扦插法"如何操作

扦插育苗法是茶树无性繁殖的方法之一,根据插穗的长度可分为长穗扦插和短穗扦插两种。长穗扦插用长度在20cm以上的枝条扦插,因用穗量大、成活率低、管理要求高等缺点,已被短穗扦插所取代。所谓短穗扦插,即用带腋芽和1~2个成熟叶片、长3cm左右的短穗扦插在适宜的土壤中,培育成新的植株。一般在苗圃中培育1年后才可移栽,移栽后经过2~3年的幼年期管理,即可采收茶青。

(二十八) 经常修剪的茶园为什么要"台刈"?多少年后就得进行"更新"?

台刈是对树龄大、树势衰老、主干灰白、叶片秃光、苔藓地衣丛生、主干高大、分支极少、树冠低矮、骨干枝病虫危害严重以及大量枝条干枯死亡的茶树进行彻底改造树冠的方法。具体方法是:对灌木型茶树,在离地面5~10cm处,剪去茶树全部地上部分枝干;对半乔木或乔木型茶树,则在离地面20cm处,剪去茶树全部地上部分枝干。台刈相当于给茶树动了一次大手术,茶树2~3年后才能恢复正常水平。一般情况下,15~20年

扦插育苗

实施一次。但是，对于急剧衰老、生理年龄较大的茶树，台刈后的复壮效果不是很好，此时就需要对茶园进行更新了，即挖掉原来的老茶树，重新种植新茶树。

衰老茶树与刈

茶园更新

（二十九）一望无际的"万亩茶园"对茶叶品质有无影响

　　所谓"万亩茶园"是指纯茶园生态系统，即地面只种植茶树，没有间作、混作其他栽培植物的茶园。这种茶园不受其他种植植物影响，主要是茶树、动物、微生物、一年生草本植物与环境间的生态系统，这种生态系统简单而脆弱，因此茶树抗病虫害的能力弱，需要人工防治，不仅影响了生态平衡，又难免化学药品对茶鲜叶的污染。茶树不喜阳光直射，具有耐阴特性，而"一望无际的万亩茶园"，没有乔木型树种的庇护，强光照下的茶叶原料品质是欠佳的。

　　而大面积地将种树与种茶相结合，可以提高土壤的保水性，降低周边气温，落叶自然形成的地表覆盖物在分解后可增加土壤有机质。目前已有的复合茶园类型主要是茶与林木复合园，茶与经济林复合园等。实践表明，从光照、土壤结构和肥力、生物群落的稳定性上看，复合茶园对高产优质有利。

万亩茶园

八、茶的功效

"茶之为用，味至寒，为饮最宜精行俭德之人。若热渴、凝闷、脑疼、目涩、四肢烦、百节不舒，聊四五啜，与醍醐、甘露抗衡也。"

——《茶经·一之源》

凡是饮茶者，都知道茶能清热解乏，对于茶的这些功效，陆羽的《茶经》中也指出了。那么，我们就从现代医学角度出发，看看茶都有哪些有益身体健康的成分吧。

（一）茶的健康元素

咖啡因对人体的作用有：兴奋神经中枢系统，帮助人们振奋精神，抵抗疲劳，提高工作效率；解除支气管痉挛，促进血液循环，是治疗哮喘、咳嗽和心肌梗死的辅助药物；利尿、调节体温和抵抗酒精毒害。咖啡因主要存在于茶叶、咖啡、可可等植物中，在植物界中稀少，像茶一样集中在叶部的更少，因此咖啡因的有无，可以作为判断真假茶叶的标准之一。通常每150毫升的茶汤中含有咖啡因约40毫克。咖啡因具弱碱性，通常在80℃的水温中即能快速溶解。

1. 茶多酚类物质

茶多酚类物质是茶叶中儿茶素类、黄酮类、酚酸类和花色素类化合物的总称。茶多酚使茶叶能够保存较长的时间而不变质，是其他大多数树木、花草和果菜所达不到的。富含多酚类物质是茶叶与其他植物区别的主要特征。绿茶中茶多酚含量占干茶总量的 15%～35%，红茶因发酵使茶多酚部分氧化，含量为 10%～20%。茶多酚对人体的作用主要有：降低血糖、血脂；活血化瘀，抑制动脉硬化；抗氧化、延缓衰老；抑菌消炎，抗病毒；抑制癌细胞增生；去除口臭等。此外，由于茶多酚能够保护大脑，防止辐射对皮肤和眼睛的伤害，因此富含茶多酚的茶饮品被誉为"电脑时代的饮料"。

2. 维生素

维生素是人体维持正常代谢所必需的六大营养要素（糖、脂肪、蛋白质、矿物质、维生素和水）之一，在茶叶中的含量也十分丰富，尤其是 B 族维生素、维生素 C、维生素 E、维生素 K 的含量。B 族维生素可以增进食欲；维生素 C 可以杀菌解毒，增加肌体的抵抗力；维生素 E 可抗氧化，具有一定抗衰老的功效；维生素 K 可以增加肠道蠕动和分泌功能。因生理、职业、体质、健康等各方面情况的不同，人体对各种维生素的需求量也各异。通过饮茶摄取人体必需的维生素，是一种简易便捷的健康方式。

3. 矿物质

矿物质又称无机盐，它是人体内无机物的总称，和维生素一样，矿物质是人体必需的重要元素。钾、钙、镁、锰等 11 种矿物质在茶中含量丰富。矿物质主要是和酶结合，促进代谢。如果人体内矿物质不足就会出现许多不良症状：比如钙、磷、锰、铜缺乏，可能引起骨质疏松；镁缺乏，可能引起肌肉疼痛；缺铁会出现贫血；缺钠、碘、磷会引起疲劳……因为茶叶中矿物质含量丰富，多饮茶可促进新陈代谢，保持身体健康。

4. 氨基酸

茶叶中含有氨基酸约 28 种，例如蛋氨酸、茶氨酸、苏氨酸、亮氨酸等。这些氨基酸对于人体功能的运行发挥着重要作用，例如亮氨酸有促进细胞再生并加速伤口愈合的功效；苏氨酸、赖氨酸、组氨酸等对于人体正常生长发育并促进钙和铁的吸收至关重要；蛋氨酸可以促进脂肪代谢，防止动脉硬化；茶氨酸有扩张血管、松弛气管的功效。茶中含有的氨基酸为人体生命正常活动提供了必需的要素。

5. 蛋白质

人的生长、发育、运动、生殖等一切活动都离不开蛋白质，可以说没有蛋白质就没有生命。茶叶中蛋白质的含量占茶叶干物量的 20%～30%，其中水溶性蛋白质是形成茶汤滋味的主要成分之一。

6. 糖类

糖类是人体能量的主要来源。茶叶中的糖类有单糖、淀粉、果胶、多聚糖等。由于茶叶中的糖类多是不溶于水的，所以茶的热量并不高，属于低热量饮料。茶叶中的糖类对于人体生理活性的保持和增强具有显著的功效。

（二）茶的保健功效

1. 安神醒脑

茶叶中含有咖啡因，而咖啡因可以刺激大脑感觉中枢，从而使其更加敏锐和兴奋，起到安神醒脑、解除疲劳的作用。在感觉疲倦的时候，泡上一杯清茶，闻着缕缕的清香，品着茶汤的舒爽，精神自然会慢慢饱满起来，已有的困倦和劳累也会得到很好的缓解，不但思维会变得清晰，反应也会变得敏捷起来。这便是茶带来的安神醒脑的良好功效。

2. 防龋固齿

茶所具有的防龋固齿的功效与它本身含有的健康元素有关。首先是氟元素，茶中含有较多量的氟元素，而适量的氟元素是抑制龋齿发生的重要元素。因此，一些牙膏中也以添加氟元素的方式起到更好的防蛀效果。其次是茶多酚类化合物，它们可以抑制牙齿细菌的生成和繁殖，进而预防龋齿的发生。最后就是茶叶中皂苷的表面活性作用，它增强了氟元素和茶多酚类化合物的杀菌效果。另外，因为茶本身呈碱性，而碱性物质可以防止牙齿所必需的钙质的减少和流失，因此，饮茶还可以起到坚固牙齿的作用。

3. 清心明目

喝茶能清心降火。一方面是因为茶叶的轻柔以及与水的交融给人心理上的安抚；另一方面茶叶中含有的多种健康元素也悄然进入人体，发挥其特殊的效果。

茶不但能清心，同时也能明目。眼睛需要维生素 C 的滋濡，而通过饮茶可以有效摄入维生素 C，因此经常饮茶可以很好地预防白内障、夜盲症等眼病的发生，进而起到明目的作用。

4. 消渴解暑

茶作为一种健康的饮品，消渴是其突出的优点。当茶水滑过干渴的咽喉，焦渴的感觉会慢慢消失，浸润的滋味充满身心。尤其是炎热的夏季，干燥的空气和酷烈的阳光很容易让人觉得干渴甚至是中暑，茶便是绝佳的解渴和消暑饮品。在庭院中摆上清茶数盏，品饮欢娱的同时也获得了消渴解暑的效果。

5. 清新口气

人们在用餐之后往往会有一些残余物遗留或者黏附在牙齿的表层或牙缝中，经过口腔细菌的发酵作用，从而出现异味或者口臭。饮茶可以起到很好的清新口气的效果。这主要是因为茶中茶多酚类化合物对存在于口腔中的菌类有很好的预防和杀灭效果，同时茶皂素的表面活性作用也可以起到清除口臭、清洗口腔的作用。

6. 解毒醒酒

饮酒对于肝脏所造成的伤害大家并不陌生，而饮茶可以帮助解毒醒酒也是众所周知的。

这主要是因为茶中含有大量的维生素 C 和咖啡因。维生素 C 可以促进肝脏对酒精的酶解作用，使得肝脏的解毒作用变得更强，减少肝脏的负担。

其次是因为咖啡因的提神作用可以使昏沉的头脑变得相对清醒，同时缓解头疼并促进肌体的新陈代谢。因此，酒醉后适量地饮用一杯淡茶，具有很好的解毒醒酒效果。

7. 排毒养颜

经常饮茶可以有效清除体内重金属所造成的毒害作用。研究证明，在人们日常生活中一些重金属如铜、铅、汞、镉、铬等，通过饮食、空气等进入人体，对人体造成很大的损害。茶叶中的茶多酚类化合物可以对重金属起到很好的吸附作用，能够促进重金属在身体中沉淀并被排出。

此外，饮茶可以美容也为人们所公认。一方面是因为通过饮茶能够有效地排出身体中沉积的毒素，使人精神焕发；另一方面茶中富含的美容营养素较高，帮助肌肤新陈代谢，能有效祛除色斑和暗黄，具有很好的滋润和美容效果。经常饮茶是一种有效而便捷的美容方法。

8. 消食去滞

酒足饭饱之后往往出现口渴和食物淤积的感觉，而这时候饮茶是最好的选择，可以起到消食去滞的效果。因为茶叶中咖啡因和黄烷醇类化合物的存在，可使消化道的蠕动能力增强，促进食物的消化。同时饮茶也可预防消化器官炎症的发生，这是因为茶多酚类化合物会在消化器官的伤口处形成一层薄膜，起到保护作用。

9. 利尿通便

饮茶能利尿，当然有摄入了一定水分的原因，但主要还是因为茶中含有咖啡因、可可因以及芳香油，它们之间综合作用的结果，促进尿液从肾脏中加速过滤出来。由于乳酸等致疲劳物质伴随尿液排出，体力也会得到恢复，疲劳便得到缓解。同时，饮茶对于缓解便秘也有很好的效果。这是因为茶叶中茶多酚类物质促进了消化道的蠕动，使得淤积在消化道的废物能够有效地排出，因此对习惯性和神经性便秘起到缓解与治疗作用。

10. 增强免疫力

一个人的免疫力固然跟自己本身的体质有关，但是通过适当的科学方法也可以增强自己的免疫力。饮茶就是一种既便捷又健康有效的方式，因为茶中含有的健康元素可以有效地抵抗细菌、病毒和真菌。茶叶中含有较高量的维生素 C，可以有效提高免疫力。同时，有研究认为茶里含有的氨基酸也能增强身体的抵抗力。总之，饮茶对于身体免疫力的增强有着明显的效果。

11. 防辐射、抗癌变

茶多酚能抑制多种致癌物质的形成，如亚硝胺，同时降低黄曲霉素的致癌活性。茶叶中的脂多糖进入人体后，在短时间内就可以增强肌体的非特异性免疫能力，对提高肌体的抵抗力作用很大，并有防辐射的功效。茶叶中的多酚类化合物和脂多糖对放射性同位素有很好的吸附作用。

12. 延年益寿

人体衰老的机制主要是因为脂质的氧化，而维生素 C 和维生素 E 等具有良好的抗氧化作用。茶叶中不仅含有较高量的维生素 C 和维生素 E，而且含有儿茶素类化合物。儿茶素类化合物具有较强的抗氧活性，可以起到很好的抗衰老、延年益寿的效果。

13. 消炎杀菌

在中国古代，茶叶常被用来给伤口消毒。这是因为茶叶中含有的儿茶素类化合物和黄烷醇类能够起到很好的消炎杀菌效果。黄烷醇类相当于激素药物，能够促进肾上腺的活动，具有直接的消炎作用。茶叶中的儿茶素类化合物对多种病原细菌具有明显的抑制作用。茶叶中多酚类化合物和儿茶素类化合物，还可以明显抑制病毒。而众多的茶叶品种中，尤其以绿茶的杀菌性最强。

（三）茶叶成分问答

1. 鲜茶叶与制成的干茶、浸泡后的茶汤，其成分有什么不同？

鲜叶中含量最高的为水分，占鲜叶重量的 75% 左右，干物质的化学成分主要包括以下几种：茶多酚、生物碱（咖啡因）、蛋白质、氨基酸、糖类、茶皂素、茶色素、维生素和芳香类物质。

而干茶中的水分控制在 5% 以内，根据制作方式的不同，茶类的成分转化与保留不同，不发酵绿茶中茶多酚、叶绿素和维生素保留最多，而全发酵的红茶中多酚类大量氧化缩合为茶色素，维生素几乎无保留，芳香类物质转化生成达400多种。

干茶中的成分通过浸泡进入茶汤，主要是溶于水的茶多酚及其氧化产物、生物碱、氨基酸、水溶性糖、水溶性蛋白以及以悬浮态存在的叶绿素、叶肉组织。

2. 茶多酚有什么保健功效？

茶多酚是茶树酚类物质及其衍生物的总称，它是茶叶中最主要的功效成分之一，主要包含六类成分，以黄烷醇类化合物（儿茶素类）含量最高，约占茶多酚总量的60%～80%。茶多酚类物质具有杀菌抗病毒、清除自由基、保护和修复DNA结构等生化活性，这些生化性质使得茶叶具有降血脂、抗肿瘤、抗脂质过氧化、抗凝促纤溶、增强免疫功能、抗菌、抗病毒、解毒、抗衰老、抗辐射损伤等生理功效。

3. 粗老茶能治糖尿病吗？

民间治疗糖尿病的实践中，粗老茶显示了较好的功效，主要就是发挥了茶多糖的作用。糖尿病是以持续高血糖为其基本生化特征的一种综合病症。各种原因造成胰岛素供应不足或胰岛素不能发挥正常生理作用，使体内糖、蛋白质及脂肪代谢发生紊乱，血液中糖浓度上升，就发生了糖尿病。茶多糖的机理不是促进胰岛素的分泌，而是增强胰岛素的功能。茶多糖与促进胰岛素分泌的药物一起使用，能增强药物的降血糖效果。研究茶多糖药理功能的现代资料中可以概括出茶多糖还具有以下药理功效：降血脂、防辐射、抗凝血及血栓、增强肌体免疫功能、抗氧化、抗动脉粥样硬化、降血压和保护心血管等。

4. 为何有人夜间饮茶不易入眠？

茶叶中的咖啡因含量约为鲜叶干重的2%～4%，它对茶汤滋味的形成有重要作用。茶叶中的咖啡因具有兴奋大脑中枢神经、强心、利尿等多种药理功效。饮茶的许多功效都与茶叶中的咖啡因有关，例如消除疲劳，提高工作效率，抵抗酒精和尼古丁等毒害，减轻支气管和胆管痉挛，调节体温，兴奋呼吸中枢等。咖啡因的兴奋作用及其爽口的苦味能满足人们的生理及口味的需求，使得一些含咖啡因的食物，如茶、咖啡、可可、巧克力、可乐等容易盛行。

早期人们认为咖啡因可能是一种致癌因素，但目前咖啡因的研究发现其不但不会致癌而且还有抗癌效果。当然咖啡因也存在负面效应，这主要表现在晚上饮茶可能影响睡眠，对神经衰弱者及心动过速者等有不利影响。为了避免这些不利因素，同时满足特殊人群的饮茶需求，目前已经有脱咖啡因茶生产。

可可

5. 茶氨酸有什么功效？

茶叶中的氨基酸的总量仅占茶叶干重的 1%～4%，但氨基酸在茶汤中的浸出率可达 80%。与茶叶保健功能关系密切的茶氨酸具有焦糖香及类似味精的鲜爽味。美国哈佛大学医学院的杰克·布科夫斯基博士认为：茶氨酸在人体肝脏内分解为乙胺，而乙胺又能调动名为"伽马—德耳塔 T 细胞"的人体血液免疫细胞做出抵御外界侵害的反应。在《美国科学院》2003 年 6 月期刊的报道中表明：茶氨酸可使人体抵御感染的能力增强 5 倍。而各种茶类中以绿茶中茶氨酸含量最高，因此 2003 年被非典型肺炎（简称 SARS）传染困扰的国人争相购买绿茶以助提高免疫力。

茶氨酸还具有以下几方面的功效：促进神经生长和提高大脑功能，从而增进记忆力和学习能力，并能对帕金森病、阿尔茨海默病及传导神经功能紊乱等疾病有预防作用；有防癌抗癌作用；降压安神，能明显抑制由咖啡因引起的神经系统兴奋，因而可改善睡眠；具有增加肠道有益菌群和减少血浆胆固醇的作用；茶氨酸还有保护人体肝脏，增强人体免疫机能，改善肾功能，延缓衰老等功效。

6. 富含 γ-氨基丁酸的茶具有什么功效？

γ-氨基丁酸是人和动物体内非常重要的神经传达物质，参与脑的生理活动，具有多种生理活性，如安神作用、降血压作用。1987 年日本农林水产省开发了 GABARON 茶。GABARON 茶是指 γ-氨基丁酸含量高于 150mg/100g 的茶，而一般的茶叶，如绿茶中的 γ-氨基丁酸仅为 25～40m/100g。其加工方法较一般的茶加工多了一道工序，即将鲜叶先在氮气或二氧化碳中放置 5～10 个小时，使叶中其他氨基酸在厌氧条件下转化为 γ-氨基丁酸。在中国台湾加工生产的"佳叶龙茶"，可有效降低血压，并舒缓现代人忧郁、失眠等症状。佳叶龙茶就是富含 γ-氨基丁酸的茶。

7. 哪种方式可以更有效地利用茶叶中的蛋白质？

茶叶中的蛋白质含量高，约占茶叶干重的 20%～30%，主要由谷蛋白、球蛋白、精蛋白和白蛋白组成，但茶叶以冲泡的方式能溶于水的蛋白质仅 2% 左右。较易溶于水的为白蛋白，约有 40% 的白蛋白能溶于茶汤，能增进茶汤滋味品质。不溶于水的蛋白质在茶叶加工过程中有少量能水解为氨基酸，增进茶叶的滋味与香气。

日本抹茶将茶叶研磨成细颗粒粉末的粉茶，饮用时将茶与茶汤一起喝下去，也可加入食品中以吃茶的方式摄取，可更有效地利用茶叶中的蛋白质。

8. 能够用饮茶替代吃水果蔬菜吗？

茶叶的营养价值也来自茶叶中所含的维生素及矿物质，因为它可以供给维生素 B_1、B_2、B_3、叶酸等 B 族维生素，绿茶还可以供给维生素 C 等。至于维生素 E 和 K 则因不溶于水，所以除非食用抹茶或粉茶，否则只喝茶汤是无法摄取的。绿茶中的维生素 C 是蔬菜和水果的好几倍（见下表），但茶叶每天的摄入量与蔬菜水果相比要小得多，不足以补充人体所需的量，因此不能代替水果蔬菜。

茶叶中维生素 C 含量与其他蔬果之比较（mg/100g）

名称	含量	名称	含量
玉露	110	包种茶	200
抹茶	60	毛蜂	150
煎茶	250～280	红茶	0
釜炒茶	200～230	柠檬	43
番茶	130～150	柑	68
高焙火茶	40～50	青椒	91
玄米茶	75	番石榴	225

9. 如何理解"氟是一把双刃剑"？

氟是人体必需的微量元素，在骨骼与牙齿的形成中有重要作用。缺氟会使钙、磷的利用受影响，导致骨质疏松。牙齿的釉质不能形成抗酸性强的氟磷灰石保护层，易被微生物、酸等侵蚀而发生龋齿，使用含氟牙膏、含氟漱口水，或食用含氟食品有其重要性。许多国家和地区，如美国、澳大利亚、爱尔兰、日本等在自来水中加氟，以增加氟的摄取源。

但过量摄取氟可导致氟中毒，如发生氟斑牙、氟骨症（骨质发脆而易折）。成人安全而适宜的量为每天 1.5～4.0mg，茶叶中的氟含量一般在几十到二百毫克每千克，因此常饮茶的人应避免使用含氟牙膏。从这个意义上可以说"氟是一把双刃剑"。

10. 富硒茶有何益处?

硒在生命活动中的重要作用被认识得较晚,1973年联合国卫生组织正式宣布硒是人和动物生命必需的微量元素,每日所需要量为0.05~0.2mg。硒是人体内最重要的抗过氧化酶-谷胱甘肽过氧化酶的主要组成成分,具有很强的抗氧化能力,保护细胞膜的结构和功能免受活性氧和自由基的伤害。因此它具有抗癌、防衰老和维持人体免疫功能的效果。

茶叶中均含有硒元素,含量的高低取决于各茶区土壤的硒含量,非高硒区的茶叶中硒含量在0.05~2.0mg/kg。硒含量较高的湖北、陕西以及贵州、四川的部分茶区的茶叶中硒含量在5~6mg/kg。在缺硒地区普及饮用富硒茶是解决硒营养问题的办法之一。

11. 茶叶中的锰对人体有何重要性?

茶叶中含量较高的锰也对人体健康有重要的作用。锰参与骨骼形成和其他结缔组织的生长、凝血,并作为多种酶的激活剂参与人体细胞代谢。缺锰会使人体骨骼弯曲,并容易患心血管病。茶叶是一种集锰植物,一般低含量也在30mg/100g左右,比水果、蔬菜约高50倍,老叶中含量更高,可达到400mg/100g。茶汤中的锰浸出率为35%左右。常喝茶较不易得骨质疏松。

12. "茶色素"对人体有何益处?

茶色素包含的范畴较广泛:叶绿素、β-胡萝卜素、茶黄素、茶红素等。

叶绿素可分为叶绿素a和叶绿素b两种,其含量约占鲜叶干物重的0.5%~0.8%,它是茶叶中的脂溶性色素。不同茶类的叶绿素保留量差别较大,其中绿茶保留较多。作为天然的生物资源,茶叶叶绿素是一种优异的食用色素,它还具有抗菌、消炎、除臭等多方面的药用价值。

茶叶中β-胡萝卜素也较丰富,其含量一般在100~200μg/g。β-胡萝卜素的生理功效首先表现在它具有维生素A的作用,一个β-胡萝卜素分子,在体内酶的作用下可转化为两个分子的维生素A。此外,它还具有抗氧化作用,能清除体内的自由基,增强免疫力,提高人体抗病能力等。

另外在茶叶中,茶多酚及其衍生物经过氧化缩合可以形成茶黄素、茶红素和茶褐素,它们是红茶的主要品质成分,也是显示红茶色泽的主要成分,它们还具有很好的生理活性。它们在红茶中的含量一般约为1%。在黑茶、乌龙茶、黄茶、白茶中也有茶黄素、茶红素存在。研究证明,茶黄素具有类似茶多酚的作用,并且具有很高的医疗保健价值。茶黄素不仅是一种有效的自由基清除和抗氧化剂，而且具有抗癌、抗突变、抑菌抗病毒，治疗糖尿病，改善和治疗心脑血管疾病等多种功能。

13. 茶叶中的"茶皂素"对人体有害吗？

茶皂素又名茶皂甙，分布在茶的叶、根、种子各个部位。茶皂素也和许多药用植物的皂甙化合物一样有溶血性，但茶叶中的皂甙与大豆、人参皂甙化合物一样，溶血性相当弱。茶皂素对冷血动物毒性较大，尤其是对鱼类。但对人和其他动物口服无毒，人喝茶不必担心茶皂素的溶血性。茶皂素还有许多生理活性如抗菌、抗病毒、抗炎症、抗过敏，抑制酒精吸收与减肥的作用。

茶皂素是一种性能良好的天然表面活性剂，茶叶冲泡时聚集于茶汤表面的泡沫即为茶皂素。它的表面活性作用，目前广泛应用于轻工、化工、纺织及建材等行业。日本抹茶汤面上的丰富汤花不仅与茶皂素有关，还结合了抹茶中含有的果胶类成分。

14. 各类茶有不同的香气，它们具有不同的保健功效吗？

香气疗法是 20 世纪初从欧洲兴起的一种医疗法，机理上是一方面通过香气对神经的作用使人感到精神爽快，身心放松；另一方面是香气成分进入人体达到维持和促进人体功能的正常化。植物的香气成分有许多效果，如镇静、镇痛、安眠、放松、抗菌、消炎、除臭等。茶叶中已发现有约 700 种芳香物质，各类茶的香气成分的种类及含量各不相同，这些成分的绝妙组合形成了不同茶类的独特品质风味。

（四）茶叶保健问答

1. 茶叶为何有提神益思、止渴生津的作用？

"当你伏案疾书，头昏目眩，四肢疲倦之时，泡饮一杯茶，会倦怠渐消；当炎炎夏日，长途奔波，汗流浃背，疲乏不堪之际，喝上一壶香茗，会暑气全消。"这是茶叶的什么作用？

茶叶能提神益思、消除疲劳，原因主要是茶叶中含有咖啡因、茶叶碱及可可碱等生物碱，以咖啡因为主。茶叶中的生物碱被人体吸收后，既能刺激中枢神经系统，清醒头脑，帮助思维，又能加快血液循环，促进新陈代谢，使人解除疲劳。在临床上，可用咖啡因治疗伤风头痛。

在高温环境下，肌体热负荷增加，代谢加快，能量消耗增多，易产生疲劳；由于肌体散热主要依赖出汗功能，大量出汗或代谢受阻，易导致水电平衡紊乱。而饮茶首先补充肌体失去的水分，调节新陈代谢，维护心脏、胃肠、肝肾等脏器的体液平衡。其次，茶叶中富含多种维生素、矿物质、微量元素、氨基酸等活性物质，可以补充出汗丢失的营养成分，维持高代谢状态下的生理功能。因此饮茶具有止渴生津的作用。

2. 边疆少数民族天天饮茶是基于茶的什么功效？

边疆少数民族主要食用牛羊肉，在丰盛餐宴以后，泡饮一杯香茗是消食除腻的最好办法。茶叶中的生物碱，可促进胃液的分泌和食物的消化；茶汤中的肌醇（生物素Ⅱ）、叶酸、泛酸等维生素物质，与蛋氨酸、半胱氨酸、卵磷脂、胆碱等多种化合物，都有调节脂肪代谢的功能；茶皂素具有分解脂肪的功效。另外，边疆少数民族饮茶历史可追溯到唐朝文成公主进藏时期，历经千年，饮茶已经成为他们的日常生活习惯，故不可一日无茶。

3. 饮茶可以醒酒吗？

用茶来解酒精中毒，这是人们早已熟悉并广泛使用的方法。清代汪昂的《本草备要》中，就有"茶有解酒食、油腻、烧炙之毒，利大小便"的记载。

茶叶中含有的茶多酚、咖啡因、茶叶碱、茶皂甙、黄酮类、有机酸、多种氨基酸和多种维生素等物质相互协同，使茶汤如同一服药效齐全的醒酒剂。它的主要作用是兴奋中枢神经，对抗和缓解酒精中毒后的中枢神经抑制作用，扩张血管利于血液循环，提高肝脏代谢能力，促利尿，使酒精及代谢产物从体内迅速排出。实验表明，茶的利尿作用能抑制肾小管对酒精的再吸收，并可以加强泌尿系统的抗感染能力。

我国许多著名的中西医学者和茶叶界专家也都从不同角度阐述了茶能解酒毒，无副作用的道理。浙江省第二医院神经科副教授丁德云主任医师明确指出，镇静安眠药物服用过量或喝酒过多，可用浓茶治疗。福建中医学院盛国荣教授指出，茶含有茶鞣酸，能解烟碱和酒精中毒。中国农科院茶叶研究所副研究员程启坤认为，茶的利尿作用有助于醒酒和解除酒精毒害，使毒素从尿中排出体外。

但是长期饮酒过量后依赖浓茶醒酒对身体是不利的。饮酒以后酒精刺激心脏，心跳加快，浓茶中的大量咖啡因有着同样的效果，醉酒后喝浓茶，会加重心脏负担。另外浓茶的利尿的作用强，虽然加速体内的未分解酒精和乙醛直接经由肾排出体外，起到减少肝损伤和快速醒酒的作用，但酒精、乙醛对肾是有害的，经常酒后喝浓茶，可能会引起肾功能障碍。因此，不要过量饮酒才是根本解决之道。

4. 民间为何常用浓茶汤杀菌消炎？

1923 年美国陆军军医总监发现"伤寒病菌在纯粹培养基中培养，放入茶汤，经 4

小时，能减少其数量，20 小时后，茶汤中再无发现"。这是基于茶叶中的多酚类物质，能使蛋白质凝固沉淀。茶多酚与单细胞的细菌接触，能凝固蛋白质，使细菌失去活性后排出体外。因此，民间常用浓茶汤治疗细菌性痢疾，或用茶末敷涂伤口，杀菌消炎解毒，促使伤口愈合。

5. 喝茶有减肥的功效吗？

唐代的陈藏器所著《本草拾遗》记载：茶"久食令人瘦，去人脂"。现代的科学研究是否也是一样？

经动物试验，绿茶中的儿茶素、咖啡因、茶氨酸、茶皂素、纤维素等成分，都有不同程度降低体内脂肪和胆固醇的作用。其中，咖啡因能促进体内脂肪燃烧，提高体温，促进出汗；茶氨酸能降低腹腔脂肪，以及血液和肝脏中的脂肪及胆固醇浓度；茶皂素通过阻碍脂肪酶的活性，减少肠道对食物中脂肪的吸收，从而达到减肥的作用；纤维素可促进胃肠蠕动，使排泄物迅速排出体外，减少肠壁对代谢废物或毒物的吸收，保持血液清洁，从而起到减肥健美的效果。

6. 喝茶能使人长寿吗？

现代研究认为人的自然年龄在 110~130 岁，古人把 108 岁称为茶寿，这就是说饮茶能使人长寿到几乎可以达到人的最高寿命。目前已经知道上百种疾病的罪魁祸首都是自由基，而抗氧化剂能清除自由基，阻止自由基的氧化反应，起到保护肌体的作用。茶叶中含有的茶多酚、维生素 C、维生素 E、类胡萝卜素、硒等成分，均具有抗氧化的作用；茶多糖和茶氨酸具有增强人体免疫功能的作用。所以说，茶可常饮，有助于延年益寿。

7. 饮什么茶可以减轻辐射的伤害？

目前研究茶叶对辐射损伤具有保护作用的主要是绿茶类。茶多酚类是茶叶抗辐射的主要活性物质之一。研究表明茶多酚可阻止紫外线诱导的皮肤损伤，故有"紫外线过滤器"之美称。茶多酚对紫外线诱导的皮肤损伤的保护作用强于维生素 E。癌症患者采用放射治疗引起的轻度放射症，如食欲不振、恶心、腹泻等，遵医嘱饮茶后，90%的患者的放射病症状明显减轻。而乌龙茶、红茶、黑茶经发酵或后发酵，茶多酚氧化，从而降低了抗辐射的能力。

8. 茶叶中哪些成分具有降压的功能？

中医认为高血压、脑出血等疾病是由真阴亏虚、虚火内积所致。中老年人体质常偏阴虚内热，易患高血压、脑出血等疾病，茶叶有清热的功效，故能降低血压。那么，人们都知道饮茶可以提神益思，消食去腻，但对于饮茶可以降低血压却知之不多。其实，茶叶中就含有可降低血压的物质，主要是儿茶素类物质。另外，茶叶中的咖啡因成分也具有一定的降压作用。由于绿茶中儿茶素含量较多，同时绿茶中的 γ-氨基丁酸有较显著的松弛血管壁的效用，因此与红茶、青茶、白茶、黑茶、黄茶这五类茶相比，绿茶更具有降压效果。

茶叶中的儿茶素降压作用有三方面：一是可促进血液中胆固醇的溶解，使胆固醇难以在血管内聚集，因而不会引起血管的阻塞和因阻塞所导致的血管破裂。研究表明，常饮绿茶的人血液中胆固醇含量比不饮茶的人要低 1/3 左右。二是对血管紧张素转换酶 ACE 的活性具有较强的抑制作用，因此血管紧张素分泌较少而舒缓激肽分泌较多，有助于降低血压。三是可增强心肌和血管壁的弹性，消除血管痉挛，具有预防动脉硬化的作用。

此外，茶叶中含有的维生素 P 可以增强毛细血管的韧性。咖啡因能促使人体血管壁松弛，让血液充分地输入心脏本身的冠状动脉，有益于心脏的自身营养。咖啡因的利尿作用可以加速体内钠的排出，使血液中钠浓度降低，同时饮茶还可以提高钾的浓度，使血液中钾、钠比例适中，以保持血压正常。

9. 饮茶可以防癌吗？

为证实茶具有保健功能，在美国、中国和日本开展了一系列调查研究工作，重点放在其防治皮肤癌、肺癌、肝癌、食道癌和胃癌的功效上。关于绿茶预防癌症功效的信息较多，但有关发酵茶防治癌症的功效信息则少之又少。

人们相信，80% 的癌症是由于不良的饮食习惯和抽烟引起的。日本绿茶的生产中心静冈县，胃癌的发病率低于全国平均水平，主要就是当地人有大量饮用绿茶的好习惯。

自由基是人体在呼吸代谢过程中，在消耗氧的同时产生的一组有害"垃圾"。研究表明，自由基也是造成基因变异、致癌的重要原因。一般情况下人的肌体是处于自由基不断产生和不断消除的动态平衡之中。值得指出的是，香烟是自由基发生剂，据测定，人们每吸一日烟就可产生 10^{17} 个自由基，可见吸烟会破坏这种动态平衡。自由基产生过多，人体致癌的可能性也加大了。茶多酚的主体儿茶素类物质是一种抗氧化剂，也是一种自由基强抑制剂。它可以抑制由于吸烟引起的肿瘤发生。

各类茶中以绿茶的茶多酚保留最多，因此常饮绿茶可助防癌。

10. 用茶水漱口有道理吗？

《红楼梦》中描写林黛玉第一次在贾府吃饭，饭毕先用茶水漱了口；待再送上茶来，这才是吃茶。《红楼梦》所描写的用茶水漱口有一定道理，因为茶叶中含有氟的成分，它对预防龋齿有一定的作用，而且茶水可以解油去腻，使口爽齿洁，还可清除齿缝间的残渣，这对牙齿的保护有好处。

11. 饮茶可以美容吗？

茶叶的许多保健功效在人体美容上都有杰出的表现。茶叶中的多种保健成分如茶多酚、咖啡因、茶氨酸、维生素 C、维生素 E、类胡萝卜素、硒等具有抗氧化、抑制有害微生物、调节血脂、促进新陈代谢、提高人体免疫功能、抵抗紫外线及其他电离辐射的作用，这些作用不但使人体质健康，同时还可以减肥，减少或消除粉刺和癣病，抑制黄褐斑的形成，延缓皮肤衰老，这些作用间接地起到了美容的功效。茶多酚还可阻止紫外线诱导的皮肤损伤，故有"紫外线过滤器"之美称。茶多酚还能抵制酪氨酸酶的活性，减少黑色素细胞的代谢强度，减少黑色素的形成，具有皮肤美白的功能。因此市场上不少护肤保养品中加入了茶多酚成分。

12. 茶叶是否会抑制乳酸菌、双歧杆菌等有益微生物的活性？

在众多的抗菌试验中，发现茶叶中的茶多酚对许多引起食物中毒的细菌，尤其是对肠道致病菌具有不同程度的抑制和杀伤作用，如金黄色葡萄球菌、变形链球菌、肉毒杆菌、大肠弯曲杆菌、肠炎沙门氏菌、产气夹膜杆菌、副溶血弧菌等。但有趣的是，茶多酚对体内有用的微生物，如乳酸菌、双歧杆菌却无抗菌作用，并能调节微生物活性。

13. 现在市面上有哪些以茶叶成分为主的茶叶保健产品？

GБ16740-97《保健（功能）食品通用标准》第 3.1 条将保健食品定义为："保健（功能）食品是食品的一个种类，具有一般食品的共性，能调节人体的机能，适用于特定人群食用，但不以治疗疾病为目的。"现在国内市面上的茶叶保健产品主要有以茶多酚及氧化产物为主要成分的抗氧化、降脂的保健品，如安利茶族益脂胶囊、麦金利茶多酚软胶囊、加拿大 DKOK 茶多酚胶囊等，另外还有以降血压为主要保健作用的茶氨酸胶囊。

（五）科学饮茶问答

1. "茶宜常饮，不宜多饮。"对吗？

明许次纾的《茶疏》中说："茶宜常饮，不宜多饮。"

饮茶好处很多，比如：

（1）饮茶能使人精神振奋，增强思维和记忆能力。

（2）饮茶能消除疲劳，促进新陈代谢，并有维持心脏、血管、胃肠等正常机能的作用。

（3）饮茶对预防龋齿有很大好处。

（4）茶叶含有不少对人体有益的微量元素。

（5）饮茶能抑制细胞衰老，使人延年益寿。

（6）饮茶能延缓和防止血管内膜脂质斑块形成，防止动脉硬化、高血压和脑血栓等，因此茶宜常饮。

但茶叶中含有较多的生物碱，一次饮茶太多易使中枢神经过于兴奋，心跳加快，增加心肾负担，晚上还会影响睡眠；过高浓度的咖啡因和多酚类等物质对肠胃会产生强烈刺激，会抑制胃液分泌，影响消化功能等等。所以，饮茶量和饮茶浓度是合理饮茶所要考虑的重要内容。

2. "茶宜热饮"吗？

合理的饮茶首先要求避免烫饮，即不要在水温过高的情况下饮用。因为水温太高，不但烫伤口腔、咽喉及食道黏膜，长期的高温刺激还是导致口腔和食道肿瘤的一个诱因。在早期饮茶与癌症发生率关系的流行病学调查中，曾发现有些地区的食道癌与饮茶有一定的相关性，后来进一步的研究证明这是长期饮烫茶的结果，而不是茶叶本身所致。由此可见，饮茶温度过高是极其有害的。

相反，对于冷饮，则要视具体情况而定。对于老人及脾胃虚寒者，应当忌冷茶。因为茶叶本身性偏寒，加上冷饮，其寒性得以加强，这对脾胃虚寒者会产生聚痰、伤脾胃等不良影响，对口腔、咽喉、肠等也会有副作用；但对于阳气旺盛、脾胃强健的年轻人而言，在暑天以消暑降温为目的时，饮凉茶是可以的。

3. 何时适宜饮茶？

一般而言，饭后不宜马上饮茶，而应该把饮茶时间安排在饭后一小时左右。饭前半小时以内也不要饮茶，以免茶叶中的多酚类化合物等与食物营养成分发生反应，降低了营养成分的消化吸收。但如果为了减肥，正可如此饮用。

临睡前也不宜喝茶，因为茶叶中咖啡因使人兴奋，影响入眠，另外，因饮茶而摄入过多水分，引起夜间尿多，这也会影响睡眠。

4. 妇女饮茶有何应注意的事项？

女性如果处于月经期、孕期和产期，最好少饮茶，或者只饮淡茶、脱咖啡因茶等，并严格掌握好饮茶时间。茶叶中的茶多酚对铁离子会产生络合作用，使铁离子失去活性，这有可能使处于"三期"的妇女引起贫血。茶叶中含有的咖啡因对神经和心血管都有一定的刺激作用，这对腹中胎儿的生长会有不良的影响。

5. 处于成长发育期的儿童适合饮茶吗？

儿童适当饮茶可以预防龋齿的发生，提倡饭后用茶水漱口，这样对清洁口腔和防止龋齿都有很好的效果。用于漱口的茶水可以浓一些，儿童饮用的茶宜淡。我国大城市学龄儿童中出现了不少小胖墩和高血压、高血脂儿童，影响儿童的身心发展，儿童适量饮茶，可以去腻减肥，轻身健体，预防心血管疾病。

不过，儿童时期心、脑、肾等各个脏器生长发育不全，代谢特点也与成人有异，所以儿童饮茶自然有别于成年人，主要有以下几点需要把握：

（1）量：要适中，每天2~3杯。

（2）浓度：要清淡，其浓度大约为成人浓度的三分之一。

（3）时间：饭后不宜马上饮茶。茶水中含有较多的鞣酸，可与钙、铁、锌等矿物质结合成不溶性化合物，可阻止肌体对食物中矿物质的吸收。临睡前不宜饮茶，茶中咖啡类兴奋剂对中枢神经有一定的兴奋作用，儿童神经系统发育尚不完善，对此类物质较敏感，睡前饮茶可使儿童出现兴奋、失眠。

6. 茶汤越浓越好吗？

茶叶中含有较多的多酚类和生物碱等物质，这些成分对脾胃的刺激较大。对平时很少喝茶的人，喝浓茶会引起"茶醉"现象。"茶醉"的主要症状有：胃部不适、烦躁、心悸、头晕等。如果空腹饮浓茶将造成食欲不振，消化不良。长此以往，使人过于消瘦，不利于身体健康。因此饮茶不宜过浓。平时很少喝茶的人不宜选择对胃刺激性大的不发酵茶（绿茶），饮茶浓度（茶水比）不宜超过1：50。

7. 有神经衰弱症状的人能饮茶吗？

神经衰弱者的主要症状是夜晚不能入睡，白天无精打采没有精神。神经衰弱患者往往害怕饮茶，认为饮茶后，刺激神经，可能更加睡不着觉。实际上，从辨证施治的观点来看，要使患者夜晚能睡得香，必须在白天设法使其达到精神振奋。因此，神经衰弱者可在白天上、下午各饮一次淡茶，以达到振作精神的目的。到了夜晚不再喝茶，平复情绪就能安稳入睡。饮茶对于增强神经兴奋以及消食利尿具有一定的作用，但并不是喝得越多越好。从改善神经衰弱症状的角度看，喝淡茶为好。淡茶内茶碱含量较少，能提神醒脑，恢复体力，使人保持清醒，而且不会影响睡眠。

8. "茶醉"是怎么引起的？

我们都知道酒喝多了令人醉，但茶喝多了也会醉人。酒醉可能是由于脑部的某些抑制机能被麻醉或阻断，因而表现出躁进激昂的行为。所谓茶醉，是指饮茶过浓或过量所引起的心悸、全身发抖、头晕、四肢无力、胃不舒服、想吐及饥饿现象。

饮茶之所以会发生茶醉现象，主要是咖啡因（Caffeine）强而有力地刺激中枢神经，使之兴奋过度所引起。一般咖啡因的摄取量在 4~5mg 每千克体重时，不会有不良反应；摄取量在 15~30mg 每千克体重以上，会出现恶心、呕吐、头痛、心跳加速等茶醉症状。不过，这些症状在 6 小时过后会逐渐消失。茶多酚对胃肠的刺激也会促进茶醉的发生。

一般发生茶醉的原因，不外三种：（1）空腹饮茶；（2）平日喝的是发酵程度重的茶，例如：大红袍、红茶、渥堆普洱等，突然改喝发酵轻或不发酵的茶，如绿茶或普洱生茶时，因为这些茶所含的茶多酚和咖啡因较高，又喝的量大，就会茶醉了；（3）平日很少喝茶的人，稍微多喝，就可能过量而醉了。

宋代诗人杜耒诗句"寒夜客来茶当酒，竹炉汤沸火初红。寻常一样窗前月，才有梅花便不同"。这一首诗描述寒夜与友共饮佳茗，不为止渴，而是想借茶为媒，进行友谊与文思的交流。古代文人常借品茶来熏陶自己，培养从容雅致、彬彬有礼的君子风范。他们会陶醉于彼此的友谊与文思的交流当中，也是另一种"茶醉"的境界。

9. 新茶是不是越快饮用越好？

人们追捧的新茶往往是清明节前制成的高档绿茶。炒制后存放时间过短的新鲜绿茶，由于含较多未经氧化的多酚类、醛类、醇类，对人体胃、肠黏膜有较强的刺激作用，饮后易发生胃痛、腹胀。另外，新鲜绿茶中活性较强的鞣酸、咖啡因、生物碱等物质也易使人出现头晕、恶心、出汗、失眠等症状。经发酵或后发酵的青茶、红茶、黑茶、白茶由于多酚的转化，对胃肠道的刺激会小很多。

另外，不论哪一种新茶，在干燥避光的环境下适当地存放，会有利于成品茶香、味与茶性的稳定，这称之为"后熟作用"。

所以，新茶饮用并不是越快越好。

10. 冲泡后的茶渣如何利用？

茶友中有人将细嫩芽茶的茶渣直接咀嚼食用或调味食用，其实在古代已经有咀嚼吞吃茶渣的理论或实践。宋代流行的饮茶法实为吃茶法，将茶叶和茶汤一同食用。现在有些少数民族还保持着吃茶的习惯，如云南基诺族的凉拌茶、景颇族的腌茶、土家族的擂茶等。

若采用泡饮，剩余茶渣中还含有丰富的营养物质如膳食纤维、蛋白质、脂溶性维生素（维生素 A 和维生素 E）和矿物质。因此，东京家政学院副教授河野和民认为：把绿茶叶吃下去是个好主意。河野说："每天吃 6 克绿茶叶，可得到每天所需维生素 E 的 50%，每天所需维生素 A 的 20%。"因此，食用卫生合格、无农药残留和重金属的茶渣是有利于健康的。

11. 用茶水服药有何禁忌？

能否用茶水服药，不能一概而论。在多数情况下不主张用茶水服药，尤其是某些含铁剂（硫酸亚铁、碳酸亚铁、枸橼酸铁胺等）、含铝剂（如氢氧化铝等）、生物制剂（如蛋白质）等西药遇到茶汤中多酚类物质会产生结合沉淀，影响药效。有些中草药如麻黄、黄连等一般也不宜与茶水混饮。另外，茶叶中含有咖啡因，具有兴奋作用，因此，服用镇静、催眠、镇咳类药物时，也不宜用茶水送服，避免药性冲突，降低药效。一般认为，服药后 2 小时内不宜饮茶。

然而，服用维生素类药物、利尿剂、降血脂、降血糖药物时，一般可以用茶水送服。例如服用维生素 C 后饮绿茶（比如杭州龙井、峨眉竹叶青、黄山毛峰、洞庭碧螺春、庐山云雾等），这些茶叶中的儿茶素可以有助于维生素 C 在人体内的吸收和积累；茶叶本身具有兴奋、利尿、降血脂、降血糖等功效，服用这类药物时，茶水有增效作用。

12. 隔夜茶能喝吗？

许多人都觉得隔夜茶不能喝，说法很多，其中比较危言耸听的是说隔夜茶含有二级胺类物质，它们可以转变成致癌物，因此喝隔夜茶会得癌症，其实这种说法是没有科学根据的。首先，二级胺类物质并不等同于亚硝胺，它广泛存在于很多种食物中，尤以腌腊制品中含量最多。其次，人们从茶叶中摄取的二级胺数量极为有限，远低于人们从主食中摄入的量。再者，二级胺本身并不是致癌物，需要在一定条件下与硝酸盐共同存在并发生化学反应才能形成亚硝胺，当亚硝胺蓄积并达到一定数量时才会发生致癌作用。

　　隔夜茶因时间过久，维生素 C 大多已丧失，且汤中蛋白质、糖类等成为细菌、霉菌繁殖的养料，故不宜饮用。但未变质的隔夜茶仍可饮用。茶水放置时间长了会变红，这是由于茶多酚氧化成了茶色素。研究表明，茶多酚和茶色素均有很强的抗癌、抗氧化作用，虽然说隔夜茶中维生素 C 的含量大大减少，但依然具有保健功能。

第二节　茶之类

　　我国种茶、品茶的历史十分悠久，且我国茶的种类和产量也极为丰富。不同的地域和气候特色使得各地茶的种类繁多、千差万别。茶树的生长习性也大不相同，采摘下来的鲜茶经过不同的加工方式又产生不同的特性，形成了不同的茶类。

一、茶的发展

　　"茶有千万状，卤莽而言，如胡人靴者蹙缩然，犎牛臆者廉襜然，浮云出山者轮囷然，轻飙拂水者涵澹然。有如陶家之子罗，膏土以水澄泚之。又如新治地者，遇暴雨流潦之所经，此皆茶之精腴。有如竹箨者，枝干坚实，艰于蒸捣，故其形籭然；有如霜荷者，至叶凋，沮易其状貌，故厥状委萃然，此皆茶之瘠老者也。"

——陆羽《茶经·三之造》

　　陆羽文中所指出的茶是唐代比较流行的蒸青饼茶的饮法，而这个发展也是经历了千年的演进而来的。茶之为用，最早是从咀嚼茶树鲜叶开始的。那大概可以追溯至上古时期的神农氏，神农是古代被神话了的人物，相传他尝百草为民解苦，一日遇七十二毒，得茶而解。从这种最原始的利用方法进一步发展的结果便是生煮羹饮。生煮者类似于今天的煮菜汤。这大概在春秋时期就比较流行，晏婴在景公时（公元前547—前490年），身为国相，饮食节俭，吃糙米饭，几样荤菜以外只有"茗菜而已"，《晋书》中也有记载："吴人采茶煮之，曰茗粥。"《广陵耆老传》中提道："晋元帝时，有老姥，每旦独提一器茗，往市鬻之，市人竞买，每旦至夕，其器不减。"

　　蒸青作饼茶发展到唐代便逐渐完善，及至宋代便在此基础之上兴起了龙凤团茶，也促进了茶产新品的不断涌现。到宋太宗太平兴国二年（公元977年）已有腊面茶、散茶、片茶的分类。

到了明代，因为团饼茶的一些缺点，如耗时费工、水浸和榨汁都使茶的香味有损等，逐渐为茶人所认识，因此人们感到有必要改蒸青团茶为蒸青叶茶。加上朱元璋的一道诏令，废团茶兴叶茶，从此蒸青散叶茶大为盛行。到了清代更将其发扬光大，最终出现了沿袭至今的六大基本茶类。

中国现代的茶，品类繁多，美形雅名。习惯上根据制法和品质差异，将茶划分为绿茶、红茶、乌龙茶（青茶）、白茶、黄茶和黑茶六类，另外还有二次加工的花茶类和药茶类。各类茶又可进一步区分，如绿茶又分炒青、烘青、晒青、蒸青。成品更进一步以产地或茶形命名，如晒青中的滇青、川青，炒青中的龙井、碧螺春等。

各种茶的演化与发展都有它的历史渊源，由它们的命名，也可以追寻到中国茶文化的发展轨迹。茶叶形状纤巧，所以被取作命名的重要依据，如六安瓜片、杭州雀舌、浙江珠茶、君山银针即是。以产地或名胜命名，也是茶叶取名的一个重要方法，如黄山毛峰、蒙顶黄芽、普洱茶、西湖龙井等。不仅现代名茶辈出，历史上的名茶也是数不胜数，现在就让我们由历代贡茶说起，概略浏览一下历史上的名茶，回味一下已经消失了的那些著名的茶品。

（一）龙团凤饼说贡茶

向帝王献茶，按史料记载最早当始于隋代。隋炀帝游江都患了头痛病，天台山智藏和尚献茶疗病，所献之茶还不能算是贡茶，只有官营督造专门为皇室生产的才是贡茶。唐代宗时官府已专设贡茶院，当时最著名的贡茶院设在宜兴的顾渚山，每年役茶工数万人，采制贡茶"顾渚紫笋"。每当清明前后贡茶制成后，用快马直送长安进贡，新茶一到，宫中一片欢腾。宜兴顾渚至长安快马需十日，所以这新茶又有了"急程茶"的名号。

唐德宗时的湖州刺史袁高，曾经督造紫笋贡茶。他有一首《茶山诗》，道及制作贡茶的茶工的艰辛："动辄千金费，日使万民贫"，"选纳无昼夜，捣声昏继晨"。唐宣宗时的李郢也有一首《茶山贡焙歌》，写了贡茶的采制，道及茶工的辛酸：

使君爱客情无已，客在金台价无比。

春风三月贡茶时，尽逐红旌到山里。

焙中清晓朱门开，筐箱渐见新芽来。

陵烟触露不停探，官家赤印连帖催，

朝饥暮匐谁兴衰。

喧阗竞纳不盈掬，一时一饷还成堆。

蒸之馥之香胜梅，研膏架动轰如雷。

茶成拜表贡天子，万人争嗽春山摧。

驿骑鞭声吉流电，半夜驱夫谁复见？

十日王程路四千，到时须及清明宴。

……

除了专制贡茶的贡茶院，唐代其他一些重要的产茶地区也将生产的上等茶进贡。这样的贡茶主要出产在夷陵、巴东、云安、汉阴、汉中、晋陵、吴兴、新定、常乐、鄱阳、灵溪、寿春、庐江、蕲春、义阳、芦山16个郡，大体相当于现在的川、鄂、陕、苏、浙、闽、赣、湘、皖、豫等地区。

唐代贡茶的品类，比起后代名目还不算很多，据《国史补》的记载，主要有下列十数种：

蒙顶石花（剑南）　　　顾渚紫笋（湖州）

碧涧明月（峡州）　　　方山露芽（福州）

湄湖含膏（岳州）　　　西山白露（洪州）

霍山黄芽（寿州）　　　蕲门月团（蕲州）

神泉小团（东川）　　　香雨（夔州）

南木（江陵）　　　　　东白（婺州）

鸠坑（睦州）　　　　　阳羡（常州）

到了宋代，饮茶更为普及，帝王贵胄嗜茶特甚，促成了贡茶向更大规模发展。当时除继续保留顾渚山贡茶院外，又在福建建安兴建官焙，采建安茶上贡。宋太宗时开始在建安北苑遣使造茶，以龙凤外模紧压成团饼，以与民间所产相区别，这就是龙团凤饼贡茶的由来。

宋真宗时任福建转运使的丁谓，曾监造40饼龙凤茶进献，他因此受宠，得官参政，晋封晋国公。丁谓所造为大龙凤茶，合8饼为1斤。到宋仁宗时，蔡襄任福建转运使，改大龙凤茶为小龙凤茶，合28饼为1斤，更得皇上欢喜。到宋神宗时，又制出比小龙凤团饼更佳的"密云龙"，宋哲宗时又有至品"瑞云祥龙"。宋徽宗时的福建转运使郑可简督造了新品"银丝水芽"，精选熟茶芽又剔去叶子，仅存一缕茶心，压模后有龙形蜿蜒，又号"龙团胜雪"。北苑贡茶不断翻新，前后所出极品有四五十种之多，

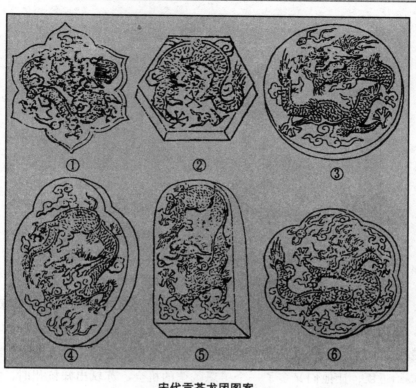

宋代贡茶龙团图案

①万春银叶　②雪英　③瑞云祥龙　④宜年宝玉　⑤长寿玉圭　⑥太平嘉瑞

而且都冠以高雅的名号，透出一种富贵之气。据《宣和北苑贡茶录》所载，贡茶品类主要有以下这些：

贡新铐	试新铐	白茶	龙团胜雪
御苑玉芽	万寿龙芽	云叶	上林第一
乙液清供	承平雅玩	雪英	龙凤英华
玉除清赏	启沃承恩	蜀葵	无比寿芽
万春银叶	宜年宝玉	金钱	玉清庆云
无疆寿比	玉叶长春	玉华	瑞云祥龙
长寿玉圭	香口焙铐	寸金	太平嘉瑞
龙苑报春	南山应瑞	大龙	大　凤
小　龙	小　凤	拣芽	琼林毓粹
浴雪呈祥	延年石乳		

北苑贡茶最多时达4000余色，年贡四五万斤。丁谓有《北苑茶》诗自夸云："北

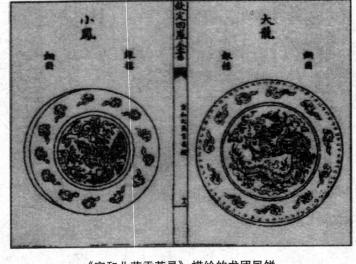

《宣和北苑贡茶录》描绘的龙团凤饼

苑龙茶著，甘鲜的是珍，四方惟数此，万物更无新。"转运使督造了如此珍美的贡品，加官晋爵，自得极了。

贡茶数量这么大，皇帝就是拿它当饭吃，也是享用不尽的，所以他乐得将剩余的龙团凤饼赐给近臣，让他们又多了一个感恩戴德的机会。苏轼出知杭州时，宣仁皇后特遣内侍赐以龙茶银盒，以示厚爱之意。不过位不及宰相，是很少有机缘得此厚爱的。欧阳修任龙图阁学士时，仁宗赵祯曾赐给中书、枢密院八大臣小龙团饼 1 饼，八人欢天喜地，平分而归。这御赐龙茶拿回家后，各人舍不得饮它，当作家宝珍藏起来。待有尊客造访，方才取出传玩一番，以为莫大的荣耀。按当时的价值，1 斤龙茶值黄金 2 两，正所谓"金可有而茶不可得"，贡茶的身价真是贵重之极。难怪欧阳修说分得小龙团，只是捧玩而已，"每一捧玩，清血交零而已"。宋代文学家王禹偁作有一首大臣受赐贡茶的诗，题为《龙凤茶》：

样标龙团号题新，赐得还因作近臣。

烹处岂期商岭水，碾时空想建溪春。

香于九畹芳兰气，圆似三秋皓月轮。

爱惜不尝唯恐尽，除将供养白头亲。

有趣的是，近臣们所得的龙凤茶，说不准还会有假冒的水货，皇帝所用也未必全为真品。宋人庞云英《文昌杂录》便记有一位转运使造假龙团的事，造假数百斤，后来皇帝将这些茶赐给了宗室近臣。皇帝所赐，假的也是珍贵的，更何况受赐者压根儿就不会怀疑它的真伪。

元代除了保留宋时旧有的贡茶院以外，又在武夷设御茶园，役使数以千计的焙工大造贡茶。到了明代，由于团饼茶逐渐为散茶取代，贡茶也开始改制芽茶。明初最好的贡茶出自福建建宁（今南平），名品有探春、先春、次春、紫笋等名号。到了清代，贡茶在许多重要的产茶地都有制作，皇帝还出面指封名茶，新的贡茶层出不穷。康熙皇帝南巡太湖，巡抚宋荦购买朱正元精制"吓杀人香"茶上贡，康熙改名曰"碧螺春"，从此它就成了每年必办的贡茶。乾隆皇帝还曾微服品尝龙井茶，封御茶树，使龙井茶成为又一品贡茶。

（二）历代名茶

中国现代的名茶，据统计有数百种之多。这些名茶一部分为新创，如南京雨花茶、天柱剑毫、千岛玉叶、都匀毛尖、上饶白眉、秦巴雾毫、汉水银棱等。一部分名茶为恢复的传统名茶，如九华毛峰、龟山岩绿、蒙顶甘露、天池茗毫、青城雪芽、顾渚紫笋、雁荡毛峰等。还有一部分为历史名茶，如西湖龙井、庐山云雾、洞庭碧螺春、黄山毛峰、信阳毛尖、六安瓜片、群山银针、云南普洱、安溪铁观音、武夷岩茶、祁门红茶等。

从唐代开始，历代培育制作出许多茶叶名品。除了上面我们已提及的贡茶外，各代重要的名茶和产地还可列举以下这些：

朝代	茶叶名称	今产地
唐 代	寿州黄芽	安徽霍山
	蕲门团黄	湖北蕲春
	蒙顶石花	四川雅安
	神泉小团	云南东川
	方山露芽	福建福州
	㵲湖含膏	湖南岳阳
	西山白露	江西南昌
	绵州松岭	四川绵阳
	天目山茶	杭州天目山

朝代	茶叶名称	今产地
宋代	日铸茶	浙江绍兴
	雅安露芽	四川雅安
	临江玉津	江西清江
	纳溪梅岭	四川泸州
	巴东真香	湖北巴东
	普洱茶	云南西双版纳
	鸠坑茶	浙江淳安
	宝云茶	浙江杭州
	白云茶	浙江乐清
	月兔茶	四川涪陵
	龙井茶	浙江杭州
	沙坪茶	四川青城
	武夷茶	福建武夷山
	青凤髓	福建建瓯
元代	泥片	江西赣州
	绿英	江西宜春
	华英	安徽歙县
	金茗	湖南长沙
	开胜	湖南岳阳
	东首	河南潢川
	清口	湖北秭归
明代	玉叶长青	四川雅安
	柏岩	福建闽侯
	白露	江西南昌
	骑火	四川龙安
	云脚	江西宜春
	绿昌明	四川剑阁
	罗芥茶	浙江长兴
	瑞龙茶	浙江绍兴
	剡溪茶	浙江嵊县
	龙湫茶	浙江乐清
	方山茶	浙江龙游

朝代	茶叶名称	今产地
清代	武夷岩茶	福建崇安
	黄山毛峰	安徽黄山
	祁门红茶	安徽祁门
	婺源绿茶	江西婺源
	石亭豆绿	福建南安
	敬亭绿雪	安徽宣城
	涌溪火青	安徽泾县
	六安瓜片	安徽六安
	太平猴魁	安徽太平
	信阳毛尖	河南信阳
	舒城兰花	安徽舒城
	泉岗辉白	浙江嵊县
	庐山云雾	江西庐山
	君山银针	湖南岳阳
	屯溪绿茶	安徽休宁
	白毫银针	福建政和
	莫干黄芽	浙江余杭
	九曲红梅	浙江杭州
	温州黄汤	浙江温州
	峨眉白芽茶	四川峨眉山
	贵定云雾茶	贵州贵定
	鹿苑茶	湖北远安
	天尖茶	湖南安化
	凤凰水仙	广东潮安
	南山白毛	广西横山
	苍梧六堡茶	广西苍梧
	安溪铁观音	福建安溪

　　判断名茶的标准，按茶学家的说法，要从色、香、味、形四方面衡量。如西湖龙井因以色绿、香郁、味醇、形美四绝而著称，被认定为全优茶品。在古代，名茶产量并不高，以稀为贵，一经名家名流品评认可，便可声名远扬。现在有一种不主张扩大名茶产区的意见，正是从这个角度考虑的，认为名茶一滥一多，反会损害它的声望。

名茶的形成，需要多方面的条件。首要的是自然条件，名山、大川、清泉，孕成茶叶的优良自然品质。其次是独到的制作工艺，能工巧匠给予茶叶优秀的色香味形品质。再次是历史文化条件，名人品评传扬，赋予茶叶独特的文化内涵。有人这样写道："名山、名寺出名茶，名种、名树生名茶，名人、名家创名茶，名水、名泉衬名茶，名师、名技评名茶。"这概略阐发了名茶产生的几个重要条件，是一个比较全面的说法，很有道理。

下面就让我们选择历史名茶中最重要的若干名品，借以往茶人对它们的品评，品一品它们优良的色香味形。

（三）五彩香茗

许多名茶，都以色泽命名，唐代贡茶顾渚紫笋和清代祁门红茶即是。古今习惯以绿、红、白、黑、黄、乌几色命名茶，由于各色茶类是用不同方法制作的结果，所以从茶色上、茶名上即可判明茶品的风味，给饮者指明了一个非常简明的选择标准。

茶显五彩之一色，有不同香、不同味，甚至不同功，不同趣。

①绿茶。是各色茶叶历史最为悠久的一种，品类也最多，主要成色为清汤绿叶。绿茶中的珍品主要有西湖龙井、黄山毛峰、庐山云雾、洞庭碧螺春、太平猴魁、六安瓜片、都匀毛尖、四川蒙顶茶、信阳毛尖等。

西湖龙井　龙井茶产于杭州西湖左近群山，因佛寺龙井泉而得名。宋代时这一带的茶品已列为贡品，明代更为知名。清代乾隆皇帝还亲到产地品饮了龙井茶，封有御茶树。龙井茶采制技术十分考究，讲究早、嫩、勤。以清明前所采最佳，称为"明前"；清明后采的芽叶，称为"雀舌"；谷雨前所采芽叶，称为"雨前"。这三种都是制作高级龙井茶的原料。据称1公斤龙井特级茶约有七八万个茶芽，需10位熟练采茶女采摘一天。高级龙井茶全靠一双手在铁锅中翻炒而成，炒制手势有抖、搭、拓、捺、甩、抓、推、扣、压、磨等，称为"十大手法"。龙井茶色泽翠绿，叶形扁平光滑如"碗钉"，汤色碧绿明亮，滋味甘醇鲜爽。清代茶人陆次之赞龙井茶云："龙井茶真者甘香而不洌，啜之淡然，似乎无味。饮之过后，觉有一种太和之气，弥沦于齿颊之间，此无味之味，乃至味也。为益于人不浅，故能疗疾，其贵如珍，不可多得。"看来得花点工夫细品慢啜，才能领略到它的甘香醇美。

黄山毛峰　黄山产茶始于宋代，至明代时已有很大名气。清代时黄山所产云雾茶、翠雨茶，为毛峰茶前身。黄山毛峰始创于清光绪年间，主要销往东北、华北一带。黄山毛峰采摘细嫩，特级茶采摘标准为一芽一叶初展，为保质保鲜，当日采当日制。制作分杀青、揉捻、烘焙三道工序，特级茶不揉。特级黄山毛峰为毛峰茶中的极品，形似雀舌，峰显毫露；色如象牙，鱼叶金黄；汤色清澈，滋味鲜浓。

洞庭碧螺春　产于太湖洞庭山，清时产野茶名"吓杀人香"，有人贡入朝中，康熙更名为碧螺春。或说茶产洞庭之碧螺峰而得名，亦以为茶色碧绿外形如螺而有碧螺之名。碧螺春茶取茶果间作方式，茶与桃、李、梅、柿、橘、白果、石榴等果木套种，茶树果树枝丫相接，根脉相通，花香果味浸润茶品。碧螺春采制讲究早采、嫩摘、净拣，以春分至清明采制的明前茶品质最高。炒制技法要点是：手不离茶，茶不离锅，揉中带炒，炒中有揉，连续操作，起锅即成。炒制的主要工序为杀青、揉捻、搓团显毫、烘干。碧螺春茶的特点是：外形卷曲成螺形，满身披毫，银白隐翠，香气浓郁，具花香果味，滋味鲜醇甘厚，汤色碧绿清澈。

庐山云雾　产于风光奇秀的庐山。庐山晋代即产茶，宋时产贡茶。采茶晚于谷雨，茶芽肥嫩。炒制经杀青、揉捻、初干、搓条、提毫、烘干多道工序，外形显紧结重实，色泽翠绿，香如幽兰，滋味鲜爽，汤绿透明。

太平猴魁　产于安徽黄山的太平。清末猴坑茶农王魁成在凤凰尖茶园精选上等芽叶，制成王老二魁尖，后称为"猴魁"，名声很大。太平猴魁的采摘技术要求极高，有"四拣"之说，一拣高、阴、雾的茶山，二拣树势茂盛的茶丛，三拣粗壮挺直的嫩枝，四拣芽叶肥壮的"尖"。通常是上午采摘，中午拣选，当天即制为成茶。制茶工艺包括杀青、毛烘、足烘、复焙四道工序，制成上品为猴魁，其次魁尖，再次者有贡尖、天尖、地尖、人尖、和尖、元尖、亨尖等。猴魁的外形为两叶抱芽，自然舒展，有"猴魁两头尖，不散不翘不卷边"之说。汤色清绿，香味独特，有"猴韵"之誉。

六安瓜片　产于安徽六安。始创于20世纪初，片状茶叶形近瓜子，逐渐得名为"瓜片"。六安瓜片于谷雨后采摘，炒制分生锅、熟锅、毛火、小火、老火五道工序。生锅主要作用是杀青，炒至叶片变软即扫入熟锅，边炒边拍，使茶叶成为片状。叶片定型时，便上烘笼烘到八九成干，即是毛火，毛火后一天以小火烘至足干。最后还要用老火翻烘几十次，烘至绿叶带霜，趁势装入铁筒。瓜片茶外形平展，不含芽尖，汤色清亮，滋味醇甘。

都匀毛尖　产于贵州都匀。创制于20世纪初，后来工艺失传，近二十多年来制成新一代的毛尖茶。毛尖茶选用当地苔茶良种，芽叶肥壮。在清明前后开采，采一芽一叶初展，制500克优质茶需芽头五六万个。采回的芽叶先摊干水汽，然后经过杀青、揉捻、搓团提毫、干燥四道工艺制成。成茶颜色绿中带黄，汤色绿中透黄，叶底绿中显黄，形成"三绿透三黄"的特色。

信阳毛尖　产于河南信阳。信阳产茶历史悠久，20世纪初毛尖茶已享誉国外，50年代列为全国十大名茶之一。芽叶采摘稍晚，在4月中下旬开采。鲜叶摊放后再行炒制，分生锅和熟锅两次炒成，然后烘干。信阳毛尖外形为细圆直紧的条形，汤绿味浓，清香袭人。

蒙顶茶　产于四川蒙顶山。蒙顶茶在汉代就已创制，久负盛名，到唐代开始便作为贡茶，成为历代帝王的喜爱之物。历史上的蒙顶茶为寺院茶，采摘和炒制均由寺僧承担，制成的名品有雷鸣、雾钟、石芽、甘露、雀舌、米芽等。其中蒙顶甘露品质尤佳，制工精良。甘露采摘早在春分时节，采单芽或一芽一叶初展，加工分高温杀青、三炒三揉、解决整形、精细烘焙几道工序。茶形紧卷多毫，汤色碧清微黄，滋味鲜爽回甘。

②红茶。为发酵茶，经萎凋、揉捻、发酵、干燥等工艺制成。红茶品种也很多，名品也不少，其中工夫红茶和小种红茶为中国所特有。红茶色泽黑褐油润，香气浓郁，滋味醇厚，汤色红艳透黄，名品有滇红工夫、祁红工夫、正山小种等。

滇红工夫　产于云南西部和南部。滇红创制很晚，不过几十年的历史，由于一开始就高价销往海外，名声很大。滇红春、夏、秋三季均可采制，以春茶品质最优。茶形条索紧结，色泽乌润，汤色艳亮，滋味浓厚。

祁红工夫　产于安徽祁门。有一百多年的生产历史，外销极受欢迎。祁红与印度大吉岭茶、斯里兰卡乌伐季节茶，并称为世界三大高香茶，又称"祁门香""王子茶""群芳最"，在国际市场上评价很高。祁红茶要分批多次采摘，特级茶以一芽二叶为原料标准，有春茶，也有夏茶。制茶分萎凋、揉捻、发酵、烘干和精制几道工序，讲究文火慢烘，充分发挥茶叶的香气。祁红外形苗秀，色泽乌黑泛光（俗称"宝光"），香气浓郁，汤色红艳，滋味醇厚。

正山小种　福建特产小种红茶，分为正山小种和外山小种。正山小种产于崇安星村，又称星村小种。他地仿正山品质的小种茶，则称为外山小种。正山小种创制于清代，采摘虽不考究，但加工方法比较烦琐，要经过萎凋、揉捻、发酵、锅炒、复炒、复揉、筛分、干燥、拣剔、分级多道工序。干燥时将茶叶置竹筛中，下面用松木烟熏干，使正山小种具备特有的松木之气。茶叶外形条索肥实，色泽乌润，汤色红浓，香气高长，滋味醇厚。加奶饮用，茶香不减。

③乌龙茶。又称青茶，为一种半发酵茶。其工艺过程主要是晒青、晾青、插青、杀青、揉捻、干燥，茶叶既有绿茶的清香和花香，又有红茶的醇厚滋味。乌龙茶名品主要有武夷岩茶、铁观音、凤凰水仙、台湾乌龙等。

武夷岩茶　产于福建武夷山。武夷茶在唐代已是馈赠珍品，宋代已制成贡品，到明代创制武夷岩茶，这是最早的乌龙茶。武夷岩茶的采制不同于一般茶品的方法，采一芽三四叶为原料，采摘时间较其他茶要迟，春茶在立夏前采，夏茶在芒种前采。制作要经过萎凋、做青、杀青、揉捻、初焙、干焙几道工序，工艺介于红茶和绿茶之间。古人用活、甘、清、香四字描述武夷岩茶的风韵，它香气浓郁，滋味清活，生津回甘。岩茶泡汤后，叶底为绿叶红镶边，呈"三红七绿"样式。

铁观音　产于福建安溪。铁观音原为一种茶树的名字，这种茶叶适宜制乌龙茶，所以茶品命名为铁观音，又有红心观音或红样观音的别名。铁观音一年分四季采制，制成春、夏、暑、秋茶，以春茶最优。制作要经过晾青、晒青、做青、炒青、揉捻、初焙、复焙、复包揉、文火慢焙、拣簸等工序，茶形卷曲沉壮，色泽鲜润，汤色金黄浓艳，滋味甘鲜，有"七泡有余香"的赞誉。

凤凰水仙　产于广东潮安。凤凰水仙四季采制，分别制成春茶、夏茶、暑茶、秋茶、雪片茶。制作分晒青、晾青、碰青、杀青、揉捻、烘焙几道工艺，其中烘焙这一道工序就要有3次。凤凰水仙外形粗壮挺直，色泽浅褐泛朱红点，汤色橙黄明亮，香气持久，滋味醇爽。

台湾乌龙茶　产于台湾。创制于100多年前，为台湾主要的外销茶。台湾乌龙茶为乌龙茶中发酵程度最重的一种，最接近红茶。采摘以一芽一叶和一芽二叶为标准，制作经过萎凋、炒青、回软、揉捻、初干、焙干几道工序。台湾乌龙茶茶芽肥壮，条短毫显，呈红、黄、白三色；汤色为橙红色，叶底淡褐带红边。

④白茶。为中国特产，属轻微发酵茶，主要通过晾晒和干燥工艺制成。干茶外表披满白色茸毛，汤色浅淡，滋味甘醇。白茶名品有银针白毫、白牡丹、贡眉等。

银针白毫　产地为福建的福鼎和政和。创制于清代，为白茶中的上品，又称为银针或白毫。银针只采春茶，以一芽一叶为采摘标准。采下后剥离出茶芽，名为"抽针"。将茶叶静态萎凋，然后焙干，再复火趁热包装。银针芽头肥壮，披满白毫，挺直如针，色白似银；汤色浅黄，滋味清鲜爽口。银针因未经揉捻工艺制作，茶汁不易浸出，所以冲泡需较长时间。

白牡丹　产于福建建阳。创制于20世纪20年代，只制春茶。白牡丹精采一芽一叶，制作不经炒揉，只用萎凋和焙干两道工艺。成茶为两叶抱一芽，色泽深绿，汤色杏黄，滋味鲜醇。

贡眉　产于福建建阳。采制工艺与白牡丹相同，但茶树品种为菜茶，而不是制白牡丹的大白茶，所以又有"小白"之称。贡眉色泽翠绿，汤色橙黄，滋味醇爽。

⑤黄茶。也是轻发酵茶，制作工艺接近绿茶，因多一道闷黄工艺，使茶叶呈现黄汤黄叶的特点，所以称为黄茶。黄茶名品主要有君山银针、霍山黄芽等。

君山银针　产于湖南洞庭湖。洞庭湖中的君山，清代制成贡茶，称为白毛茶，后来的君山银针就是由它演变而来的。君山银针于清明前三日开始采摘，拣采芽头，经杀青、摊晾、初烘、初包、复烘、摊晾、复包、足火多道工艺制成，需要三天三夜的时间。成茶芽头肥壮挺直，色泽金黄，汤色橙黄，滋味甜爽，香气清纯。芽头在杯中冲泡时忽升忽降，有"三起三落"之说。沉底的芽头都竖立于杯底，芽尖向上，有滋味也有趣味。

霍山黄芽　产于安徽霍山。黄芽自唐时即有出产，明代为茶中极品之一，清代列为贡茶。霍山黄芽在谷雨开采，当日制为成茶。制作工艺分杀青、初烘、摊晾、复烘、足烘五道，成茶外形如雀舌，叶色嫩黄，汤色清明，滋味醇厚，有熟栗子香气。

⑥黑茶。为后发酵茶，产量仅次于红茶和绿茶。黑茶多制成紧压茶，销往周边地区。制成的紧压茶有茯砖茶、黑砖茶、花砖茶、青砖茶、方包茶、六堡茶等。有名的普洱茶也属黑茶。

老青茶　产于湖北咸宁一带。老青茶已有一百多年的生产历史，开始为篓装茶，称为炒篓茶，后来制成老青砖茶。制青砖茶的老青茶分面茶和黑茶两种，面茶是经杀青、初揉、初晒、复炒、复揉、沤堆、晒干几道工艺制成，黑茶是经杀青、揉捻、沤堆、晒干而制成，后者工艺略为简单。一级老青茶条索较紧，色泽乌绿。

四川边茶　产于川南川西，分称南路边茶和西路边茶。四川边茶的生产最早开始于宋代，明清时期生产规模很大，有专门的营销机构。南路边茶是采割茶树枝叶加工制成，有毛庄茶和做庄茶之分。杀青后不蒸揉而干燥的，为毛庄茶；杀青后经扎堆、晾晒、蒸渥、发酵而干燥的，为做庄茶。做庄茶色泽棕褐，香气醇正，滋味平和，汤色明亮。毛庄茶品质稍次，赶不上做庄茶。西路边茶工艺较简单，采割茶树枝叶杀青后晒干即成。

六堡茶　产于广西苍梧。六堡茶的生产已有二百多年的历史。它是采摘一芽几叶经杀青、揉捻、沤堆、复揉、干燥几道工序制成。成茶色泽深褐，汤色红浓，滋味甘爽。六堡茶有散茶，也有紧压茶，可以直接饮用。

普洱茶　主产云南。普洱茶在唐代就有生产，称为普茶。普洱茶采大叶茶鲜叶，经杀青、揉捻、晾晒、发酵几道工序制成。成茶色泽乌润，滋味醇厚。普洱茶制的紧压茶有沱茶、饼茶、砖茶等，它因有明显的保健功效而久负盛名，有"美容茶""益寿茶"的美誉。

（四）锦上添花的花香茶

唐代人饮茶，有的要佐以调味品，如《茶经》所说，煮茶时要入葱、姜、枣、橘皮、茱萸、薄荷等，制成调味茶。到了宋代，则制有香料茶，如《茶录》所说，贡茶中加入龙脑助其香。南宋时即有以鲜花焙茶的记述，施岳《步月·茉莉》辞即自注以茉莉焙茶，这是最早的花香茶。

到了明代，果香茶、花香茶的制作方法已经比较完善，品种也不少。顾元庆所著《茶谱》便提到用橙皮熏制橙香茶，同时还提及莲花茶的巧妙制法。当时制莲花茶，是在日出之前将未开莲花拨开，放一撮细茶至花蕊中，用麻绳包扎好，到第二天早上摘花取出茶叶焙干。要这样反复多次，让茶叶融入莲花的清香。明代程荣的《茶谱》开列了当时所制花茶的品种，也记述了制作方法。他说，木樨、茉莉、玫瑰、蔷薇、蕙兰、莲花、菊花、栀子、木香、梅花都可用于制作花香茶。这些花在半含半开之时就被采下，按一份花三份茶叶的比例，一层花一层茶装入瓷罐中，密封后放锅内煎煮，然后取出焙干，花香茶就制成了。

到了清代，开始生产大量的商品花茶，福州成为窨制花茶的中心。以后，苏州又成为出产花茶的中心，制出了各种各样的花香茶。用于制作花香茶的茶叶叫茶坯，用不同的茶坯制出的花香茶品质有明显的区别，如炒青花茶、烘青花茶、红茶花茶、乌龙花茶，各自有明显的特点。人们习惯于以香花原料来区分花香茶，如有茉莉花茶、白兰花茶、珠兰花茶、柚子花茶、代代花茶、栀子花茶、桂花茶和玫瑰花茶等。传统上制作茉莉花茶常以烘青做茶坯，称为茉莉烘青；玫瑰花茶多以红茶做茶坯，称为玫瑰红茶。

窨制花茶一般要经过采花、拌和、散热、分离、干燥几道工序。采用的香花不同，制作工艺也有差异。由于后来花茶的产地扩大了，所以人们习惯于以产地冠于茶名之前，如茉莉烘青，福州、杭州、苏州都有名品出产，其他地方也有出产的，都冠以地名以示区别。下面我们就来谈谈用茉莉、珠兰、桂花、白兰、玫瑰窨制的几种花香茶，品一品这些茶香与花香兼备的美茶。

①茉莉花茶。花香茶中，以茉莉花茶产区最大，产量也最高。茉莉花茶主要以烘青绿茶为原料，成茶统称茉莉烘青。它的色泽黑褐油润，香气持久，滋味鲜爽，汤色黄绿。还有用龙井、大方、毛峰等特种绿茶窨制花茶的，分别称为花龙井、花大方、茉莉毛峰，统称特种茉莉花茶。制作茉莉花茶，要采用优良伏季茉莉花，上等茉莉花茶要经"七窨一提"的工艺制成，不仅滋味甘醇，而且花香袭人。

②珠兰花茶。主产地在安徽歙县。所用花料为米兰和珠兰，香气芬芳雅静。以黄山毛峰、徽州烘青等优质绿茶为茶坯，通过拼花窨花、通花散热、带花复火几道工艺制成。成茶色泽墨绿油润，香气清醇，汤色淡黄，滋味鲜爽。珠兰黄山芽为珠兰花茶中的极品，色泽深绿，滋味甘美，芳香持久。

③桂花茶。广西桂林的桂花烘青、福建安溪的桂花乌龙、四川重庆的桂花红茶，为桂花茶中的精品。适合制作桂花茶的桂花有金桂、丹桂、银桂和四季桂等。香味浓厚持久，不论窨制红茶、绿茶，还是乌龙茶，效果都很好。桂花乌龙色泽深褐，汤色橙黄，滋味醇厚，香气持久。桂花烘青色泽墨绿，香气浓郁，汤色绿黄，滋味香醇。

④白兰花茶。产量仅次于茉莉花茶，以白兰花为花料，也有以黄兰花和含笑为原料的。白兰花茶以烘青绿茶为茶坯，成茶色泽墨绿，香气浓烈，滋味醇厚，汤色黄绿。一般多以中低档烘青茶为坯料，所以产量较大，主销山东和陕西等地。

⑤玫瑰花茶。玫瑰、蔷薇、月季，花香浓郁，用它们窨制的玫瑰花茶主要有玫瑰红茶、玫瑰绿茶、墨红红茶等，著名的有广东玫瑰红茶、杭州九曲红玫瑰茶等。

随着科学技术的发展，茶叶生产又有了新的发展，茶叶饮料产品又开发出了许多新的品种。总的发展趋势是饮用更加方便，形态液体化。新出现的茶叶和含茶饮料的品种，有速溶茶、茶可乐、茶汽水、茶康乐、浓缩罐装茶、茶冰棍、冰茶和茶酒等。这些茶品的出现，不仅改变了茶叶传统的饮用方法，对茶文化固有的传统也会起到明显的变更作用。

（五）唐代茶叶产区——八道

《茶经》"八之出"中列出了唐代产茶的8个道（包含43个州郡、44个县）。并指明产于某山、某地。但陆羽未将茶的原产区之一的云南省列入其中，是为疏漏。

道是唐代开元二十一年（公元733年）以后，地方级别的行政区域规划，大致相当于我们现在的省一级地区。唐代的道以下设立州（郡），大致与现在专区一级相当。

州（郡）以下设县，大致与现在县一级相当。

中国历史上的每一个朝代都有自己的区域规划标准，而且这个标准在每一时期会有所不同，唐代也不例外。唐代的道曾经有过一次较大变更。道的第一次设置是在唐贞观元年（公元 627 年）。当时的朝廷根据自然形势、地理位置、交通情况，将地区划分为 10 道（10 道下又分出 293 个州）：关内道，河南道、河东道、河北道、山南道、陇石道、淮南道、江南道、剑南道、岭南道。

道的变更设置在唐开元二十一（公元 733 年）年。由于当时唐代的行政区域有所扩大，故重新划分了 15 个道。将山南道、江南道各自分成东西两道。增设了黔中道、京畿道、都畿道。

《茶经》中涉及的"八道"包括：山南道、淮南道、浙西道、浙东道、剑南道、黔中道、江南道、岭南道。

陆羽按照唐代的各地区的自然形势、地理划分出茶叶产区。8 个道遍及现在的湖北省、湖南省、陕西省、河南省、安徽省、浙江省、江苏省、四川省，贵州省、江西省、福建省、广东省、广西壮族自治区 13 个省及自治区。可见唐代的茶叶产区已经相当大。

如此广阔的茶产区，陆羽是如何划分出来的呢？陆羽 21 岁踏上寻茶之路，其间游遍了中国的大江南北，虽有未踏足的地区，但已经了解了大部分产茶区域。陆羽划分茶区的依据大体有三个方面：

（1）陆羽亲自到过的产茶区。如浙西道、淮南道某些州。

（2）从收集的资料中整理出来的。如剑南道、浙东道、淮南道某些州。

（3）掌握茶叶样品而知道其产地的。

唐代茶叶产区八道的划分，是陆羽进行茶产地实地调查、收集资料、对茶叶样品研究的综合结果。

"八道"以及所包括地区

1. 山南道——相当于今四川嘉陵江流岭以东、陕西秦岭、甘肃蟠冢山以南、河南伏牛山西南，湖北郧水以西，自四川重庆市至湖南岳阳间的长江以北地区。

2. 淮南道——相当于今淮河以南，长江以北，东至海、西至湖北应山、汉阳一带，并包括河南的东南部地区。

3. 浙西道——相当于今江苏长江以南、茅山以东及浙山新安江以北地区。

4. 浙东道——相当于今浙江衢江流域、浦阳江流域以东地区。

5. 剑南道——相当于四川涪江流域以西，大渡河流域和雅砻江下游以东，云南澜沧江，哀牢山以东，曲江、南盘江以北及贵州水城，普安以西和甘肃文县一带。

6. 黔中道——秦代黔中郡的辖境，相当于今湖南沅水、澧水流域，湖北清江流域，四川黔江流域和贵州东北一部分。唐代黔中道的辖境与秦代黔中郡的辖境略同。但东境不包括沅澧下游今桃源、慈利以东，西境兼有今贵州大部分地区。

7. 江南道——相当于今浙江、福建、江西、湖南等省及江苏、安徽的长江以南、湖北、四川江南的一部分和贵州东北部地区。

8. 岭南道——相当于今广东、广西大部和越南北部地区。

（六）八道之——山南道

相当于今四川嘉陵江流域以东，陕西秦岭、甘肃蟠冢山以南，河南伏牛山西南，湖北郧水以西，自四川重庆市至湖南岳阳间的长江以北地区。

（1）峡州（今湖北宜昌远安、宜都、宜昌市）

唐代著名茶产地、名茶产区。唐代李肇在其《国史补》称："峡州有碧涧、明月、芳蕊、茱萸"四种茶，同湖州的顾渚紫笋、寿州黄芽等名茶并列。

①远安县：出产鹿苑茶，其被奉为绝品。清代金田僧人曾作诗赞叹："山精玉液品超群，满碗清香座上熏。"另外，凤山附近产有凤山茶。

②宜都县：产茶山包括黄牛、荆门、女观、望州等山。

③夷陵县：夷陵茶为峡州名茶之一，至清代，东湖产有东湖茶。

（2）荆州（今湖北荆州江陵）

唐代出产的名茶仙人掌茶，最早由诗仙李白与他的族侄僧中孚发现而闻名于世。李白并为此作诗说："余闻荆州玉泉寺……唯玉泉真公，常采而饮之……其状如手，号为仙人掌茶……"并称常饮此茶，能返老还童。虽将仙人掌茶的作用过分夸张了，但可见其对此茶的喜爱之深。自李白发现后，其后各朝代依然视其为名茶。李时珍在《本草纲目》中说唐代饮茶之风盛行，茶的品种繁多，仙人掌茶为名茶。

江陵产有楠木茶和大柘枕茶。前者属于山川异产类名茶，后者属于片茶类名茶。

（3）衡州（今湖南省衡阳、衡山、湘潭、茶陵）

产自衡山的石廪茶可以"拂昏寐"（扫除昏寐）。其质与湖州的顾渚茶、福州方山茶不相上下。

竻林茶同样产自衡山。传说其茶籽是由飞鸟衔堕石隙中而生长出来的，非常不易得，是衡山的上品名茶。其功效可以消除肚胀。

（4）金州（今陕西省安康地区安康、汉阴县）

唐代的金州属于当时贡茶州之一。其下辖的紫阳县产有紫阳茶，今产名茶为紫阳毛尖。

（5）梁州（相当于现在陕西省汉中区宁强县、襄城县、金牛县）

需指出的是：陕西茶叶生产，自唐代始都仅限于汉水流域，其他地区均不产茶。

（七）八道之——淮南道

相当于今淮河以南、长江以北，东至海、西至湖北应山、汉阳一带，并包括河南的东南部地区。

（1）光州（今河南信阳）

光山为唐代著名产茶地。清乾隆时期《光山县志》记载该地所产茶时说"宋时光州所产片茶，有东首、浅山、薄侧等名"。

（2）义阳郡（今河南信阳市南）

现信阳地区生产的信阳毛尖，是我国名茶之一，以信阳市东云山所产品质最佳。

（3）舒州（今安徽舒城附近）

舒城所产兰花茶，具有浓郁的兰花香。

安徽太湖县，是北宋时舒州太湖茶场，为当时十三茶场之一。直至清代，太湖县仍有产茶记载。

（4）寿州（今安徽六安）

清道光《寿州志》记载："寿州向亦产茶，名云雾者最佳，可以消融积滞。"

安徽六安县所产六安茶，是自唐代迄今的名茶。产茶品种有六安瓜片、提片、梅片，以及松萝茶。

霍山所产霍山黄芽为历史名茶，另外还出产天柱茶。

（5）蕲州（今湖北黄冈黄梅）

蕲州是唐代的名茶产地。唐代李肇《国史补》说："蕲州有蕲门团黄。"李时珍在《本草纲目》"集解"里说到唐代"楚之茶"，也将蕲门团黄列举了出来，可见其为广为流传的名茶。

黄梅县出产有紫云茶。

（6）黄州（今湖北黄冈麻城）

黄州是唐代以前有名的茶产地，是采造贡茶的地方。到了宋代，黄冈仍有茶入贡。北宋有麻城山原出茶的记载。现今在麻城龟峰山上创制了一种特种绿茶，龟山岩绿。

（八）八道之——浙西道

相当于今江苏长江以南、茅山以东及浙山新安江以北地区。

（1）湖州（今浙江嘉兴、长兴、安吉）

湖州是唐代以前的名茶产地。长城县所产顾渚紫笋茶是唐代最有名的贡茶之一。陆羽有《顾渚山记》一卷，有关于顾渚山顾渚紫笋茶的记载，以其"色紫而似笋"而得名。

（2）常州（今江苏镇江、宜兴）

常州是唐代最有名的名茶产地之一。君山、南岳山为唐代贡茶阳羡茶的产地。

（3）宣州（今安徽芜湖宣城、徽州太平宣城雅山，一名鸦山。）

雅山茶在唐、宋都被认为是名茶。太平县的太平猴魁为少数高贵名茶之一。

（4）杭州（今浙江杭州临安）

①临安县。黄岭山岁贡御茶。

②天目山，其云雾茶现为浙江名茶之一。不过在唐代，陆羽称其质同于舒州的"次"，同为次品。

③径山。出产径山茶。

④钱塘县。西湖龙井茶为驰名中外的名茶。

⑤天竺、灵隐二寺。出产宝云茶、香林茶、白云茶。

（5）睦州（今浙江杭州桐庐）

鸠坑茶，李时珍将其列为唐代"吴越之茶"的名茶。

（6）歙州（今安徽歙县、江西上饶婺源）

歙州就是徽州，是有名的茶产地。在明代产有一种很有名的松萝茶。黄山地区所产黄山毛峰属特种名茶之一。陆羽提到的歙州婺源，其绿茶久享盛名，被视为"屯绿"。

（7）润州（今江苏南京）

摄山，又名栖霞山，山麓有栖霞寺。有野生茶树。

（8）苏州（今江苏苏州）

长洲县所产名茶除洞庭山茶外，还有虎丘茶。洞庭山茶在宋代是列入"贡品"的名茶。

碧螺春，是与西湖龙井齐名的名茶。

（九）八道之——浙东道

相当于今浙江衢江流域、浦阳江流域以东地区。

（1）越州（今浙江宁波余姚、绍兴嵊州市）

越州各县均产茶。据明万历《绍兴府志》记载：越州茶品种有瑞龙茶、丁坞茶、高坞茶、小朵茶、雁路茶、茶山茶、石笕茶、瀑布茶、童家岙茶、后山茶、嵊剡溪茶。宋代欧阳修在《归田录》中将日铸茶誉为两浙茶品中的第一。瑞龙茶与其齐名。

除以上茶品之外，宋高似孙的《剡录》所述还有瀑岭仙茶、五龙茶、真如茶、紫岩茶、鹿苑茶、大昆茶、小昆茶、焙坑茶、细坑茶9种。上虞县还有以地得名的凤鸣山茶、覆卮山茶、鹁鸪岩茶、隐地茶和雪水岭茶。在清代初年，会稽县还产有兰雪茶。

（2）明州（今浙江宁波鄞州区）

四明山，浙江四大名山之一，绵延奉化、余姚、上虞、嵊州市、新昌等县，是名茶产地。现在此地区是平水珠茶的主产地。

（3）婺州（今浙江金华东阳）

唐李肇的《国史补》有关于"婺州有东白"的记载。五代蜀时的毛文锡在《茶谱》中说，婺州有举岩茶。后来，李时珍在《本草纲目》"集解"记述"吴越之茶"中有"金华之举岩"。金华的举岩茶，是明代的名茶之一。

东白茶，产自东白山，外形肥壮，具兰花香。

（4）台州

天台山，浙江四大名山之一，浙东茶区名产地。佛教天台宗的发祥地。据桑庄《茹芝续谱》说："天台茶有三品，紫凝为上，魏岭次之，小溪又次之。"其中紫凝又称为瀑布山，以上台州三品，至清代初年均已不再出产。

天台山的华顶茶，具有独特的色香味，是浙江的名茶之一。

（十）八道之——剑南道

相当于四川涪江流域以西，大渡河流域和雅砻江下游以东，云南澜沧江、哀牢山以东，曲江、南盘江以北，及贵州水城、普安以西和甘肃文县一带。

（1）彭州（今四川温江彭州市）

彭州九陇县，即今四川彭州市。清代史书记载彭州市有茶笼山。棚口即彭州市，古时称茶城。

（2）绵州（今四川绵阳安县、江油）

绵州在涪江右岸，古时是四川产茶中心。绵阳平武县产骑火茶，昌明县产昌明茶，兽目茶产自兽目山。

（3）蜀州（今四川温江灌县）

蜀州为唐代著名茶产地。毛文锡的《茶谱》载：蜀州所属的晋原、洞口、横原、味江、青城等地所产的横牙、雀舌、鸟嘴、麦颗、片甲、蝉翼等茶都是散茶中的最上品。灌县还产有名茶沙坪茶。

（4）邛州（今四川温江）

邛州自唐代起就是著名茶产地。南宋魏了翁著有《邛州先茶记》，说明南宋时此地还是名茶产地。

（5）雅州（今四川雅安）

此地所产茶以观音寺、太湖寺茶较为有名。另外，名山是唐代名茶蒙顶茶的产地。其是唐代剑南道唯一的贡茶，白居易在其诗中曾赞道"茶中故旧是蒙山"。

（6）泸州（今四川宜宾泸县）

《本草纲目》"集解"中列举唐代"蜀之茶"，有"泸州之纳溪"一句。陆羽所指出的泸州的泸州茶，可能就是纳溪茶。

（7）眉州（今四川乐山丹棱、彭山、乐山）

峨眉山是眉州境内名山，峨嵋自芽茶，是四川过去的名茶。其茶味"初苦后甘"。陆游诗中赞说"雪芽近自峨嵋得，不减红囊顾渚春"。雪芽就是白芽。

（8）汉州（今四川绵阳绵竹、什邡）

广汉的赵坡茶与峨眉的白芽、雅安的蒙顶曾并称为"珍品"。但清代已绝迹了。

（十一）八道之——黔中道

秦代黔中郡的辖境，相当于今湖南沅水、澧水流域，湖北清江流域，四川黔江流域和贵州东北一部分。唐代黔中道的辖境与秦代黔中郡的辖境略同。但东境不包括沅澧下游今桃源、慈利以东，西境兼有今贵州大部分地区。

（1）思州（今贵州铜仁）

思州所属贵州务川、印江、沼河、四川酉阳各县都产茶。其中务川的高树茶，茶名"高树"，说明树之高大，与近年我国在务川附近发现野生大茶树是一致的。

（2）播州（今贵州遵义）

原来播州所属贵州遵义市，遵义、桐梓各县都产茶。遵义金鼎山产云雾茶，清平香炉山也产茶，贵定县产云雾茶，为贵州茶品之冠。

汉代播州为夜郎国地。其古代《县志》记载说："夜郎箐顶，重云积雾有晚茗，离离可数，泡以沸汤，须臾揭顾，自气幂缸，蒸蒸腾散，益人意思，珍比蒙山矣。"是说夜郎山顶的云雾缭绕，所产的茶数量不多。泡出茶来白汽蒸腾，喝后使人振奋精神，与蒙顶黄芽不相上下。

今湄潭县所产湄潭眉尖茶过去曾被列为"贡品"。茶品细腻，味道绝佳。

（3）夷州（今贵州铜仁）

夷州位于今贵州石阡县一带。石阡茶，古时曾被列为"贡品"。

（4）费州（今贵州铜仁）

费州位于今贵州省铜仁市西南部，气候温和，雨量充沛，土壤肥沃四季多雾，无工业废气，空气质量优，有利于茶叶氨基酸和咖啡因等物质的积累，对发展茶叶生产具有得天独厚的条件。

（十二）八道之——江南道

相当于今浙江、福建、江西、湖南等省及江苏、安徽的长江以南，湖北、四川江南的一部分和贵州东北部地区。

（1）鄂州（今湖北黄石市咸宁地区）

原鄂州武汉市长江以南地区、黄石、咸宁、阳新、通山、通城、嘉鱼、武昌、鄂城、崇阳、蒲圻各县，大部分都产茶。特别是武昌山。早在晋武帝（公元280年前后）时，已有野生的"丛茗"。武昌县在清代还有产于黄龙山巅的云雾茶，品质极佳。咸宁地区蒲圻县羊楼洞所产的茶最为有名。

羊楼洞所产砖茶，过去曾远销蒙古和西伯利亚一带。

（2）袁州（今江西宜春）

《本草纲目》"集解"说袁州的界桥茶是唐代"吴越之茶"的名茶之一。

袁州在唐代有新喻、宜春、萍乡（唐代名为苹乡）三县，界桥茶产于宜春市，虽被称为名茶，但宋代已不再被人重视。

元马端临《文献通考》说："绿英、金片出袁州。"这里的袁州就是宜春市。袁州在明、清两代皆有茶芽进贡。

（3）吉州（今江西井冈山）

吉州在唐、宋、明各代皆有茶入贡。

（十三）八道之——岭南道

相当于今广东、广西大部和越南北部地区。

（1）福州（今福建省福州市）

唐代福州是一个有贡茶的州。闽方山，就是闽县方山。方山茶早在唐代就已闻名。与方山茶齐名的鼓山茶在《茶谱》中有"福州柏岩极佳"一句。鼓山半岩茶称为"半岩"，是由于它产于鼓山的半山之故。鼓山半岩茶是"色香风味当为闽中第一，不让虎丘、龙井"的，这和建州北苑先春、龙焙是可以比较的。

（2）奠州（今福建省建阳区）

建州茶中最为著名的，先是北苑茶，后是武夷茶，在清代初年"且以武夷茶为中茶之总称"。

从贡茶的角度来说，到了元代，武夷茶兴起后，北苑茶就废弃了。武夷最早被人们所知是唐代徐夤的"武夷春暖月初圆"的诗文。它的历史大致是"始于唐，盛于宋、元，衰于明，而复兴于清"。

武夷山茶，分岩茶、洲茶两种：在山者为岩，上品；在麓者为洲，次之。品名多至数百种，"不外时、地、形、色、气、味六者。如先春、雨前，乃以时名；半天夭、不见天，乃以地名；粟粒、柳条，乃以形名；白鸡冠、大红袍，乃以色名；白瑞香、素心兰，乃以气名；肉桂、木瓜，乃以味名"。

（3）象州（今广西壮族自治区柳州市）

象州适宜种茶，全县境内，所产的茶叶，以色、香、味三者为最，与各地所产茶叶不相上下。

（4）韶州（今广东省韶关市）

韶州盛产白毛茶，白毛茶是中国特种名茶之一。其特有的清香、甘醇、生津解渴、醒脑提神、消食开胃、除腻去渍和防治病呕吐等多种功能而著称。"白毛尖"茶是茶叶中的珍品，它因茶芽粗壮，密披银色毫毛而得名。韶关市的仁化、乐昌是"白毛尖茶"

的主要产地。

（十四）从唐代到现代——茶产区的分布

饮茶文化的传播与茶叶产区的发展密切相关。唐代至今，茶文化的广泛传播使茶叶产区得到迅猛发展，产区不断扩大，并相应地产生了许多名茶。

唐代的茶叶生产是我国茶叶生产的基础。其产区涉及现今长江南北 13 个省、自治区。唐代至今已有 1000 多年的历史。茶产区从最初的 13 个省、自治区发展到现今的 19 个省、自治区。地区跨度自西至云南省，北至山东省，南起广东省、东至台湾地区。

茶叶产区的发展与社会生产力及社会需求有着密切关系。唐代至今，我国茶叶产区共经历了两次大的发展过程：

（1）从 18 世纪至 19 世纪的 100 多年中，由于饮茶风尚在国外迅速传播，茶叶的需求量大增。茶叶产区出现了一次较大规模的发展。

（2）新中国成立迄今的 60 多年，政府大力开展茶叶的生产，加强茶叶贸易，随着需求量的又一次增大，茶叶产区得到了又一次大规模发展。

自古以来，我国历代有着不同的茶叶产区分布。各朝各代对茶叶的生态条件、茶树类型、品种分布、茶类结构、产茶历史、生产特点等认知都有所不同。当代关于全国茶区的划分，大体有三种划分方式：

·按纬度位置划分为三大茶区（以北纬 31° 至北纬 26° 为基线）

（1）北部茶区（暖温带茶区）包括四川盆地以北、四川北部、陕西南部、湖北北部、河南南部、安徽北部、江苏省等茶区。

（2）中部茶区（亚热带茶区）包括云南北部、四川中部、四川南部、贵州北部、湖北南部、安徽南部、福建北部、湖南、江西、浙江等省全境。

（3）南部茶区（亚热带—热带茶区）包括云南中部、南部、贵州南部、福建南部、广东、广西、台湾地区等省区全境。

·按唐代道名划分为五大茶区

（1）岭南茶区。包括福建、广东两省中南部，广西、云南两省区南部及台湾地区。

（2）西南茶区。包括贵州省全部，四川、云南两省中北部及西藏自治区的东南部。

（3）江南茶区。包括广东、广西两省区北部，福建省中北部，安徽、江苏两省南部及湖南、江西、浙江三省全部。

（4）江北茶区。包括甘南、陕南、鄂北、豫南、皖北和苏北部分地区。

（5）淮北茶区。包括山东中南部和江苏北部的几个县。

·按地区地形划分为九大茶区

（1）秦巴淮阳茶区。包括江苏、安徽黄山以北、鄂东、川东川北、陕西紫阳、河南信阳茶区。

（2）江南丘陵茶区。包括祁红、宁红、湘红、杭湖、平水、屯溪、羊楼洞老青茶区。

（3）浙闽山地茶区。包括温州、闽东、闽北茶区。

（4）台湾茶区。

（5）岭南茶区。包括闽南、广东、广西茶区。

（6）黔鄂山地茶区。包括宜红、贵州、滇东北茶区。

（7）川西南茶区。包括川南、南路、西路边茶区。

（8）滇西南茶区。包括滇西和滇南茶区。

（9）山东茶区。包括鲁东南沿海茶区、胶东半岛茶区、鲁中南茶区。

（十五）从产区看茶品——四个等次

陆羽将唐代茶产区的 5 个道（32 个州）分为三或四个等次。其余道未划分等次。这种对于茶品质划分的等次，如今已经没有现实意义。

陆羽所分的等次是指一个道内各个州的等次。各道同一级别的州，茶品质并不一样。如山南道上等并不等于浙东道的上等。需要加两点说明：

（1）各个道列在同一等别的州，其茶品质不一致。等别只用来表示道内各个州、郡之间所产茶叶等次。

（2）各道州、郡以下的各县、地区所产茶叶品质，也并不一致。

上述有关唐代茶产区品质的划分较不科学也过于粗略。随着历朝历代农业生产技术的革新，茶叶种类已从单一品种发展成诸多品种。茶树栽培、采制技术等各方面已有极大进步。陆羽划分的茶叶等次，早已经过时。

茶叶品质的等级划分有着科学的理论因素。首先，从影响茶叶品质因素上说，产区的自然地理条件是首当其冲的重要因素。适宜茶树栽培的生态条件有几大极限：

（1）土壤：PH 值 4.5 至 6.5 之间，呈弱酸性反应。

（2）气温：年平均气温 15℃以上，年总积温 4500℃以上。

（3）雨量：年降水量 1000 毫米以上。

（4）湿度：空气相对湿度80%左右。

在茶叶产区内，气候、土壤、地形、植被等生态条件一向非常复杂。不同的茶树品种对于这些生态条件的适应有着明显差异。选择茶园位置时，要考虑气候条件，还要考虑自然地理条件，并要注意茶树品种、茶叶种类的选择。唐代茶产区是茶人在实践中形成的。唐代以后的茶产区也是按照以上生态条件发展的。凡是背离这些客观规律办事的，茶叶生产就得不到发展，也不能收到最大的经济效益。这就是为什么在规划茶区的时候，首先必须充分掌握历史和现在的自然地理资料的缘故。

唐代茶区等次

	上	次	下	又下
山南	峡州	襄州、荆州	衡州	金州、梁州
淮南	光州	义阳郡、舒州	寿州	蕲州、黄州
浙西	湖州	常州	宣州、杭州、睦州、歙州	润州、苏州
浙东	越州	明州、婺州	台州	
剑南	彭州	绵州、蜀州、邛州	雅州、泸州	眉州、汉州
黔中	思州、播州、费州、夷州			
江南	鄂州、袁州、吉州			
岭南	福州、建州、韶州、象州			

两点说明

1. 各道列在同一等别的州、郡，其茶叶品质并不相同，等别只表示同一个道内各州、郡所产茶叶的等次。

2. 州、郡以下各县、各地所产茶叶的品质，从等别来说，也并不一致。

影响茶叶品质的因素

1. 气候条件：年平均气温15℃以上，积温在4500℃以上。

2. 降水量：年降水量在1000毫米以上。

3. 空气湿度：空气相对湿度在80%左右。

4. 土壤酸性含量：呈微酸性反应，PH值在4.5~6.5之间。

（十六）唐代茶文化问答

1. 茶圣是何许人？

唐代是我国古代文化高度发展的时代，出现了众多对文化贡献杰出的人物，诗有陆羽，字鸿渐，一名疾，字季疵，号桑苎翁，又号竟陵子、东岗子。复州竟陵郡人（今湖北省天门市人）。出生于唐玄宗开元二十一年（733 年），卒于唐德宗贞元二十年（804 年），历唐代中期的玄宗、肃宗、代宗、德宗四朝。

陆羽被尊为茶圣，主要因为他写就了世界上第一本茶的百科全书——《茶经》。为了写下《茶经》，陆羽的足迹踏遍了产茶的众多州郡，遍访长江、淮河、珠江流域绵亘数千里的产茶区，孜孜不倦地钻研茶学，从茶之溯源、制茶工具、采制、评鉴、煮茶器皿、煮茶，饮用、茶史茶事等各种不同的专业角度，著书立说，终成《茶经》。

这部书奠定了我国世界性的茶学地位，它论述周详精辟，著作年代在同类书中最早，无论是历史性还是使用性的价值上，皆具有经典性、不可动摇的地位。《茶经》的问世推动了茶事业的极大发展，对中国的茶叶学、茶文化学，乃至整个中国的饮食文化、中国传统艺术都产生了深远的影响。单从文化的角度来说，《茶经》开辟了一个新的文化领域：它首次把饮茶当作一种艺术过程来看待，创造了一套中国茶艺，是贯穿着浓郁的美学意境和氛围的技艺；它首次把"精神"二字贯穿于茶事之中，强调茶人的品格和思想情操，把饮茶看成"精行俭德"，进行自我修养、锻炼意志、陶冶情操的方法；它首次把我国儒、道、佛的思想文化与饮茶过程融为一体，首创中国茶道精神。所以《茶经》是自然科学与社会科学、物质与精神的巧妙结合，而陆羽被尊为"茶圣"也就当之无愧了。

2. 唐代的茶是什么样的？

根据陆羽《茶经》记载，唐代茶叶有粗茶、散茶、末茶、饼茶等。粗茶就是粗老茶叶加工成的散茶。散茶，这里是指幼嫩芽叶加工成的散叶茶。末茶是指蒸叶捣碎后干燥的碎末茶。饼茶是这一时期茶叶的主要形态，在《茶经·三之造》中有关于蒸青饼茶的详细记述，包括加工流程，即"晴，采之，蒸之，捣之，拍之，焙之，穿之，封之，茶之干矣"；饼茶品质，陆羽将其分为八等，可见"茶有千万状"；文中还提出了饼茶的鉴别方法，可见饼茶在唐代的代表性。

3. 唐代有哪些名茶？

唐代名茶众多。卢仝那首著名的咏茶诗《走笔谢孟谏议寄新茶》中写的"天子须尝阳羡茶，百草不敢先开花"里面的阳羡茶，就是世人皆知的。

名茶往往生于名山秀水间。唐代名茶中最著名者，一是集中于风景秀丽的巴山蜀水之间，二是太湖周围的著名风景区。陆羽将全国盛产名茶的各州加以评定，其中八州在今四川境内，当时，蜀中贡茶已达上百种，最著名者有蒙山茶、中峰茶、峨眉茶、青城茶、峡川间的石上紫花芽、香山茶、云安茶、神泉小团、明昌禄等，而蒙顶石花号称第一。巴蜀多文人，唐人重诗歌，经诗人吟咏，如"扬子江中水，蒙顶山上茶"，"琴里知闻唯渌水，茶中故旧是蒙山"，巴蜀之茶愈为世人推重。

浙西的常湖二州亦多产名茶，最有名者称顾渚紫笋。此地濒临太湖，山水佳丽，流泉清澈，既得气候之宜，又兼水土之精。其他名茶，亦见于记载，如唐代李肇《唐国史补》中记述："风俗贵茶，茶之名品益众。……峡川有碧涧、明月、芳蕊、茱萸。福州有方山之露芽。夔州有香山。江陵有南木。湖南有衡山。岳州有浥湖之含膏。常州有义兴之紫笋。婺州有东白。睦州有鸠坑。洪州有西山之白露。寿州有霍山之黄芽。蕲州有蕲门团黄。"说明唐代的名品茶叶已出现很多，其中有团饼茶，也有散茶。

4. 唐代最有代表性的饮茶方式是怎样的？

唐代泡茶法中最有代表性的当属"煮茶法"，陆羽在《茶经·五之煮》中进行了详尽的描写。这种饮茶法的情况大致如下：

炙茶。考虑炙茶的禁忌、方法、火候、炙茶前后的茶况。

碾茶。考虑碾茶的时机、末茶的等级。

择火。煮茶宜用的火及煮茶忌用的火。

择水。考虑煮茶用水的等级及注意事项，煮茶忌用的水及其对健康的影响。

水温。考虑判断水温的依据，如一沸、二沸、三沸及超过三沸的情况。

调味。煮沸时加入适量的盐，以不要感觉到咸为度。

置茶。

煮茶。

分茶法。令沫饽均。

汤花的欣赏。花，沫，饽。

饮茶量。第一、二碗最好，第三碗其次，第四、五碗尚好，再多则不宜了。

分茶量。

饮茶养身原则。趁热喝。

茶性与品味的关系。不宜广泛。

汤色和香气的关系。浅黄色时香远闻，最美。

茶味的特性和茶的关系。

供茶法。考虑供茶的原则，分为多人用供茶法，六人以下供茶法。

以上可帮我们了解唐代首创的细致入微的饮茶方式。

5. 唐代茶器有何特点?

从陆羽《茶经》的记载中，我们知道当时的煮茶已经不单纯为满足口腹之欲，其从准备到煮茶再到品饮的过程本身就是一个艺术创造与精神享受的过程。所以煮茶的器具无论从材质还是构造，以及各种器具的配备都是考究的，充分体现了实用性、完整性、艺术性。

从实用性与完整性的角度来讲，陆羽在《茶经·四之器》中列出了适于烹茶、品饮的二十四器，从备火、备水、备茶、烹煮、品饮、清理、陈列、收贮，一应俱全，应用这些茶器可以自如地完成一场完善的茶事。而陆羽在设计这些茶器时又充分考虑到了它们的艺术性，譬如风炉，一只风炉从结构到图案设计几乎完美诠释了中国道家五行思想和儒家为国励志的精神。小到漉水囊，"其囊，织青竹以卷之，裁碧缣以缝之，纽翠钿以缀之"。而其他器具，陆羽也均周全细致地设计，这样在煮茶的整个过程中茶人由视觉到内心都充分地接受美的熏陶。

为了让茶汤的品质表现最佳，陆羽的茶器在材质上极为讲究，有银、生铁、锻铁、生钢、熟钢、泥、石、白瓷、青瓷、海贝之类金属和非金属物质，还有青竹、葫芦、棕榈皮、剡藤纸、木漆、白蒲、鸟羽、绢、粗绸、油布之属，所用木料选用槐、楸、梓、茱萸、橘、梨、桑、桐、柘、桃、柳、蒲葵、柿树之类。众多的茶器，也要视场合增减。懂得繁复亦懂得化繁为简的陆羽提出"六废"之说，在六种状况下可以简化茶具使用，让茶席简约实用，这也是盛唐茶事兼容并包风格的体现。

6. 在唐代，人们是如何看待瓷器与茶的关系的?

"九秋风露越窑开，夺得千峰翠色来。"这句唐诗为我们展示了唐代茶器中一种迷人的瓷器——越窑青瓷。

唐代瓷窑众多，究竟哪里的瓷器更适于饮茶，陆羽在《茶经·四之器》中详尽地

青瓷茶碗

表达了他的观点："碗，越州上，鼎州次，婺州次，岳州次，寿州、洪州次。或者以邢州处越州上，殊为不然。若邢瓷类银，越瓷类玉，邢不如越一也。若邢瓷类雪，则越瓷类冰，邢不如越二也。邢瓷白而茶色丹，越瓷青而茶色绿，邢不如越三也。晋杜育《荈赋》所谓'器择陶拣，出自东瓯'。瓯，越也。瓯，越州上，口唇不卷，底卷而浅，受半升已下。越州瓷、岳瓷皆青，青则益茶，茶作白红之色。邢州瓷白，茶色红；寿州瓷黄，茶色紫；洪州瓷褐，茶色黑，悉不宜茶。"上述论断瓷的高下取决于其对茶汤色的影响，茶汤注入碗后，茶色与碗色的和谐。唐代的蒸青绿茶，其汤色自然呈绿，所以带青色的越州碗盛之有相得益彰的衬色效果。

唐代煮茶法盛行时使用的盛茶器，因形制以玉璧足碗为主，也有人称"瓯"。唐陆龟蒙《奉和袭美茶具十咏·茶瓯》："昔人谢呕垤，徒为妍词饰。岂如珪璧姿，又有烟岚色。光参筠席上，韵雅金罍侧。直使于阗君，从来未尝识。"诗人笔下如珪璧姿又有烟岚色的茶瓯，与陆羽赞赏的类玉类冰的青瓷有很大的共同处。

看来唐人认为瓷器对茶的影响主要是茶色，也说明唐代饮茶艺术性的一面，即对茶器与茶汤综合性的赏鉴。

7. 唐代茶人对饮茶的环境有怎样的讲究？

陆羽在《茶经》中向世人倡导的饮茶是一种高雅而自然的体验，深刻影响了中国茶道，所以不管是朝廷大型茶宴，还是其他形式的集体饮茶，唐代品茗环境都是充满秩序而美好的。唐人顾况作《茶赋》描摹朝廷茶宴："罗玳筵，展瑶席，凝藻思，开灵液，赐名臣，留上客，谷莺啭，宫女嚬，泛浓华，漱芳津，出恒品，先众珍，君门九重，圣寿万春。"有皇室的豪华浓艳，但绝无酒池肉林中的昏乱。诗人鲍君徽在《东亭茶宴》中更是描摹了一个清新空旷的品茗环境。诗中有视野开阔的东亭，有水色山光，有新竹木槿，有丝竹隐隐，还有入夏时的清风，坐在其中与三五良友共品佳茗，的确令人欣羡。

8. 唐代有供普通人喝茶的大众场合吗？

唐玄宗开元年间，已出现了茶馆的雏形。封演《封氏闻见记》卷六"饮茶"载"开元中……自邹、齐、沧、棣，渐至京邑城市，多开店铺，煎茶卖之。不问道俗，投钱取饮。"这种在乡镇、集市、道边"煎茶卖之"的"店铺"，当是茶馆的雏形。

《旧唐书·王涯传》记："太和……九月五日……涯等苍惶步出，至永昌里茶肆，为禁兵所擒"，这里的"茶肆"，当是正式的茶馆。可见在唐代已有了供大众饮茶的茶馆。

9. 唐代的文人雅士是怎样以茶会友的？

茶与文人结合，使得茶宴、茶会应运而生。他们选择清幽的环境，饮茶与艺术创作完全融合，众多的唐诗留下了"茶宴""茶会"的记载。"大历十才子"之一钱起有首《与赵莒茶宴》诗："竹下忘言对紫茶，全胜羽客醉流霞。尘心洗尽兴难尽，一树蝉声片影斜。"这是文人雅士竹林中的茶宴。他还有一首《过长孙宅与朗上人茶会》。诗僧皎然的《晦夜李侍御萼宅集招潘述、汤衡、海上人饮茶赋》写的也是茶会，赏花、吟诗、听琴、品茗相结合，正是文人雅集。其他如刘长卿《惠福寺与陈留诸官茶会》、武元衡《资圣寺贲法师晚春茶会》、鲍君徽《东亭茶宴》、李嘉祐《秋晓招隐寺东峰茶宴送内弟阎伯均归江州》等诗，吕温《三月三日茶宴序》等文，也对茶会、茶宴有精彩描写，展示了文人雅士的品茗生活。

（十七）宋元茶文化问答

1. 宋代有哪些重要的茶书？

宋代茶书的写作呈现百花齐放的局面。现存有陶毂《荈茗录》、叶清臣《述煮茶小品》、蔡襄《茶录》、宋子安《东溪试茶录》、黄儒《品茶要录》、赵佶《大观茶论》、熊蕃《宣和北苑贡茶录》、赵汝砺《北苑别录》、曾慥《茶录》、审安老人《茶具图赞》等。散佚的茶书尚有丁谓《北苑茶录》、周绛《补茶经》、刘异《北苑拾遗》、沈括《茶论》、曾伉《茶苑总录》、桑庄的《茹芝续茶谱》等。现存宋代茶书，多围绕北苑贡茶的采制和品饮，所以也构建了宋代茶文化的重要特征。

宋元时期茶贵建州，建安北苑贡茶龙团凤饼风靡天下。在饮茶方式上，一改唐代的煮茶，而流行点茶、斗茶。蔡襄在《茶录》中详录了点茶的器具和方法，斗茶时色、香、味的不同要求，提出斗茶胜负的评判标准；宋徽宗赵佶的《大观茶论》共二十篇，对北宋时期蒸青团茶的产地、采制、烹试、品质、斗茶风尚等均有详细记载，对于地宜、采制、烹试、品质等讨论相当切实；南宋审安老人《茶具图赞》是现存最古的一部茶具图书，选取了点茶的十二种茶具绘成图，根据其特征性和功用性赋予官职并名字号，同时为每种茶具写了赞语，既展示了宋代茶具的形制，又体现了儒家自古以来倡导的"器以载道，道器并用"的人文精神。

2. 宋元时期的名茶有哪些？

据《宋史·食货志》、赵佶《大观茶论》、熊蕃《宣和北苑贡茶录》和赵汝砺《北苑别录》等记载，宋代名茶计有90余种。而据后人统计，宋代名茶有293种之多。宋代名茶仍以蒸青团饼茶为主，各种名目翻新的龙凤团茶是宋代贡茶的主体。当时斗茶之风盛行，也促进了各产茶地不断创造出新的名茶。散茶种类也不少，首推建茶，有40余种。顾渚紫笋、阳羡茶、日铸茶、双井茶、蒙顶茶、方山露茶、宝云茶等也广受茶人推崇，其中不少是唐代名茶。

元代是比较特殊的历史时期，饮茶风气虽继承宋代但也有变革，据元代马端临《文献通考》和其他文字资料记载，元代名茶计有40余种，主要产于建州和剑州的头金、骨金、次骨、末骨、粗骨，产于虔州的泥片，产于袁州的绿英、金片，产于歙州的早春、华英、来泉、胜金，产于武夷山一带的武夷茶，以及传统名茶阳羡茶等。

3. 宋元时期我国茶事生产较唐代有何新发展？

唐朝以生产团饼茶为主，北宋仍是以生产片茶（团饼茶）为主。南宋后期和元朝以后，散茶得到较大发展。《宋史·食货志》中直接指出："茶有两类，曰片茶，曰散茶。"片茶即团饼茶，散茶是蒸后不捣不拍直接烘干的散叶茶，也称叶茶、草茶。欧阳修在其《归田录》中也有类似的记述："腊茶出于剑、建，草茶盛于两浙。"说明宋元茶产中片茶、散茶已各自形成了自己的专门产区和技术中心。散茶日益受到推崇，到宋末元初，散茶成为主要茶类。元代王祯《农书》中共提到"茗茶""末茶"和"腊茶"三种茶叶，所谓茗茶，即草茶、叶茶；腊茶即团饼茶，排到最后一位，作者指出，虽"腊茶最贵，制作亦不凡"，但"唯充贡献，民间罕见之"。可见团饼茶已不能引领社会饮茶风气的主流，逐渐束之高阁了。《农书》中对蒸青散茶做了详细的介绍。

4. 宋代诗词中经常见到的"点茶""斗茶"是怎么回事？

点茶是宋代盛行的饮茶方式，即点茶法，与唐代的煮茶法有很大不同。其代表性的器具有茶筅、茶盏和汤瓶，根据蔡襄《茶录》和宋徽宗赵佶《大观茶论》，后人可以看到宋代点茶法的大概面貌：

备器：主要有风炉、汤瓶、茶碾、茶磨、茶罗、茶盏、茶匙、茶筅等；

熁盏：即用火烤盏或沸水烫盏；

洗茶：用热水浸泡团茶，去其尘垢冷气，并刮去表面油膏；

炙茶：以微火将团茶炙干，若当年新茶则不需炙烤；

碾、磨、罗茶：炙烤好的茶用纸密裹捣碎，然后入碾碾碎，继之用茶磨磨成粉，再用罗筛去末。若是散、末茶则直接碾、磨、罗，不用洗、炙。煮茶用茶末，点茶则用茶粉；

点茶：用茶匙抄茶入盏，先注少许水调令均匀，谓之"调膏"。继之量茶受汤，边

刘松年《茗园赌市图》

注汤边用茶筅“击拂”；

品茶：直接持盏饮用，人多时也可在大茶瓯中点好茶，再分到小茶盏里品饮。

“斗茶”又称“茗战”，是一种品评茶叶的活动，“斗茶”时以盏面水痕出现早者为负，耐久者为胜。起源于福建建安北苑贡茶选送的评比，后来民间和朝中上下皆效法比斗，成为宋代一时风尚。每到新茶上市的时节，竞相比试，评优辨劣，争新斗奇。范仲淹的《和章岷从事斗茶歌》对当时盛行的斗茶活动做了精彩生动的描述；《大观茶论》、唐庚《斗茶记》，以及南宋刘松年《斗茶图》《茗园赌市图》，均反映了宋代斗茶风气的兴盛。

5. 宋代人最推崇哪一类瓷器？

宋代饮茶是用一种广口圈足的茶盏，釉色有黑釉、酱釉、青釉、白釉和青白釉等，但黑釉盏最受偏爱。这与当时斗茶风尚的流行有关，因为用茶筅击拂使得茶汤表面浮起一层白色的乳沫，白色乳沫与黑盏色调分明，容易斟验，最宜斗茶。

产自建州的建盏是最被推崇的，是黑盏中的明星，其中带兔毫纹的乃是建盏中的珍品，当时斗茶人非常喜爱，许多诗人赋诗加以赞美，如蔡襄诗“兔毫紫瓯新，蟹眼清泉煮”，苏轼诗“勿惊午盏兔毛斑”，黄庭坚诗“兔褐金丝宝碗，松风蟹眼新汤”，杨万里诗“松风鸣雪兔毫霜”，陈蹇叔诗“鹧斑碗面云萦字，兔褐瓯心雪作泓”。

在宋代茶书中，对建窑黑盏的推崇溢于言表。蔡襄《茶录》中写道：“茶色白，宜黑盏。建窑所造者绀黑，纹如兔毫，其坯微厚，熁之久热难冷，最为要用。出他处者，或薄或色紫，皆不及也。其青白盏，斗试家自不用。”说明建盏兼具娱乐及实用的双重功能。赵佶《大观茶论》谓：“盏色贵青黑，玉毫条达者为上，取其焕发茶采色也。”

"玉毫条达者"即指兔毫盏。建盏因其黑色可以衬托茶汤的白与绿，胎土厚可以保温，有利于茶汤温度的维持，是同期间其他的窑址所产茶盏无法比拟之处，成了文人雅士的最爱，连皇帝也难敌建盏的魅力。因此说，建盏足为宋代茶器的代表。

宋建窑兔毫盏

6. 元朝人怎么喝茶？

在游牧征战的世界中，元人品茗把持兼容并蓄。元代饮茶法体现在末茶与散茶的并列中，也体现在甘露和酒饮并存中。墓室壁画保留着元代品茗的风格，画面描绘着元人品茗的情景，是承袭了宋代风格的点茶。耶律楚材在《西域从王君玉乞茶因其韵（七首）》中回味："积年不啜建溪茶，心窍黄尘塞五车。碧玉瓯中思雪浪，黄金碾畔忆雷芽。卢仝七碗诗难得，谂老三瓯梦亦赊。敢乞君侯分数饼，暂教清兴绕烟霞。"作者想念着茶末放在碧玉般青瓷茶碗中，经击打后茶汤所浮现的白花雪浪的姿态。元代，蒙古族统治了汉族，但保留了团茶，也保留了宋代遗留的官焙茶园，末茶、点茶饮茶法也同样保留了下来。

散茶是元代社会越来越重要的角色，王祯《农书》中记载有加的其实正是蒸青绿茶。与之相应的茶器应运而生，即元代瓷器的代表——青花瓷。其特征是施自然釉，产生的青花极有魅力，而釉药所含的钴，在发扬茶性上具有留香藏韵的效果。青花小茶盏带着盏托，耀眼迷人，传达了它在中国茶器史上承前启后的重要性，它的茶托诉说着宋代吃茶的雅趣与精致绝伦，它的盏缩小了，开启了明代以后散茶用杯的先河。

末茶和散茶在元代呈现双元激荡的局面，事实上丰富了中国古代茶文化的内容，尤其是以青花瓷器为代表的散茶品饮方式，对后世饮茶产生了深远影响。

7. 两宋时期的茶礼是怎样的？

在宋徽宗赵佶所作《文会图》中，可大致看出宋代宫廷茶文化中的朝廷茶仪。图的下方有四名侍者分侍茶酒，茶在左，酒在右，看来茶的地位在酒之上；巨大的方案可环坐十二个位次；宴桌上有珍馐果品及六瓶插花；树后石桌上有香炉和琴。整个宴会环境在阔大的庭园之中，较一般茗饮的秩序拘谨得多，画面中既有茶的和谐，又有礼的秩序，通过环境与器物的巧妙布置传达出独特的中国茶礼。

古人认为茶是爱情坚定、纯洁的象征，在倡导女子"三从四德"的宋代，茶在婚姻礼俗中扮演着奇特的角色。在《宋史·礼志》《辽史·礼志》中，到处可见"行茶"的记载。《宋史》卷一一五《礼志》载，宋代诸王纳妃，称纳彩为敲门，其礼品除羊、酒、彩帛之外，还有"茗百斤"。这不是一种随意的行为，而是必行礼仪，这一礼仪对后世产生了深远影响。

8. 兴起于唐代的大众茶馆在宋代有怎样的表现？

宋代是古代商品经济高度发达的时期，乃至取消了唐以来的"宵禁"制度，娱乐休闲的方式与场合众多。

中国茶馆亦于宋代进入兴盛期。张择端的名画《清明上河图》生动地描绘了北宋都城汴梁城（今开封市）当时的繁盛景象，再现万商云集、百业兴盛的情形，其中不乏茶馆。从孟元老的《东京梦华录》的记载可以看到汴梁茶肆的兴盛。吴自牧的《梦粱录》则记载了南宋临安（今杭州）茶馆业的兴旺发达，其卷十六"茶肆"记："今之茶肆，列花架，安顿奇松异桧等物于其上，装饰店面"。宋代茶肆已讲究经营策略，为了招徕生意，留住顾客，他们会对茶肆做精心的布置装饰。茶肆装饰不仅是为了美化饮茶环境，增添饮茶乐趣，也与宋人好品茶赏画的特点分不开。

（十八）明清茶文化问答

1. 明清时期代表茶文化最主要成就的茶书是什么？

明清是中国古典文化发展的后期，文化气象逐渐走向内敛，茶文化在这一时期正适应了这种内敛的心态。现存明代茶书有30多种，占了现存中国古典茶书一半以上，现存清代茶书8种。其中最能反映明代茶学成就的就是张源的《茶录》和许次纾的《茶疏》，其次有朱权《茶谱》、罗廪《茶解》、闻龙《茶笺》、田艺蘅《煮泉小品》、黄龙德《茶说》、熊明遇《罗岕茶记》、冯可宾《岕茶笺》等。清代陆廷灿《续茶经》则以收集保存资料较全面见长。

张源所著《茶录》，全书约1500字，分为采茶、造茶、辨茶、藏茶、火候、汤辨、汤用老嫩、泡法、投茶、饮茶、香、色、味、点染失真、茶变不可用、品泉、井水不宜茶、贮水、茶具、茶盏，拭盏布、分茶盒、茶道等23则，每条都比较精练简要，言之有物，是明代茶书的经典之作。

许次纾所著《茶疏》全书约4700字，有产茶、古今制法、采摘、炒茶、芥中制法、收藏、置顿、取用、包裹、日用置顿、择水、贮水、舀水、煮水器、火候、烹点、秤量、汤候、瓯注、荡涤、饮啜、论客、茶所、洗茶、童子、饮时、宜辍、不宜用、不宜近、良友、出游、权宜、虎林水、宜节、辨讹、考本等36则，集明代茶学之大成。

2. 明清时期的茶类有怎样的变革？

明清时期，中国制茶技术有较大的创新和发展。明太祖朱元璋下诏罢造龙团，使得在元代已寥若晨星的贡团茶终于走进历史，散茶成为整个社会各阶层的品饮主导。

明清茶产中的炒青绿茶达到全盛，明代代表性的茶书如《茶录》《茶疏》《茶解》等系统地介绍了炒青绿茶加工过程中有关杀青、摊晾、揉捻和焙干等全套工序及技术要点。而炒青绿茶盛行以后，各地茶人对炒制工艺不断革新，因而随后产生了不少外形内质各具特色的炒青绿茶，如徽州的松萝茶、杭州的龙井茶、歙县的大方茶、嵊州市的珠茶、六安的瓜片、屯绿珍眉等等。

在炒青绿茶的基础上，明清茶人又创制了黄茶、黑茶、白茶、红茶、青茶（乌龙茶），至此六大茶类齐全。花茶窨制技术也逐渐完善。

3. 明清时期的名茶知多少？

明代名茶绝大多数为散茶，据屠隆《茶笺》（1590年前后）和许次纾《茶疏》（1597年）等记载，明代名茶计有50余种，其中多为绿茶，如西湖龙井，六安茶，苏州虎丘茶，天池茶，罗岕茶，武夷茶，黄山云雾，新安松萝，日铸茶，小朵茶，雁路茶，天目茶，剡溪茶等，也有云南普洱茶。

清代名茶，有些是明代流传下来的，有些是新创的。在清王朝近300年的历史中，除绿茶、黄茶、黑茶、白茶、红茶外，还发展了乌龙茶。在这些茶类中有不少品质超群的茶叶品目，逐步形成了我国至今还继续保留着的传统名茶，如武夷岩茶、普洱茶、闽红（工夫红茶）、祁门红茶、庐山云雾、君山银针、安溪铁观音、广西苍梧六堡茶、（政和）白毫银针、凤凰水仙、闽北水仙、九曲红梅、温州红汤等。清代名茶计有40多种。

4. 明清时期在饮茶方式上有发展吗？

明清时期的饮茶法继承宋元时期的煮茶、点茶和泡茶法，特别是泡茶法成熟而且广为流行。

煮茶法在明代一些茶书中有记载，如陈师《茶考》、张源《茶录》均有提及，但此时的煮茶法已不完全是唐代的方式，而是具有这个时代的特征，人们直接以散茶投入水中烹煮，而不再是研成粉末。

至于点茶法，朱权的《茶谱》中有较详尽的介绍，但与宋代重点茶技艺相比，朱权更在意茶具的革新，而随着散茶的兴盛，点茶法于明朝后期终归销声匿迹。

泡茶法的一种形式是壶泡法，这种泡茶法萌芽于唐，酝酿于宋元，形成于明中期，流行于晚明以后。入清，源于福建武夷山的青茶（乌龙茶）逐渐发展，于是在壶泡法的基础上又产生了一种用小壶小杯冲泡品饮青茶的工夫茶法。袁枚《随园食单》和张心泰《粤游小识》中对此均有精彩的记载。根据张源《茶录》和许次纾《茶疏》等记载，壶泡法归纳起来有备器、择水、取火、候汤、泡茶、酌茶、品饮等程序。

泡茶法的另一种形式是撮泡法，其做法是备器、择水、取火、候汤、投茶、冲注、品啜等。直接置茶入杯盏，然后注沸水即可。在明代使用无盖的盏、瓯来泡茶，但清代在宫廷和一些地方采用有盖和托的盖碗冲泡，便于保温、端接和品饮。

明清泡茶法继承了宋代点茶的清饮，不加作料，但明人喜欢在壶中加花蕾与茶同泡。泡茶法的普及也体现了明清生活的精致化。

5. 明清茶器有怎样的特色？

明代直接在茶盏或瓷壶或紫砂壶中泡茶成为时尚，茶具也因饮茶方式的改变而发生了相对应的改变，在釉色、造型、品种等方面产生了一系列的变化。

一方面是传统陶瓷茶器的革新。由于白色瓷器最能衬托出茶汤的色泽，茶盏的釉色也由原来的黑色转为白色，摒弃了宋代的黑釉盏。明代以壶泡茶，以杯盏盛之，杯盏的式样也进行革新，将元代接近垂直的足部改为外撇足，增加了稳定感。除高足杯外，小巧玲珑的各式青花小杯也成为茶人喜爱的品饮器。

清代所产茶具釉色较前期丰富，品种多样，有青花粉彩以及各种颜色釉，器形、纹饰都有进一步发展。有造型纹饰各异的小杯以及色彩艳丽的五彩龙凤纹小杯，造型清秀大方的青花釉里红花卉纹和青花团凤纹杯，体现了清代以来人们对文化、生活艺术的追求。在款式繁多的清代茶具中，首见于康熙年间的盖碗开了一代先河，延续至今，可谓当时饮茶器具一大改进。

紫砂壶具，明代以来异军突起，以江苏宜兴产的品质独特的陶土烧制而成，土质细腻，含铁量高，具有良好的透气不透水的结构性，最能保持和发挥茶的色、香、味。加之紫砂壶造型精美，色泽古朴，经过民间艺术家和文人墨客的改进、创新，融会了文学、书法、绘画、篆刻等多种艺术，具有巨大的收藏价值。从明代至今，紫砂艺术不曾间断地发展，名家辈出。紫砂壶的制造是明代对茶文化史乃至整个中国文化史的重大贡献。

6. 明清茶人在品茶的环境上有怎样的要求？

明代茶人对品茗环境的讲究是史无前例的，在多部茶书中，每个作者都明确地提出饮茶的环境。陆树声专门写了《茶寮记》，许次纾在《茶疏·茶所》中描述道："小斋之外，别置茶寮。高燥明爽，勿令闭塞。……寮前置一几，以顿茶注、茶盂，为临时供具。别置一几，以顿他器。旁列一架，巾帨悬之。……"这是一个品茶的所在，清爽整洁，秩序井然。此外，屠隆《茶说·茶寮》、高谦《遵生八笺》和文震亨《长物志》也均有关于茶寮规划布置的记载。

除了专门的茶寮、茶室，明清人还专门提出"宜茶"之境。许次纾的《茶疏·饮时》列举了二十四种宜茶之境，并指出饮茶"良友"：清风明月、纸帐楮衾、竹床石枕、名花琪树。徐渭在《徐文长秘集》中条列出"茶事七式"的情境："宜精合、宜云林、宜永昼清谈、宜寒宵兀坐、宜松风下、宜花鸟间、宜清流白云、宜绿藓苍苔，宜素手汲泉、宜红妆扫雪、宜船头吹火、宜竹里飘烟。"这种环境充分体现了茶与人与境的和谐。明末清初冯可宾提出了"宜茶十三境"，其在《岕茶笺》中提道："无事、佳客、幽坐、吟咏、挥翰、徜徉、睡起、宿醒、清供、精合、会心、赏鉴、文僮"宜茶，这时是心境、物境、事境、时境、人境的融合。由此可见，明清时期文人饮茶更注重修身养性，茶成为灵性的寄托。

7. 明清时期有代表性的茶画有哪些？

明清时期的文人往往精于茶道，加之当时茶人们对饮茶环境的特殊讲究，所以产生了相当一批充满意境、极富感染力的"茶画"。这其中最出名的茶画家莫过于明代江南四才子中的文徵明和唐寅了，他们的茶画传世较多，且多有上乘佳作。文徵明的《惠山茶会图》，画面景致是无锡惠山一个充满闲适淡雅氛围的幽静处所；《品茶图》，通过画上自题七绝可感受到其意境："碧山深处绝尘埃，面面轩窗对水开。谷雨乍过茶事好，鼎汤初沸有朋来。"《茶具十咏图》则是其诗文书画相结合的佳作。唐寅的《事茗图》表现出幽人雅士品茗雅集的清幽之境，是当时文人学士山居生活的真实写照。另有两幅同取名为《品茶图》、画面风格却特殊的作品，表现自然派茶人"枯石凝万象"和"石中见生机"的美学意境，尽管描绘的是世外桃源、水中蓬莱，带给人的却总是一种自然的生机和美好的希望。其中一首题画诗："买得青山只种茶，峰前峰后摘春芽。烹煎已得前人法，蟹眼松风娱自嘉"表达了画面的灵动。

文徵明《惠山茶会图》

唐寅《事茗图》

明代茶画的代表还有仇英的《松亭试泉图》《烹茶洗画图》等，丁云鹏的《煮茶图》，陈洪绶的《停琴啜茗图》等，清代董浩《复竹炉煮茶图》也是茶画中的佳作。清代还出现了一些画谱小品，以相当洗练的笔法表现茶与茶人品格，一盆花、一块石、一把壶，省去了山水人物，表达人与茶、与花、与石的关系；或在高几之上插上一枝梅表现茶人的雅洁与不畏严寒；或添一松树盆景表示茶人的长寿与生机。总之，场面小到不能再小，茶文化的内容甚至仅浓缩到一把壶，几棵草，但寓意却仍深刻。这是对中国茶道美学的深刻体现，也是这一时期茶文化发展的明显特征。

8. 明清时期茶馆有怎样的发展？

元明以来，曲艺、平话兴起，茶馆成了这些艺术活动的理想场所。北方多说大鼓书和评书，南方则有只说不唱的纯粹说书，即评话和讲唱兼用的弹词。茶馆中的说书一般在晚上，听者以下层劳动群众为多。明代市井文化的发展，使得明清茶生活也快

文徵明《品茶图》

速发展，茶馆更加走向大众化。明代茶馆较宋代另一特点，就是更为雅致精纯，茶馆饮茶十分讲究，对水、茶、器都有一定的要求。时人张岱即写下了他对绍兴一家茶馆的印象："泉实玉带，茶实兰雪。汤以旋煮，无老汤；器以时涤，无秽器。其火候汤候，有天合之者。"

清代茶馆多种多样，有以卖茶水为主的清茶馆，前来清茶馆喝茶的人以文人雅士居多，所以店堂一般都布置得十分雅致，器具清洁，四壁悬挂字画；在以卖茶水为主

唐寅 《品茶图》

的茶馆中还有一种设在郊外的"野茶馆"，只有矮矮几间土房，桌凳亦是土砌的，茶具是砂陶的，设备十分简陋，但环境十分幽静，绝无城市茶馆的喧闹；还有既卖茶水又卖点心茶食，甚至还经营酒类的荤铺式茶馆；有经营说书、演唱的书茶馆，是人们娱乐的好场所。

清代茶馆还和戏园紧密联系在一起，最早的戏馆统称为茶园，是朋友聚会喝茶谈话之所，看戏不过是附带性质。

清代是我国茶馆的鼎盛时期，茶馆遍布城乡，其数量之多也是历史上所少见的，很大程度上反映了饮茶风习的普及。

9. "工夫茶"的产生有怎样的背景？

工夫茶具

清代袁枚（1716—1797 年）在《隧园食单·茶酒单·武夷茶》中的详细描述，当是现今我们了解工夫茶的很好参照，他说："余向不喜武夷茶，嫌其浓苦如饮药。然丙午秋，余游武夷到曼亭峰、天游寺诸处。僧道争以茶献。杯小如胡桃，壶小如香橼，每斟无一两。上口不忍遽咽，先嗅其香，再试其味，徐徐咀嚼而体贴之。果然清芬扑鼻，舌有余甘。一杯之后，再试一二杯，令人释躁平矜，怡情悦性。始觉龙井虽清而味薄矣，阳羡虽佳而韵逊矣。颇有玉与水晶，品格不同之故。故武夷享天下盛名，真乃不忝。且可以瀹至三次，而味犹未尽。"

袁枚从不喜欢武夷茶到惊艳武夷茶，正是独特的冲泡方式让武夷岩茶的真味得以完美地呈现。关于这种茶的风韵，清人梁章钜在《归田琐记》中这样描写："活色生香，舌本常留甘尽日，齿颊留芳，沁人心脾，香味两绝，如梅斯馥兰斯馨。"这种明清时期出现的新工艺做出的茶，具有与炒青绿茶完全不同的独特口感与韵味，而这种风韵又得借助特别的茶器、特别的品饮方式才能体现，正是袁枚所描述的小壶小杯。

冲泡武夷岩茶的器具即工夫茶器，清代俞蛟《梦厂杂著·卷十·潮嘉风月》写道："工夫茶，烹治之法，本诸陆羽《茶经》，而器具更为精致。炉形如截筒，高约一尺二三寸，以细白泥为之。壶出宜兴窑者最佳，圆体扁腹，努嘴曲柄，大者可受半升许。杯盘则花瓷居多，内外写山水人物极工致……"宜兴紫砂壶的宜茶正好应用在工夫茶泡法中，而潮汕一带以当地的土质，通过手拉胚成型的壶器，胎薄轻巧，砖胎的特殊结构，使茶汤喝起来口感更滑顺，在泡饮焙火茶时可修饰茶的燥气，所以潮汕壶也成为工夫茶的主角之一。

工夫茶法，正是一种独特的好茶遇到一种为它而生的茶具，一个懂得泡茶的人泡出了一壶最好的茶汤，慢慢品饮，体验人与茶、与茶器邂逅的美妙时光。

（十九）各国茶文化问答

1. 日本人什么时候开始有饮茶的历史？

日本人开始饮茶是在奈良时代（710—794 年），相当于中国唐朝。当时日本派遣大量遣唐使，其中还有僧人到中国学习，此期中国茶文化正式形成，茶在社会上影响很大，同时也影响到来唐的日本人，他们把唐时的茶叶带回日本，日本饮茶史就此开始。而最澄从大唐带回茶种种植于比睿山的陂本，也成为日本最早的茶园遗迹。这一饮茶风习不久便被中断。970 年前后，佛门茶事亦被停止。这一小段的饮茶史大多流行于贵族、僧侣之间。之后约到中国南宋时期，日本人才又从中国带回茶种、茶具及饮用末茶的方式。

2. 荣西禅师对日本茶文化的发展有何贡献？

荣西是让日本中断的饮茶史恢复的人物，他生活在日本的镰仓时代（1185—1336年），28 岁入宋，到天台山；1187 年再次入宋，再登天台山学禅，并努力学习有关茶的知识。1191 年回国，携回茶种、茶具、饮茶方法。荣西促成茶叶中兴及普及，除了广植茶树以外，并著作日本第一部茶书《吃茶养生记》。该书又称《茶桑经》或《赞扬茶德的书》，此书开宗明义："茶也，末代养生之仙药，人伦延龄之妙术也。山谷生之，其地神灵也；人伦采之，其人长命也。天竺唐土同贵重之，我朝日本，昔嗜爱之……"，对后来日本茶文化有重要影响。

3. 宋代时日本是否也有"斗茶"？

荣西将茶种带回日本后，也将茶种送给了造访他的明惠上人，明惠将之播种在栂尾山，由于环境良好，茶叶品质优异，不久此处产的茶就被称为"本茶"，而其他地方产的茶则称为"非茶"。在这种背景下产生了"认识茶的异同"的比赛，而作为评定茶叶的标准就是栂尾茶，这种识别本茶与非茶的比赛即为斗茶。这一时期日本斗茶从民间到幕府、朝廷、僧侣、神事人员都参加，每个月数次，从傍晚斗到天亮，持续十数小时的也有。到镰仓末期，茶成为赌博工具；到了室町时代更为流行，因此足利尊氏在建武三年（1336 年）十一月颁布禁令禁止斗茶。

4. 日本茶道是如何创立的？

到室町时期（约相当于中国明朝），日本人的饮茶行为从生活上养生的目的，演变成游兴式的"斗茶"歪风，奢侈糜烂，对社会产生了不良影响。由村田珠光按照禅宗寺院简单朴实、沉稳静寂的饮茶方式，制定了"茶法"，并且简化当时茶室的规划，改在小房间（四个半榻榻米，约一丈四方大小）举行茶会，这就是所谓的"草庵茶法"。珠光也曾企图将茶具及点茶手法简化，但是这个心愿还是到了他的弟子才完成。村田珠光作为草庵式茶道的创始者，被称为日本茶道的开山祖师。

完成珠光理想茶道的人是武野绍鸥（1502—1555 年）。绍鸥摒弃了贵族风味的"书院茶道"，建筑"草庵式"的茶室，采用砌"地炉"的田合风建筑形式；并且使用日本制的茶具，于是更进一步简朴精练的"空寂茶道"就此开始了。这种茶道是在质朴之中，满足于"不足"，培养内心"真诚"的待客之道。绍鸥认为"正直、谨慎、不骄傲"即"空寂"。

继承绍鸥"空寂茶道"的千利休（1522—1591 年），不仅把握"空寂茶道"的精髓，而且为了茶道上的需要，还到各地的陶瓷厂研究茶具的设计和制作。利休为了更彻底地表达绍鸥"空寂茶道"的思想，创立了"草庵式小茶席"，比四个半榻榻米的茶室还小，并自行设计了各种小型的茶具。这种小茶席（小座敷）的茶法，并非是"因陋就简"的茶法，也不是"漫不经心"随便的茶法，而是经过洗练之后，以精纯朴拙的手法，表达茶会的旨趣和茶道的奥义。这本身就要求茶人得有深厚的茶学修养，以达到炉火纯青、返璞归真的境界，所以日本茶道此后的传承便深深打上了千利休的烙印。

5. 日本茶道史上的"北野大茶汤"是怎么一回事？

北野大茶汤是天正十五年（1587 年）由丰臣秀吉（1536—1598 年）在北野之森林（北野神社境内的松原，北野神社即今之天满宫）所举行的大茶会。据说一共设立了八百座茶席，号称当时茶道人口数百万。我们可以通过茶会前的公告大致了解茶会的概貌：

（1）十月一日到十日之间，只要天气允许，就在北野的森林里举行茶会。各领地要拿出自己收藏的所有的好茶具前来参加，并互相欣赏。（2）热衷茶道者，若党、町人、百姓亦可。一釜、一钓瓶、一碗即可。茶粉亦可携来。（3）座席于松原，二张。侘者可就地或稻席为之。（4）日本国内自不用说，凡有爱茶之心者唐人亦可。（5）为远路之人亦能前来，茶会为期十日。（6）未参与者，今后禁茶，茶粉亦不可用。

远地来的侘者，秀吉皆亲自点茶赐饮。

6. 卖茶翁对日本茶道的贡献有哪些？

卖茶翁被尊称为日本煎茶道的始祖，是个僧人，他站在非僧、非儒、亦非道的立场，批判当时腐败的禅僧社会和茶道世界，通过煎茶来论说人生的哲理。但事实上他是精通儒、释、道的，一直到 81 岁才烧掉卖茶的担子，终止卖茶生涯，是集"煎茶思想"的大成者。他著有《梅山种茶谱略》一书，是有关茶传入日本的简史，从神农到陆羽、卢仝、荣西，从种茶、制茶、赏茶到主张"智水满于内，德泽溢于外之余，始及于风雅茶事"之茶思想等，可说是一本具体而微的小百科。卖茶翁烧掉茶担且不立任何形式的煎茶理论，最重要的是他的生活哲学，受到后来煎茶家所喜好，并从他的诗文、书法、偈语去体悟他的煎茶精神，追求他的轨迹。以卖茶翁的哲理作为基本理念，后来形成了两股煎茶的潮流，即"宗匠茶"和"文人茶"。前者只管努力于煎茶的"茶文化"；而"文人茶"，则是摆饰中国来的文房珍宝，品赏书画，倾听丝竹，陶醉于其饮茶的风雅之中。

7. 朝鲜茶礼是如何形成的？

朝鲜与中国自古关系密切，在吸收中国茶文化时，重点吸收了中国的茶礼。早在新罗时期，朝廷的宗庙祭礼和佛教仪式中就运用了茶礼，宗庙祭祀的主要物品是糕饼、饭、茶、水果等。佛教华严宗以茶供奉文殊菩萨，净土宗则以茶供弥勒菩萨。高丽时期，朝鲜已把茶礼贯彻于朝廷、官府、僧俗等各个阶层。这时普遍流行中国宋元时的点茶法，茶膏、茶磨、茶匙、茶筅一如中国。朝廷和官府的茶礼，主要用于朝鲜传统节日如燃灯会、八关会，还有迎北朝诏史仪、祝贺国王长子诞生仪、公主出嫁仪、曲宴群臣仪等。随着中国《百丈清规》《苑林清规》等佛门清规传入，相应的佛门茶礼也为朝鲜择要接纳，如主持尊茶、上茶、会茶、寮主供茶汤，还有吃茶时敲钟、点茶时打板、打茶鼓等。高丽时期，随着朱子家礼流传到朝鲜，儒家主张的茶礼茶规在 14~15 世纪间开始在民众中推行，民间的冠婚丧祭皆用茶礼。如此，茶礼便贯穿在朝鲜社会各个阶层各个领域中，成为礼仪之邦的一个重要内容。

8. 西亚国家有怎样的饮茶习俗？

西亚许多国家的饮茶习俗多自我国新疆传入，如阿富汗，作为信仰伊斯兰教的国家，他们把茶当作人与人之间的友谊桥梁，常用茶沟通人际关系，用茶培养团结和睦之风。在阿富汗，是红、绿茶兼饮，夏季饮红茶，冬季反而饮绿茶。与大多数伊斯兰教的国家一样，他们多以牛羊肉食为主，这样茶便成为生活之必需品，所以，阿富汗到处有茶店。而家庭煮茶方式多以铜制圆形"茶炊"为之，与中国传统"火锅"相似，与俄国"茶炊"也相似，底部烧火，亲友相聚，围炉而饮，颇有东方大家庭欢乐和睦之感。

阿富汗与我国新疆地区习俗相似，也喝奶茶，先将奶煮稠，然后舀入浓茶搅拌并加盐，这是农村或民间的习惯。有客来，无论城市或农村，都与中国礼俗相仿，总是热情地说："喝杯茶吧！"而且饮茶也有"三杯"之说，第一杯在于止渴，第二杯表示友谊，第三杯表示礼敬。其实不只阿富汗，许多伊斯兰教国家饮茶习俗也与此相仿。

9. 以英国为典型的欧洲下午茶时尚是如何形成的？

17 世纪中叶，葡萄牙的凯瑟琳公主嫁给了英国国王查尔斯二世，在她的嫁妆中有一箱她非常喜欢的产自中国的茶叶。从此，饮茶开始在英国王室中流传开来。到 18 世纪，饮茶已普及英国民间。维多利亚时代初期，英国贝德芙公爵夫人安娜女士，为了解除由于午餐到晚餐中途的饥饿，常常让仆人在下午五点钟左右为她泡一壶茶、备些点心到她房间，逐渐形成习惯，并开始邀请好友共享。不久，这样的形式在伦敦的上流人士中流行起来，进而风靡英国，随后影响到了英国以外的欧洲其他地区。这就是"下午茶"的来历。

10. "下午茶"文化有哪些独特的载体？

传统的"下午茶"内涵丰富，形式文明、优雅、轻松，具有浓郁的欧洲典雅生活风情。英国人用来自东方的饮品，创造出自己独特华美的品饮方式，为世界茶文化增添了一支灿烂的奇葩。

红茶：最早是来自中国的红茶，如 18 世纪后期创制于福建崇安的小种红茶，其条索肥厚，色泽乌润，茶汤红浓，香高而味长，带松烟香，醇厚具桂圆汤味。《中国茶叶商品经济研究》中记载："《与雷诺共进下午茶》：'在 17 世纪时，已经开始制作红茶，最先出现的是福建小种红茶，这种出自崇安县星村乡桐木关的红茶，当 17 世纪初荷兰人开始把中国茶输入欧洲时，它也随着进入西方社会。'"红茶独特的色、香、味，与欧洲贵族阶层的品位不谋而合。

欧洲茶器：随着饮茶在欧洲的蔓延，欧洲人开始创制适合自己的茶器。18 世纪，英国的陶工制造陶器、瓷器与骨瓷器具。从传世的壶器来看，当时的茶壶原本遵照中国的传统，采用神话中的标记与动物来制造，后来的茶壶则反映了18世纪洛可可的形式。历经一世纪以后风格有了转变，取而代之的是19世纪维多利亚时代的装饰风格。

品饮方法：欧洲人喝红茶多采用调饮法，即在红茶中加入牛奶和糖，调制成一杯可口的牛奶红茶。

点心：点心是下午茶中必不可少的。通常是用三层点心瓷盘装盛点心，第一层放三明治，第二层放传统英式点心烤饼，第三层则放蛋糕及水果塔。

鲜花与音乐：为了营造出悠闲的饮茶环境氛围，主人还应在室内摆放鲜花，播放或演奏优美的音乐。

礼仪：在英国，传统的下午茶是作为一种重要的社交活动而进行的，因此而制定了一套礼仪规则。参加下午茶活动的人们，从饮茶的器具、茶桌的摆设、主客的着装、点心的食用等各方面，都必须严格遵守相关规定，否则将被视为无礼，有失体面。

11. 荷兰饮茶习俗有何独特风格？

早在17世纪，荷兰人就将中国的绿茶运回国内，开始主要用于宫廷和豪门世家，用于养生和社会交往的高层礼仪。所以，当时饮茶是上层社会炫耀阔气、附庸风雅的方式。这时，中国的茶室也传入荷兰，只不过不是由茶人或茶童操持，而是作为家庭主妇表示礼节的手段。此后，茶从上层社会进入一般家庭，也有早茶、午茶、晚茶之分，而且十分讲究。有客人来，主妇要以礼迎客入座，敬茶、品茶、热情寒暄，直到辞别，整个过程都相当严谨。虽不能与东方茶道相提并论，但也称得上西方茶文化的典型表现了。18世纪荷兰曾上演一出戏叫作《茶迷贵妇人》，不仅反映了当时荷兰本身的饮茶风尚，对整个欧洲饮茶之风也推动很大。

12. 俄罗斯有何值得称耀的饮茶礼仪？

16世纪中国饮茶法开始传入俄国，到17世纪后期，饮茶之风也已普及到各个阶层，其中俄罗斯贵族社会饮茶是十分考究的，有十分漂亮的茶具，"茶炊"叫"沙玛瓦特"，是相当精致的铜制品，茶碟也很别致，俄罗斯人习惯将茶倒入茶碟再放到嘴边。玻璃杯也很多，有些人家则很喜欢中国的陶瓷茶具。其上层饮茶礼仪也很讲究，绝不同于普希金笔下的"乡间茶会"那样悠闲自在，而是相当拘谨，有许多浮华做作的礼仪。

13. 摩洛哥人的饮茶习俗有何特色？

地处非洲西北部的摩洛哥，是世界上绿茶进口最多的国家，摩洛哥人喜欢在茶中加糖，另加新鲜薄荷叶共饮，茶要非常浓酽，甜中带苦。由于长期饮茶，摩洛哥人对茶具十分讲究，而且有自己的创造。他们一般有一套精美的铜制茶具，有的还涂上银，尖嘴红帽或白色茶壶，花纹精致的大茶盘，香炉式的糖缸，配在一起和谐悦目，别具非洲风格。这样一套茶具，既可饮茶，又可作为工艺品来观赏，使饮茶作为精神享受，这一点与东方人的观点很接近。

二、茶的分类

（一）按加工方法分类

茶的分类方法繁多，目前使用最为广泛的方法之一是根据制造茶叶时的不同工艺来划分的。这主要是指在制茶过程中是否有发酵这一步骤。

较为通用的分类方法是将中国茶叶分为基本茶类和再加工茶类。基本茶类分为六大类，即绿茶、黄茶、红茶、白茶、青茶、黑茶。以这些基本茶类做原料进行再加工以后的产品统称再加工茶类，主要有花茶、紧压茶、萃取茶、果味茶、药用保健茶和茶饮料等，茶在这里含义更广泛。

绿茶，在制作过程中没有发酵工序，茶树的鲜叶采摘后经过高温杀青，去除其中的氧化酶，然后经过揉捻、干燥制成。成品干茶保持了鲜叶内的天然物质成分，茶汤青翠碧绿。

黄茶为微发酵茶，白茶为轻发酵茶，黑茶为后发酵茶，而青茶（含乌龙茶）为部分发酵茶。青茶制造时较之绿茶多了萎凋和发酵的步骤，鲜叶中一部分天然成分会因酵素作用而发生变化，产生特殊的香气及滋味，冲泡后的茶汤色泽呈金黄色或琥珀色。

红茶为全发酵茶，制作时萎凋的程度最高、最完全，鲜茶内原有的一些多酚类化合物氧化聚合生成茶黄质和茶红质等有色物质。其干茶的色泽和冲泡的茶汤以红黄色为主调。

（二）按萎凋与不萎凋分类

鲜茶叶采摘下来后，首先要放在空气中，蒸发掉一部分的水分，这个过程称为萎凋。按茶叶制作过程中是否需要进行萎凋，茶的种类可分为不萎凋茶和萎凋茶。

不萎凋茶主要是绿茶，萎凋茶包括红茶、黄茶、黑茶、青茶。

所谓的"萎凋"就是让新鲜的茶青丧失一部分水分，水分丧失的过程，叶孔充分地打开，空气中的氧分趁机进入叶孔之中，在一定的温度条件下，氧与叶子细胞中的成分发生化学反应，也就是发酵。萎凋是发酵的必要前提条件。所以所有的发酵茶和半发酵茶都是萎凋茶，而绿茶是完全不需要发酵的，所以它是不萎凋茶。

（三）按茶的季节性分类

中国绝大部分产茶地区，茶叶的生长和采制是有季节性的。按照季节变化，可将茶叶划分为春、夏、暑、秋、冬季茶。

春茶为3月上旬至5月上旬之间采摘制作的茶，采摘剪期为20～40天，随各地气候而异。由于春季气温、降雨量适中，无病虫危害，春茶茶叶鲜嫩，香气馥郁，品质最佳。

夏茶在夏至前后采摘，一般为5月中下旬到6月，是春茶采摘一段时间后所新发的茶叶。

夏茶的新梢生长迅速，不过很容易老化。由于受高温影响，茶叶中氨基酸、维生素的含量较春茶明显减少，味道也比较苦涩。

暑茶为7月后采摘的茶叶。秋茶为秋分之后所采制之茶，秋高气爽，有利于茶叶芳香物质的合成与积累，所以秋茶具有季节性高香。

冬茶因气候寒冷，中国大部分地区均不产冬茶。只有海南、福建和台湾因气候较为温暖，尚有出产。

（四）按茶的生长环境分类

根据茶树生长的地理条件，茶叶可分为平地茶、高山茶和有机茶几个类型，品质也有所不同。平地茶相比起来比较普通，茶树的生长比较迅速，但是茶叶较小，叶片单薄；加工之后的茶叶条索轻细，香味比较淡，回味短。

相比平地茶，高山茶可谓得天独厚。茶树一向喜温湿、喜阴，而海拔比较高的山地正好满足了这样的条件，也就是平常所说的"高山出好茶"。温润的气温，丰沛的降水量，浓郁的湿度，以及略带酸性的土壤，促使高山茶芽肥叶壮，色绿茸多。制成之后的茶叶条索紧结，白毫显露，香气浓郁，耐于冲泡。

有机茶是近期出现的一个茶叶新品类，或者说是一个茶叶的新的鉴定标准。有机茶是指在完全没有污染的环境下种植生长出来的茶芽，又在严格的清洁的生产体系里面生产加工，并且遵循着无污染的储存和运输要求，且要经过食品认证机构的审查和认可。

（五）按茶的品质特点分类

根据加工方法以及品质特色的不同，茶可分为六大类，即绿茶、黄茶、白茶、青茶、红茶和黑茶，这也是传统茶文化中最常使用和最为人们所熟知的分类方法。

绿茶的制作没有经过发酵，较多地保留了鲜叶内的天然物质，因此成品茶的色泽、冲泡后的茶汤和叶底均以绿色为主调。同时，由于营养物质损失少，绿茶也被视为更益于人体健康的茶。绿茶是中国种类最多、产量最大的茶类。此外，绿茶也是生产花茶的主要原料。

黄茶的黄色来自制茶过程中的闷黄，独特的制作工艺使冲泡后呈现"黄叶黄汤"的特色，且毫香浓显，滋味鲜醇。

白茶采用叶表多白色茸毛的细嫩芽叶制成，制作过程中不揉不炒，完整地保留了原有的外表。优质成品茶毫色银白闪亮，滋味清新甘爽，是不可多得的珍品。

青茶，主要指乌龙茶，属于部分发酵，融合绿茶和红茶的清新、芬芳、甘鲜于一身，品质极为出众，得到很多海内外茶人的喜爱和追捧。

红茶，属于发酵茶，因其干茶色泽、冲泡后的茶汤和叶底以红色为主调而得名。红茶的香气最为浓郁高长，滋味香甜醇和，饮用方式多样，是全世界饮用国家和人数最多的茶类。

黑茶因其茶色呈黑褐色而被称为黑茶，其品质特征是茶叶粗老、色泽细黑、汤色橙黄、香味醇厚，具有扑鼻的松烟香味。黑茶属深度发酵茶，存放的时间越久，其味越醇厚。

此外，以绿茶、黄茶、白茶、乌龙茶、红茶、黑茶六大基本茶类为原料经再加工而成的产品称为再加工茶，包括花茶、紧压茶、萃取茶、果味茶和药用保健茶等。

三、茶的历史

（一）绿茶的历史

绿茶是我国最早的茶类，顾名思义，绿茶以汤色碧绿清澈，茶汤中绿叶飘逸沉浮的姿态最为著名。滋味鲜爽、回味无穷，品饮起来神清气爽。茶中的天然物质保留较多，"儿茶素"是绿茶成分中的精髓部分，因此，绿茶的滋味收敛性强，可防衰老、防癌、抗癌、杀菌、消炎，甚至在降脂减肥等方面均有特殊效果，为其他茶类绿茶在我国历史悠久，据传西周时期的巴蜀贡茶即为绿茶。古代人类采集野生茶树芽叶晒干收藏，可以看作是广义上的绿茶加工的开始，距今至少有 3000 多年。但真正意义上的绿茶加工，是从公元 8 世纪发明蒸青制法开始，那时中国处于盛唐时代，蒸青饼茶工艺为将鲜叶蒸后碎制，入模具中拍成饼茶再穿孔，然后贯穿烘干去其青气。到了宋代，不但选料更为精细，蒸后还需以冷水清洗，然后小榨去水、大榨去茶汁，又置瓦盆内兑水研细，再入模中压饼、烘干。通过洗涤鲜叶和蒸青压榨去汁，使茶叶的苦涩味大大降低。

宋代末年，渐渐流行起了蒸青散茶。到 12 世纪又发明炒青制法，绿茶加工技术已比较成熟，随着时间的推移，不同技术的加工制作方式各有侧重，并行发展。

及至明代，茶业加工史的一项改革随着一纸诏令的下达继而展开。公元 1391 年的一天，明太祖朱元璋下诏废除龙凤团茶进贡制度，改贡茶为散茶，使得散茶制法大为盛行。

明代中期，随着蒸青散茶的流行。茶人逐渐发现，虽然相比团茶蒸青散茶能更好地保留茶叶的香味，但是滋味不够浓郁，于是出现了炒青技术以更好地保留茶的香气。这也为现今炒青、烘青、晒青、蒸青四种制法的形成奠定了基础，满足了绿茶爱好者的不同需求。

（二）红茶的历史

红茶的历史得从正山小种说起，可以说它是中国乃至世界红茶的鼻祖。1734 年出版的陆延灿所著的《续茶经》中记载："武夷茶在山者为岩茶，水边者为洲茶……其最佳者名曰工夫茶，工夫茶之上又有小种……"所谓正山茶乃武夷山内山所产的茶，也指此茶品质正宗，系出名门。而武夷山附近所产的茶称外山茶，"正山"正是区别外山的一种说法。

与此同时，荷兰东印度公司从爪哇岛到澳门收购武夷红茶，很快风靡英伦三岛，占领了欧洲茶叶市场，成为欧洲王室的国饮，后来红茶饮便传到印度和斯里兰卡，逐渐成为风靡全世界的饮品。西方各国语言中"tea"一词，大多源于当时海上贸易港口福建、厦门及广东方言中"茶"的读音。

清光绪元年，即公元 1875 年，黟县人余干臣，从福建罢官回籍经商。在至德县（今至东县）尧渡街设立茶庄，仿照"闽红"制法试制红茶。1876 年，由于茶价高、销路好，人们纷纷响应改制，逐渐形成了"祁门红茶"。

19世纪，我国红茶的制法传到印度和斯里兰卡，后来它们仿效中国红茶的制法，并简化了制造程序，取消锅炒，改为发酵、烘焙，生产类似我国工夫红茶的产品。目前，我国生产的红茶有一半出口世界各地，而我国也成了世界上红茶品类最全的国家。

（三）乌龙茶的历史

乌龙茶的产生，还有些传奇的色彩，据《福建之茶》记载，清朝雍正年间，在福建省安溪县西坪乡南岩村里有一个茶农，也是打猎能手，姓苏名龙，因为他长得黝黑健壮，乡亲们都叫他"乌龙"。某一年春天，乌龙腰挂茶篓，身背猎枪上山采茶，采到中午的时候，一头山獐突然从身边溜过，乌龙举枪射击，负伤的山獐拼命逃向山林中，乌龙也就尾随其后并紧追不舍，终于捕获了猎物，当把山獐背到家时已经是掌灯时分了，乌龙和全家人忙于宰杀、品尝野味，已将制茶的事忘得一干二净了。

等到第二天清晨，全家人才想起茶叶来，连忙炒制昨天采回的"茶青"。可是没有想到放置了一夜的鲜叶，已经镶上了红边了，并散发出阵阵的清香，他们不想将辛苦采摘的茶叶丢弃，于是就按照原来的方法将茶叶制好，而制作好的茶叶滋味格外清香浓厚，全无往日的苦涩的味道，于是便将此茶拿到市集上去售卖，结果广受欢迎。乌龙一家经心琢磨与反复试验，经过萎凋、摇青、半发酵、烘焙等工序，终于制出了品质优异的茶类新品——乌龙茶。而乌龙茶的名称也不胫而走，一直沿用下来。

（四）黄茶的历史

黄茶的概念自古便有了，但是与当今意义的黄茶不同。真正意义上的黄茶是来自明代茶叶工艺的变革，制作绿茶时出现了操作的失误从而成就了黄茶，并经过不断演化发展而成，如君山银针就是南君山毛尖演变而来。清代君山茶已有"尖茶"和"蔸茶"之分，采回芽叶之后，将芽头摘下制成尖茶纳作贡品，称"贡尖"，留下来的称为"贡蔸"。

清代袁枚《随园食单》记述："洞庭君山出茶，色味与龙井相同，叶微宽而绿过之，采掇很少。"此时，君山银针黄茶品质特色已然形成。20世纪50年代初期，自制君山银针承袭清代，采用拣尖精选芽头而制成。

又比如产于四川的蒙顶黄芽亦为蒙顶茶演变而来。蒙山产茶始于西汉、盛于唐，唐僖宗中和年间入贡为全国之最。唐代李肇《国史补》："剑南有蒙顶石花、小方、散芽列为第一。"北宋范镇《东斋记事》："蜀之产茶凡八处，雅州之蒙顶，蜀州之味江……然蒙顶为最佳也。"宋代文彦博"旧谱最称蒙顶味，露芽云叶胜醍醐"。绵延至清代，采摘色黄绿而肥壮的单芽，经摊晾、杀青、闷黄、整形提毫、烘焙干燥制成，形成了形状扁直、芽匀整齐、鲜嫩显毫、汤色黄绿明亮、甘香浓郁的品质特色。

（五）白茶的历史

"二八佳人细马驮，花言茶语渭城歌"，白茶其名甚雅、其质甚洁，而素为茶中珍品。其历史悠久。宋代茶艺术繁盛，宋徽宗嗜茶如命，所著《大观茶论》专辟出一节讲述白茶为："白茶，自为一种，与常茶不同。其条敷阐，其叶莹薄，林崖之间，偶然生出，虽非人力所可致。有者，不过四五家；生者，不过一、二株；所造止于二、三（銙）而已。芽英不多，尤难蒸焙，汤火一失，则已变而为常品。须制造精微，运度得宜，则表里昭彻如玉之在璞，它无与伦也。浅焙亦有之，但品不及。"由此可知，宋时的白茶，为茶树的一个品种或品系，其制法仍需经过蒸、压而成团茶，同与绿茶。

发展至明代，田艺蘅《煮泉小品》中记载："茶者以火作者为次……生晒茶瀹之瓯中，则旗枪舒畅，青翠鲜明，尤为可爱"，即说明当时已采用一芽一叶为原料，干燥用日晒，其鲜叶标准与制茶工艺可认为是现代白牡丹制法的雏形。

现代意义的白茶产于福建，产于建阳区漳墩乡桔坑村的南坑，当地本产绿茶，及至清嘉庆五年（公元1800年）后，南坑茶滞销，促使另辟蹊径，采用"半晾半晒，不炒不揉"的省工省本的生产方法，初步形成"南坑白"又名"小白"，因其满披白毫，又称"白毫茶"。福鼎白毫银针创制于清嘉庆初年（1796年），当时系用实生群体茶树的芽头制成。1855年福鼎选育出大白茶茶树良种，于是就改用大白茶的肥芽制银针。

（六）黑茶的历史

黑茶的历史至少可以追溯到唐朝后期，即唐德宗贞元（公元785—804年）年间的茶马互市。据《封氏闻见录》记载："往年回鹘入朝，大驱名马市茶而归。"发展至北宋熙宁年间（公元1074年）也有使用绿毛茶做色变黑的记载。

据唐代杨烨《膳夫经手录》记载，唐朝时，湖南安化所出产的渠江薄片，已经远销湖北江陵、襄阳一带。五代毛文锡的《茶谱》记载："谭邵之间有渠江，中有茶而多毒蛇猛兽……其色如铁，而芳香异常。"这种典型的上等黑茶色泽，说明黑茶生产已然在此地盛行。

发展到清代，闻名天下的"千两茶"问世，黑茶压制技术不断翻新，也出现了茯砖茶、黑砖茶、花砖茶、湘尖茶、青砖茶、康砖茶、金尖茶、方包茶、六堡茶、圆茶、紧茶……等品种，产地亦发展为湖南、湖北、四川、云南等地。而今云南盛行的普洱茶，其熟茶工艺特色即从黑茶湿渥的发酵技术借鉴而来。黑茶历史绵延数百年，至今尚有百年历史的茶行、茶亭、茶书、茶盅、茶马古道驿站、茶具、茶歌、茶谣、茶俗存在于民间。

四、茶类盛观

（一）绿茶

"蒸之，捣之，拍之，烘之，穿之，封之，茶之干矣。"

——陆羽《茶经·三之造》

明清以来，随着我国的制茶技术突飞猛进的发展，绿茶形成了蒸青、炒青、烘青、晒青等工艺品种。每种品种均有代表名茶，各具特色的制法形成了异彩纷呈的绿茶品饮世界。

1. 绿茶的品质

●炒青绿茶

加工过程中采用炒制的方法来干燥的绿茶称为炒青绿茶。由于炒制过程中手法变换及机械外力的影响，使得成品茶叶呈现出长条形、圆柱形、扇形、针形、螺形等不同的形状，故又可分为长炒青、圆炒青、扁炒青等。

长炒青状似眼眉，故又称眉茶，特点是条索紧结，色泽绿润，香高持久，滋味浓郁，汤色、叶底黄亮。成品花色有珍眉、针眉、秀眉等，各自又有不同特征。

圆炒青外形细圆紧结，色泽绿润，颗粒饱满，好似珍珠，故得名珠茶或圆茶。其特点是香高味浓，经久耐泡，叶底黄绿明亮，芽叶完整。

扁炒青扁平光滑，香鲜味醇，最具代表性的就是西湖龙井。制造龙井茶所采摘的鲜叶十分细嫩，并要求芽叶均匀成朵，高级龙井做工更加精细。

●烘青绿茶

用烘笼烘干进行干燥的绿茶为烘青绿茶，初制工序分为：杀青、揉捻、干燥3个过程。烘干后的毛茶再经精加工后大部分用作熏制花茶的茶坯，利用茶叶的吸附性，加入鲜花，待到鲜花吐出香味，合理搅拌和窨制，形成既融入花香又保持了茶香的成品花茶。现在部分名优绿茶也采用烘青制法。

烘青绿茶外形完整稍弯曲、锋苗显露、色泽墨绿、香清味醇、汤色明亮，但是香气一般不如炒青绿茶高。烘青绿茶根据外形分为条形茶、尖形茶、片形茶、针形茶等。一些烘青名茶品质特优，特种烘青主要有黄山毛峰、六安瓜片、天山绿茶、峨眉毛峰等名茶。

●晒青绿茶

晒青绿茶是绿茶里一个比较独特的品种，鲜叶在锅炒杀青、机械揉捻之后，不再采用人工加工，而是直接通过太阳光的照射来进行干燥。由于太阳光的照射温度比较低，所以晒青所需要的时间也比较长，在这个过程中却没有非自然因素的破坏，所以很大程度上保留了茶叶内的天然物质，使得成茶滋味浓厚，并且有一种馥郁的青草味，甚至还可以品尝出"浓浓的太阳味"。不过晒青绿茶往往不直接饮用，而是用来制作紧压茶，比如砖茶、沱茶、普洱茶等，有效地延长了它的保存时间。

根据产地不同，晒青绿茶可分为滇青、川青、陕青等品种，其中以云南大叶种的滇青品质最好，可作为沱茶和普洱茶的原料。

●蒸青绿茶

利用高温蒸气将茶树鲜叶杀青，所制成的绿茶称为蒸青绿茶。由于蒸气破坏了鲜叶中酶的活性，形成干茶色泽深绿、茶汤浅绿和茶底青绿，即"三绿"的品质特征，茶汤颜色清澈，十分悦目，但茶香较闷，带青气，涩味也较重，不够鲜爽。蒸青绿茶自唐朝时传入日本，启发了日本茶道文化的兴起，流传至今，现在的日式茶道所用茶仍是蒸青绿茶。

相比日本，中国的茶叶制造有了很大的改变，蒸青绿茶不再普及。虽然湖北的恩施、当阳，江苏的宜兴，还生产蒸青绿茶，但也基本上采用的是日本工艺，产品也返销回日本。

●名茶种类

西湖龙井是绿茶中最受欢迎的品种，是十大名茶之首。产于浙江省杭州市西湖群山之中。龙井茶形光扁平直，状如雀舌，色翠略黄，滋味甘鲜醇和，香气幽雅清高，汤色碧绿黄莹，叶底嫩匀成朵。

信阳毛尖属紧直形绿茶，产于河南省信阳市。高档毛尖茶以一芽一二叶为主，中档茶以一芽二三叶为主。毛尖茶外形紧圆细直，色泽嫩绿隐翠，香气清高，带熟板栗香，滋味甘甜浓厚，叶底细嫩绿亮。

碧螺春属卷曲形绿茶，产于江苏省苏州，其外形纤细卷曲呈螺状，嫩绿隐翠，清香幽雅，鲜爽生津，汤色碧绿清澈，叶底柔匀，饮后回甘，尤其香气极为浓郁。

六安瓜片属片形绿茶，产于皖西大别山区的六安市。成茶似瓜子状，故而得名。此茶色泽翠绿、香气清高、滋味鲜甘，十分耐泡，可消暑解渴生津，有极强的助消化作用。

● 品级的划分

西湖龙井历史上曾分为"狮、龙、云、虎、梅"五个品类，现统一标准，分为特级和 1~8 级，近年来 5~8 级基本已经不生产。

信阳毛尖分为特级和 1~3 级。特级毛尖呈一芽一叶初展，比例可以占 85% 以上；一级毛尖以一芽一叶为主，正常芽叶占 80% 以上；二三级毛尖以一芽二叶为主，正常芽叶约占 70% 的比例。《茶经》中说"淮南茶光州上"，近年又有"信阳红，光州香"的美誉。

洞庭碧螺春的品级划分以茶叶中芽头数量为判定标准，一般分为 7 个等级，芽叶随级别逐渐增大，而茸毛则逐渐减少。高级品每 500 克有 6.8 万~7.4 万个芽头，曾有极品能达到 9 万个芽头。

六安瓜片分为名片与瓜片 1~4 级，名片是最好的一种。

抹茶粉

抹茶粉是用茶树嫩叶经过蒸青、干燥和研磨制作而成的粉末状茶饮品，抹茶粉保留了茶叶中的 500 多种成分，且茶多酚和咖啡因的含量较低。制作抹茶必须用鲜嫩的春茶为原料，将采收下来的嫩叶用高温蒸气杀青后进行干燥，成为原叶"碾茶"，再用茶石磨磨成粉末状即制成抹茶。抹茶粉的颗粒十分微细，平均粒径只有 3 微米，这样在冲泡的时候才能悬浮在水中而不沉淀。用抹茶粉冲泡出的抹茶汤色鲜绿，保留了茶原有的清香和味道，久置亦无水痕。

2. 绿茶的制作

"凡采茶"在二月三月四月之间。茶之笋者生烂石沃土，长四五寸，若薇蕨始抽，凌露采焉。"

——陆羽《茶经·三之选》

●不发酵茶

绿茶是完全不发酵茶，与发酵茶和半发酵茶相比，叶绿素、维生素、茶多酚、咖啡因等天然物质的保留量较多。科学研究发现不发酵茶不仅可以抗过敏，还具有防止细胞老化、抑制癌细胞生长的功能，绿茶中含有的茶多酚成分还能提高血管韧性，长期饮用有良好的保健作用。

●绿茶的制作与分类

中国绿茶品种很多，造型又各具特色，不仅茶香耐人回味，还具有较高的欣赏价值。虽然各类绿茶造型工艺不同，但大致上都要经过杀青、揉捻、干燥3道工序流程。根据杀青和干燥方式的不同，可将绿茶划分为蒸青、炒青、烘青和晒青绿茶4种。

●摊青

鲜叶采摘下来要先进行摊青。摊青需要在干净通风，空气相对湿度比较稳定的环境中进行。不同级别、不同品种的茶叶要分开摊放。因季节、气候、温度等的不同，摊青的时间也略有不同，一般绿茶1~2小时，阳白茶则要6~8小时。

摊青过程中要适时翻晾叶子，以便散热。摊青可使嫩叶蒸发部分水分，有利于茶叶内含物的水解，降低茶的苦涩，并且为下一步的杀青减少了能耗和时间。

●蒸青（杀青）

蒸气杀青是中国古老的一种杀青方式，主要是利用蒸气来降低酶的活性。从唐代就开始盛行，宋朝时得到进一步发展，后随着中华民族文化的传播传至日本，相沿至今。日本蒸青分玉露、煎茶、碾茶等，其中玉露属日本高级蒸绿茶。中国蒸青则以恩施玉露品质最为突出。

蒸青工艺保留了叶内较多的蛋白质、氨基酸、叶绿素、芳香物等物质，使成茶形成干茶翠绿、汤色碧绿、叶底嫩绿色的品质特征。通常蒸青绿茶的外形呈尖针状，茶香味醇而口感略显青涩。

●炒青（杀青）

自明朝推广炒青工艺之后，蒸青制茶法就逐渐被炒青取代了。炒青是以锅壁或滚筒壁的高温迅速破坏酶的活性，使茶多酚等停止氧化。为了避免红梗红叶现象的产生，温度一般达到180℃~230℃。叶内所含部分水分蒸发，增加了叶质的韧性和软度，为揉捻成形提供了条件，同时去除了茶的青草味，显露出茶的清香。

●揉捻

揉捻是细胞破碎和塑形的一道工序，减小了茶叶的体积，绿茶的不同形态也是在此过程中显现的，为干燥成形奠定了基础。细胞破碎使茶汁溢出黏附于叶表，易于冲泡，茶味更加香醇。

揉捻分为冷揉和热揉两种。一般嫩叶容易成形，多采用冷揉，即杀青后摊凉，再进行揉捻，以此来保持叶的色泽。老叶纤维素含量高，宜采取热揉，即杀青后趁热揉捻，利于叶卷成条。

根据采取的方式不同，揉捻还可分为机械揉捻和手工揉捻。由于手工揉捻耗费人力，效率又低，所以除龙井、碧螺春等手工名茶外，大多数茶叶都使用机械揉捻。

●干燥

干燥是绿茶整形的工序，对经过揉捻的叶子整理、改进外形，蒸发掉多余的水分，便于运输和储存，并发挥茶香。绿茶的干燥有 3 种方式：炒干、晒干和烘干；炒干又分炒二青、炒三青、烘干三步，也可以炒、烘结合。

3. 绿茶的冲泡

●茶具的选用

绿茶冲泡后的最大特点就是茶叶条索舒展，在水中的形态富于变幻，欣赏茶叶的动态美也是茶道文化的一个方面，自然不可轻易错过。为了能更好地观察，透明度佳的玻璃杯是冲泡绿茶的首选，尤其是西湖龙井、碧螺春等细嫩的名贵绿茶，绿芽入水后在水中舒展游动，上下翻滚，少顷便徐徐沉入水中，或直立而下，或曲折徘徊，姿态婀娜。透过玻璃杯，这一系列"绿茶舞"都可尽收眼底，极具情趣。

除玻璃杯外，白瓷茶杯也是一个不错的选择。瓷茶具造型更为雅致，托在手中手感细腻，比玻璃杯更宜于保温。好的白瓷光洁如玉，内盛碧绿的绿茶茶汤，能充分映衬出茶汤的青翠明亮。白瓷茶杯的不足之处是透明度不足，使人不能完整地欣赏茶叶在水中的动态变化。不管用何种茶具，器形宜小不宜大，大则水多，茶汤会淡。

●水温控制

冲泡绿茶要根据冲泡方法及茶叶品种、时节、鲜嫩程度的不同，水温则不同。清明前后一周左右采制的绿茶及一些高档名优的茶叶，因绿芽较为幼嫩，温度要低一些，85℃左右为宜。水温太高的话不利于及时散热，茶汤会被闷得泛黄，口感苦涩，带熟汤之气。冲泡两次之后水温可适当提高。某些极粗老的低档绿茶可以用沸水冲泡。以上只是原则，把握原则后，还需要在冲泡时根据具体情况灵活运用，才能泡出色香味俱全的好茶。

●置茶量

茶叶用量直接影响茶汤浓淡，并无统一规定，要视茶具大小、茶叶种类和个人口味喜好而定。一般而言，茶叶与水的标准比例以1：50为宜，即1克茶叶用50毫升左右的水。这样冲泡出来的茶汤浓淡适中、口感鲜醇，尤其适于细嫩度高的名优绿茶。刚开始可尝试不同的用量，找到自己最喜欢的茶汤浓度。如果喜浓饮者，可略多添茶；喜淡饮者可以少加茶。比例严重失调的话，很容易失去绿茶特有的香气和细腻口感，而且还会味道苦涩，影响品饮。

● 冲泡三法

冲泡绿茶有3种常用的方法。上投法是一次性向茶杯中注足热水，待水温适度时投放茶叶，多适用于细嫩炒青绿茶，如特级龙井、碧螺春、信阳毛尖等。此法水温要掌握得非常准确，越是嫩度好的茶叶，水温要求越低，有的茶叶可80℃时再投放。

中投法是在投放茶叶后，先注入三分之一的热水，稍加摇动使茶叶吸足水分舒展开来，再注至七分满热水。此法也适合较为细嫩的茶叶，可以彻底降低水温，避免茶的苦涩；茶叶的上下浮动姿态也最为持久，但是茶汤滋味不及上投法。

下投法与前两种不同，它是先投放茶叶，然后一次性向茶杯内注足热水。此法适用于细嫩度较差的一般绿茶。

● 冲泡时间

冲泡好的绿茶应在3~6分钟内饮用完毕，不可久放，放置超过6分钟后，口感已经变差，失去了绿茶的鲜爽。第一泡2分钟，第二泡2分钟，第三泡3分钟，三泡即可。

● 适时续水

品茶时，当饮者茶杯中只剩下1/3左右茶汤时，就该续水了。续水前应将上次候汤时未用尽的温水倒掉，重新注入开水。温度高一些的水才能保证续水后茶汤的温度仍在90℃左右，同时也保证了第二泡的浓度，达到最佳冲泡效果。一般每杯茶可续水两次，也可按个人口味，酌情处理。尤其在以茶待客的时候，一定要视客人需求而定。

（二）红茶

中国是红茶的发祥地，红茶具有红叶、红汤的外观特征，色泽明亮鲜艳，味道香甜甘醇。红茶中含有丰富的蛋白质，保健性极高，其性甘温，可养人体阳气，生热暖腹，温胃驱寒，消食开胃，增强人体的抗寒能力。最宜脾胃虚弱者、体质偏寒者饮用。虽然红茶中所含的酚类成分与绿茶相比有较大的区别，但红茶同样具有抗氧化、降低血脂、抑制动脉硬化、杀菌消炎、增强毛细血管功能等功效。

1. 红茶的品质

●小种红茶

小种红茶为中国福建省特产，有正山小种和外山小种之分。正山小种产于风光秀美的福建武夷山区。"正山"乃是真正的"高山地区所产"之意，凡是武夷山中所产的茶，均称作正山；而武夷山附近所产的红茶均为仿照正山品质的小种红茶，质地较为逊色，统称外山小种。

正山小种条索饱满，色泽乌润，冲泡后汤色鲜艳绚丽，香气绵长，滋味醇厚，具有天然的桂圆味及特有的松烟香。正山小种迄今已有400余年的历史，是世界上最早出现的红茶，早在17世纪初就远销欧洲，并大受欢迎，成为欧洲人心中中国茶的象征。

●工夫红茶

工夫红茶又名条红茶，经过萎凋、揉捻、发酵和干燥的流程制成，是中国特产的红茶品种。因其工艺高超，制作精细，品饮讲究而得名。根据茶树品种又分为大叶工夫茶和小叶工夫茶。大叶工夫茶是以乔木或半乔木茶树鲜叶制成；小叶工夫茶是以灌木型小叶种茶树鲜叶为原料制成。

工夫红茶条索挺秀，紧细圆直，香气鲜浓纯正，滋味醇和隽永，汤色红明，叶底红亮。中国工夫红茶品类多，产地广，产地不同，品质各具特色。

●红碎茶

红碎茶有百余年的产制历史，是国际市场上销售量最大的茶类。它是在工夫红茶加工技术的基础上，以揉切代替揉捻，或揉捻后再揉切而制成。揉切的目的是充分破坏叶组织，使干中的内含成分更易冲泡出，形成红碎茶汤色红艳明亮，滋味浓、强、鲜的品质风格。根据其总的品质特征，红碎茶可分为叶茶、碎茶、片茶、末茶4个细类。中国云南、两广和海南地区是红碎茶的集中生产地。国外红碎茶的生产主要集中在印度、斯里兰卡和肯尼亚，其产量的总和占世界红碎茶总产量的80%以上，且质优价高。

●名茶种类

祁门工夫红茶是中国传统工夫红茶的珍品，有百余年的生产历史。主产于安徽省祁门县，简称"祁红"。祁红工夫茶条索紧秀细长，色泽乌黑泛灰光，俗称"宝光"，内质香气浓郁高长，清雅隽丽，似蜜糖香味，极品茶更是蕴有兰花香气，清新持久，号称"祁门香"。清饮最能体味祁红的隽永香气，即使添加鲜奶亦不失其香醇。作为下午茶、睡前茶很合适。

●品级的划分

红茶的品级依品种、采摘部位、产区、海拔高度及季节等而有所不同，很难只凭其中某一项标准来界定品级。世界上红茶的品种很多，产地也很广泛。其中最负盛名的4大名品红茶有：祁门红茶、阿萨姆红茶、大吉岭红茶和锡兰高地红茶。

世界四大红茶

红茶是世界上消费人数最多的茶叶种类。除了中国，印度和斯里兰卡也出产优质的红茶。世界上最著名的优质红茶包括：祁门红茶、大吉岭红茶、阿萨姆红茶和锡兰高地红茶，被世人称为四大名红茶。

对于安徽祁门的红茶，国人较为熟悉。产自印度的大吉岭红茶略带葡萄香，口感细腻柔和，适合清饮；阿萨姆红茶也来自印度，带有麦芽香，滋味浓烈，冬季饮用最佳；锡兰高地红茶产自斯里兰卡，香气芬芳如花，口感略为苦涩，回味甘爽，适宜白天饮用。

2. 红茶的制作

●全发酵茶

红茶属于全发酵茶，因而发酵也是红茶制作中最重要的工序，也是与制作其他茶叶最显著的区别。

中国的红茶种类主要有工夫茶、红碎茶和小种红茶3种，其主要制作工序都经过萎凋、揉捻、发酵、干燥4个步骤，但各道工序需要的条件和程度又略有不同。下面以工夫红茶为例，对红茶制作的主要步骤做逐一介绍。

●日光萎凋

萎凋是红茶加工的第一道工序。红茶萎凋有3种方法：日光萎凋、室内自然萎凋和萎凋槽萎凋。日光萎凋——这种方法受天气制约很大，阳光强烈的午后和阴雨的天气都不适宜。通常在春茶季节，气候比较温和时采用，这个时节萎凋程度容易控制，萎凋时间大约为1个小时。

●室内自然萎凋

室内自然萎凋需要在四面通风、洁净干燥的房间内进行，对室内的温度和湿度都有很高的要求，温度在21℃~22℃，相对湿度在70%左右为宜。萎凋时间为18个小时左右。由于这种方法萎凋时间长，产量低，不易操作，所以通常很少采用。

●萎凋槽萎凋

萎凋槽由热气发生炉、通风机、槽体和盛叶框4部分组成，温度一般控制在35℃

左右。在夏秋季节，气温超过 30℃ 以上，则可不用加温，直接用鼓风机鼓风即可。萎凋过程中要时常监测温度变化。萎凋时间 3~4 个小时，春茶气温较低，需要 5 个小时左右。萎凋槽萎凋结构简单，工作效率高，萎凋质量好，是最为常用的方法。

● 揉捻

揉捻是红茶加工的第二道工序。揉捻使叶细胞遭到破坏，叶卷成条，叶汁溢出并凝于叶表，增加了茶叶的浓香，为发酵创造条件。揉捻需要的空气相对湿度为 85%~95%，室内温度保持在 20℃~24℃ 的条件下进行，需要避免日光直射。在夏秋季节，低湿高温的环境下，也可通过安装喷雾、洒水、搭荫棚等来降低温度、提高湿度。

揉捻时间和萎凋叶的投入量根据茶树品种、揉捻机型号而定。大型揉捻机，揉捻时间约 90 分钟，投叶量多；中型揉捻机揉捻时间 70~80 分钟，投叶量适中；小型揉捻机一般揉捻 60~70 分钟，投叶量较少。总体来讲，投入量应为揉桶的 75%~85%。

● 发酵

发酵是红茶加工最关键的工序。它使氧化酶的活性增加，与多酚类物质发生氧化聚合，叶子变为红色。发酵室要求空气相对湿度达 95% 以上，温度一般在 22℃~25℃。发酵时将揉捻叶平铺在特定的发酵盘中，嫩叶稍薄，老叶略厚；春茶需薄，夏秋茶略厚。

发酵时要保持空气流通，春茶发酵时间 3~4 个小时，夏秋茶则减至 1~2 个小时。由于温度对红茶发酵很重要，所以发酵时间要灵活掌握。在夏秋气温高的时节，有时甚至不需要再进行发酵，揉捻结束，发酵就已经完成。发酵适度，叶子青草味消失，并散发出清香，叶色及凝于表面的液汁均呈红色，形成红茶特有的颜色和香气。

● 干燥

干燥是红茶制作的最后一道工序。它是通过高温，来达到钝化酶的活性，使发酵停止，同时蒸发水分，固定茶形，防止霉变。红茶一般要经毛火和足火两次干燥。

毛火干燥时，需高温烘焙，薄薄摊铺；然后再用足火干燥，此时温度应稍低，摊铺微厚，时间较毛火略长，至含水量少于 6%。毛火干燥适度的叶子，用手触摸会有柔软、刺手、有弹性的感觉；足火后干燥程序基本完成，茶叶若用力手捻则成粉末状，茶色更重，茶香更浓。

● 红碎茶的揉切

红碎茶与工夫红茶在制法上最大的区别就在于揉切。先用揉捻机进行揉捻后再揉切，多用于嫩度较差的叶子。一般对较嫩的鲜叶可将萎凋后的叶子直接放入揉切机里进行揉切，红碎茶的外形条件也因此而形成。

揉切过程中，叶子受到多种力的作用，温度迅速升高，为避免叶温过高引起过度的发酵，通常要缩短揉切时间，但为了保证碎茶的效果，则要增加揉切的次数。由于叶片被切碎，使得叶细胞遭到严重破坏，叶汁外溢，叶内所含物质与空气充分接触，氧化作用加剧，由此便形成了红碎茶香气馥郁，口感更浓醇的特点。

●小种红茶的干燥

小种红茶不同于工夫红茶的制作工艺之处，在于萎凋和干燥过程中，加入了松烟进行烘焙。

主要方法是利用松柴燃烧产生热量来蒸发多余水分，同时茶叶吸收掉大量的松烟，促进芳香物质的散发，形成小种红茶特有的烟熏香味，以及口感醇正浓厚的品质特点。

"过红锅"也是小种红茶加工过程中的特有工序。待锅温达一定高度时，投入发酵叶，双手快速翻炒。感觉叶子变软烫手时，即可出锅。炒制时间不宜过长，以免产生焦叶，而时间太短香气又得不到足够的提升。快速的高温炒制，钝化了酶促作用，使发酵停止。

3. 红茶的冲泡

●适宜的茶具

红茶高雅的芬芳以及香醇的味道，必须要以合适的茶具搭配，才能烘托出它独特的风味。品饮红茶最合适的茶具是白色瓷杯或瓷壶，尤以骨瓷最佳。质地莹白，隐隐透光的骨瓷杯盛入色彩红艳瑰丽的红茶茶汤，在升腾的雾霭中感受扑鼻而来的香气。

工夫红茶、小种红茶、袋泡红茶、速溶红茶等大多采用杯饮法。即置茶于白瓷杯中，用沸水冲泡后饮用。红碎茶和片末红茶则多采用壶饮法，即把茶叶放入壶中，冲泡后为使茶渣和茶汤分离，从壶中慢慢倒出茶汤，分置各小茶杯中，便于饮用。茶叶残渣仍留壶内，或再次冲泡，或弃去重泡，处理起来都很方便。

●水温

红茶最适合用沸腾的水冲泡，高温可以将红茶中的茶多酚、咖啡因充分萃取出来。高档红茶适宜水温在95℃左右，稍差一些的用95℃~100℃的水即可。注水时，要将水壶略抬至一定的高度，让水柱一倾而下，这样可以利用水流的冲击力将茶叶充分浸润，以利于色，香、味的充分发挥。当沸水冲入茶壶中时，茶叶会先浮现在茶壶上部，接着慢慢沉入壶底，然后又会借由对流现象再度浮高。如此浮浮沉沉，直到最后茶叶充分展开时方完成，这就是所谓的焖茶时间。

●置茶量

茶叶投放量的多少要视茶具容量大小、饮用人数、饮用人的口味、饮用方法及茶的不同品性而定。大体原则和绿茶类似，茶叶与水的比例一般为1：50，1克茶叶需要50毫升的水。过浓或过淡都会减弱茶叶本身的醇香，过浓的茶还会伤胃。按照一般的饮用量来讲，冲泡5~10克的红茶较为适宜。

●浸泡时间

冲茶前要有一个短短的烫壶时间，用热滚水将茶具充分温热。之后再向茶壶或茶杯中倾倒热水，静置等待。如有盖子，还可将盖子盖严，让红茶在封闭的环境中充分受热舒展。

根据红茶种类的不同，等待时间也有少许不同，原则上细嫩茶叶时间短，约2分钟；中叶茶约1分半钟；大叶茶约1分钟，这样茶叶才会变成沉稳状态。若是袋装红茶，所需时间更短，40~90秒即可。泡好后的茶叶不要久放，放久后茶中的茶多酚会迅速氧化。好的工夫红茶可冲泡3次，而红碎茶只能冲泡1~2次。

●清饮法

清饮是指将茶叶放入茶壶中，加沸水冲泡，然后注入茶杯中细品慢饮，不在茶汤中加入任何调味品，体味的完全是红茶固有的芬芳。苏东坡曾有诗比喻，"从来佳茗似佳人"。清饮的红茶，如一位天生丽质的美人，不需要人工的雕饰，也能散发出自然韵味。

清饮时，一杯好茶在手，慢慢啜饮，默默赏味，最能使人进入一种忘我的精神境界。中国人多喜欢清饮，特别是名特优茶，一定要清饮才能领略其独特风味，享受到饮茶乐趣。

●调饮法

既然佳茗堪比佳人，那自然是浓妆淡抹总相宜。除去中国人传统的清饮法外，受西方人影响，现在美味丰富的调饮法也同样流行。调饮法，是在泡好的茶汤中加入奶或糖、柠檬汁、蜂蜜、咖啡、香槟酒等，以佐汤味。所加调料的种类和数量，根据个人爱好，任意选择调配，风味各异。也有的在茶汤中同时加入糖和柠檬、蜂蜜和酒同饮，或置于冰箱中制成不同滋味的清凉饮料，都别具风味。

调饮法在现代广为流行，尤其受到年轻人的喜爱。调饮所用红茶，多数用红碎茶制的袋泡茶，茶汁浸出速度快，浓度大，易去茶渣。

（三）乌龙茶

乌龙茶（青茶）的品质介于红茶与绿茶之间，其综合了红茶和绿茶的制作方法，既保持有红茶的浓鲜味，又有绿茶的清芬香。茶叶在水中呈绿叶红边，品尝后齿颊留香，回味甘鲜。

乌龙茶的药理作用，突出表现在分解脂肪、减肥健美等方面。因其中含有较多的茶多酶，会有效减少皮下脂肪，且能降低胆固醇，清除胃肠油腻，在日本被称为美容茶、健美茶，对于减肥美容者，喝青茶是很好的选择。

1. 乌龙茶的品质

●闽北乌龙茶

闽北乌龙茶主要是岩茶，产于福建武夷山一带，主要有武夷岩茶和闽北水仙等，其中又以武夷岩茶最为著名。因武夷山的生态环境极为适于茶树生长，再加上独特精湛的制作工艺，使得武夷岩茶驰名中外。武夷岩茶外形匀整，壮结卷曲，色泽青翠润亮，叶背呈蛙皮状沙砾白点，冲泡后汤色较深，叶底、叶缘显朱红，中央呈浅绿色，红绿映衬，形成奇特的"绿叶镶红边"。品饮此茶，香气馥郁，滋味浓醇，鲜滑回甘，"锐则浓长，清则幽远"，具有特殊的"岩韵"。代表名茶有大红袍、肉桂、铁罗汉等。闽北另一花色水仙茶的品质也别具一格，有"茶质美而味厚，奇香为诸茶冠"的美誉。

●闽南乌龙茶

闽南乌龙茶主要是铁观音，源于闽北武夷山，在闽北乌龙茶的基础上吸取长处不断发展，形成了自己独有的制作工艺。其制作严谨，技艺精巧，对茶树鲜叶采摘的成色、采摘时间、天气、制法，都有极为精确的要求，在国内外茶叶市场上享有盛誉。安溪铁观音和黄金桂是其中最为杰出的代表。铁观音是用铁观音品种芽叶所制，黄金桂是用黄旦品种芽叶所制。铁观音外形呈蜻蜓头蝌蚪尾状，汤色金黄，清澈明亮，较闽北乌龙偏淡，耐冲泡，具有独特的"观音韵"，有清香型和浓香型两种。有诗云"未尝甘露味，先闻圣妙香"，是对安溪铁观音的形象赞美。

●广东乌龙茶

广东乌龙茶主产于广东潮汕地区，加工方法源于福建武夷山，因此其风格流派与武夷岩茶有些相似。凤凰单枞和凤凰水仙是广东乌龙茶中的最优秀产品，历史悠久，品质特佳，为外销乌龙茶之极品，闻名于中外。它具有天然的花香，卷曲紧结而肥壮的条索，色润泽青褐而牵红线，汤色黄艳带绿，滋味鲜爽浓郁甘醇，叶底绿叶红镶边，耐冲泡，连冲几次，香气仍然溢于杯外，甘味久存，真味不减。

● 台湾乌龙茶

台湾乌龙茶产于台湾岛，是自福建安溪移植而来，依据其发酵程度不同，可分为轻发酵乌龙茶、中发酵乌龙茶和重发酵乌龙茶 3 类。清香乌龙茶及部分轻发酵包种茶属轻发酵乌龙茶，其品质特征是色泽青翠，冲泡后汤色黄绿，花香显著，叶底青绿，基本上看不出有红边现象。

中度发酵乌龙茶主要有冻顶乌龙、木栅铁观音和竹山金萱等。外形多数为半球状颗粒，也有卷曲状。其色泽青褐，汤色金黄，有花香和甜香，滋味浓醇，叶底多数黄绿，可见少量红边。

重度发酵乌龙茶有白毫乌龙，色泽乌褐，嫩芽有白毫，汤色橙红，有蜜糖香果味香。

● 香型类别

乌龙茶，有"中国特种茶"之称，花色品种丰富，名优茶种类众多，从香型上主要分为两类：清香型乌龙茶和浓香型乌龙茶。

"清香型"乌龙茶，又名"台式"乌龙茶，主要是台湾岛在安溪乌龙茶的基础上，以独特的栽培和加工制作技术生产出来的自成一格的乌龙茶。清香型乌龙茶表现出来的特质有：干茶呈球形或半球形，色泽碧绿，冲泡后在杯中呈茶蕾状，香气清新持久，汤色明亮黄绿，口感鲜嫩回甘，韵味强，叶底浓绿柔软。代表品种冻顶乌龙是乌龙茶中的后起之秀。

"浓香型"乌龙茶以传统工艺生产制作，相对于清香型乌龙茶有做青程度较重、烘焙时间较长等细微区别，不同种类的名优茶还有各自独特的工序和工艺要求。其主要特质有：条索粗壮紧结，重实匀整，色泽绿润，有光泽，香气浓郁，深沉持久，滋味醇浓清爽，回味悠长，汤色橙黄艳丽，叶底黄绿镶红边，"七泡有余香"。代表品种武夷岩茶，具有"岩骨花香"的独特韵味。

● 名茶种类

安溪铁观音是乌龙茶类的最杰出代表，外形卷曲，色泽砂绿，冲泡后散发出独特的兰花香气。茶汤清亮，汤色金黄浓艳，入口顺滑，滋味鲜甜，口感饱满醇厚，唇齿留香。叶底肥厚明亮，亮如绸面。不但是天然佳饮，还具有养生保健功效。

"黄金桂"也产自安溪，因其汤色金黄有奇香似桂花，故而得名，是乌龙茶中的又一极品。条索紧细，色泽润亮，香气幽雅鲜爽，带桂花芬芳，滋味纯细甘鲜，汤色金黄明亮，叶底中央黄绿，边沿朱红，柔软明亮。

冻顶乌龙茶俗称冻顶茶，是台湾知名度极高的茶，以青心乌龙为原料制成。成品外形呈半球形弯曲状，色泽墨绿油润，有天然清香气。冲泡时茶叶自然冲顶壶盖，汤色呈橙黄，味醇厚甘润，发散桂花清香，且略带焦糖香味。后韵回甘味强，耐冲泡，饮后不留残渣。

2. 乌龙茶的制作

●部分发酵茶

部分发酵茶也称乌龙茶，又称青茶。其特性介于全发酵茶和不发酵茶之间，既具有红茶的醇香，但无热性；又具有绿茶的清爽，却无寒性。因叶子中心显绿，叶边发红，故有"绿叶红镶边"的美称。制作工序大致可分为：萎凋、做青、杀青、揉捻和干燥5个步骤。

●室外萎凋

乌龙茶萎凋有室外萎凋和室内萎凋。

室外萎凋又称日光萎凋，也就是通常所说的晒青。鲜叶采摘下来后，为防止茶青闷坏，应立即摊晒散热，根据气温的高低适时翻晒。一般来说晒青应在较弱的阳光下进行，夏季的午后光线太过强烈，不宜摊晒。待茶青变软后，即可移至室内。

●室内萎凋

室内萎凋也称凉青。茶叶移至室内后，静置一段时间，使水分均匀分布，适当翻动，促进水分蒸发，再静置，再翻动……循环数次，直至达到理想干度为止。这就是"走水"。

萎凋时茶内水分逐渐散失，叶细胞膜的半透性遭到破坏，酶的活性增加，叶内含物开始转化，去除苦涩及青气味，使香气逐渐显露，并促进发酵。

●做青和摇青

萎凋后的叶子置于摇青机中摇动，叶片互相碰撞、摩擦，叶组织被破坏，叶缘细胞发生损害，从而促进酶促氧化作用的进行。这就被称为"摇青"。叶片经过摇动，由软变硬。再静置一段时间，使酶促氧化作用减缓，水分均匀分布，嫩叶恢复弹性，由硬变软。由于多酚酶类物质从破损细胞中溢出，以及水分的减少，使得叶缘部位氧化反应强烈，显现出红色物质，形成"红边"，而叶片中央，则由暗绿变为黄绿，构成了乌龙茶特有的"绿叶红镶边"的外形特征。

●杀青

乌龙茶的杀青工艺多采用杀青机进行杀青。杀青时要茶青能在短时间内达到适宜的温度，以迅速破坏酶的活性。杀青的时间也要适度掌控，若时间过长，则有可能发酵过度，影响香气的发挥；如时间过短，叶内一些物质转化不能充分进行，会大大影响成品茶的品质。杀青适度的叶子，青涩气消失，香气加浓，水分含量达到揉捻的适度标准。

高温杀青使酶的活性遭到破坏，有效控制了氧化反应的进行，防止红梗红叶的出现，并发散掉低沸点的青涩气，增强了茶的醇香，巩固了茶的品质。

●静置回润

杀青后的茶叶，在进行下一步的揉捻之前要先用干净的湿布包裹起来，再放入谷斗中，上面覆盖一层湿布，把茶叶略微压实。这一工序对茶叶起到闷热静置的回润作用。

●揉捻

乌龙茶依揉捻方式的不同，分为散揉和团揉两种。散揉是将杀青后的叶子直接放入揉捻机里压揉；团揉则要先用布把茶青包裹成团，再进行人工或机械的揉捻。揉捻的力度是影响茶叶品质形成的重要因素，力度过大使叶片易碎，太轻则不利于成形。

适度的揉捻使叶条紧索，体积减小，利于保存；叶呈乌绿色，红边明显；叶组织一定程度的损害使茶汁溢出，并黏附于叶子表面，叶子内含物混合接触，发生转化，增进了冲泡时的茶香与清爽。揉捻好的叶子要解块处理，以便下一步的干燥。

乌龙茶的由来

自古以来，关于乌龙茶的由来流传着很多美丽的传说。其中流传最广的是：在清朝的雍正年间，福建省安溪县有一个叫苏龙的茶农，因其皮肤黝黑，大家都叫他"乌龙"。他每天都要上山采茶，顺便狩猎并以此为生。一天他正在采茶的时候，发现了一头山獐，于是开枪将其捕获。傍晚回到家中，全家人都忙着烹制和品尝山獐的美味，忘记了制茶。结果第二天再制茶时发现，叶子镶上了红边，茶叶的滋味更加香浓，也没有了以往的苦涩，于是将这种茶叶经过多种尝试终于研制出了新的茶品，并以乌龙的名字为其命名为"乌龙茶"。

●干燥

乌龙茶的干燥是利用高温来破坏残留的酶的活性，彻底抑制发酵反应的进行。充分蒸发水分，可以固定茶的品质。干燥产生的热化反应，能消除茶叶的苦涩味道，发散浓厚茶香。

乌龙茶的干燥方式与绿茶相似，都采用焙笼烘焙或机械烘焙。焙笼烘焙，初焙时，要经常翻搅，使茶叶干燥均匀，至七成干时，要取出摊晾一段时间，使水分重新分布，再进行烘焙。烘焙的时间、温度要视叶子的老嫩程度、含水量、外界湿度等灵活掌握。而机械烘焙是在烘干机里进行的，温度、时间都能自动控制，因其方便、快捷、省力，是目前茶农最常用的方法。

●包种茶的采摘

包种茶是一种发酵较轻的乌龙茶，其采制工艺可以概括为：雨天不采，带露不采，晴天要在上午 11 时至下午 3 时采摘。春秋两季要求采二叶一心的茶芽，采时需用双手弹力平断茶叶，断口成圆形，不可用力挤压断口，如挤压出叶汁随即发酵，茶梗变红影响茶质，每装满一篓就要立即送厂加工。

●包种茶的制作

包种茶的制作工艺分为初、精两步。初制包括：日光萎凋、室内萎凋、摇青、杀青、揉捻、解块、烘干等工序，其中以翻动做青最为关键。每隔 1~2 个小时翻动一次，一般需要翻动 4~5 次，才能达到发挥茶香的目的。精制以烘焙为最主要的工序，初制茶放进烘焙机后，在 70℃ 的恒温下不断搅动发香，使包种茶呈现叶性较为温和的特质。

3. 乌龙茶的冲泡

●烹茶四宝

生活在中国闽南、潮汕地区的人们对乌龙茶非常热爱。品饮乌龙，首重风韵，讲究用小杯慢慢品啜，闻香玩味。冲泡起来也很下功夫，因此称为饮工夫茶。

福建工夫茶历史悠久，自成文化，配有一套小巧玲珑的茶具，美其名曰"烹茶四宝"。指的是：潮汕风炉、玉书碨、孟臣罐、若琛瓯。潮汕风炉是一只缩小了的粗陶炭炉，为广东潮汕地区所制，生火专用；玉书碨是一个缩小的瓦陶壶，约能容水 20 毫升，架在风炉上，烧水专用；孟臣罐是一把比普通茶壶还小的紫砂壶，专门做泡工夫茶用；若琛瓯是个只有半个乒乓球大小的白色瓷杯，容水量仅 4 毫升，通常一套 3~5 只不等，专供饮工夫茶之用。

茶具的摆设以孟臣罐为中心，排放在一个椭圆或圆形之茶盘中，壶、杯、盘可按个人之喜好自行搭配，具有独特的艺术价值美感，缺一不可，往往被看成一套艺术品，为细腻考究的工夫茶艺锦上添花。

●同心杯组

乌龙茶

台湾是乌龙茶生产大省，台湾五花八门的泡茶法也成为乌龙茶泡法的一大流派。同心杯组泡乌龙茶是台湾较为流行的方法之一。同心杯组由一个大茶杯及其中的内胆组成。顾名思义，茶杯与内胆同心，"内胆"即过滤网，可以将茶渣滤出。泡茶时，将茶叶置于内胆中，泡好后可取出内胆，轻易实现茶叶与茶汤的分离。内胆顶部的凹槽设计使其能跨置于杯口，不会滑落，待茶汤沥干后，取下内胆置于杯盖上即可。

这种简洁、卫生的组合适合在办公室内泡乌龙茶。同心杯的杯壁往往刻上箴言或祝福之语，被当作礼物赠予亲友，极具纪念价值。

●水温

乌龙茶采摘的原料是成熟的茶枝新梢，对水温要求与细嫩的名优茶有所不同。在所有茶叶中，乌龙茶要求的冲泡水温是最高的，由于它包含某些特殊的芳香物质，需要在高温的条件下才能完全发挥出来，要求水沸之后立即冲泡，水温为100℃。水温高，茶汁浸出率高，茶中的有效成分才能被充分浸泡出来，茶味浓，茶香易发，滋味也醇，更能品饮出乌龙茶特有的韵味。如水温偏低，茶就会显得淡而无味。煮茶的水不可烧的时间太长，沸腾时间太长的水也不利于茶味。

●置茶量

乌龙茶由于叶片较粗大，茶汤要求滋味浓厚，冲泡时茶叶的用量比名优茶和大宗花茶、红茶、绿茶要多，若茶叶是紧结半球形乌龙，茶叶需占到茶壶容积的1/4~1/3；若茶叶较松散，则需占到壶的一半。如果是用玻璃杯来泡，茶叶的用量就可以少一些，与绿茶相仿即可。置茶时，通常将碎末茶先填入壶底，其上再覆以粗条，以免茶叶冲泡后，碎末填塞茶壶内口，阻碍茶汤的顺畅流出。

●冲泡要领

乌龙茶的冲泡时间是由开水温度、茶叶老嫩和用茶量多少三个因素决定的。一般的情况下，冲入开水2~3分钟后即可饮用。但是，有下面两种情况要做特殊处理：一是茶叶较嫩或用茶量较多，冲第一道可随即倒出茶汤，第二道冲泡后半分钟倾倒出来，以后每道可稍微延长数十秒时间。二是茶叶较粗老或用茶量较少，冲泡时间可稍加延长，但是不能浸泡过久，要不然汤色变暗，香气散失，有闷味，而且部分有效成分被破坏，无用成分被浸出，会增加苦涩味或其他不良气味，茶汤品味降低。若是泡的时间太短，茶叶香味则出不来。乌龙茶较耐泡，一般可泡饮5~6次。

●冲泡步骤

泡乌龙茶的第一步为淋壶增温，即泡茶之前先用沸水将茶壶、茶杯、茶盘一一冲烫，既保持茶具清洁，又利于提高茶具本身的温度。一直以来，乌龙茶有润茶的习惯。当壶中置茶以后，将沸水沿壶内壁缓缓冲入，在水漫过茶叶时，便立即将水倒出，称之为"润茶"，便于品其真味。

润茶后即第二次冲入沸水，水量以溢出壶盖沿为宜。冲茶时，盛水壶需在较高的位置沿边缘不断地缓缓冲入茶壶，使壶中茶叶打滚，形成圈子，俗称"高冲"，之后盖上壶盖。在整个泡饮过程中需经常用沸水淋洗烫壶身，以保持壶内水温，这时茶盘中的水涨到壶的中部，又称"内外夹温"。静候片刻，乌龙茶的精美真味就被浸泡出来了。

●品饮得法

品饮乌龙茶的方式也别具一格。一般用右手食指和拇指夹住茶杯杯沿，中指抵住杯底，先看汤色，再将茶杯从鼻端慢慢移到嘴边，乘热闻香，再尝其味。尤其品饮武夷岩茶和铁观音，皆可闻到浓郁花香。闻香时不必把茶杯久置鼻端，而是慢慢地由远及近，又由近及远，来回往返三四遍，顿觉阵阵茶香扑鼻而来，慢慢啜饮，刚开始茶汤入口会有苦涩味，不消一会儿就会芳香盈喉，渐入佳境，此为茶之回甘，不但满口生香，而且韵味十足，茶之香气、滋味妙不可言。

品饮乌龙茶还有3忌：一是空腹不能饮，否则容易导致"茶醉"；二是睡前不能饮，否则会使人精神振奋，难以入睡；三是冷茶不能饮，对胃不利。

（四）黄茶

人们从炒青绿茶中发现，由于杀青、揉捻后干燥不足或不及时，叶色即变黄，于是产生了新的品类——黄茶。黄茶色泽金黄光亮，最显著的特点就是黄汤黄叶，这种黄色是制茶过程中进行闷堆渥黄的结果。茶青嫩香清锐，茶汤杏黄明净，口味甘醇鲜爽，口有回甘，收敛性弱。以君山银针为代表的黄茶在国内国际市场上都久负盛名，现在已是身价千金。

黄茶性凉，所以适合胃热者饮用。夏季天气酷热，选择黄茶也可起到适当地去暑解热之功效。

1. 黄茶的品质

●黄芽茶

"闷黄"工序是黄茶独有的加工方法，使得黄茶具有黄汤黄叶的特色。黄茶的分类标准是按照鲜叶的嫩度和芽叶大小。黄芽茶原料细嫩，是采摘最细嫩的单芽或一芽一叶加工制成，幼芽色黄而多白毫，故名黄芽，香味鲜醇。

由于品种的不同，在茶片的选择、加工工艺上有相当大的区别。最有名的品种包括湖南岳阳洞庭湖的君山银针、四川雅安的蒙顶黄芽和安徽霍山的霍山黄芽。

●黄小茶

黄小茶是采摘细嫩芽叶加工而成，一芽一叶，条索细小。目前国内产量不大。主要品种有湖南岳阳的北港毛尖，湖南宁乡的沩山毛尖，湖北远安的远安鹿苑和浙江温州、平阳的平阳黄汤。

沩山毛尖芽叶肥硕多毫，色泽黄亮油润，白毫显露，汤色橙黄明亮，滋味甘醇爽口，叶底黄绿嫩匀，带有一股特殊的松烟香。远安鹿苑呈条索环状，色泽金黄，略有鱼子泡，冲泡后香郁高长，滋味醇厚，口有回甘，汤色黄净明亮。

●黄大茶

黄大茶是中国黄茶中产量最多的一类，主要产于安徽霍山及邻近的湖北英山等地，距今已有400多年历史，其中以安徽的霍山黄大茶、广东的"大叶青"品质上佳，最著名。黄大茶的鲜叶采摘要求大枝大秆，一芽四五叶，长度在10~13厘米。春茶一般在立夏前后开采，为期1个月。夏茶在芒种后开采，不采秋茶。制法分杀青、揉捻、初焙、堆积、拉小火和拉老火等几道工序。特点是叶大梗长、叶片成条，梗叶相连，形似鱼钩，梗叶金黄油润，汤色深黄偏褐色，叶底黄中显褐，味浓厚，耐冲泡，具有突出高爽的焦糖香味。

●名茶种类

黄茶的等级划分

等级	外形	色泽	香气	汤色	滋味	叶底
甲级	芽肥壮，遍披茸毫	杏黄	浓香甘甜	杏黄明亮	醇和回甘	显芽，匀整，黄亮
乙级	芽欠肥壮，毫显	暗绿	尚甜香	深黄	欠甜醇	欠匀整，色黄
丙级	芽瘦薄，有茸毫	灰绿	低闷	暗黄	闷熟味	有杂质，暗黄

注：此表不适用于黄大茶的品质特征。

黄芽茶中的极品当属湖南洞庭出产的君山银针，其外形苗壮挺直，重实匀齐，银毫披露，金黄光亮，内质毫香鲜嫩，汤色杏黄明净，滋味甘醇鲜爽，在国内外都久负盛名。

另一代表花色是蒙顶黄芽，其外形扁直，肥壮匀齐，色泽金黄，汤色黄亮，甜香浓郁，滋味浓醇，叶底嫩黄匀亮。

安徽霍山黄芽亦属黄芽珍品，其形如雀舌，芽叶细嫩多毫，色泽嫩黄，茶汤有板栗香，饮之口有回甘。霍山大化坪金鸡山的金刚台所产黄芽最为名贵，干茶色泽自然，呈金黄色，香高、味浓、耐泡。

北港毛尖是黄小茶中的名茶，其外形芽壮叶肥，毫尖显露，呈金黄色，汤色橙黄，香气清高，滋味醇厚。

2. 黄茶的制作

●杀青

黄茶（后轻发酵茶）的杀青与绿茶原理基本相同，但温度比绿茶稍低一些，且时间较长。杀青时要多闷少抛，创造高温湿热的环境，以破坏叶细胞中酶的活性，使叶绿素受到较多损害，多酚类物质发生氧化和异构化。

随着叶内所含的淀粉、蛋白质分解为单糖和氨基酸，部分水分的蒸发，杀青在提高了茶芳香的同时也发散了青草味和苦涩的口感。这是形成黄茶"黄汤黄叶"的特点的前提条件。

●闷黄

根据黄茶种类的差异，进行闷黄的先后也不同，可分为湿坯闷黄和干坯闷黄。如沩山毛尖是在杀青后趁热闷黄；温州黄芽是在揉捻后闷黄，属于湿坯闷黄，水分含量多且变黄快；黄大茶则是在初干后堆积闷黄；君山银针在炒干过程中交替进行闷黄；

霍山黄芽是炒干和摊放相结合的闷黄，称为干坯闷黄，含水量少，变化时间长。叶子含水量的多少和叶表温度是影响闷黄的主要因素。湿度和温度越高，变黄的速度越快。闷黄是形成黄茶金黄的色泽和醇厚茶香的关键工序。

● 干燥

黄茶干燥比其他茶种温度要低，一般采用分次干燥，即毛火烘干和足火炒干。毛火温度较低，水分蒸发缓慢，干燥的时间相对较长，有利于叶组织内含物的转化，多酚类物质的自动氧化，进一步增强了叶子的黄变，巩固了茶的色泽。足火温度略高，促进了单糖和蛋白质的转化，高沸点芳香物质的发挥，增进茶香。温度先低后高是形成黄茶独特香味的因素。

潇湘黄茶数两山

湖南是中国的茶产区之一，其中以黄茶尤负盛名。人们谈及黄茶时，常常会说"潇湘黄茶数两山"，即岳阳的君山、宁乡的沩山。君山银针在历史上作为皇家贡品，君山银针"芽身黄似金，茸毫白如玉"，观赏起来赏心悦目，品饮更是口齿留香。沩山毛尖成品茶叶黄亮光润，叶边微卷，开汤香气浓厚。

（五）白茶

白茶是不炒不揉的一种微发酵茶，是中国茶叶中的特殊珍品。

白茶最显著的特点是药用价值，"一年为茶，三年为药，七年为宝"能提高人体机能的免疫力，有利于身体健康。尤其是陈年的白毫，有防癌抗癌、防暑、解毒、治牙痛的功效。

1. 白茶的品质

● 芽茶和叶茶

白茶因茶树品种、原料鲜叶采摘的标准不同，分为芽茶和叶茶。白芽茶的典型代表当属白毫银针，产地主要集中在福建福鼎、政和两地。白芽茶具有外形芽毫完整，满身披毫，香气清新，汤色黄绿清澈，滋味清淡回甘等品质特点，属轻微发酵茶，是中国茶类中的特殊珍品。

叶茶的代表有白牡丹、新工艺白茶、贡眉、寿眉等，成品茶带有特殊的花蕾香气。

● 名茶种类

大姥银针属于白芽茶，是白茶中的极品。用肥壮芽头制成，成茶遍披白毫，挺直如针，色白如银，香气清新，滋味甜爽，汤色浅杏黄。

白牡丹属白叶茶，因其干茶呈绿叶夹银毫状，冲泡后绿叶夹着嫩芽，宛如牡丹初绽而得名。贡眉也属白叶茶，优质贡眉芽显毫多，色泽绿，汤色橙黄或深黄，香气馥郁，滋味甘爽，叶底灰绿明亮。

●品质鉴别

白茶属于微发酵茶，是中国六大茶类的一种。因茶树品种和产地的严格限制，白茶的品种少，产量低，因此优质白茶显得尤为珍贵，品质的优劣也较容易辨别。根据制作原料的不同，白茶主要分为5个品种：白毫银针、白牡丹、贡眉、寿眉和新工艺白茶。白毫银针由肥壮毫芽制成，不带梗蒂，品质最佳；其余4种由细嫩芽叶制成，以芽多而肥壮的为上品。

白茶的审评侧重于外形，不同品种在白茶的品质特性的表现上均以芽显豪多、叶张肥嫩、色泽灰绿或褐绿为上品；芽稀而瘦小或无芽，叶张单薄，色泽棕褐发灰的为下品。其中，白牡丹以叶态伸展的为好，新工艺白茶则以条索粗松带卷的更佳。

2. 白茶的制作

●萎凋对白茶的作用

萎凋是白茶（微发酵茶）制作最关键的工序，是形成白茶银白光润的色泽、清新淡雅的茶香、甘醇鲜爽的口感三大独特品质的重要过程。白茶萎凋不仅蒸发掉鲜叶内的水分，还能使叶内的物质发生化学变化，水分蒸发先快后慢，直到干燥完全。萎凋前期酶的活性增强，叶内有机物水解，多酚类物质氧化，随着萎凋的进行，水分减少到一定程度时酶的活性逐渐下降，氧化受到抑制，有效地去除了茶的苦涩和青气。

●萎凋的三种方式

白茶萎凋有室内自然萎凋、复式萎凋和加温萎凋三种。室内自然萎凋：将鲜叶摊放在筛内摇匀，静置35~45个小时，至七八成干，叶芽毫色发白，叶色变为深绿，稍有卷翘即可，这一步骤俗称开青。以此种萎凋制成的白茶品质最佳。复式萎凋多适于春茶。在阳光温和的天气里，将开青后的鲜叶放在较弱的日光下晒10~20分钟，待叶子失去光泽，再转移到室内萎凋。加温萎凋解决多雨季节不宜萎凋的困难，温度控制在30℃左右，空气相对湿度65%~75%为宜。

●白茶的干燥

萎凋完成后的白茶应立即进行干燥。干燥对白茶有定色和提香的作用，并能充分去除水分，防止茶叶变色变质。干燥的方式有烘笼烘焙和干燥机烘焙。焙笼烘焙，萎凋程度一般达八九成干时进行，温度应掌握在90℃左右，烘10~20分钟。若萎凋程度只有六七成干，则需进行二次烘焙。烘焙时要注意翻叶要轻，避免叶芽碎断，降低品质，温度为80℃~90℃。

干燥机烘焙，萎凋七八成干的叶子，分两次烘焙，摊叶厚度4厘米。初焙速度要快，温度100℃~110℃，约10分钟。复焙调慢速度，温度为80℃~90℃，约20分钟即可焙至足干。

（六）黑茶

黑茶产于云南、四川、湖南、湖北、广西等地，深受藏族、蒙古族和维吾尔族同胞们的喜爱，几乎已经成为他们日常生活中的必需品。黑茶呈黑色，汤色近似深红，叶底匀展乌亮。

对于喝惯了清淡茶叶的人，初尝味道偏苦，浓醇的黑茶或许难以适应，但只要长时间地饮用，很多人都会爱上它独特的滑、醇、柔、稠的口味。

黑茶在发酵过程中产生的种普诺尔成分，可以有效地防止脂肪堆积，抑制腹部脂肪增加，所以近年来黑茶在社会上流行甚广。

1. 黑茶的品质

● 湖北老青茶

湖北老青茶的主要产地在湖北南部的蒲沂、咸宁、通山、崇阳、通城等县，湖南省临湘市也有老青茶的种植和生产。老青茶采割的茶叶较粗老，含有较多的茶梗，经杀青、揉捻、初晒、复炒、复揉、渥堆、晒干而制成。以老青茶为原料，蒸压成砖形的成品称"老青砖"，主要销往内蒙古自治区。

鲜叶采割标准按茎梗皮色分，可将老青茶的品质分为3个等级：一级茶以白梗为主，基部稍带些红梗，即嫩茎基部呈红色；二级茶鲜叶的茎梗以红梗为主，顶部稍带白梗和青梗，成茶叶形成条，叶色乌绿微黄；三级茶为当年生红梗新稍，不带麻梗，成茶叶面卷皱，叶色乌绿带黄。

● 湖南黑茶

湖南黑茶原产于湖南安化，现在已扩大到周边益阳、汉寿等地区。黑茶鲜叶采摘以新梢青梗为主要原料，不采一芽一二叶，可分为4个级别：一级以一芽三四叶为主，茶条索紧卷、圆直，叶质较嫩，色泽黑润；二级以一芽四五叶为主，条索尚紧，色泽黑褐尚润；三级以一芽五六叶为主，条索欠紧，呈泥鳅条，色泽纯净呈竹叶青带紫油色或柳青色；四级以对夹驻梢为主，叶张宽大粗老，条索松扁皱褶，色黄褐。

湖南黑茶的制造工艺包括杀青、初揉、渥堆、复揉、干燥 5 道工序，经蒸压装篓后称"天尖"，蒸压成砖形的是黑砖、花砖或茯砖等。高档茶较细嫩，低档茶较粗老。茶汤滋味浓醇，无粗涩味，具有松烟香。

●四川边茶

四川边茶生产历史悠久，分"南路边茶"和"西路边茶"两类。清朝乾隆年间，规定雅安、天全、荥经等地所产的边茶专销康藏，属南路边茶；灌县、崇庆、大邑等地所产边茶专销川西北松潘、理县等地，称西路边茶。

南路边茶的原料是采摘当季或当年成熟新梢枝叶，杀青之后，经过多次"渥堆"晒干而成。成品茶品质优良，经熬耐泡，是压制"康砖"和"金尖"的原料，最适合以清茶、奶茶、酥油茶等方式饮用，深受藏族人民的喜爱。

将当年或 1~2 年生茶树枝叶采割杀青后直接晒干，即成西路边茶。西路边茶的鲜叶原料比南路边茶更粗更老。西路边茶色泽枯黄，是压制方包茶的原料。制造茯砖的原料茶含梗量约 20%，而制造方包茶的原料茶更粗老，含梗量达 60% 左右。

●滇桂黑茶

滇桂黑茶顾名思义，是生长在云南和广西的黑茶的统称，属特种黑茶，品质独特，香味以陈为贵，在港、澳地区以及东南亚和日本等地有广泛的市场。

云南黑茶是用滇晒青毛茶经潮水渥堆发酵后干燥制成。这种茶条索肥壮，汤色明亮，香味醇浓，带有特殊的陈香，可直接饮用。以这种茶为原料，可蒸压成不同形状的紧压茶——饼茶、紧茶、圆茶等。

广西黑茶最著名的是六堡茶，已有 200 多年的生产历史。六堡茶制作工艺流程是杀青、揉捻、渥堆、复揉、干燥，制成毛茶后再加工时仍需潮水渥堆，蒸压装篓，堆放陈化，最后使六堡茶的汤味形成红、浓、醇、陈的特点。

●紧压茶

将黑毛茶、老青茶、做庄茶及其他适制毛茶经过高温、高湿与压力，蒸、压的方式加工成饼形、砖形、团形等状态的茶叶，称之为"紧压茶"，主要销往边疆少数民族地区。紧压茶根据堆积、做色方式的不同，分为"湿坯堆积做色""干坯堆积做色""成茶堆积做色"等种类。其历史悠久，品种繁多，原料、加工方法也不尽相同。多数品种配用的原料比较粗老，风味独特，且具有减肥、美容等效果。

中国紧压茶产区比较集中，主要有湖南、湖北、四川、云南、贵州等省。目前，中国生产的紧压茶大多为砖茶。由于砖茶与散茶不同，甚为紧实，所以，用开水冲泡难以浸出茶汁，饮用时必须先将砖茶捣碎，在铁锅或铝壶内煎煮才可以饮用。

●名茶种类

普洱茶是以云南省的云南大叶种晒青毛茶为原料，经过发酵后加工成的散茶和紧压茶，是历史悠久的云南特有地方名茶。普洱外形色泽褐红，内质汤色红浓明亮，香气独特陈香，滋味醇厚回甘，叶底褐红。新普洱茶味道浓烈，刺激性强，而老的普洱茶由于陈放较久，能持续进行着自然发酵过程，茶性变得较温和无刺激，在一定时间内存放时间越久，氧化程度越高，茶汤滋味越醇和。能促进血液的新陈代谢，不刺激胃，还能养生、助气、补气，甚至还有降血脂、瘦身、抗癌等功效。

近年普洱茶开始在中国广泛流行，形成一股普洱热潮，成为黑茶类最著名、最典型的代表。由于普洱茶在一定时间内越陈越香，越陈功能越显著的特点，使得普洱茶升华为茶叶中具有收藏鉴赏价值的古董，如储存保管得当，可储存多年仍能保持原有风味。其市场价值也随年份一路飙升，蔚为可观。

2. 黑茶的制作

●杀青

由于黑茶（重后发酵茶）的鲜叶粗老，含水量低，杀青前要先对鲜叶进行洒水处理，利用水分受热形成蒸汽来提高叶表温度，达到杀匀杀透的目的。

黑茶杀青分手工杀青和机械杀青两种。手工杀青采取高温快炒，通常选用大口径铁锅，呈30°倾斜装置在灶台上，每次投放4~5千克鲜叶，双手快速翻炒至烫手，换用三叉状的炒茶叉斗炒，这就通常所说的"亮叉"。待出现大量水蒸气后，双手执叉，转滚闷炒，俗称"握叉"。

机械杀青与绿茶大致相同，区别在于，当锅温达到要求时，先进行闷炒，再透炒，如此交替进行，至杀青适度方可。黑茶杀青使叶子变为暗绿色，青气消失，叶梗叶片变得柔软。

●初揉

杀青叶出锅后，为避免水溶性物质随水分蒸发和热的散失而凝固，叶片变硬，不利于外形塑造及叶细胞的破坏，应立即趁热放入揉捻机里揉捻。要遵循"轻压、慢揉、短时"的原则。每分钟40转为宜，叶温保持在50℃~60℃。揉捻适度的嫩叶卷成条，老叶出现褶皱，叶汁附于表面，散发出淡淡的茶香。

●渥堆

渥堆是形成黑茶独特品质的关键工艺。渥堆要在洁净、无阳光直射的环境下进行，室温一般在 25℃ 以上，相对湿度控制在 85% 左右。将揉捻后的叶子堆积起来（通常一二级的叶子需要解块，三四级的叶子不需解块），覆盖上湿布，以达到保湿保温的目的。中间要适时翻动一次。当茶坯表面出现热气凝结的水珠，发出浓烈的酒糟气味时，青气消失，叶色由暗绿变为黄褐色，茶团黏性减小，很易打散，则渥堆达到适度。渥堆过程中，茶叶内含物发生了一系列的化学反应，使黑茶的口感醇而不涩。

● 干燥

黑茶干燥一般采用烘焙法。黑茶是在"七星灶"上旺火烘焙的，达到适宜温度时摊铺第一层茶坯，烘至七八成干时再摊铺第二层，厚度稍薄，照此摊放 5~7 层，待最表层达七八成干时，退火翻焙，即最上层和最下层翻转，使其均匀受热，干燥适度。由于水热条件使叶内多酚类化合物在热化作用下发生非酶性自动氧化，制茶上称后发酵，叶绿素遭到破坏，形成了黑茶色泽油黑、松烟香味的独特品质。

● 压制

黑茶可直接泡饮，也可进行压制，是多种紧压茶的原料。压制是将初制好的毛茶通过加工、蒸压对其进行塑性。由黑茶压制而成的砖茶、沱茶、饼茶、六堡茶等，深受少数民族地区人们的喜爱。

（七）花茶

花茶香气袭人，汤色明亮，叶底细嫩，最适宜清饮，或者加入适量蜂蜜，以保持其特点的清香。淡淡的芬芳，自然的口感，美丽的色泽，配以剔透的玻璃茶具，让人立即沉浸在自然的田野气息之中，一整天保持快乐的好心情。

不同的花草配制成的花茶营养成分不同，有不同的保健功效。对于平时久坐办公室，缺乏运动的上班族来说，花茶是最天然的醒脑明目、提神保健的饮用选择。

1. 花茶的制作

● 原料

花茶是由精制后的茶坯和具有浓郁香气的鲜花窨制而成。茉莉花、代代花、玫瑰花、珠兰花、百合花、桂花、月季花等都可作为花茶的原料。质量上乘的花茶需要由当天采摘的成熟花朵制成。由于烘青茶的吸附力强，所以茶坯一般采用烘青绿茶，也有一些选用红茶和乌龙茶。

配合不同鲜花制成的茶叶还有不同的保健功效，如茉莉花茶具减肥、润肠的作用；玫瑰花茶能调节气血、消除疲劳；菊花茶和金银花茶有清热解毒、疏风散热的功效等。

● 窨制

花茶窨制是将精制的茶坯与鲜花充分混合、静置，使茶叶充分吸收花的芳香的过程。茶叶表面有很多具有吸附力的空隙，气味清新，能与花香有效结合。茶坯与鲜花都要创造一定的外部条件才能达到最佳的吸香和吐香状态。茶坯含水量超过 20% 时，就基本失去了吸附能力；若含水量太低，则容易造成干燥，一般含水量为 5% 时，作用能力最强。

窨制前要对茶坯进行筛选和干燥，使其品质和湿度达到理想状态。鲜花吐香也需适宜的温度促进，所以窨制期间，要适时翻拌茶堆，降低内部温度，使空气流通。至花朵开始萎蔫，茶坯柔软，窨制基本完成，要注意筛去花渣。根据茶香的需要和成茶等级的不同，还可进行多次窨制。

● 干燥和冷却

在窨制过程中，茶坯不仅吸收了花的香气，同时也吸收了一定的水分，这就要求在窨制后要对其进行干燥处理，防止霉变，利于储存。干燥后将花茶摊放，待其自然冷却，至此完成花茶的主要制作工序。

2. 花茶的冲泡

● 适用茶具

花茶种类不一，不同的花茶所选用的茶具也有不同的讲究。对于高档花茶，其品质特色和绿茶相似，茶叶在水中形态各异，袅娜多姿，所以可用无花透明玻璃杯冲饮，以便于欣赏其"茶舞"之翩跹。还可选用白瓷盖碗或带盖的瓷杯，以防止浓郁的花香散失。

普通低档花茶，则宜用较大的瓷壶冲泡，可得到较理想的茶汤，保持香味。较大的壶盛水多，散热慢，因此要选耐烫的茶杯。

● 水温

花茶可用刚刚沸腾的开水来冲泡，水温在 85℃~95℃ 为宜。水温偏低会影响花茶的香气和滋味，水温太高又会把茶中的"花"烫蔫。高档名优花茶的品饮虽以香气为重，但其形也有很高的欣赏价值。透过玻璃杯欣赏干花在沸水中精美别致地翩翩飞舞，也是不容错过的品茶乐趣。泡茶时，要先用温水将茶浸润一下，可使茶汁更容易释放，然后冲入沸水。

●置茶量

花茶的茶水比例在1：40~1：60之间。花草茶有单一材料及混合材料的两种冲泡方式。单一的花茶材料，如用500毫升的沸水来冲泡，应取分量为5~10克；混合式的花茶，则每一种材料各取2~3克。如果用杯泡，茶叶用量可以稍减；用壶泡时，茶量稍多些。优质的茶叶用量可以少些，中低档茶用量要增多。

●闷泡

冲泡花茶时，注入沸水后一定要加盖，以免茶香散逸。热气集中在杯内，加速花香的释放，闷泡时间3~5分钟，有的品种可以闷泡5~8分钟，让花更加出味。花茶的冲泡次数以2~3次为宜，一开茶饮后，留汤1/3时续加沸水，为之二开。如是饮三开，茶味已淡。

●闻香

花茶吸附了鲜花的芬芳香气，以馥郁的花香为贵，品茶时重在闻香。闷泡过之后，打开杯盖，随着热腾腾的水雾，浓郁的花香混合了茶香，立时扑面而来，茶味与花香巧妙融合，相得益彰。这种香气纯正鲜活，如同给予杯中茶水之灵动的精神，令人心旷神怡，未尝先醉，还可凑着香气做深呼吸，称为"鼻品"。

茉莉花香被誉为花茶中春天的气息，有提神功效，可安定情绪、疏解郁闷。

●细品

花茶需要品，所谓的"品"，很有含义，其字形是由三个"口"组成，所以喝三口茶才是真正的品。品茶要在茶汤稍凉适口时，小口啜入，在口中稍事停留，以口吸气、鼻呼气相配合的动作，使茶汤在舌面上往返流动一两次，充分与味蕾接触，品尝茶味和汤中香气后再咽下，如此一两次，才能尝到名贵花茶的真香实味。

揭盖续水的来历

在茶馆或茶楼饮过盖碗茶的人都知道，当你喝完茶需要续水的时候，只需把碗盖揭开放在一边，服务人员看见了就会来为你续上沸水。后来这种习俗也延伸到用茶壶饮茶。这一习俗始自清朝，一位富家公子到茶馆饮茶，因为刚刚斗鸟赌输了而故意捣乱。他将小鸟放进一只盖碗，让堂倌为他冲茶，堂倌一揭碗盖，小鸟一飞冲天，于是他声称小鸟价值3000银圆，要茶楼3日之内赔给他。有民间侠士出面打抱不平才将此事平息。后来，茶楼老板为了避免再生事端，便定下规矩：凡饮茶者需要水，请自行把碗盖揭开。从此，这一店规逐渐在同行之间传播开来。

（八）茶叶制作问答

1. 采青

采青有一定的采摘标准吗？

茶青的采摘需要有一定的采青目标，应该根据不同的茶类进行采青。依茶类不同可分为细嫩采、适中采和成熟采的不同采摘标准。所谓细嫩采，即指芽初萌发或初展1~2片嫩叶时就采摘的标准；而适中采就是指当新梢生长到一定程度，采下一芽二三叶和细嫩对夹叶；成熟采则是待顶芽最后一叶刚展开而有4~5个叶片时，采下2~3个对夹叶或3~4个对夹叶。所以，采青并不是看到漂亮的叶子就采，也不是一叶一叶地采。

细嫩采

成熟采

"手采"与"机采"有何差别？

手采茶青要比机采茶青质量好。人工手采茶青时，可以根据茶青的质量合理选择符合要求的茶青，如果是采用机器采摘，由于机器对茶青不具备识别功能，而且茶蓬高低不平，因此通过机器采摘的茶青中有单片叶、碎叶、长梗等，茶青老嫩不一，质量较低，很难做出好茶。另外，机采茶效率高，而手采茶效率低，所以茶店中手采茶比机采茶的价格高出数倍甚至数十倍。

机采

哪些工具可以协助采茶？

对一些成熟度偏高的茶青而言，用手采摘久了，手会疼痛，严重的甚至会起泡、裂伤等。所以有时可以采用一些工具来协助收采，常见的手采工具有剪刀、小镰刀、绑指（指头上绑一个小刀片）等，可大大提高手采效率。

手采工具剪刀

手采工具小镰刀

　　不良的采青技术会造成什么后果？

　　有一次我与大家一起采茶，被批评为将茶梗捏破了，将梗皮扯开了，也被责备将采下的叶子握伤了。

　　这些不良的采茶技术往往会造成茶青劣变，影响茶叶品质。将茶梗捏破、梗皮扯开、叶子握伤，茶青就会开始自动发酵，从而引起所制绿茶色泽变红、青茶香气低劣。如果受伤的叶子遇到高温，还可能出现酒味、腐败味，从而失去制茶价值。

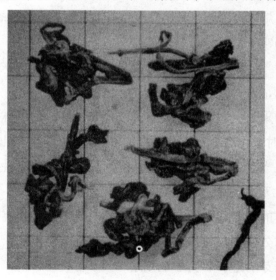

梗相

　　乌龙茶的采摘标准是什么？

　　开面采摘是乌龙茶（比如铁观音）的采摘标准，对茶青成熟度有一定的要求，即当驻芽形成时，采摘驻芽梢开面的二三叶或三四叶，也叫"开面采"。闽南采摘驻芽二三叶，闽北采摘驻芽三四叶。开面采，按新梢伸展程度不同又有小开面、中开面和大开面之别。小开面指驻芽梢的第一片叶的叶面积约相当于第二叶的1/2；中开面指驻芽梢的第一叶的面积相当于第二叶的2/3；大开面指驻芽梢顶叶的叶面积与第二叶相似。

茶青越嫩越好吗？

常听人说："制茶的原料以采一芽二叶的为佳"，这话准确吗？不同的茶类需要不同的茶青，并非茶青越嫩越好。例如，制作工夫红茶，以一芽二叶为佳；而制作碧螺春则以一芽一叶初展为标准；对于乌龙茶，则需采摘开面叶，多以开面二三叶为宜；边销的紧压茶则是采成熟新梢甚至老枝叶了。因此针对不同的茶类，需要选择不同标准的茶青类型，而非一芽二叶就好。

瓜片的制作与其他茶叶制作有何不同？

瓜片是单片制作，是采摘茶梢芽下第一、第二叶片制作的，工艺较为独特，分炒片与烘片两个过程，其中烘片是瓜片制作的独特工序，由工人抬着装有瓜片的大烘篮在明火上快速走烘，时烘时翻，一个烘茶工一天合计要走十多里路，是中国茶叶加工中独特的一道风景。

而其他茶叶基本上都是带梗制作，即叶、梗连在一起制作，工艺中有萎凋、揉捻、发酵、杀青、干燥、焙火等工序，制作后的毛茶除去梗子，所以最后成茶含梗量很少。

采茶讲究时辰吗？

茶农说"雨水青""露水青"是不好的，晴天时也要等露水干了才采，但古书上为何说天亮就上山采，太阳出来后就要停采？

关于天亮即上山采茶，太阳出来后就要停采的说法，是出自宋徽宗赵佶的《大观茶论》，这样的采茶时辰是由于当时采制的芽叶要求肥壮，太阳出来后叶片展开、芽心变小，不是佳品，且当时是制作蒸青团茶，茶芽制作前还需要洗涤，然后采用高温蒸汽蒸熟，带有露珠也无妨。

而现在茶叶制作的杀青方式除煎茶、玉露外已经不是采用高温蒸汽而是用炒制的方式杀青，若茶叶水分过高，对香气、滋味和茶叶色泽均不利，因此采茶时辰要在上午日出以后、待到茶芽上露水干了方可采摘。

为什么有人背着竹篓子采茶，有人提着小篮或小盆采茶？

这与茶农的日采青量有关。一般采摘细嫩的茶青，如制作龙井、碧螺春，标准为一芽一叶初展，叶小芽细，茶农采摘的速度就慢，只需提一个小篮或小盆就能盛装；但如果采摘一些成熟度偏高的茶青，如制作乌龙茶，标准为开面二三叶，茶农的采茶速度就快，所以需要大的装茶容器，如采茶时背一个竹篓子。

持小盆子采茶

背竹篓子采茶

粗老叶制茶如何采青？

一些粗老叶制茶时可以采用镰刀割青，例如边销茶中的四川康砖茶、金尖茶，湖南茯砖茶，湖北老青茶等。一般情况下，将长枝条割下来后，直接送到加工厂，进行杀青，杀青后进行揉捻，从而使梗叶分离，拣去老梗，叶片直接渥堆、复揉、干燥即可，产品称为黑毛茶。

割青制成的茶

"茶到立夏一夜粗"是什么意思？

"茶过立夏一夜粗"这句说明茶叶适采季节的谚语流行于浙江等地。立夏以后，气温渐升，此时茶芽生长迅速，叶片渐渐老化。过了小满，春茶结束，茶芽已成老叶，如草一般失去价值。这句谚语说明采摘季节的每一天都极其宝贵。类似的谚语还有："夏前宝，夏后草。"流行于浙江桐庐等地；"立夏三天茶生骨。"流行于安徽等地；"一年老了爹，一夜老了茶。"流行于湖南等地。

为什么各地采青次数不一样？

采茶并无固定的时间，采青次数依新梢发育和气候特点的不同而定，并应考虑茶园与茶树的成长条件和茶树养护及经济关系。在气候温暖的台湾和福建沿海茶区一年可采四季，即春茶、夏茶、秋茶、冬茶；而大部分的茶区只能采三季，无冬茶可采；在高山茶园和北方的山东茶区，因气温较低，春季开采时期往往不在清明以前，一年只采春季或春秋两季。

2. 初制

茶农为何要将采来的茶叶放在太阳下晒？

茶农将茶叶放在太阳下晒是茶叶制作中的日光萎凋工序，是属于室外萎凋的方式。一般情况下需要用日光萎凋的茶类包括乌龙茶、红茶和白茶。以上三种茶类采用日光萎凋是要适当地散失部分水分，促使鲜叶的化学物质变化。日光萎凋不能在强烈的阳光下进行，以防茶青晒死、晒伤，不利于后续的加工程序。但白茶中的（政和）白毫银针，如果日光萎凋与干燥相结合，就需要日光暴晒。

室外萎凋

茶青制作中常遇到的不佳情况有哪些？

"积水"与"失水"是乌龙茶茶青制作中常遇到的不佳情况。茶青在制作过程中伴随水分的散失，相应发生着滋味、香气成分的形成和转化。这个过程是一个循序渐进的过程，对气温和湿度有较高的要求。若气温高、湿度低，茶青水分散失过快，内在成分来不及转化就呈现干枯状态，称为失水。若气温低、湿度大，茶青经长时间摊放与做青，叶缘已消失部分水分而起了发酵，中间部位却仍保持鲜活状态，称为积水。

制茶是彻夜为之吗？

朋友说上山做茶，整夜陪着茶，不得睡。那么，制茶是彻夜为之吗？

茶青采完之后需要立即加工，否则茶青容易变质。茶叶初制需时较长，因为要将茶青中的多余水分去除，需要一定的时间，例如，乌龙茶做青时间大多需要 6~12 个小时。因此，白天采茶，制茶往往要进行到深夜甚至天亮。

什么是制作乌龙茶的真功夫？

做青是乌龙茶制作的关键工序，它包括浪青（搅拌）和静置两个反复交替的过程。茶青在静置过程中，叶片缓慢消失水分而呈萎蔫状态，而梗中含水量较高，因此需进行搅拌，使梗中的水分流向叶片，俗称"走水"。这时叶片又恢复生机，俗称"还阳"。同时伴随各种化学变化。再进行浪青、静置，反复如此。茶青在做青过程中死去活来，历经九死一生，最终形成乌龙茶特有的花果香。

浪青（搅拌）

静置

因儿茶素氧化程度不同将茶叶分为哪几类？

我们通常因儿茶素氧化程度不同将茶叶分为不发酵茶、部分发酵茶、全发酵茶和后发酵茶。其中绿茶儿茶素氧化程度最轻，习惯上我们称之为不发酵茶；红茶儿茶素在茶叶中酶的作用下氧化程度最高，我们称之为全发酵茶；乌龙茶的儿茶素在茶叶中酶的作用下氧化程度居于绿茶和红茶之间，所以又叫作部分发酵茶；而有一些茶的儿茶素也是发生了氧化的，而且氧化程度也很重，但是这主要是由于制茶中利用非酶促的氧化和微生物作用的结果，我们常称之为后发酵茶，如普洱茶。

茶叶的汤色是如何造成的？

"绿茶"为什么是绿色的？"红茶"为什么是红色的？其他的茶为什么不绿不红？

茶叶的汤色与发酵程度有关。茶叶中的儿茶素本身是无色或浅黄色的，但经过发酵后，就形成了橙黄色的茶黄素和深红色的茶红素。绿茶是不发酵茶，保留了其本身成分的原貌，所以有绿汤绿叶的特点；而全发酵的红茶，儿茶素类已经氧化成红色为主的茶黄素和茶红素，所以茶汤色泽较红；另外，部分发酵的乌龙茶，儿茶素部分氧化，形成少量茶黄素，所以汤色不红不绿，介于二者之间。

造成茶叶特殊香气的因素有哪些？

茶叶的香气主要来自茶叶本身，而茶叶本身香气的类型及高低受茶树品种、加工方法以及种茶环境影响，例如武夷肉桂就有类似肉桂香，祁门红茶具有类似玫瑰花香等。

加工方法也是形成不同香气的重要因素，如红茶具有甘甜的香气，乌龙茶具有一些特殊的花果香。

此外，种茶环境也不容忽视，高山生态条件优良，无污染多云雾的环境有利于茶树体内芳香类物质的累积。甚至有人认为茶园中间作植物，茶树叶片吸收了植物的芬芳，由此制作的茶叶会具有类似这种植物的香气。

但茶的基本香型受制作方式影响最大，不发酵茶是菜香型，轻发酵茶是花香型，重发酵茶是果香型，全发酵茶是糖香型，后发酵茶是木香型。如果用樟香、肉桂香等来形容普洱茶等后发酵茶的香气，那是就其香型而言，与间作植物无关。

茶有哪些香型？

茶友说碧螺春是菜香型的茶，红茶是糖香型茶……茶叶有多种香型，而且这些香型与发酵程度有一定关联。茶的香气类别是不容易以其他物品的香气来形容的，例如：A 茶是柠檬香、B 茶是苹果香、C 茶是茉莉花香、D 茶是烤肉香……，因为找不到与各类茶相似的物种香气，所以在介绍茶的香气时，只能以香的类型来稍作界定，如菜香、花香、果香、糖香、木香等。

茶会形成那么多种类，主要是因为制作的方式不同，香气会形成那么多种类，也是因为这些制茶的手段不同。控制发酵的程度，使成品茶形成菜香、花香、果香、糖香、木香等不同的香型；控制焙火轻重，塑造了香气是寒凉的香气还是温暖的香气……

绿茶，它的香型是属于"菜香"，像一把蔬菜用开水烫过后的香气、像青菜炒过后的香气、像割草皮后的香气。

如果让茶青轻轻地发酵，如 30% 以内的发酵，制成的茶就是市面上所称的轻发酵乌龙茶，如铁观音、冻顶乌龙等，香气就会从"菜香"转化为"花香"。我们或许说不出是属于什么花的香，但总可以理解到那是植物开花的香气。

如果让茶青继续加重发酵，如到达百分之六七十的程度，茶的香气就会从"花香"转变为"果香"，制成的茶就是市面上看到的所谓白毫乌龙（或称东方美人）。这时的果香是肉果型水果的香，如杧果、木瓜之类，有人称它为熟果香。介于上述花香（轻发酵）与果香（重发酵）之间的所谓"中发酵"茶，如果制成后加以一点焙火，如市面上传统型的铁观音、冻顶茶、武夷岩茶等，就会形成一种"坚果香"，如栗子、核桃之类的香。为了简单化，我们姑且将坚果香与肉果香（或称熟果香）统称为"果香"。

再继续发酵下去就是全发酵了，制成的茶就是市面上所谓的红茶。这时的香气就会变成"糖香"，是砂糖的香，或麦芽糖的香，所以也有人称作"麦芽糖香"。

另一类茶是正常发酵前先行杀青、揉捻，晒青干燥后再行渥堆或存放，使其产生后氧化，这样制成的茶就是市面上所称的普洱茶（此类茶包括边销砖茶）。这时的香气是从晒青与渥堆或存放产生的后氧化所造成的"木香"。有人说像樟木香，有人说像沉香木香，总而言之是属于木头类的香气。

什么茶要被一种虫叮咬过才好喝？

这种茶叫"椪风茶"（又名膨风茶、白毫乌龙、东方美人茶、着延茶、香槟乌龙等），其来源颇有典故。

20世纪20年代某年夏初，茶小绿叶蝉（俗称浮尘仔）严重危害台湾新竹北埔、峨眉茶区，受到危害的茶青难以制作高品质的传统乌龙茶。然而，有位勤俭的客家茶农仍然采摘受到茶小绿叶蝉危害的茶青，制作重发酵的乌龙茶，成品具有特殊的熟果香、蜜糖香，滋味圆柔醇厚，风味特殊。他将制造的少量成品拿到台北茶行贩卖，竟然高价售出，而且售价高达一般茶价的13倍。刚开始乡人不信，认为他在吹牛（台湾话及客家话中的"膨风"或"椪风"就是吹牛的意思），"椪风茶"或"膨风茶"之名也因此广为流传。

膨风茶外销英国后，英国王室十分赞赏如此形美、色艳、香醇、圆柔的佳茗，便邀请王公贵族、文人雅士至宫廷品饮。有文人作诗赞美品饮这种东方的佳茗，犹如美女的舌头在口腔内游走般温润、圆柔、甜美，膨风茶也因此赢得"东方美人茶"的美名。

欧美也有人称膨风茶为"香槟乌龙"，意思是说膨风茶是乌龙茶类中的顶级产品，就像香槟是葡萄酒中的顶级产品一样。

膨风茶在台湾又有"着延茶"的别称，台湾话的"着延"是蔓延到虫害的意思。

调味茶大多以什么茶调成？

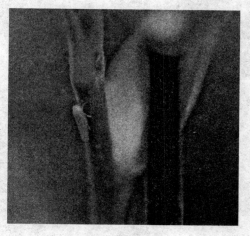
茶小绿叶蝉

调味茶大多以红茶为主要原料。红茶的特色是带有厚度的甘甜和淡淡的焦糖香气，茶叶中再加入天然的水果香料或花香，称之为调味茶，也叫香熏茶或风味茶。调味茶中最为著名的当属伯爵茶，伯爵茶是以红茶为基茶，加入佛手柑调制而成，香气特殊，风行于欧洲的上流社会，经典的配方是优质印度红茶和意大利压榨香柠檬油的黄金组合。

而不发酵的绿茶和轻发酵的清香铁观音，在滋味和香气上与调味所用的糖和水果、香料风格上相距较大，调味要做到协调难度较高。可见，茶味与发酵程度也有很大的关系。

茶叶的"杀青"是指什么？

电影摄制剪辑完毕说是"杀青"，茶叶的"杀青"是不是也是指茶的制作完成？

影片的杀青和茶叶的杀青有相似的地方。影片的杀青，原意指拍好的底片已经放在片盒中，准备送去冲洗，后指电影拍摄部分已经完成。而茶叶的杀青是指茶叶的发酵被终止了，即通过高温钝化在制品的酶活力，固定茶叶品质的过程，但不是指茶的制作完成；仍需后续工序对茶叶进行塑性、干燥等，才能完成茶叶的制作。

日本的煎茶为什么那么绿？

到日本，他们泡煎茶招待，问他们煎茶为什么那么绿，中国的高级绿茶也没有那么绿，他们说煎茶是"蒸青"制作的。这是什么意思？

"蒸青"是绿茶杀青的方法之一。杀青是绿茶制作的关键工序，即通过高温钝化茶鲜叶酶的活力，固定茶叶品质的过程。根据导热方式不同，杀青种类可分为金属导热

炒青

蒸青

杀青（即炒青）和蒸汽导热杀青（即蒸青）等多种方法。蒸汽导热较金属导热更为快速均匀，因此杀青所需时间短，叶绿素破坏少。通过蒸汽杀青制作的绿茶，称为蒸青绿茶，如日本的煎茶、抹茶等，这类绿茶具有干茶墨绿、汤色杏绿、叶底鲜绿的"三绿"特征。

何谓"手揉"，何谓"机揉"？

揉茶，在制茶中称为揉捻，就是借助外力将在制品（茶青）搓揉成一定形状，揉出茶汁使其附着于表面，便于冲泡，同时缩小体积的工序。根据揉捻方式不同，可分为手工揉捻和机械揉捻。手工揉捻即手揉，双手抱住茶团于揉盘中，往一个方向旋揉，使茶叶在搓揉力作用下形成条索，揉破叶细胞；而机械揉捻则是将茶叶放入揉捻机中，在电动机的作用下，借助揉捻机的揉桶、揉桶盖、揉盘上的棱骨的挤压作用，使茶叶揉成条索，挤出茶汁。

手工揉捻

机器揉捻

"包布揉"与什么茶有关？

"包布揉"是中国乌龙茶特有的制茶技术，尤其与闽南乌龙茶和台湾乌龙茶的外形形成密切相关。包布揉又称"布球团揉"，即将在制的闽南乌龙茶和台式乌龙茶放入布巾中，徒手或于束包机中整理成一个圆球后，用手或用平板机（整形机）揉捻4~5分钟，然后解散团块，再进行束包、揉捻，如此反复几十次，最后形成外形紧卷呈颗粒状的茶，俗称"球形茶"。

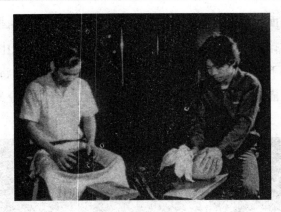

包布团揉

"珠茶"是"球形茶"吗？

有种绿茶叫"珠茶"，在中东、非洲也常喝到，它们叫 Gun Powder，圆圆的，是不是就是我们所说的"球形茶"？

珠茶是绿茶的一种，采用杀青、揉捻、二青、炒小锅、炒对锅和炒大锅等工艺制作而成，主要产于我国浙江省，产地有嵊州市、新昌、东阳、上虞、奉化、鄞州区、余姚等县。因外形呈圆紧颗粒状，宛如珍珠，故称珠茶，亦称圆茶，也称圆炒青茶，国外称 Gun Powder。该茶色泽绿润，身骨重实，如同珍珠，香高味浓，经久耐泡，叶底黄绿明亮，芽叶完整。与球形茶不是一个概念。

珠茶

茶的干燥方法有哪些？

谈到茶的干燥，说到白牡丹时都会说"烘干"，说到龙井时都会说"炒干"说到普洱时又会说"晒干"，这些干燥种类之间有何不同？

茶叶干燥可以采用多种方式进行，常见的有烘干、炒干和晒干，这几种干燥方法所制茶叶各有特点。采用烘干工艺制作的茶叶，外形条索略松，白毫或金毫显露，如黄山毛峰、滇红等，都是采用烘干工艺；而炒青绿茶，如龙井、眉茶，茶条表面的毫毛脱落，外形光滑绿润；而采用晒干工艺制作的茶叶，干茶色泽墨绿，白毫也较显，有明显的日晒味，如晒青绿茶。

烘干

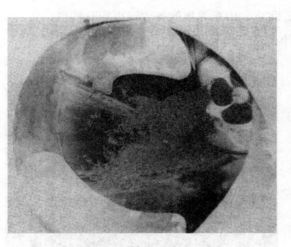

炒干

"黄茶"有哪些？

我国除了红茶和绿茶外，还有黄茶、白茶、黑茶和青茶，它们组成了我国的六大基本茶类。黄茶是我国特有的茶类，著名的黄茶有蒙顶黄芽、君山银针等，具有干茶

晒干

金黄、汤色黄亮、叶底嫩黄的"三黄"特点，这是由于在加工过程中采用了闷黄工艺，即在一定温度和含水量的情况下，使茶叶由绿色逐渐转变为黄色的过程。黄茶在四川、湖南、安徽、浙江、北京、山东等地的各大城市均有销售。

　　茶青杀青后为什么要二次干燥？

初干

　　茶叶一般不只是采用一次干燥，而多采用二次干燥，第一次称"初干""毛火"，第二次称"足干""足火"，这是有理由的。由于茶叶和茶梗含水量和表面面积不同，采用一次性干燥，会造成干燥不均匀现象，因此需要先进行初干，然后揉成各种形状，使水分重新分布均匀后，再进行足干，确保干燥均匀，保证茶叶品质。

足干

清香型乌龙茶和传统乌龙茶到底有什么不同？

有些老茶友很怀念 2000 年以前的铁观音，他们说现代时髦的铁观音太没有个性了，到底是怎么一回事？

现代时髦的铁观音、台式乌龙茶又称清香型乌龙茶，清香型乌龙茶产制技术自成一格，其外形及香气与传统乌龙茶截然不同。比起福建传统"绿叶红镶边"的安溪乌龙茶，清香型乌龙茶具有明显的"三绿"特点：即干茶绿、汤色绿、叶底绿。其外形为球形或半球形（俗称"绿豆形"），香气清香持久，茶汤清澈明亮，叶底柔软。如冻顶乌龙茶，外形呈半球形或球形，条索紧结，干茶色泽为墨绿带油光，香气清香扑鼻，滋味浓厚新鲜，入口生津，落喉甘滑，韵味强，而汤色蜜黄澄清明亮。

以传统工艺生产的浓香型乌龙茶，包括武夷岩茶、闽北水仙、传统工艺的铁观音、广东凤凰单丛等。

据茶叶市场销售人员透露，时髦的清香型乌龙茶消费人群主要有三个特点：一是以青年为主，21~35 岁这个年龄层的比较多，而且女性又比男性多；二是知识分子居多；三是消费者爱在专卖店买茶。传统的焙火浓香型乌龙茶消费人群以老茶客为主，喜欢滋味浓厚带焙火香的风格，这批消费者对传统乌龙茶情有独钟。

好的乌龙茶叶底有何特征？

有位茶友喝完乌龙茶后会拿出叶底，摊开来看有没有"绿叶红镶边"，他说那是好茶的特征，此话如何说来？

绿叶红镶边

　　乌龙茶的加工方法综合了红茶与绿茶加工方法的优点，有部分发酵工艺特有的花香、果香。影响乌龙茶品质的主要因素为做青和烘焙。做青由浪青（搅拌）和晾青（静置）两个过程组成。做青时茶叶受浪青时机械力作用，叶缘细胞部分组织受损伤，促使多酚类化合物氧化、聚合、缩合，产生有色物质且促进芳香化合物的形成。当发酵程度较轻时叶片仅仅是锯齿转为金色或橙红色，如文山的包种茶、冻顶乌龙；当发酵程度加重时，叶片边缘会呈现红色，此皆称为绿叶红镶边，如闽南的铁观音，叶底具有绿叶红镶边的特点。如果加以焙火，叶色整体会变暗，红边也转为了暗红色。

　　3. 精制

　　制茶厂是如何划分"初制厂"与"精制厂"的？

　　这是根据茶叶加工的不同阶段进行划分的。"初制厂"主要进行茶叶的初制，即将鲜叶加工成毛茶的场地，制造成的产品称为毛茶。毛茶由于外形钩钩曲曲，条索大小不一，老嫩不均匀，很不美观，所以要送到"精制厂进行整容"。精制主要是划分茶条大小、粗细、轻重、长短的过程，包括拣梗、筛分、风选、覆火、拼堆等工序。通过精制后，茶叶外形美观，内质得到提高，就可以上市销售了。但是有时我们还需要对这些精制茶再加工，例如熏花、压饼等，从而丰富茶叶的类型，以满足消费者的需要。

机器拣梗

筛分

风选

电子焙茶机（覆火）

拼堆

没带茶梗的铁观音与枝叶连理的铁观音有何不同？

铁观音茶青从采摘到初制结束的时候都是茶叶连枝一同加工的，带有茶梗的铁观音称为毛茶，如果仅拣去茶梗出售的称为精毛茶。精茶还需要经过覆火、干燥、筛分、拼配等工序。叶茶类的枝叶较为粗老，若是枝叶连理，要干燥到理想的含水量（如3%～5%）不易，即使将嫩叶烤焦了，老叶和枝条都还达不到标准，尤其是叶基与茶梗连接的地方。另外茶叶连枝的叶茶外表粗大相互勾连，使筛分困难，若于初干后将枝叶先行分离，接下来精制的工序干燥、覆火、筛分和焙火就容易得多了。

茶叶是否枝叶连理对外观有何影响？

有一次买白毫乌龙，问茶行老板为什么没挑梗，他说芽茶类的茶都是"枝叶连理"的，只有叶茶类才讲究"枝叶分离"。这是何道理？

白毫乌龙是采摘一芽二叶的细嫩原料制成的，像这样的芽茶类叶形较小，枝叶联结在一起也不觉得太粗大，而且泡开后，一朵朵婀娜多姿蛮好看的，不需要枝叶

白毫乌龙叶底

分离，类似的茶还有白牡丹、太平猴魁等。如果是以独芽或一芽一叶制作的更当保持完整。

　　但叶茶类的枝叶较为粗老，若是枝叶串联在一起，外表看起来显得粗大，泡开后更是纠结成一团，没什么好欣赏的。若将它们枝叶分离，紧结的叶粒反倒颗颗可爱。

　　茶叶精制时的剪切有何效用？

　　有时买的茶是被切成一小段一小段的，问老板这是否就是"机采"的茶，老板说那是精制时被"剪切"的。

　　鲜叶经初制成毛茶，但毛茶还不能成为商品茶。商品茶要求品质规格划一，有统一的标准级别。外销茶要求更高，不但要有较高的内质，而且更重要的是要求外形匀齐划一。毛茶品质达不到商品茶的要求，尤其是外形多样、复杂，需进行毛茶加工，也称"精制"。剪切属于精制工序的一种。毛茶由于采摘、制茶技术等问题，有长、粗、折叠、弯曲、钩形、圆块等，筛分不能通过筛网，只有采用切的方法才能解决。通过切轧可改变茶叶外形，便于取料提高精制率。

　　为何说"拣梗"最费人力？

　　制茶界的人都说"拣梗"最费人力，而且很有技术含量，但是现在已经有拣梗的机器出现，难道还是无法克服这些难题？

脱梗机（乌龙茶专用）

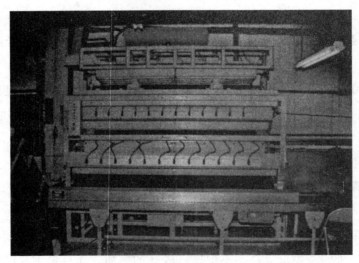

茶梗选别机

　　茶叶中含有粗老梗、老梗、白梗、青梗、红梗、细筋等茶类夹杂物，不符合成品茶的品质要求，需进行拣剔，除去夹杂物，纯净品质。拣剔分为机拣和手拣，手拣成本较高，仅高档茶直接采用手工拣剔。机器拣剔的方法主要有阶梯拣梗机、静电拣梗机、光电拣梗机三种。但这些都是针对条索形的绿茶和红茶设计的，乌龙茶颗粒紧结，并不适用。台湾近年也研制出了自动拣梗机，利用毛刷与翅片将茶梗刷下再行拣剔。

　　从传统农业向现代农业的转变过程中，机械的作用不可小觑。茶叶机械的广泛应用，降低了劳动强度，提高了生产效率，确保了茶叶品质。

　　茶叶的"拼配"是怎么回事？

有的茶叶包装上注明这罐茶是"拼配"的，是否表示这是由各种不同种类的茶叶混合而成的"鸡尾茶"？

拼配是茶叶精制的后期工序，毛茶经筛分、剪切、风选、拣剔、干燥等作业后，分出大小、长短、粗细、轻重等不同的各筛号茶，称之为半成品。拼配是根据各花色等级产品的质量要求，将各类半成品按比例混合均匀组合为成品茶。拼配往往涉及不同品种、不同产地、不同季节原料所制的半成品。不同种类的茶不宜拼配，例如红茶中如果有绿茶就称为混杂。

茶叶必须在精制时再覆火一次吗？

资深的茶友说茶叶不能只干燥一次，最少必须在精制时再覆火一次。这有何深奥的道理？

精制中，干燥也是重要的作业，相对毛茶的干燥称为"再干燥"。其主要作用除蒸发水分外，还可以提高茶叶的品质。如红毛茶的青气，可以通过再干燥转变为砂糖香、水果香或甜花香。绿毛茶的生板栗香，通过再干燥可转变为熟板栗香。毛茶有时会因干度不足或天气潮湿等原因，而使含水量过多，因此必须再烘干或炒干，这称为"补火"。茶叶在精制过程中会吸收多余的水分，这样就必须先经过炒干或烘干，以利于下一步加工，称为"做火"。在精加工完毕装箱前，要进行最后的烘或炒，这样可以提高茶叶香味，减少茶叶水分，提高茶叶耐藏性，这称为"覆火"。如果是高档的绿茶，唯恐刚才的烘炒方式会破坏绿茶的自然植物风味，就可以用常温的干燥方法加以再次干燥。如放在有生石灰的瓮里一段时间，生石灰潮解后就更换新的生石灰，直到茶中的水分稳定下来。

俗话说的"酒靠勾兑，茶靠拼配"有道理吗？

据说制茶厂都会有评茶室的设置，茶叶如何拼配是由评茶员把关的，拼配得好才可以赚大钱，是吗？

拼配是保证茶叶品质稳定的关键技术之一。拼配又分拼小样和拼大样，其中拼大样前需经拼小样确定各种待拼配茶的比例。拼小样一般在制茶厂的评茶室中进行，由专门的评茶员根据待配茶样的品质特点，按比例进行组合，并通过官能鉴定，使拼配后的茶样符合所需的品质要求。

大茶商怎样才能平稳供应全年度的茶？

谈到国际贸易，有这样的说法：大茶商要能平稳供应全年度的茶，非靠拼配不可，是吗？

由于毛茶的茶树品种、产地、采制季节的不同以及初加工技术各异，就会造成同级成品茶的品质参差不齐，特别在内质方面差异较大，如春茶香味醇浓，夏茶香低味涩；高山茶香高味醇，低山平地茶香味较平和等。因此，茶叶精制过程中需要拼配，使各个时期加工的同级成品茶规格一致，以保持长年质量稳定。

茶叶的"风选"有何作用？

茶叶的风选具有去末、去杂，进行粗细分级的作用。

风选是工厂里利用鼓风机的风力，分离茶叶的轻重，去除黄片、碎片、茶末和夹杂物，这是茶叶分别等级的一个最重要的措施。一般长短、大小、粗细基本相同的茶，轻重不同，抗风力和下落速度不同。重实的茶叶抗风力较强，下落快，落在风源的近处；较轻的茶叶受风力作用后，下落较慢，落在风源的远处，从而实现轻重不同的分离。茶叶轻重与茶叶老嫩、粗细密切相关，所以在外形相同的情况下，茶叶越细嫩身骨越重实，品质越好。

茶叶"后熟"有什么效用？

有人说"精制"不只是"美化"，初制完成后放置一段时间，有让茶叶"后熟""稳定品质"的效用，对吗？

植物种子的所谓后熟通常是指果实离开植株后的成熟现象，是由采收成熟度向食用成熟度过渡的过程。茶叶的后熟作用是指毛茶在精制过程中再次干燥的过程，目的是使初制茶的品质稳定下来。同时，精制的剪切、筛分、风选等手段也完成"美化"的各种程序。这时的成品茶就可以称为精制茶了，如果不是因为还要再加工成各种商品茶（如熏花成各种花茶、焙火成各种程度的熟火乌龙、掺和成各种调味茶），就可以包装成市场需要的各种"商品茶"了。

后熟的处理在于稳定成品茶的品质，使得商品茶在市场流通的时候，在消费者享用的时候，即使打开了原有的包装，即使没有放在冷藏柜内，品质也不至于劣变。茶是可以久放的食品，不像鱼、肉，不放在冰箱很快就会腐败，所以我们要将成品茶处理到颇为稳定的状态。未完成后熟处理的茶，应该视为"尚未完成制造"才对。

4. 加工

焙火有何效应？

焙火是在茶制成后才加以"加工"的，是在干茶上施与的工序。如果是在湿茶上加以烘烤，那是为了"干燥"。在干茶上加以烘焙，就会逐渐产生烘焙的香气，这香气是由高温造成的，是一股温暖的感觉，由淡到浓，直到变成焦味。焙过火的乌龙茶叫作"熟火乌龙"。但"熟普"与"熟火乌龙"的熟不同，普洱的熟是通过渥堆或存放造成的效应。

焙火通常只施用在采较成熟叶为原料制成的叶茶类，如市面上的包种茶、冻顶乌龙、铁观音、武夷岩茶（即大红袍、白鸡冠、铁罗汉、水金龟之类）等；没有焙火的龙井和红茶。

"这批茶在精制的时候覆过火"是何意思？

不论哪一类茶，有时是因为含水量已超过安全标准（如含水量已超过8%），必须再补行干燥；有时是为了稳定初制茶的品质特性，必须施以一至数次的补助性干燥，这两类的覆火（或称补火）都还属于"干燥"的范围，因为其目的不是为了改变成品茶的品质特性。只有较长时间的烘焙下，才足以将茶性变得温暖，变得带有熟香，这样的加工程序才称作"焙火"。"补火"与"焙火"间难免有交叉地带，就是"补火"重了，次数多了，也会带来一点"轻焙火"的效应。

焙火程度对茶叶有何影响？

如果施以90℃以内的烘焙，一二个小时内是不会有太大的颜色改变，香气也只是减少了一些生冷气，还嗅不出"火"的味道，这是所谓二分火的状况。

如果将温度提高到95℃，也是一二个小时的烘焙，我们就开始嗅出了爆米花的香气，"火"的感觉已经明显地出现，这是所谓的三分火。

如果将温度提高到100℃，或将刚才95℃的时间延长到三小时，这时"烤熟"的香气开始出现，是为四五分火，茶干的颜色出现了浅褐。

如果将温度再提高到120℃，一二个小时后，茶干的颜色就开始变黑，也就成了"深褐"，这时的茶香会出现"熟焦香"，焙火的火候已到了七分。

当烘焙的温度增高到130℃，一二个小时后，或是原来的120℃，将时间延长至三四小时，茶干就会变成浅黑色，香气变成了"焦香"，火候已到了八分。

若将温度增高到140℃，一二个小时后，成茶的外观就变成了"炭黑"，连"褐"色的感觉都消失了，这时的香气已变成了"焦味"，焙火程度到了九分。

若将温度继续增高，很容易将茶烤焦掉，甚至烧了起来，那就没什么意义了，所以一般很少推荐九分、十分火的焙茶做法。

铁观音除了"炭焙"，还有其他烘焙的方法吗？

有的铁观音包装盒上特别强调是"炭焙"的，难道铁观音还有其他烘焙的方法？

干燥与焙火都因热源的不同而有所谓炭焙与电焙的区别，前者使用木炭为燃料，后者使用电力为燃料，只要照顾得宜，并没有孰优孰劣的绝对性答案。传统的炭窟焙茶，以白灰覆盖炭火控制温度，并以此造成远红外线的加热效果，在人力得以充分照顾的情况之下，是可以将茶的焙火功效发挥得很好的。

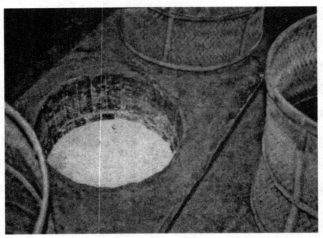

炭火焙窟

花茶是如何加工的？

我们常喝的花茶都是熏花茶。所谓熏花，并非用火熏点干花，而是利用茶叶对水汽、香气具有吸附性的特点来吸附鲜花的香气。具体方法是将茶叶和鲜花拼拌在一起，让茶叶慢慢地吸收鲜花的香气，从而使茶叶具有花香。

熏制桂花茶

花茶都是属于绿茶类吗？

朋友请我喝"桂花乌龙茶"，说是以冻顶乌龙茶熏桂花而成。花茶不都是属于绿茶类吗?

花茶种类其实很多,使用的花材也是很丰富的。我们常见的茉莉烘青、茉莉大方等,这些都是属于绿茶类,此外还有桂花烘青、玫瑰绿茶等。除了绿茶之外,其他茶类也有花茶,如玫瑰红茶、桂花乌龙茶等。能用于熏花的花材很多,只要无毒、芳香宜人、与茶协调者皆可,如茉莉、玫瑰、蔷薇、米兰、珠兰、代代、柚子等。

"双熏茉莉香片""三熏茉莉香片"的双熏、三熏是何意思?

路过一家老茶行,古董级的茶桶上贴着"双熏茉莉香片",隔壁一桶是"三熏茉莉香片",双熏、三熏是何意思?

双熏、三熏是指熏花的次数。茶叶吸收一批新鲜花材的香气后,我们将花材剔除,然后将茶叶烘干,这称为一个熏次。双熏就是重复一次,三熏则是重复两次。一般而言,高级茶的熏次多,中下级茶的熏次少。

泡茶时放上一朵新鲜的茉莉花,可称之为花茶吗?

有次在朋友家做客,朋友泡完茶,端茶过来之前,在杯子上放了一朵新鲜的茉莉花,热茶与花香烘托得颇为醉人,这种茶也可以叫作熏花茶吗?

花茶,又名香片,是以成品茶进行再加工的茶类。利用茶善于吸附气味的特点,将有香味的鲜花和成品茶一起混合,茶将香味吸收后再把干花筛除。花茶主要是以绿茶、红茶或者乌龙茶的成品茶作为茶坯,配以能够吐香的鲜花作为原料,采用熏制工艺制作而成的茶叶。花茶香味浓郁,汤色较未熏花前微深,滋味香醇爽口,深得人们喜爱。根据其所用的香花品种不同,分为茉莉花茶、玉兰花茶、桂花花茶、珠兰花茶等,其中最流行、产量最大的是用茉莉花与绿茶熏制而成的茉莉花茶。

而在饮用时加入新鲜的竹叶、茉莉花、梅花等的饮茶方式是属于饮用时之加花,不能称之为熏花茶。

调味茶是用什么方法加工出来的?

在一家很气派、有英国下午茶风味的茶叶店里看到一种"伯爵红茶",店老板说是调味茶。这种茶是不是与在乌龙茶中掺入人参加工成"人参乌龙茶"一样,都属于"掺和"的加工方法?确实如此。

掺和是茶叶加工的一种方式,通过将精制过的成品茶与相宜的花、果掺和改变茶叶的风味,增加销售市场茶叶的种类。在市场上的称呼如果要突显该茶是掺和了其他的食物或调味料,则可称呼为薄荷茶、人参茶、伯爵红茶等等。菊普茶、罗汉果普洱则是强调在普洱中掺和了菊花、罗汉果。

什么茶都可以压成饼吗?

我看到一片茶饼,就嚷着说普洱茶的八卦行情,朋友在旁边冷冷地说:这是红茶饼。难道什么茶都可以压成饼吗?

红砖茶

理论上讲,紧压茶种类很多,基本上什么茶都可以压制成饼,压制成各种形状。紧压茶在某种程度上代表的是边销的黑茶,如湖南的茯砖茶,将茶叶紧压成长方形,像砖块一样。此外还有湖南的黑砖茶、花砖茶,湖北的老青茶,四川的康砖,这些都是砖形的紧压黑茶。而四川的金尖则外形像枕头一样。云南的紧压茶外形有砖形的、碗形的、方形的,形形色色,品类繁多。

很多时候我们说紧压茶是边销黑茶,而事实上并非如此,紧压茶还有其他种类,如湖北的米砖茶是以红茶压制而成的;产于福建的漳平水仙压成小砖块一样,却是乌龙茶;此外近年来还出现了白茶饼、花茶饼等类型的紧压茶。

普洱茶的形状与紧压程度对品茗的效果有何影响?

一位爱喝普洱茶的朋友在家里收藏有各式各样的普洱茶,有散状的、有碗状的、有砖状的……有压得松的,有压得紧的。普洱茶的形状与紧压程度对品茗的效果有何影响?

紧压茶经蒸、压与慢慢干燥、存放间,会造成有如揉捻般的效应,所以紧压茶与散茶相比,就揉捻的轻重而言,增加了紧压的制程,揉捻的效果会增加一级。

揉捻的轻重造成成品茶香、味频率上的不同,轻揉捻者,频率较高;重揉捻者,频率较低。可将揉捻视为是对茶青的一种折磨与历练,折磨与历练愈低者,有如年轻人,涉世不深,天真活泼可爱;折磨与历练高者,有如中老年人,历经沧桑,风格变

白茶饼

得老成持重。

茶叶的存放有何效应？

一位朋友正准备写一本老茶的书，说他从五十年到十几年的茶都有，而且不论普洱还是乌龙。他说茶叶的存放可以给茶带来另一个生命，是吗？

谈到"老茶"，涉及成品茶的年龄。制成茶以后的存放，就是属于成品茶的年龄了，成品茶是已经制作完成、可以泡成茶汤饮用的茶。这时的茶，经过一段行销期间的存放，或是有意存放一段时间再销售，都是属于现在要述说的"年龄"。故意存放个一年半载再行销售，是为使新茶产生"后熟"，使成品茶的香、味与茶性更为成熟稳定；故意存放个五年、十年再行销售或再行饮用，则是为使新茶变成"老茶"。这时的成品茶或许已经过多次的覆火，这时成品茶的色、香、味与茶性都会起变化，变得比较低频，比较温和，喝起来身体会感觉比较温暖。

"渥堆"与单纯的"存放"有何差别？

所谓"渥堆"，是指一种制茶工序，当茶叶采收经过初制成为毛茶后，用人工的方法加速茶叶陈化的一种过程。一般而言，其方法是在毛茶上洒水，促进茶叶后发酵作用的进行，其间也有微生物参与发酵，待茶叶转化到一定的程度后，再摊开来晾干。经过渥堆后的茶叶，随着渥堆程度的差异，颜色已经由绿依次转为黄、栗红、栗黑，在学术上被归类为黑茶类了。

而"存放"所引起的后发酵较渥堆缓慢。在存放的过程中香气、滋味和汤色的转变缓慢而富于变化。

渥堆

后发酵是怎么回事？

绿茶是不发酵茶，红茶是全发酵茶，有天突然听人说到"后发酵"，这是何意思？

茶叶发酵的本质即是茶叶中可氧化的物质氧化的过程。通常所说的发酵是茶叶中氧化酶作用下进行的氧化反应，如青茶、白茶、红茶的发酵。茶的另一种发酵是杀青以后才产生的，如普洱茶的渥堆与存放，以及其他茶类的储存所产生的非酵素性氧化，为区别于杀青之前的"发酵"，茶界特别将这种杀青后的发酵称为"后发酵"。

后发酵也会在茶汤上产生与正常发酵相同的汤色效应，如渥堆普洱（市面上有人称之为"熟普"），由于已充分氧化，所以汤色已全红，只是比全发酵的红茶红得深沉一点而已；至于存放普洱（市面上有人称之为"生普"），则依存放年份与储存环境产生或多或少的后发酵。后发酵重者，茶汤就红得厉害；后发酵轻者，茶汤就有如轻、中发酵的茶，在金黄偏绿或偏红间起变化。

5. 贮存

散茶行销的方式为什么逐渐被取代？

传统的茶叶店是用大茶桶装茶，客人买茶时让他看茶，然后称茶、打包。这种散茶行销方式对茶叶品质的稳定很不利，特别是不发酵茶和轻发酵茶类，其内含化学成分活跃，在大桶内散装受温度、氧气、水分的影响，色、香、味劣变的速度会加快，会大大缩短货架期，所以逐渐被包装茶所取代。但后发酵茶与重发酵茶在大桶内如果能保持干燥与避光，也能保持较长的货架期。

一次性真空小包装茶叶的流行趋势好吗？

茶友串门子时，很自然地从袋子里拿出一小包真空包装的茶叶，一次泡一壶，彼此较量着谁的茶好。这种一次性小包装的流行趋势好吗？

从环保与成本的角度来说，一次性的小包装并不值得提倡，但从家庭贮藏角度来说，这种小包装取用方便，能解决大包装开封后茶叶难保存的问题，适合家庭贮藏与保管，且外出旅行和茶会时应用也很方便，是目前流行的趋势。

壶泡小包装茶

为什么现在的茶都要低温保藏？

现在时髦的茶多为不发酵茶与轻发酵茶，茶叶贮藏过程中，随着温度的升高，茶叶内含物质自动氧化速度加快，茶叶陈化劣变进程也会相应加快。

在一定条件下，温度每升高 10℃，反应速度要加快 3~5 倍。温度低，茶叶内含化学成分变化缓慢，有利于品质保持。据实验，10℃ 以下的冷藏就可抑制劣变的进程，－20℃ 的冷冻几乎能完全防止品质劣变。温度越低，保质效果越好。茶叶冷藏的经济适宜温度为 0~5℃，所以现在时髦的茶行都设有冷冻柜，以进行低温保藏或冷冻保藏。

行销展示法对茶叶的质量有何影响？

茶叶集市中各家门口特意摊开茶叶来给大家看，这样的方式为行销展示法。它的优点在于可以将茶叶品质最直接地展示给消费者，与展示相匹配的茶叶市场中往往还准备有可以冲泡茶叶用的杯碗和开水。但将茶叶长时间摊开，不免会晒到太阳，茶叶易受环境中氧气、水分、光线的影响而加速氧化，造成品质的劣变。因此这样的方式只出现在毛茶的销售中，即茶叶集市中进行短时间的展示，不适于商品茶的行销方式。毛茶成交后需通过及时的精制，如进行再干燥降低毛茶水分，改善与稳定品质。

安溪茶叶市场

茶叶应该怎样保存？

高档茶摆在投射灯下吸引客人注意，低档茶塞在脏乱的仓库里，应该都不是良好的保存方法，那茶叶应该怎样保存？

茶叶的一般存放法应注意以下四点：（1）保持干燥。茶叶贮藏的最佳含水量是3%，一般的茶叶含水量若能保持在3%～5%即不容易劣变。可用触摸法鉴别，如抓一小撮茶叶用手指捻搓，若能搓成粉末即表示干燥度尚佳。特殊茶另当别论，如普洱茶贮藏中要求的含水量较高。（2）适宜的温度。茶叶冷藏的经济适宜温度为0~5℃。（3）避免光线。采用不透光的材料包装与贮存，可防止光化学反应导致的品质劣变。（4）防止异味。茶叶中的高分子化合物生性活泼易吸附气味，应严防茶叶与有异味的物质接触，贮藏容器也必须保持清洁无味。

茶叶的保质期是多久？

食品的保质期是指食品的最佳食用期，在正常条件下的质量保证期限。产品的保存期即为产品的最终食用期。保质期和保存期由生产者提供，标注在限时使用的产品上。在保质期内，产品的生产企业对该产品质量符合有关标准或明示担保的质量条件负责，销售者可以放心销售这些产品，消费者可以安全使用。

茶叶包装上的保存期限经常标示为一年，但又有人讲求熟化，有人追求老茶，茶叶的保存期限应如何解释？

茶叶的保质期常常因茶类的不同而变化，常见为一年到十八个月，但茶叶不用过分在意保质期，特别是普洱茶。保质期这一项常看到："不受潮情况下，时间越长品质越优"。保存方式和地方条件的不同会对产品质量的保持有不同的影响。一般人都对变质的食品有本能的辨别能力，茶叶一般放在干燥阴凉处保存，只要闻着还是保存着茶叶原有的香味和色泽就可以，保存不好变质的茶叶会有霉味和一些异味。

老茶如何存放？

众所周知，云南普洱茶是越陈越珍贵，适于收藏。但是市场上所说的老茶不仅指普洱茶，也指乌龙茶。在台湾，传统焙火型乌龙茶也是存放时间越久越好，越发令人回味无穷，叫作"陈年老茶"。这种台湾老茶与云南普洱茶有着不同的制作工艺，普洱是以晒青毛茶为原料制作的紧压茶或散茶，而老茶（陈年乌龙）是用优质的高山乌龙茶品种制成的部分发酵茶，成品茶要用焙笼覆火，用木炭低温慢焙十几个钟头，然后再行存放。老茶存放不需要真空包装，要与空气接触，氧化后产生出陈香味，但不能受潮，需要通风和干燥。通过这样年复一年的存放，茶汤颜色会较原有的显得更红，且具陈香，口感厚重，持久耐泡。如果能喝到存放适宜的陈年老茶，它会既有如普洱茶的陈香，又有乌龙茶的韵味，真可谓是唇齿留香，耐人寻味。

茶叶在长途运输中应如何保存？

长途运输过程中的光照、温度、湿度及异味均会造成茶叶品质的劣变。茶叶的运输、贮存数量都比较大，以采用低温、低湿、封闭式的冷柜、冷库或冷冻车运输为宜，温度越低保鲜效果越佳，常用 0~5℃ 保鲜效果好而经济。一般要求温度不超过 5℃，湿度控制在 60% 以下。长途运输茶叶的包装也会对品质有影响，材料需具备防潮、绝气、遮光的作用，包装袋中加入干燥剂与脱氧剂更佳。

绿抹茶，未行干燥的冷冻茶应如何存放？

抹茶的保存应做到以下几点：（1）远离异味，避免湿气。抹茶形态为超微粉，由于粒度细小、表面积很大，很容易吸收湿气和氧化变质，因此包装启封后应尽快使用。

长时间接触空气会有损茶粉的味道和香气。启封后茶粉需要立刻放入密闭的容器。如果能预先放入一些干燥剂或脱氧剂则可以更加安心。因为抹茶抵御外来气味的能力很差，所以建议使用专用容器，并且尽可能远离有浓烈气味的食品、化妆品、香烟、肥皂等。（2）避光避热。茶粉对光和热非常敏感，即使是密闭的塑料或玻璃的容器，也不适用于茶粉的保存。不仅仅直射的日光，荧光灯等也是其变质的原因，所以选择不透光的容器非常重要。高温也会影响茶粉的质量，抹茶陈化后颜色发红、发黄，香气也挥发殆尽。所以，茶粉的保存场所应该尽可能暗而冷。

具体的保存方式首选冰箱保存：冰箱可以延长茶粉的新鲜度，短期保存茶粉最好放入冷藏室（0～5℃）里，未开封的抹茶如果需要长期保存，可以放入冷冻室（-5～-30℃）保存。冰箱保存须知：茶粉保存在冰箱里，应该特别注意密封，严防冰箱里的气味转移到茶粉中去。当你从冰箱的冷冻室取出茶粉时，密闭容器上会立刻产生白霜，从而使茶粉受潮。建议先把茶粉放在室温环境下恢复至常温后再启封。同时建议：根据需要，将茶粉分成小包装保存，按照使用量逐步取出、解冻。

冷冻茶的产生来自制茶人的创造。乌龙茶制作经过晒青、晾青、做青（部分发酵）、杀青和揉捻工序后，最后要进行烘焙干燥。制茶人在烘焙过程中发现干燥会造成香气流失，于是就试着将没有干燥或干燥不足的茶叶当作成品。冷冻茶制成之后就必须放进冰柜，在0℃以下速冻起来。运输时也一样，如果是少量茶叶，那就在包装袋里放上冷冻剂；如果是好几吨的大批量运输，那就得用上大冰柜。市民把茶叶买回家后，也得放进冰柜里速冻，要喝时再拿出来用沸水冲泡。放在冰柜里，冷冻茶可以保存18个月；如果不放入冰柜保存，由于它水分高，两三天之后，茶叶就会变质，口味也全变了。

江南湿度高的地区，一般日用茶有何简便保存方法？

在无冷藏的条件下，大批量高档名优茶，如西湖龙井、黄山毛峰等，在收购以后暂不动用时，为防止质变，一般都采用石灰块保藏法，即利用石灰块的吸湿性，进行湿度控制，使茶叶保持充分干燥。

其方法如下：（1）选用口小肚大，不易漏气的陶坛为装茶器具。贮放前将坛洗净、晾干，用粗草纸衬垫坛底。（2）用白细布制成石灰袋，装生石灰块，每袋0.5kg。（3）将待藏茶叶用软白纸包后，外扎牛皮纸包好，置于坛内四周，中间嵌入1～2只石灰袋，再在上面覆盖已包装好的茶包，如此装满为止。（4）装满坛子后，用数层厚草纸密封坛口，压上厚木板，以减少外界空气进入。（5）在江南一带春秋两季多雨天气（5月与9月），视袋内石灰潮解程度，更换1~2次（见灰块呈粉末状时必须更换），始终保持坛内呈干燥状态。用这种方法贮存可使茶叶在一年内保持原有的色泽和香气。

买回来的茶受潮了，可用自家的铁锅翻炒一下吗？可拿去晒晒太阳吗？

茶叶已经受潮了，表明贮存方式不当。用铁锅翻炒和太阳晒不能挽救已经劣变的茶叶品质，反而还会带来更坏的影响。家用铁锅往往带有油烟味，即使清洗干净，在加热过程中因火候掌握不当也会造成焦糊。而太阳晒更是不可取，茶叶中的多种品质成分在阳光下发生光化学反应，会加速品质的劣变。

补救不如预防，因此家庭选购的茶叶，不论是散装的或是有包装的，启封后一时用不完的，都应立即重新包装贮藏，才能保持茶叶原有的品质。茶叶的表面疏松多孔，极易吸收潮气和异味（茶叶中的烯萜类物质最易吸收异味）。家庭茶叶的贮存，力求做到防潮与防异味。目前，城市居民中冰箱、冰柜比较普及，凡有冷藏条件的，最好冷藏保存茶叶。家庭如果不具备冷藏条件，采用陶罐贮存保鲜法、塑料袋贮茶法、热水瓶贮茶法等也可以。

（九）茶叶识别问答

1. 茶类的基本特点

茶干和茶汤均为绿色的就是绿茶吗？

绿茶是指采取茶树新梢或新叶，未经发酵，只经杀青、揉捻（造型）、干燥等典型工艺，其制成品的色泽，冲泡后的茶汤较多地保存了鲜叶的绿色主调。国外市场上由于消费者对茶的认识较少，常常出现称绿色的茶为绿茶，甚至将焙火后呈褐色的乌龙茶称"Brown Tea"。

茶干和茶汤均为绿色的却不一定为绿茶，如现在时髦的铁观音和台湾的条形与球形包种茶，轻发酵、轻焙火或无焙火，因此茶干和茶汤也呈现出以绿色为主的色调，但从茶叶分类的角度来说它们却属于乌龙茶类。另外市场上还有称为"青山绿水"的苦丁茶，茶干和茶汤都很绿，却不是真正意义上的茶，只是以小叶种女贞鲜叶制成的饮品。

红茶的英文叫什么？

红茶的英文叫 Black Tea。早年 Black Tea 字眼出现时，并不是专指红茶而言，而是欧洲人看到来自中国的外观呈暗黑色的焙火茶及全发酵茶，就依茶干色泽叫出的称呼。后来红茶占领了欧美的绝大部分茶叶市场，Black Tea 就变成了红茶的专用名称。

工夫红茶因何得名？

工夫红茶是我国特有的红茶品项，也是我国传统的出口商品。工夫红茶原料细嫩，制工精细颇具工夫，因此称为工夫茶，并不是指冲泡时颇费工夫。至今中国生产的工夫红茶主要有：安徽祁门红茶、云南省滇红、四川的川红、福建闽红、江西宁红、湖南湘红、湖北宜红、浙江的越红、贵州的黔红、江苏的苏红、广东的粤红等，其中以安徽祁门红茶为代表。工夫红茶外形条索紧直、匀齐，色泽乌润，香气浓郁，滋味醇和而甘浓，汤色、叶底红艳明亮，具有形质兼优的品质特征。

工夫茶是什么？

工夫茶，并非一种茶叶或茶类的名字，而是一种泡茶的技法。叫工夫茶，是因为这种泡茶的方式极为讲究，操作起来需要一定的功夫，功夫乃沏泡的学问、品饮的功夫。品工夫茶是潮汕地区很出名的风俗之一，在潮汕家家户户都有工夫茶具，每天必定要喝上几轮。即使乔居外地或移民海外的潮汕人，也仍然保存着品工夫茶的习惯。可以说，有潮汕人的地方，便有工夫茶的影子。

"小种红茶"和"工夫红茶"有何区别？

小种红茶是福建省的特产，有正山小种和外山小种之分。正山小种产于崇安县星村或者说桐木关一带，也称"桐木关小种"或"星村小种"。政和、坦洋、北岭、展南、古田等地所产的仿照正山品质的小种红茶，统称"外山小种"或"人工小种"。正山小种之"正山"，乃表明是"真正的高山地区所产"之意。武夷山中所产的茶，也均称作正山，而武夷山附近所产的茶则称外山。

正山小种在制作工艺和品质上与工夫红茶颇有不同：制作原料成熟度较高，具有特殊的过红锅和烟熏工序。正山小种红茶外形条索肥实，色泽乌润，泡水后汤色红浓，香气高长带松烟香，滋味醇厚，带有桂圆汤味，调加牛奶后茶香味不减，形成糖浆状奶茶，液色更为绚丽。烟熏小种红茶是福建省特产。

国际上什么茶使用得最普遍？

红碎茶是国际茶叶市场的大宗产品。它与散装的条形红茶不同，制作中采用揉切工序，细胞破碎率高，滋味浓强鲜爽。

红茶分叶茶、碎茶、片茶、末茶四种花色规格。叶茶类外形呈条状，要求条索紧结、挺直、匀齐，色泽乌润，部分显金毫，内质汤色红艳（或红亮），香气芬芳，滋味醇厚。碎茶类外形呈颗粒状，要求颗粒重实匀齐，含毫（或无毫），色泽乌润，内质汤色红浓，香味浓强鲜爽。片茶外形呈木耳形片状，要求重实匀齐，汤色红亮，香味浓爽。末茶（Dust，简称D）外形呈沙砾状，要求重实匀齐，色泽乌润，内质汤色红浓稍暗，香味浓强微涩。以上四类，叶茶中不能含碎片茶，碎茶中不含片末茶，末茶中不含茶灰，规格清楚，要求严格。

红碎茶适宜做袋泡茶，冲泡快速，品饮方便，滋味浓强鲜爽，即使加糖、奶调味后仍不失茶味，因此在国际上得到了普及，并不是因为它比未行切碎的条形红茶品质要好。

闽北乌龙和闽南乌龙的茶性有何不同？广东乌龙又有何特点？

乌龙茶又称青茶，是我国六大茶类之一，属于部分发酵茶，因产地、品种、制作工艺的不同分出多种类别。比如我们常听到闽北乌龙、闽南乌龙、广东乌龙、台湾乌龙等地域性的分类茶名。

闽北乌龙茶产地包括崇安（含武夷山）、建瓯、建阳、水吉等地。以武夷岩茶为代表，外形肥壮匀整，紧结卷曲，叶背起蛙皮状，色泽乌褐或带墨绿、或带沙绿、或带青褐、或带宝色，香气馥郁，滋味浓醇回甘，具有特殊的"岩韵"，叶底叶缘朱红或起红点，中央呈浅绿色。

闽南乌龙茶以铁观音为代表，铁观音因身骨沉重如铁，形美似观音而得名。"铁观音"既是茶名，又是茶树品种名，以安溪所产品质最佳。铁观音外形条索紧结，状似蜻蜓头，色泽沙绿起霜，香气清高馥郁，具有天然花香，滋味浓醇甘鲜，叶底厚软，绿黄明亮，红边稍显。

广东乌龙茶的加工方法源于福建武夷山，因此，其风格流派与武夷岩茶有些相似，以凤凰单丛品质最佳。凤凰单丛是凤凰水仙的茶树品种植株中选育出来的优异单株，其采制比凤凰水仙精细，外形条索肥壮，匀整挺直，色泽黄褐、油润，呈鳝鱼皮色，油润有光，并有朱砂红点，汤色橙黄明亮，香气清长，多次冲泡后余香不散，甘味犹存。

台湾的乌龙茶各有何品质特点？

台湾乌龙茶种类丰富，如轻发酵的文山包种、冻顶乌龙，中发酵的铁观音，重发酵的白毫乌龙。它们的品质特点各有不同，具体如下：

文山包种：又名"清茶"，是台湾乌龙茶中发酵程度最轻的清香型绿色乌龙茶。

冻顶乌龙茶：被誉为台湾乌龙茶中的传统性代表，它属于轻发酵的叶型茶类，在风格上与文山包种相似，只是茶青采摘得较成熟，揉捻较重。

木栅铁观音：产于台湾地区台北市木栅区（行政区划为文山区）。源于安溪铁观音，但比目前的安溪铁观音保留了更多传统焙揉的风味。

白毫乌龙：又名"膨风茶""香槟乌龙""东方美人"，为部分发酵乌龙茶中发酵程度最重的一种，在采青成熟度上与上述三种叶茶不同，是以采摘未成熟的芽茶为主。

"高山茶"是指什么茶？

茶谚云："高山出好茶。"市面上也流行"高山茶"。其实，高山茶是对产自海拔较高的山区茶的通称。有高山、能产茶的地方，都可以有高山茶，并没有茶种类的限制。其海拔高度目前没有定论，一般认为生长于海拔 800 米至 1200 米的茶园所产制的茶叶为高山茶。高山茶富有高海拔茶树特有的香气与滋味，通常认为是高品质茶叶的象征。

高山出产的茶叶天生便拥有下列两项优势：一是因为高山气候冷凉，早晚云雾笼罩，平均日照短，导致茶树芽叶中所含儿茶素类等苦涩成分降低，进而提高了茶氨酸及可溶氮等对甘味有贡献的成分；二是由于昼夜温差大及长年云雾遮蔽的缘故，使得茶树的生长趋于缓慢，让茶叶具有芽叶柔软、叶肉厚实、果胶质含量高等优点。

白茶与其他茶类有何不同？

白茶的名字最早出现在唐朝陆羽的《茶经·七之事》中，其记载："永嘉县东三百里有白茶山。"即是现福建福鼎市白茶品种的原产地。《大观茶论》里说的白茶，是早期产于北苑御焙茶山上的野生白茶。其制作方法仍然是经过蒸、压而成团茶，与现今的白茶经萎凋、干燥的制法并不相同。现今的白茶生产，是于清嘉庆初年（1769 年左右）开始采芽茶制成银针，1885 年左右改采福鼎大白茶制成白毫银针。

白茶具有外形芽毫完整，满身披毫，毫香清鲜，汤色浅，黄绿清澈，滋味清淡回甘的品质特点。白茶属部分发酵茶，是我国茶类中的特殊珍品。白毫银针最为有名，因其成品茶多为芽头，满披白毫，如银似雪而得名。

黄茶与绿茶有什么差别？

黄茶是我国特产，黄茶之名最早出现在唐朝，指的是茶树品种芽叶自然发黄。如当时六安的"寿州黄芽"，制作工艺仍是按蒸青团茶的制法。现在的黄茶，是明朝后期人们从炒青绿茶中发现，由于杀青、揉捻后干燥不足或不及时，叶色即变黄，于是实践创制了新的品类——黄茶。

与绿茶相比，黄茶的特点是制作过程中增加"闷黄"工序，品质特点是"黄叶黄汤"。黄茶按鲜叶老嫩分为黄芽茶、黄小茶和黄大茶三类。黄茶有芽茶与叶茶之分，对新梢芽叶有不同要求：除黄大茶要求有一芽四五叶新梢外，其余的黄茶都有对芽叶要求"细嫩、新鲜、匀齐、纯净"的共同点。如蒙顶黄芽、君山银针属于黄芽茶，沩山毛尖、平阳黄汤等均属黄小茶，而安徽霍山、湖北英山所产的一些黄茶则为黄大茶。

边疆少数民族主要饮用什么茶？

边疆少数民族有"宁可一日无食，不可一日无茶"之说，他们饮用的主要是黑茶。黑茶为六大茶类之一，属后发酵茶。因成品茶的外观偏黑色，故名黑茶。黑毛茶采用的原料成熟度较高，是压制紧压茶的主要原料。制茶工艺一般包括杀青、揉捻、渥堆（存放）和干燥四道工序。黑茶按地域分布，主要分为湖南黑茶、四川黑茶、云南黑茶（普洱茶）及湖北黑茶。

黑茶主要以紧压茶的形态销往西北边疆少数民族地区，成为日常生活必需品的原因在于：首先，西北各兄弟民族一般以牧业为主，或农牧业结合的生产方式，食肉、奶为主，为解油止渴，帮助消化，需大量饮茶；其次，高寒地区气候干燥，人体需大量水分供应，喝茶能生津止渴，是理想的饮料；第三，高原地区新鲜水果和蔬菜较少，而茶叶含有多种维生素和茶多酚、茶色素、茶多糖等具保健功能的成分；第四，少数民族饮用黑茶的历史悠久，可以追溯到唐朝文成公主进藏时期，已经形成风俗习惯。

渥堆普洱与存放普洱有何区别？

普洱茶分为存放普洱和渥堆普洱，也称生普和熟普。

存放普洱（即所谓之生普）是以符合普洱茶产地环境条件下生长的云南大叶种茶树鲜叶为原料，经杀青、揉捻、日光干燥、蒸压成型等工艺制成的茶，包括散茶及紧压茶。其新茶品质特征为：外形色泽墨绿、香气清纯持久、滋味浓厚回甘、汤色绿黄清亮、叶底肥厚黄绿。存放普洱的成品茶还持续进行着自然氧化过程，需要长年的存放方能体现它的风味特质。在起源地——云南，有"爷爷的茶，孙子卖"的俗语，指的即是存放普洱。存放后的普洱茶色泽乌润或褐红，滋味醇厚回甘，具有独特的陈香味，有"减肥茶""美容茶"之声誉。

渥堆普洱（即所谓之熟普）是以符合普洱茶产地环境条件的云南大叶种晒青茶为

原料，采用渥堆工艺，经后发酵（人为加水提温促进微生物繁殖，加速茶叶熟化，去除生茶苦涩，以达到入口醇、汤色红浓之独特品性）加工形成的散茶和紧压茶。其品质特征为：汤色红浓明亮，具有独特陈香，滋味醇厚回甘，叶底红褐均匀。

依紧压茶的外形能判断茶的种类吗？

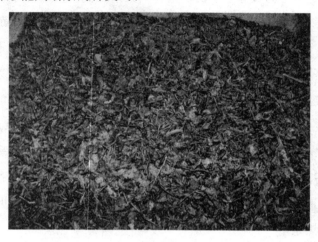

黑毛茶

市场上的紧压茶种类繁多，如七子饼茶、沱茶、砖茶，这是根据什么来区分的，能不能依紧压茶的外形知道茶的种类？

紧压茶属于再加工茶，它可以用任何一种茶类为原料经蒸压成紧结的砖、饼等各种形状。传统意义上的紧压茶属于黑茶类，是以黑毛茶（湖南）、老青茶（湖北）、做庄茶（四川）、晒青毛茶（云南）及其他适合制作黑茶的原料，经过渥堆、蒸、压等典型工艺过程加工而成的砖形或其他形状的茶叶，市场上出售的七子饼茶、沱茶，砖茶都属于这种。紧压茶的多数品种比较粗老，干茶色泽黑褐，汤色橙黄或橙红。紧压茶在少数民族地区非常流行。紧压茶有防潮性能好，便于运输和储藏，茶味醇厚，适合减肥等特点。

紧压茶不限于黑茶，也有以红碎茶压制的米砖，还有属于乌龙茶的漳平水仙。最近市场上还出现了以高档的白茶配以玫瑰花、茉莉花压制而成的紧压茶。

"粗茶"到底是什么？

人们常说："粗茶淡饭延年益寿。"那么粗茶到底是什么？

有人说粗茶是指较粗老的茶叶；有人说粗茶是指较粗糙的原料，如竹叶、柳叶、枣叶、梨叶等，经过加工后当茶喝。哪种说法是正确的呢？

粗茶是指较粗老的茶叶，与细茶相对。细茶是指用早春细嫩的原料所制成的茶叶，其多酚类含量少，氨基酸含量高，茶味不苦涩。而粗茶又苦又涩，但其含有较高的茶多酚、茶多糖物质，却对身体很有益处。因为，茶多酚是一种天然抗氧化剂，能抑制自由基在人体内造成的伤害，有抗衰老作用，它还能阻断亚硝胺等致癌物对身体的损害。茶多糖能缓解和减轻糖尿病症状，具有降血脂、降血压等作用。因此从健康角度来看，粗茶更适合老年人饮用。

而用竹叶、柳叶、枣叶等制作后当茶喝的，并非真正意义上的茶叶，而是假茶。

2. 茶叶的分类与命名

六大茶类产生于何时？

对茶叶的利用是从生煮羹饮野生茶树鲜叶开始的，此后发展到将鲜叶晒干，再发展到加工饼茶和散茶，茶类的演替历经了几千年，才逐渐创制了现有的茶类。

北魏《广雅》已经提到饼茶："荆巴间采茶（指茶）做饼"，说明当时茶制成饼块状。至唐朝，通过制造饼茶的实践发明了蒸青饼茶，即把鲜叶蒸后，捣碎、制饼、穿孔、烘干，茶叶品质有了改进。晚唐有了炒青绿茶的少量生产，刘禹锡的《西山兰若试茶歌》"斯须炒成满室香"是炒青绿茶最早的记载。

明太祖朱元璋下诏"罢造龙团，惟采芽以进"，此后散茶便蓬勃发展起来。明清两代我国茶类有了较大的创新与发展。

黄茶的产生：唐朝享有盛名的安徽寿州黄茶，因芽叶自然发黄而得名。黄茶是从炒青绿茶发展而来，运用"闷黄"工艺生产始于1570年前后。

黑茶的产生：黑茶的起源，至少可以追溯到唐朝后期的茶马互市。第一次出现"黑茶"两字则在明嘉靖三年，即公元1524年，明御使陈讲疏奏云："商茶低伪，悉征黑茶……"

白茶的名称首见于宋子安《东溪试茶录》之"白叶茶"。与现代白茶工艺相近的茶出现于1554年田艺蘅的《煮泉小品》："芽茶以火作为次，生晒者为上，亦更近自然……"白茶的生产，是于清嘉庆初年（1769年）采芽茶制成银针。1885年改采福鼎大白茶制成白毫银针。

红茶的产生：首见于清代刘靖《片刻余闲集》（1732年）中记载的星村小种红茶创制。

青茶的产生：首见于王草堂《茶说》（1717年）中记载武夷岩茶的制法。"茶采而茶的六大分类是怎么来的？

我国常说的六大茶类主要是以干茶的色泽和汤色来分，包括：绿茶、黄茶、黑茶、白茶、红茶和青茶。绿茶是我国最早产生的茶类，唐宋时期以高温水蒸气杀青的蒸青团茶为主，到明朝发展为锅釜杀青的炒青散茶。在绿茶制作的基础上实践发展，造就了各具品质特色的六大茶类：绿茶的清汤绿叶，红茶的红汤红叶，黄茶的黄汤黄叶，黑茶的陈香，白茶的更近自然，青茶间于红绿茶的香高味醇。

茶的发酵分类有哪些？

茶叶的"发酵"不同于面包的发酵，是指茶叶本身含有的可氧化物质氧化的过程。若氧化是在酵素（酶）的作用下进行的称之为发酵；若是在酶的活性已经被破坏后进行的氧化，称之为后发酵。通过后发酵制成的茶即为后发酵茶。而在制茶过程中通过高温等手段破坏了茶青酶的活性，使氧化不能进行，这样制作的茶称为不发酵茶；而相应地让茶青在酵素作用下发生部分或近全部的氧化，称之为部分发酵茶和全发酵茶。

茶的市场分类有哪些？

不发酵茶、部分发酵茶、全发酵茶、后发酵茶等是茶学学科中的分类，对于一般的消费者是难以理解的，因此在市场上应有更为简明易懂的分类方式。另依外观色泽所做的分类，除绿茶、红茶已被市场接受外，其他如黄茶、白茶、青茶与黑茶也不容易作为市场上的商品名称。再说，市场上不能将茶做太细的分类，否则消费者不容易理解，甚至反而阻碍了他们的采购。因此形成了将茶简单分成绿茶、乌龙茶、红茶、普洱茶的趋势，这时是将黄茶并入绿茶称呼，将白茶、青茶都以乌龙茶称呼，将边茶、砖茶、千两茶、六堡茶等都以普洱茶称呼。对茶广泛的介绍先是如此，待市场成熟到一定程度后再加以细分。

有哪些茶类是按色泽命名的？

绿茶、黄茶、白茶是依成品茶的颜色而作的分类。如成品茶的颜色不是很明确的，就无法以色彩学上的编号来说明，仅能就概念性的颜色加以分类。从事茶的色泽分类时，一般人也是依发酵的程度从轻到重排列。

第一类是绿茶。是指不发酵茶，因不发酵，制成的茶呈绿色，所以称为绿茶。如龙井、碧螺春、黄山毛峰、珠茶、煎茶、抹茶等。

第二类是黄茶。以不发酵茶为基础，但杀青与干燥期间多了一道"闷黄"的过程，制成后就变得偏黄了，如君山银针、霍山黄芽、蒙顶黄芽等。

第三类是白茶。已进入部分发酵茶的领域，习惯上以重萎凋、轻发酵的制法为之，而且以芽心为主要的制造原料，所以"色白"成了这类茶的外观特征，如白毫银针、白牡丹、寿眉等。

第四类是青茶。以轻萎凋，轻、中、重发酵为制作的方式。其中轻、中发酵制法以叶茶为主要原料，如包种茶、铁观音、冻顶乌龙、武夷岩茶、凤凰单丛等；重发酵制法则以芽茶为主要原料，如俗称"东方美人"的白毫乌龙。

第五类是黑茶。以渥堆或长期存放为主要形成茶叶后发酵的手段，因此成品茶外观呈黑色，如渥堆普洱（有人称熟普）。

第六类是红茶。因为是全发酵的关系，所以外观看来是暗红色的，也就是一般人所说的红茶。

有哪些茶是依形状命名的？

市场上的"瓜片"就是依形状来命名的，表示此茶乃采摘叶片展开以后的单张叶片为原料，且不太揉捻，因此外形成为片状。就成品茶的外形而命名的颇多，常见的有："银针"，表示此茶乃采摘单根的芽心制成，且满披茸毛；"珠茶"，表示该茶是将茶叶滚卷成圆粒状；"雀舌"，表示是采摘一芽夹二片未开展叶为原料制成的茶，看来有如麻雀的舌头。此外，紧压茶也常常依压制的形状命名，如沱茶、砖茶、饼茶等。

有哪些茶是以原产地命名的？

制成的茶经常以产地命名，这里所称的产地又有"行政名称"与"地理名称"之分。

如龙井茶，因原产于浙江杭州龙井一带而得名；如黄山毛峰，因产于安徽黄山一带而得名；如冻顶乌龙，因产于台湾南投的冻顶山一带而得名。龙井、黄山、冻顶等都是行政地名，所以举凡冠以行政地名的茶，都属因产地而得名的茶。

另外一类的茶名仅以地理位置为名，如武夷岩茶中的半天腰（或写成半天妖），仅表示了这种茶生长在山峰的半腰上；如云雾茶，仅表示这种茶生长在经常云雾缥缈的环境中；如港口茶，仅表示这种茶生长在海岸边。举凡冠以地理位置名称的茶，也都属于因产地而得名的茶。

另外也有以生长地之土壤特质命名的，也可以将之归在这一类中。如"岩茶"，表示这类茶生长在岩石风化而成的砾质土壤之上。

"炒青""烘青""蒸青""晒青"是绿茶的四种类别，以上称呼是根据工艺命名的。如炒青是指绿茶制作工艺的杀青和干燥造型主要以金属传热的炒为主，而烘青是指绿茶干燥造型阶段以热风传热的烘为主；蒸青是指绿茶杀青采用高温蒸汽蒸熟；晒青则是在干燥时应用日光作为热源。像这样以工艺命名的茶还有焙茶、煎茶、釜炒茶等。

普洱茶的"晒青"有何特点？

普洱茶因产地旧属云南普洱府（今普洱市），故得名。现在泛指普洱茶区生产的茶，是以公认普洱茶区的云南大叶种晒青毛茶为原料，经过后发酵加工成的散茶和紧压茶。有存放普洱（俗称生普）和渥堆普洱（俗称熟普）之分，前者依自然存放产生后发酵，后者依人工渥堆促进后发酵。晒青是指原料茶在干燥时采用日光晒干。一般晒青毛茶的含水量较其他茶类为高，有利于往后的后发酵。

乌龙茶中的"铁观音""佛手""水仙"等是如何得名的？

理论上，各种茶树品种都可以制成各类型的茶，只是制作的方法不同而已。但有些种类的茶须使用特定的品种才能更好地表现它的特质，这样的茶，经常会以茶树品种的名称作为成品茶的名称。当然以各种不同茶树品种的茶青制成的成品茶都有其不同的特性与风味，这其中只有一部分会特别以茶树品种命名。我们常听到的"铁观音"就是强调以铁观音品种制成的茶。当然以其他品种，依铁观音的制法制成的茶也可以称作铁观音，这类的品种在福建地区有毛蟹、黄楼、本山，在台湾有四季春等。为强调是以铁观音茶树品种为原料制成的铁观音茶，有人在茶名前面加了"正丛"两字而称呼为"正丛铁观音"。

另外还有"水仙茶""佛手茶"也都是以茶树品种来命名。水仙茶是以水仙品种的茶青为原料，佛手茶是以佛手品种的茶青为原料。为强调不是以其他品种的茶青为之，就可以特别叫作"正丛水仙""正丛佛手"。

哪些茶是因典故而得名的？

我国历史名茶众多，许多名茶与历史人物、典故有关。乌龙茶的产生有乌龙打猎的传说；武夷山的大红袍源于进京赶考书生中状元；而铁观音的得名也有魏说（茶农魏荫梦观音赐茶）和王说（王仕仁献茶于乾隆而得赐名）；洞庭的碧螺春茶名由康熙钦定；乾隆皇帝赐名龙井茶，在龙井村指定十八棵御茶树。有的故事仅是传说无法考证，但这些典故命名却给品茗增添了许多谈趣。

菊普茶、罗汉果普洱是因何而得名的？

有些茶是因再加工方式命名的。最常见的花茶类，以所熏的花为熏花后成品茶的名称，如茉莉花茶、珍珠玫瑰、桂花乌龙等。如果要突显该茶是经过烘焙的加工，则可称为熟火乌龙；如果要突显该茶是掺和了其他的食物或调味料，则可称呼为薄荷茶、人参茶、伯爵红茶等等。菊普茶、罗汉果普洱则是强调在普洱中掺和了菊花、罗汉果。

"十大名茶"指哪些茶？

中国的十大名茶说法颇多。《解放日报》1999年1月16日刊登：洞庭碧螺春、西湖龙井、安徽祁门红茶、六安瓜片、屯溪绿茶、太平猴魁、黄山毛峰、西坪乌龙茶、云南普洱茶、高山云雾茶是我国十大名茶。

美联社和《纽约日报》2001年3月26日同时公布：西湖龙井、黄山毛峰、洞庭碧螺春、蒙顶甘露、信阳毛尖、都匀毛尖、庐山云雾、六安瓜片、安溪铁观音、银毫茉莉花茶是中国的十大名茶。

《香港文汇报》在2002年1月18日公布：西湖龙井、洞庭碧螺春、黄山毛峰、君山银针、信阳毛尖、安徽祁红、六安瓜片、都匀毛尖、武夷岩茶、安溪铁观音是中国的十大名茶。

2010年的上海世博会上也展出了十大名茶，"中国世博联合国馆十大名茶"于2009年年底由上海市茶叶学会和上海世博名茶招商管委会联合评定，包括安溪铁观音、都匀毛尖、福鼎白茶（太姥银针）、湖南黑茶、西湖龙井、武夷岩茶（大红袍）、润思祁门红茶、一笑堂六安瓜片、天目湖（富子）白茶、张一元花茶，涵盖了青、红、白、绿、黑五大茶类。

"杜仲茶""菊花茶"是什么茶？

市场上出售的"杜仲茶""菊花茶"又称为"花草茶"或"代茶"，并非真茶。一般我们所谓的花草茶，特指那些不含茶叶成分的香草类饮品，所以花草茶其实是不含茶叶成分的，严格意义上来说属于假茶。准确地说，花草茶指的是将植物之根、茎、叶、花或皮等部分加以煎煮或冲泡而产生芳香味道和具有一定保健功效的草本饮料。英文 Herb 一字是由拉丁语 erba 转变而成，是源于地中海地区的古语，就是"草"的意思，中文则翻译成"药草"或是"花草"。之所以带有"茶"字，是指采用和茶叶类似的冲泡或煎煮的饮用方式。

3. 茶叶的鉴赏

各地方的茶叶比赛如何进行品质评鉴？

各地茶叶比赛中为什么没有使用精密仪器而是继续采用评鉴员的感官品评，这是因为感官品评具有以下优点：

（1）能快速评鉴出茶叶形、色、香、味的优劣。

（2）能敏锐地判别出茶叶品质异常现象。

（3）能判别出一般检验方法难以检测出的风味特性。

（4）可针对市场需要，以不同品评标准调配各市场所需的适当茶样。

（5）不需花费大量资金购置精密仪器，业者容易负担。

况且检验色、香、味、形的仪器也无法辨别出人们喜欢的组合。

茶叶的评鉴环境有何讲究？

品茗时需要营造如皓月清风、溪边竹下的品茗环境，那么茶叶的评鉴应在怎样的环境下为之才好？

审评环境是审评工作场所的基本构成要素之一，也是进行审评工作的先决条件。在 GB/T18797-2002《茶叶感官审评室基本要求》和 GB/T23776—2009《茶叶感官审评方法》中对审评环境有着严格的规定。

（1）温度：审评环境一般以温度 15～27℃，湿度不高于 70% 为宜。过高的温度会造成审评人员的不适感，影响审评人员的正常心态，也会给审评操作带来不便，甚至造成失误，例如手上出汗，审评员在称样和沥茶汤时就必须予以注意。而过低的温度，在造成审评人员感觉灵敏性下降的同时，也会因审评杯热量散失过快，影响茶叶的冲泡效果。此外，某些茶叶的浸出成分会因温度过低而发生络合，改变茶汤的特征表现，如出现"冷后浑"。同时低温也限制了高沸点气体分子的扩散活动，使香气的表现产生变化。

（2）光照：审评室要求光照充足、均匀，但不得有直射的阳光。不均匀的光线会影响审评人员对茶叶色泽的辨识，对外形、汤色和叶底审评也会产生影响。在自然光照不足时，可视需要使用人工光源进行部分补充或全部以人工光源替代，此时必须注意光照的均匀性，而且不能使用白炽灯泡或类似的发光源，因为此类光源会导致茶叶颜色失真，与茶叶在自然光下的颜色表现出入极大，影响审评的结果。同样道理，审评室的窗户也不可使用有色玻璃。

茶叶审评室

（3）噪声：审评环境必须保持安静。持续的噪声对审评人员的生理和心理都会造成压力，且噪声程度越高，持续时间越长，审评人员的压力也会越大。相关的研究表明，强度超过 80 分贝的持续噪声，就能使人情绪失控。在有意无意之中，噪声会导致审评人员出现情绪波动，这必然不利于准确地进行茶叶感官审评。因此必须注意审评室的隔音密封性，并将外源声音音量控制在 50 分贝以下。

（4）异味：审评环境受异味污染的原因有很多，除了异味随空气飘移污染，在审评室内使用有气味的清洁品也是一个主要因素。并不是只有令人不快的刺激性气味会造成污染，化妆品、清洁用品及各种外来的香气，都会干扰审评工作。

评鉴工作要考虑哪些因素？

茶叶评鉴人员不能由老茶客或一般消费者担任，以免因个人好恶或专业能力之不足而影响到评鉴的客观性，必须由专门培训过且经考核及格的评茶员为之。评鉴的工作还得考虑下列因素：

（1）不因个人偏好影响审评结果

茶叶本身是一种偏好型消费饮品，我国茶叶种类繁多而特色各异，各地的饮用习俗也存在很大差异。在评审过程中，评茶人员必须注意评茶的目的是获得客观的结论，因此不能将地域习惯和个人爱好带入审评过程，并因此影响到审评的结果。

（2）坚持训练，克服感官疲劳

已有的研究发现，感觉器官产生疲劳致使敏感性降低，也是人体对环境的一种本能的适应。审评人员有目的地进行长期针对性训练，可以提高感觉器官在相关方面的灵敏程度，而且也有助于在长时间、高密度的审评过程中保持感觉器官的敏感性。因此评茶人员在日常工作中就需要针对自己的不足之处，坚持审评训练。只有经过长期的努力，才能提高感觉器官抵抗疲劳的能力，达到保持感觉器官敏锐的目的。

（3）积极交流，修正感官认识的系统性误差

简练、准确的品质术语便于评茶人员相互交流。评茶术语的熟练使用建立在对茶叶品质的系统化认识之上。这种系统化的认识最初会因每个人感觉器官的感受不同而存在差异，在使用含义相近的术语时，就可能引起理解上的混淆。因此，在掌握、运用评茶术语的过程中积极开展交流，有助于取得对茶叶品质的共识，获得对术语一致、准确的理解，消除系统性的误差，从而建立规范、统一的茶叶评鉴体系。

评茶时对评茶用具有何要求？

专业的评茶室有一定的评茶用具，但我们理解了评茶的要领后，也可以利用我们身边的茶具，以"评鉴泡茶法"冲泡茶叶，鉴定或比较我们想要知道的茶叶。在此先说说专业评茶室的用具与规矩。

（1）正确选择器具。评茶用具是专用品，数量备足，规格一致，质量上乘，力求完善，尽量减少客观上产生的误差。评茶常用器具有如下几种：a. 审评盘；b. 审评杯；c. 审评碗；d. 叶底盘；e. 样茶秤；f. 计时器或定时钟；g. 网匙；h. 茶匙；i. 汤杯；j. 吐茶筒；k. 烧水壶。

（2）重视器具的清洁和维护。审评完毕后，审评器具简单地用水冲洗，并不能彻底清除审评杯、碗中的茶汁，虽然当时肉眼不能发现，但杯、碗干透后出现深色痕迹，这必将会影响到以后的审评工作。

（3）茶汤需要入口审评滋味，在多位审评人员同时审评时，有时限于时间、器具数量和效率等，不进行单独审评，此时更要注意自己使用器具的清洁卫生，如先将茶汤倒入小杯中再入口等，以免影响他人的审评。一些评茶人员在审评时会选择纸杯供吐茶用，表面看来既清洁，又便于审评后处理，但目前市售的一次性纸杯因材料的关系，多有化学物质的气味，反而会影响到审评的结果。

评鉴时对水有何要求？

品茗时讲究水品，唐朝陆羽就有"山水上，江水中，井水下"的说法。评鉴对水的讲究不下于品茗。评茶用水除了要求透明洁净、无臭无味外，还应注意水的酸碱度、

硬度，及水中所含各种矿物质、离子的数量对审评的影响。这种影响不仅表现在茶汤的颜色方面，对香气和滋味的体现影响更甚。

一般来说，由于茶树在偏酸的环境中生长良好，因此用稍偏酸性的水冲泡，有利于茶叶品质的良好表现。而偏碱性的水，会使茶叶内含的黄酮类物质产生自动氧化，造成茶汤颜色加深变暗，滋味也失去鲜爽感。水的硬度不仅影响其 pH 值，对茶叶内含物质的浸出率也有显著影响。硬水中高含量的钙会与多酚类物质结合，抑制茶多酚的溶解和浸出，影响茶汤滋味。

许多矿物质及溶解的金属离子，如果含量稍高，常会使茶汤产生苦涩味，影响茶味的正常表现。如果用含铁量较高的水冲泡茶叶，或茶叶中混有含铁的杂质，还会使茶汤颜色变暗发黑。

茶的评鉴程序是怎样的？

评茶程序中的感官审评分为干茶审评和开汤审评，俗称干看和湿看，即干评和湿评。茶叶感官审评按外形、香气、汤色、滋味、叶底的顺序进行，现将一般评茶操作程序分述如下：

（1）审评干茶外形，依靠视觉、触觉而鉴定。因茶类、花色不同，外在的形状、色泽是不一样的，因此，审评时首先应查对样茶，判别茶类、花色、名称、产地等，然后扦取有代表性的样茶，通过茶样盘操作观察茶叶的外形。

（2）开汤：开汤，俗称泡茶或沏茶，为湿评内质之重要步骤。开汤后应先嗅香气，快看汤色，再尝滋味，后评叶底，审评绿茶有时应先看汤色。

（3）嗅香气：嗅香气应一手拿住已倒出茶汤的审评杯，另一手半揭开杯盖，靠近杯沿用鼻轻嗅或深嗅，也有将整个鼻部深入杯内接近叶底以增加嗅感。为了正确判别香气的类型、高低和长短，嗅时应重复一两次，但每次嗅的时间不宜过久，因嗅觉易疲劳，嗅香过久，嗅觉易失去灵敏感，一般是总共 3 秒左右。另外，杯数较多时，嗅香时间拖长，冷热程度不一，就难以评比。每次嗅评时都应将杯内叶底抖动翻个身。在未评定香气前，杯盖不得打开。

嗅香气应以热嗅、温嗅、冷嗅相结合进行。热嗅重点是辨别香气正常与否以及香气类型及高低，但因茶汤刚倒出来，杯中蒸汽分子运动很强烈，嗅觉神经受到烫的刺激，敏感性受到一定的影响。因此，辨别香气的优次，还是以温嗅为宜，准确性较大。冷嗅主要是了解茶叶香气的持久程度，或者在评比当中有两种茶的香气在温嗅时不相上下，可根据冷嗅的余香程度来加以区别。审评茶叶香气最适合的叶底温度是 55℃ 左右。超过 65℃ 时感到烫鼻，低于 30℃ 时茶香低沉，特别是所染之烟气、木气等异气会随热气而挥发。凡一次审评若干杯茶叶香气时，为了区别各杯茶的香气，嗅评后分出香气的高低，然后把审评杯作前后移动，一般将香气好的往前推，次的往后摆，此项操作称为"香气排队"。审评香气不宜红、绿茶同时进行。审评香气时还应避免外界因素的干扰，如抽烟、擦香脂、香皂洗手等都会影响鉴别香气的准确性。

（4）看汤色：汤色靠视觉审评。茶叶开汤后，茶叶内含成分溶解在沸水中的溶液所呈现的色彩，称为汤色，又称水色，俗称汤门或水碗。审评汤色要及时，因茶汤中的成分和空气接触后很容易发生变化，所以有的把评汤色放在嗅香气之前。汤色易受光线强弱、茶碗规格、容量多少、排列位置、沉淀物多少、冲泡时间长短等各种外因的影响。冬季评茶时，汤色会随汤温下降逐渐变深；若在相同的温度和时间内，红茶色变大于绿茶，大叶种大于小叶种，嫩茶大于老茶，新茶大于陈茶，在审评时应引起足够注意。如果各碗茶汤水平不一，应加调整。如茶汤混入茶渣残叶，应以网丝匙捞出，用茶匙在碗里打一圆圈，使沉淀物旋集于碗中央，然后开始审评，按汤色性质及深浅、明暗、清浊等评比优次。

（5）尝滋味：审评滋味应在评汤色后立即进行，茶汤温度要适宜，一般以 50℃ 左右较适合评味，如茶汤太烫，味觉受强烈刺激而麻木，会影响正常评味；如茶汤温度低了，味觉会受两方面因素影响，一是味觉尝温度较低的茶汤灵敏度差，二是与滋味有关的物质溶解在热汤中多而协调，随着汤温下降，原溶解在热汤中的物质逐步被析出，汤味由协调变为不协调。评茶味时用瓷质汤匙从审评碗中取一平匙吮入口内，由于舌的不同部位对滋味的感觉不同，茶汤入口在舌头上循环滚动，才能正确地、较全面地辨别滋味（实施动作是含着少许茶汤吸气二三次）。尝味后的茶汤一般不宜咽下而是吐到茶筒或茶杯中。尝第二碗时，匙中残留茶液应倒尽或在白开水中漂净，不致互相影响。审评滋味主要按浓淡、强弱、鲜滞及纯异等评定优次。

在国外认为在口里尝到的香味是茶叶香气最高的表现。为了正确评味，在审评前最好不吃会强烈刺激味觉的食物，如辣椒、葱、蒜、糖果等，并且不宜吸烟，以保持味觉和嗅觉的灵敏度。

（6）评叶底：评叶底主要靠视觉和触觉来判别，根据叶底的老嫩、匀杂、整碎、色泽和展开与否等来评定优次，同时还应注意有无其他掺杂。

绿茶叶底评鉴

有"看茶识茶"之说吗？

制茶时有所谓的"看茶制茶"之说，是指根据茶叶原料的具体情况采取适当的制作方法。识茶上亦有"看茶识茶"之说。

在市面上流通的成品茶有数百种，若将之转换成商品茶，就变成了数千种，要从这些茶名去认识它们是不实际的，这不只是因为种类太多，认也认不完，而是各种茶的制作并不规范，不是大家都非依一定标准制作不可的。所以说到识茶，必须转个方向才行得通，也就是"看茶识茶"，依它被制成的模样，依几个大的方向来理解它在被饮用时会有怎样的色、香、味与风格。

（1）分辨是芽茶还是叶茶；

（2）分辨茶青的采摘的标准；

（3）枝叶连理的情形；

（4）夹杂物的多寡；

（5）发酵程度；

（6）焙火的程度；

（7）揉捻或紧压的程度；

（8）存放的结果；

（9）香气的表现。

茶汤混浊就说明茶"劣变"了吗？

一般情况下茶汤汤色以清澈明亮的为好，茶汤混浊可能是品质劣变或制作技术不当如炒焦的表现。但有些情况下混浊不代表品质劣变，一种是鲜叶原料细嫩多毫，冲泡时茸毛悬浮于茶汤；另一种是"冷后浑"现象，茶汤中的咖啡因与多酚类物质及其氧化产物形成络合物，它溶于热水，但当水温变凉变冷后就会凝结成较大的分子而呈现乳白混浊的现象，将汤温提升后就会还原成原来的颜色。

不同的茶类有不同的香型分类吗？

香气是识茶的途径。香气又包括"香的类型""香的强度""香的持续性"与"香的性格"（香性）。

茶香会形成那么多种类，主要是因为制造的手段不同。控制发酵的程度使成品茶形成（蔬）菜香、花香、果香、糖香、木香等不同的香型；控制焙火轻重，塑造了香气是寒凉的香气还是温暖的香气；控制不同的茶青成熟度与揉捻力道，让茶香在频率上起变化，有些高频如小提琴，有些低频如大提琴；控制不同的存放期间，让茶起不同程度的醇、净变化……

"香的强度"则是在说香含量的多寡与香的强劲度。

"香的持续性"是说香成分在成品茶与茶汤中能够持续存在的时间。

香性是指茶香显现的风格与特性。如同样香气强度的两种茶，一种是碧螺春，一种是铁观音，所显现的香性当然不一样，前者是菜香型，后者是花香型。而同样是绿茶，一个是蒸青的玉露，一个是炒青的碧螺春，两者是不同的香性，比称香型更为恰当。

评茶术语中的"纯正""苦""涩"等用语各指什么？

纯正是指品质正常的茶应有的滋味。茶味不纯正指滋味不正或变质有异味，常见的情况有苦、涩、粗、异四种。

苦味是茶汤滋味的特点，对苦味不能一概而论，应加以区别。如茶汤入口先微苦后回甘，这是好茶；先微苦后不苦也不甘者次之；先微苦后也苦者或先苦后更苦者视作不纯正。

涩是指收敛性，似食生柿，有麻嘴、厚唇、紧舌之感。涩味轻重可从刺激的部位来区别，涩味轻的在舌面两侧有感觉，重一点的整个舌面和两腮有紧口、麻木感。正常的茶汤是入口有涩感后不涩，吐出茶汤仍有涩感才属涩味。涩味一方面表示品质老杂，另一方面是季节茶的标志。

粗是指粗老茶汤味在舌面感觉粗糙，且味淡薄，稍带滞钝、涩口感。

异味指如酸、馊、霉、焦味等不正常的滋味。

为何说"不苦不涩不为茶"？

俗话说"不苦不涩不为茶"。茶叶的苦味物质主要有：咖啡因、可可碱、茶叶碱、花青素类、茶叶皂苷、苦味氨基酸及部分黄烷醇类。涩味物质主要是多酚类，鲜叶中的多酚类含量占干物质的 30% 左右。茶汤的苦味常常与涩味相伴而生，在茶汤的滋味结构上占主导地位。茶汤中的生物碱与大量儿茶素类物质形成氢键络合物，此络合物呈鲜爽味。在儿茶素类和咖啡因相对含量都较高的茶叶中，茶汤浓醇鲜爽，是优质茶叶的表现。就茶树的一个枝条来说，苦味物质，往往是嫩叶含量比老叶高，尤其是芽以下的第一、二叶的茶多酚、咖啡因等含量最高，第三、第四叶依次减少。茶叶的涩味物质，主要有茶多酚类物质，其中儿茶素类尤为重要。酯型儿茶素苦涩味较强，它在芽叶里的含量远远高于粗老叶片。绿茶因制作工艺没有"发酵"，因此保留的苦涩味物质最多，如云南省大叶种因其内含物比起其他茶类丰富，所以云南的大叶晒青茶的相对苦涩味比较重。对普洱茶来讲，茶叶自身的苦涩存放上几年就可以慢慢转化为甘醇。

从茶叶叶底能看出什么呢？

看叶底是品尝茶、评鉴茶、识茶的最后一道程序，如果是品赏，可以将茶欣赏得很完整；如果是评鉴，可以做个准确的判断；如果是识茶，一些无法从茶干、茶汤、茶色、茶香、茶味间认知的项目就可以在这时候得到答案。从泡开的叶底可以求证到该泡茶的发酵程度、后发酵方式、覆火与焙火的情形、揉捻的程度、茶青采摘的方式、茶青成熟度、茶青完整度、枝叶连理的情形、茶树品种及其生长的环境、渥堆以及存放的情形……

所以，我们经常能看到老茶客或评茶的人，会将冲泡后的叶底细细地观、嗅、摸……

古人是如何品茶、鉴茶的？

古书中关于识茶讲述得颇为细致的要数陆羽的《茶经》和宋徽宗的《大观茶论》。陆羽《茶经·三之造》关于茶的识别的观点为：紧压茶从类似靴子的皱缩状到类似经霜荷叶的衰萎状，共八个等级。（对于成茶）有的人把光亮、黑色、平整作为好茶的标志，这是下等的鉴别方法；把皱缩、黄色、凹凸不平作为好茶的特征，这是次等的鉴别方法；若既能指出茶的佳处，又能道出不好处，才是最会鉴别茶的。为什么呢？因为压出了茶汁的就光亮，含着茶汁的就皱缩；过了夜制成的色黑，当天制成的色黄；蒸后压得紧的就平整，任其自然的就凸凹不平。《大观茶论》中关于鉴辨的观点与陆羽相仿。

一般消费者如何进入茶之欣赏领域？

识茶的另一方向是感性地赏茶。我们赏茶，如果仅就它们的发酵、焙火、茶青、品种……来探究，未免太理性了，这种理性的解读对熟知茶之制作的人，会同时带动他们各种感官上的反应，但对于一般消费者，如何直接以已知的事物为桥梁而进入茶之欣赏领域？

当我们喝到绿茶，如龙井、碧螺春、煎茶、抹茶等，就像身处一片绿油油的田野，田里种满了秧苗，是极富生命力的景象。当我们喝到轻发酵的包种清茶，就像身处一片草原般，年轻、活泼、有朝气。当我们喝到中发酵的铁观音、冻顶乌龙时，就像身处巨木高耸的森林中，这些树林已是顶天立地能担当重责大任。当我们喝到白毫乌龙，就像处在一片玫瑰花海之中，高度的芬芳与艳丽。当我们喝到红茶，就像处在一片秋天的枫树林之中，这时的景象不像玫瑰花园的香艳，但充满了母爱的光辉。当我们喝到普洱茶，就像走进了深山古刹，那是幽深的、富年代感的……

以上这些茶的感性世界是在各类茶的总体比较之下产生的，不同的人在不同的情境之下可能有不同的体会，而且在各个大景象之下还可以产生各种局部的场景。其目的只是在引导人们体会茶的多种不同风味。这种引导方式只是为人们的识茶搭座桥梁，当人们懂得如何进入茶的国度之后，我们就不必再操心他所看到的是什么景物了。而且这个茶的国度可以是太空中的一部分，充满了抽象的光、声与景，那就任茶人们自由去漫步了。

4. 购茶须知

正规行销的茶叶包装上应该有哪些项目的标示？

商品茶在行销时应有的商品标示内容包括产品名称、净含量、经销者的名称和地址、原料产地、包装日期、质量等级、标准号。

产品名称： 应使用茶叶的真实属性的专用名称。

净含量： 应符合《定量包装商品计量监督规定》的要求，使用的计量单位应是国家法定计量单位，如：g 或克、kg 或千克。

经销者的名称和地址： 承担茶叶质量责任的经销者，依法在工商行政管理部门登记注册的名称和地址。

原料产地：应标注茶叶原料的种植产地，标注到县（区）级。如：浙江省杭州市西湖区。

包装日期：应标注包装日期。

质量（品质）等级：产品标准中已明确规定质量等级的茶叶，应标明其质量等级；已有茶号的，应标明茶号为宜。

标准号：有产品标准的，应标明所执行的产品标准号；无产品标准的，应标明所执行的卫生标准号。

高级茶应有哪些特别标示？

对于高级茶（也称为标示茶）而言，不仅需要基本的商品茶标示，更强调成品茶在品种、产地、年份与季节上造成的特性，并分别加以包装与标示。品种上要求单一品种，产地上要求同一山头、同一海拔与同一产区，年份上要求同一年度，季节上要求同一季节，如春茶就是春茶，夏茶就是夏茶，冬茶就是冬茶。因为茶人们对于高级茶要求除了厂商赋予该项商品的"质量信用"与"标示信用"，还将大部分的品赏项目寄托在品种、产地、年份与季节上。如果这茶已存放一段时间，标示上不应只有包装时间，还应有采制时间，这点在追求"老茶"的茶人看来很重要。

购买茶叶时，如何仅从茶叶的形状和色泽来判断品质呢？

在不能开汤的情况下，可以从形状和色泽上进行外观审评，初步判断茶叶的品质。色泽可从润枯、鲜暗和匀杂上看。同一类茶，色泽以鲜润色匀的为佳。叶茶和芽茶在外形上判断有所不同。芽茶类外形以嫩度、粗细、轻重、松紧和匀整度判断，叶茶类以粗细、轻重、松紧和匀整度判断之。

是不是芽心多的绿茶就代表着质量高？

茶分成芽茶类与叶茶类，绿茶是芽茶类，以"芽心多"表示"嫩度高"，那么是不是每一种芽心多的绿茶都代表着质量高？

芽心多少是评价芽茶类嫩度的主要指标。芽茶类茶青的嫩度主要从三个方面评价，一看芽心，即芽头大小、数量多少；二看叶张，即第一叶和第二叶的开展度；三看老叶，即单片叶、一芽三四叶的老化程度和数量。叶茶类主要采的是开面叶，要区分小开面、中开面和大开面，又要看采的是开面二三叶还是三四叶。叶质柔软度好的鲜叶，嫩度也好；柔软度差的鲜叶，嫩度较差。

成品绿茶嫩度的辨别主要看芽心的多少和壮瘦，有无锋苗、白毫及条索的光糙度。

嫩度高仅代表质量的一个方面，嫩度高的鲜叶若制作技术不当，如香气、滋味带有生青味或烟焦味，也不能算是好茶。

如何从茶汤的汤色、香气、滋味判断品质的高低？

到茶叶店购茶时，店员一般会冲上一泡茶让客人品饮，那么，我们如何从茶汤的汤色、香气、滋味判断品质的高低？

在茶汤评鉴中，汤色以清澈明亮的为佳，陈茶汤色会变暗，因为微生物污染会使汤色混浊。香气首先要纯正无异杂气，以香高而持久为佳。滋味首先要纯正无异味，然后从浓度、强度和协调性三方面来评价。

每一类茶都是春天采制的最好吗？

每年春茶上市都卖得很火热。俗话说："春茶香，夏茶涩，秋茶甜却滋味淡。"这有道理吗？每一类茶都是受此规律的限制吗？阳历以5月底以前采制的为春茶，6月初至8月上旬采制的为夏茶，8月中旬以后采制的为秋茶。季节对茶青的品质影响很大，春茶是经冬季营养的积累而内含物质丰富，且春季气温低，光照弱，茶氨酸不易分解，茶多酚合成少，有利于绿茶品质。全发酵红茶和部分发酵茶中发酵最重的白毫乌龙则以夏季采制的品质最佳；部分发酵茶之青茶以晚春采制的较容易制成香高味醇的佳品。

真茶和假茶如何从外观与香、味加以区分？

市场上有很多非茶而以茶命名的，如"青山绿水茶"，实际上是小叶女贞的嫩叶制作而成。那么真茶和假茶如何从外观与香、味加以区分？

真茶与假茶若从化学成分上鉴别可测定咖啡因、儿茶素的含量，但一般消费者以感官上的鉴别更为实际。开汤审评是比较正确的方法，从茶汤判断是否属于茶叶的味道，其香气、汤色、滋味上是否纯正，有无夹杂其他气味。特别是从已经泡开的叶底上加以辨别，真茶的叶边缘有锯齿，上半部密，下半部稀而疏，近叶柄处无锯齿；真茶叶脉的主脉明显，侧脉伸至叶缘1/3处弯曲呈弧形，与相邻侧脉相连成拱门状；真茶叶背有茸毛，越嫩的芽叶茸毛越多。

新茶和陈茶有何区别？

新茶是指当年制作销售的茶叶，陈茶则是指往年所采制的茶叶。新茶刚制作好时风味未达最佳状况，经过短期（1~3个月）存放产生"后熟"作用后风味会更为适口。茶叶的陈化是指成品茶叶品质因贮存的环境条件，光、湿、水等的影响，色、香、味发生劣变，如干茶和茶汤色泽变暗，香气由爽变钝，滋味失去鲜活性。

但就以存放普洱而言，其特质完全依赖初制完成后的存放。正常的存放，至少也要二三年才开始显现普洱茶的风味。这种存放被视为制作工序的一部分，不在此列。

为什么有些茶强调早春采制，有些茶强调晚春才采？

采茶注重季节，茶业界有句俗话："早采三天是宝，晚采三天是草。"但并非所有茶类都是越早采摘品质越好。就芽茶类而言，绿茶以早春的茶芽最为肥嫩，内含成分中氨基酸多而茶多酚少，制成成品茶较晚春采制的品质更佳。而叶茶类的铁观音要待新梢长至较成熟的开面叶时才达到采摘标准，因此需要晚春采。

茶叶市场上高价的品牌与高档的品质有无相对应的关系？

企业设计品牌，创立品牌，培养品牌的目的是希望此品牌能变为名牌，于是在产品质量上下功夫，在售后服务上做努力。同时品牌代表企业，企业从长远发展的角度必须从产品质量上下功夫，特别是名牌产品、名牌企业，于是品牌、特别是知名品牌就代表了一类产品的质量档次，代表了企业的信誉。以质量取胜外，品牌常附有文化、情感内涵，所以品牌给产品增加了附加值。同时，品牌有一定的信任度、追随度，企业可以为品牌制定相对较高的价格，获得较高的利润。

五、茶叶品赏

品茶是品自身的知识与学养，品积累在茶中那源远流长、博大精深的中华传统文化。品茶的真谛在于品出茶的真、善、美，品出茶具的质、型、韵，品出环境的清、淡、雅。

品茶不仅是品尝茶的色、香、味、形，更要注重精神上的享受，重在意境的感受和追求。品茶是需要用心的，要细细品啜，慢慢体味，从茶的色、香、味、形中获得审美的愉悦。品茶也不单单靠味觉辨别茶味，还与嗅觉、视觉乃至心理因素等协同作用，以感觉茶的香气、体察茶的滋味，并促成与形色相关的联想。古人对美的欣赏称为"品赏"，对茶也如此。品茶能怡情悦性，得神、得趣，从而进入高远的精神境界。

明代冯可宾《岕茶笺》中提出宜于品茶的"无事、佳客、幽坐、吟咏、挥翰、徜徉、睡起、宿醒、清供、精舍、会心、赏鉴、文僮"等十三个条件，明代许次纾《茶疏》也提出"饮时"有"心手闲适、披咏疲倦、意绪棼乱、听歌拍曲、歌罢曲终、杜门避事、鼓琴看画、夜深共语、明窗净几、洞房阿阁、宾主款狎、佳客小姬、访友初归、风日晴和、轻阴微雨、小桥画舫、茂林修竹、课花责鸟、荷亭避暑、小院焚香、酒阑人散、儿辈斋馆、清幽寺观、名泉怪石"等二十四事。

茶须静品，独自品茶无干扰，心容易虚静，精神容易集中，性情自然随着茶香而升华。独自品茶，是心至茶之路，也是茶至心之路。心游无穷，思通万载，天人合一。品茶不仅是人与自然之间的沟通，而且也是人与人、心与心之间的沟通。邀一知己或三两好友共饮，或推心置腹倾诉衷肠，或无须多言心有灵犀，或松下品茗对弈赏景，或闲庭品茗抚琴听曲，或幽窗品茗论诗观画，或寒夜客来以茶当酒，这些都是人生乐事，有无限情趣。品茶是心的歇息、心的澡雪，以闲适、虚静、空灵、简易为本。

品茶活动还与艺术联姻。文人有四艺——琴、棋、书、画，又有文人的生活四艺——焚香、点茶、挂画、插花。品茶与琴、棋、书、画、焚香、插花同样能陶冶人的性情、砥砺人的品格。

对于日常品茗而言，仔细品味，有助于在品茗生活中更好地获得审美感悟。在品茗之前，需把心灵空间的挤轧之物、堆垒之物等尽量排解开去，静下神来，定下心来，方能走进品茗审美的境界，静静领悟茶之名、茶之形、茶之色、茶之香、茶之味的种种美感。

1. 茶之名

对茶叶不仅要求在品质上独树一帜，还要有优美的名称以供人品赏。有的茶名如诗如画，有的茶名如佳人般芬芳美丽，有的则是大俗大雅。一个好的茶名会使人回味无穷。

"珍眉"，是把茶品外形形象化的茶名，令人联想起古代仕女那一对弯弯的蛾眉。"龙井"，大俗也大雅。井，有泉水之地也，万物之性，有水才能体现。龙，中华民族的象征，它威武强壮，雄浑壮美，是力量、智慧、勇猛、俊美的化身。"龙井"，集泉名、地名、茶树名和茶名于一身。有人称赞龙井茶乃绿茶中的"男子汉"。乌龙茶则同样形、色、质兼顾，给欣赏者以大气磅礴、辉煌伟岸的阳刚之美。"铁观音"，茶色褐绿似铁，形美如观音，"美如观音重如铁"。铁，是坚硬刚健的；观音，慈祥而美丽。"铁观音"一名，融优美、壮美于一体，达到出神入化之意境。庐山云雾茶，使人联想到那云缠雾绕、绝壑飞泉的庐山妙境，给人飘飘欲仙之感，品此茶会使人置身"匡庐奇秀"的胜境。洞庭碧螺春产于烟波浩渺的太湖，碧者言其色，螺者言其形卷曲成螺，春者言采制于春天，品此茶使人联想到"洞庭无处不飞翠，碧螺春香万里醉"的动人景色。

铁观音

六安瓜片

2. 茶之形

古人对茶之形的"品赏"相对较少，这可能与古代干茶形状的变化不多，及对茶的重"质"而轻"形"有关。唐宋茶以团饼为主，"独携天上小团月"（苏轼《惠山谒钱道人烹小龙团登绝顶望太湖》），"珪璧相压叠"（李群玉《龙山人惠石廪方及团茶》），"凤舞团团饼"（黄庭坚《品令·茶词》），都是对团饼茶形状的喻称。

明清散茶兴起，但比之今天，品类仍较少。今天，茶叶的形状可谓千变万化，丰富多彩。由于茶叶做工精细，名茶的外形和叶底也能给人以足够的美感。尤其是绿茶，有长、圆、曲、扁、条、片、末、珠、尖、针、眉、剑、花等各种形态，可谓琳琅满目，美不胜收。

3. 茶之色

茶的颜色要经过品茶者的联想而使人获得美感。古人对茶色的感受较深，如"盛来有佳色"（白居易《睡后茶兴忆杨同州》）、"白云满碗花徘徊"（刘禹锡《西山兰若试茶歌》）、"铫煎黄蕊色，碗转曲尘花"（元稹《一七令·茶》）、"烹色带残阳"（齐己《谢灉湖茶》）、"紫玉瓯心雪涛起"（范仲淹《和章岷从事斗茶歌》）、"浮花泛绿乱于霞"（梅尧臣《七宝茶》），都是赞美茶之色的。

六堡茶汤色

普洱熟茶和生茶汤色

4. 茶之香

茶香能引导品茶者进入玄悟、冥想之幽境。茶的产地不一样，所秉之香气也不同。即使是同样产地的茶，由于气候、工艺、品种、贮存等有差异，其所秉的香气也会不同。

关于茶之香，古人有"素瓷雪色缥沫香"（皎然《饮茶歌诮崔石使君》）、"兰气入瓯轻"（李德裕《忆茗芽》）、"咽罢余芳气"（白居易《睡后茶兴忆杨同州》）、"细香胜却麝"（丁谓《北苑焙新茶》）、"斗茶香兮薄兰芷"（范仲淹《和章岷从事斗茶歌》）等描写。今人陈彬藩说铁观音的香气"清高隽永，灵妙鲜爽，达到超凡入圣的境界"（《茶经新篇》），一代宗师张天福说："世界上所有的花香，都比不上安溪铁观音的茶香啊！"

5. 茶之味

品茶，要品出茶之本味。品茶之文人，想象丰富，又善表达，于是在品味时会妙语连珠，文随香味婉转流出。如"疏香皓齿有余味"（温庭筠《西陵道士茶歌》）、"味击诗魔乱"（齐己《尝茶》）、"斗茶味兮轻醍醐"（范仲淹《和章岷从事斗茶歌》）、"口甘神爽味偏长"（梅尧臣《尝茶和公仪》）、"啜过始知真味永"（苏轼《和钱安道寄惠建茶》）等。

"夫茶以味为上，香甘重滑，为味之全。"（赵佶《大观茶论·味》）茶味中的"活"和"滑"，也较难体会。"活"与"爽"相近，又与"鲜"相连，"活"和"滑"都是相近的奥妙感觉。"滑"是咽茶时的流滑感，没有"活"是难以有"滑"的。要"滑"还得有"重"，"重"是指茶的醇而有"力"，所谓茶的"风骨"就是这样形成的。因此，品茶要通过联想营造心境。清人陆次云在品龙井茶后，品出的是"太和之气"，"无味之味，乃至味"，可谓极富自然之韵，比诗意更美。

第三节　茶之出

今时的茶区划分与唐时的已经大不相同，因此本章我们便以今天流行的四大茶区的划分方法来阐述各个茶区不同的地域特色而形成的不同风格的名茶，以便使读者对今日名茶的概貌有所了解。

跟着《茶经》来学茶

一、江南茶区名茶

"山南：以峡州上，襄州、荆州次，衡州下，金州、梁州又下。"

——《茶经·八之出》

江南茶区是我国名茶众多的知名茶区，年产量大概占全国总产量的2/3。江南茶区区域广阔，以长江为北界，南与广东、广西相连，东临东海，其区域范围包括黄山太湖流域低山丘陵、鄱阳湖洞庭湖低山丘陵、五岭低山丘陵及浙南闽东北低山丘陵等，而行政区域范围包括福建大部县（市）。湖南、江西、浙江等3省全部，以及鄂南、皖南、苏南，共340个产茶县（市、区）：

1. 地理特征

江南茶区大多集中在低矮的丘陵地区，也有一些海拔较高的高山。土壤主要是红壤和黄壤，也有少量的冲积壤。

茶区气候四季分明，全年平均气温约为15~18℃，冬季绝对最低气温在-8℃左右，年降水量1500毫米左右，降水约有60%~80%集中在春季和夏季，秋季则较为干旱。该茶区是种植绿茶、红茶、黄茶和黑茶等茶类的适宜的地域。

2. 茶树品种

江南茶区的茶树以灌木型中叶种和灌木型小叶种为主，还包括少部分的小乔木型中叶种和小乔木型大叶种。其中小乔木型中叶种茶树，植株中等大小，树姿呈半展开状，分支比较密集。

3. 代表名茶

江南茶区是中国绿茶产量最多的产区，其中有很多名茶都以其原产地命名，比如西湖龙井、黄山毛峰、洞庭碧螺春、君山银针、庐山云雾、无锡毫茶、庐山云雾、婺源茗眉等。

（一）龙井茶

传说，乾隆皇帝下江南，在杭州龙井村狮峰山的胡公庙前欣赏采茶女制茶，并不时抓起茶叶鉴赏。正在赏玩之际，忽然宦官来报说太后有病，请皇帝速速回京，乾隆一惊，顺手将手里的茶叶放入口袋，火速赶回京城，原来太后并无大病，只是惦记皇帝久出未归，上火所致，太后见皇儿归来，非常高兴，病已好了大半。忽然闻到乾隆身上阵阵香气，问是何物，乾隆这才想起自己把茶叶带回来了。于是亲自为太后冲泡了一杯茶，只见茶汤清绿，清香扑鼻，太后连喝几口，觉得肝火顿消，病也好了，连说这茶胜似灵丹妙药，这便是传说中的"西湖龙井"。

1. 龙井茶的历史

杭州西湖地区产茶历史悠久，可追溯到南北朝时期，到了唐代，陆羽在《茶经》中也有天竺、灵隐二寺产茶的记载。宋时西湖周围群山中的寺庙生产的"宝云茶""香林茶""白云茶"等就已成为贡茶。北宋熙宁十一年（1078年）上天竺辨才和尚与众僧来到狮子峰下栽种采制茶叶，所产茶叶即为"龙井茶"。

龙井茶

龙井茶因龙井泉而得名。龙井原称龙泓，传说明代正德年间曾从井底挖出一块龙形石头，故改名为龙井。不过，在明朝以前，龙井茶是经压制的团茶，并不是现在的扁体散茶。至于龙井茶究竟何时成为扁形散茶，目前还没有定论，但有专家考证认为大约是明代后期，此时的龙井茶已成为闻名遐迩的茶中极品。

清朝以后，龙井茶得到皇家的厚爱，先是康熙帝在杭州创设"行宫"把龙井茶列为贡茶，后来乾隆帝六下江南，有四次曾到天竺、云栖、龙井等地观察茶叶采制过程，品尝龙井茶，大加赞赏，并将狮峰山下胡公庙（寿圣院原址）前的18棵茶树敕封为"御茶"，使得龙井茶身价倍增，扬名天下。

2. 龙井茶的冲泡之道

冲泡水温：85~95℃沸水（切不可用即开开水，冲泡之前，最好凉汤，即在储水壶置放片刻再冲泡）。

冲泡置茶量：3克/杯（或因个人口味而定）。

龙井冲泡用水的选择：纯净水或山泉水。冲泡器具选择：陶瓷、玻璃茶具皆可。

具体方法是：先用开水温过杯，然后再投放茶叶，先倒五分之一开水浸润，摇香30秒左右，再用悬壶高冲法注下剩余的开水，35秒之后，即可饮用。

3. 孕育名茶的环境

茶区得天独厚的生态环境是培育名优茶品质必不可少的条件。龙井茶区主要分布在浙江杭州西湖西南侧的狮子峰、龙井、灵隐、五云山、虎跑、梅家坞一带。这里山峦叠翠，古树参天，四季分明，温度适宜，湿润多雾。茶区土壤为厚度适中、质地疏松、通透性好的微酸性沙质土壤，有机层深厚，养分充足，排水良好，施肥效果显著。茶树在这样优越的地理条件和良好的生态环境中可以持续平稳地生长，为充足的产量和优良的品质打下基础。

如龙井村茶园所在位置四周有天竺峰抵御寒潮，温和湿润的南风在此徘徊，著名的九溪十八涧保证了优良的灌溉，使龙井茶可谓占尽天时地利，在生长过程中已有绝对的优势。

4. 龙井泉

龙井泉，又名龙泓、龙湫，位于杭州西湖西面的风篁岭上，是一个裸露型岩溶泉。泉水出自山岩，水味甘澄，清如明镜，大水不溢，大旱不涸。传说古时候每逢干旱，人们就到此求雨，非常灵验，遂以为此井与海相通，因海中有神龙，故名"龙井"。龙井的水非常奇妙，搅动它的时候，会看到水面上有一条分水线，就像游丝一样不断摆动，被形象地比喻为"龙须"。

5. 三大品类

因产地生态条件和炒制技术的不同，把西湖龙井归为"狮峰龙井""梅家坞龙井""西湖龙井"3 个品类。

"狮峰龙井"色泽略黄，香气高锐持久，口感鲜醇；"梅家坞龙井"叶质肥嫩，但香气较"狮峰龙井"为淡；"西湖龙井"色泽翠绿，外形挺秀。3 个品类中以"狮峰龙井"品质为最佳，堪称茶中极品。

6. 绝品"莲心"

龙井附近的茶农，一年到头柴米油盐的开销几乎靠的就是一季春茶。春茶共分为 4 个档次，惊蛰过后至清明之前采的头春茶，称之为"明前茶"，其茶嫩芽初绽，形如莲心，故又称之为"莲心"。制作"莲心"，一般要 2 千克以上的青叶（又称"草子"）才能炒制出 500 克干茶，而一个熟练的采茶姑娘，一天最多只能采摘 600 克嫩芽。可见明前"莲心"实乃珍品中的极品。

7. 雨前茶

"雨前茶"是"谷雨"这个节气之前所采制的龙井茶。通常谷雨之前，正是茶树长至一叶一芽的时候，俗称"旗枪"，用来制作龙井茶最为香醇。胡峤有诗云："玉髓晨烹谷雨前，春茶此品最新鲜。"谷雨过后，春茶的茶质就变差了。

8. 三春茶

"立夏"之前采"三春茶"，此时茶叶发育较大，茶芽旁边有附叶两瓣，形似雀舌，所以常以"雀舌"相称。此时的茶叶品质已较"莲心"和"旗枪"相去甚远，一般只是为了追求茶叶产量才将采制时限延至立夏。

9. 回春茶

回春茶又叫"四春茶"，是指在"三春茶"后1个月才开始采制的茶叶。此时茶的叶子已经成片，并附带有茶梗，所以茶农也称之为"梗片"。通常"梗片"已不再被用来加工成绿茶，过去，这种茶是茶农后代用来练习炒茶技术的，现在则通常被加工成"袋泡茶"或瓶装茶饮料。

10. 制作原料的级别标准

西湖龙井的级别曾经格外复杂，最多时分为11级，共53等，之后国家标准不断简化，从1995年以后开始只设特级和1~4级，同时规定了浙江龙井分为特级和1~5级，并且与西湖龙井的标准所规定的品质水平在同级范围内，品质相当。

11. 独特的工艺

绿茶的制作一般都要经过采、晾、揉、炒等数道工序，龙井茶外形的"扁、平、光、滑"以及"色、香、味"等独特的品质，就得益于精湛的炒制技术和独特的加工工艺。

首先，采摘茶叶不能掐，而是用"拔"更合适一些。据说古代进贡朝廷的茶叶，是采茶姑娘用双唇衔采下来的，因为掐下来的茶叶，其掐痕在制成茶叶后是去不掉的。采摘时间则是以早为贵，茶农们都常说："茶叶是个时辰草，早采三天是个宝，迟采三天变成草。"龙井茶的采摘次数多，采收时要采大留小，分批采摘。春茶天天采或隔天采，之后隔几天采一次，全年共采摘30次左右。

采收回来的嫩叶要及时摊晾，目的是去掉茶叶中残余的刚性，散发青气，增加氨基酸含量，有利于成品茶的茶香增进、苦涩减少、色泽翠绿光洁，品质提高。摊晾要求避免阳光直晒，对温度和湿度也有一定的讲究，因此多在室内进行。

摊晾8~10个小时后，需将鲜叶筛分成大、中、小3个档次，采用不同锅温、不同手势分别进行炒制。

由于龙井茶的形状要求保留一部分自然的刚性，成形后仍能看到部分青叶的原状，因此揉捻工艺被弱化，在炒制过程中完成。

12. 极品龙井的炒制

龙井茶的制作流程与绿茶基本相同，形成其优异品质的关键就在于其复杂精湛、独具特色的炒制技术。由于机械化炒制的技术不过关，炒制出来的龙井茶外形粗糙、内质不佳，失去了传统茶的醇厚风味，只能作为中低档龙井茶。因此，为了保证成茶的品质，特等和上等龙井仍采用传统的手工炒制方法，且级别越高，锅温越低，投叶量越少，炒制的手法也越轻。

龙井茶的炒制手式共有"抓、抖、搭、拓、捺、推、扣、甩、磨、压"，被称为"十大手法"。通过不断变换手法，让茶叶变得松软，控制鲜叶的湿度，使茶叶扁平挺直、表面光滑，完好地保留香气等，最终形成龙井茶扁平光滑、均匀翠绿、香气浓郁持久、口感甘醇的外形内质。

炒制的过程分为青锅、回潮、辉锅3个阶段。"青锅"主要用来初步定型；茶叶被炒至七八成干后，要进行大约1个小时的"回潮"工艺；之后通过"辉锅"阶段完成最后的炒干和定型。

13. 新茶的鉴别

龙井茶以新为贵，只有品尝到真正的新龙井才能领略其清香馥郁、醇厚鲜爽的卓越风姿。茶叶在储存过程中多少会受到光照、氧气、温度、湿度等的影响，发生分解、挥发或氧化。特别是绿茶中所含叶绿素的分解使茶叶变得枯涩晦暗，失去新鲜光泽，同时茶褐素的增加，会使茶汤变得混浊发黄。茶叶的香气经过长时间的不断挥发，也会从清香高长逐渐变得低沉混浊。

取3克龙井放入玻璃杯中冲泡，大概3分钟后仔细观察，新茶芽叶鲜绿如出水芙蓉，陈茶色泽暗淡、叶张枯瘦。陈茶呈现滋味的有效物质被氧化后挥发减少或缩合，茶汤淡而无味，与新茶冲泡出的醇厚清香有着天壤之别。

西湖龙井的感官分级标准

级别	外形	色泽	净度	汤色	香气	滋味	叶底
特级	扁平光滑，尖削挺秀	嫩绿光润	匀净	杏绿明亮	馥郁持久	甘醇鲜爽	幼嫩成朵，嫩绿明亮
一级	扁平光滑，匀整挺秀	嫩绿光润	匀净	杏绿明亮	高嫩持久	鲜醇	幼嫩成朵，嫩绿明亮

级别	外形	色泽	净度	汤色	香气	滋味	叶底
二级	扁平光滑，匀齐挺秀	嫩绿	匀净	嫩绿明亮	清高	醇爽	幼嫩成朵，嫩绿明亮
三级	扁平，匀齐，有芽峰	绿润	净	嫩绿明亮	清香	醇和	嫩匀，黄绿明亮
四级	扁平，匀齐	尚绿润	尚净	嫩绿明亮	尚清香	尚醇	嫩尚匀，黄绿尚亮
五级	尚扁平，较狭长，尚匀齐	尚绿润	尚净	嫩绿明亮	尚清香	尚醇	嫩尚匀，黄绿尚亮

（二）黄山毛峰

1. 天地精华

黄山毛峰，又名黄山云雾茶，属绿茶烘青类，是中国十大名茶之一。该茶外形微卷，仿佛雀舌，绿中带黄，银毫毕显，带有金黄色鱼叶，因此称为"黄金片"。茶叶身披白毫，芽尖峰芒，源于黄山高峰，所以被命名为黄山毛峰。黄山毛峰主要产于安徽黄山风景区以及与之相邻的汤口、充川、芳村、岗村、扬村、长潭一带。

黄山为中国东部的最高山峰，素以奇、险、深、幽而闻名于世。黄山毛峰茶园就分布在海拔 1000 米左右的半山周围，或分布在坡度达 30°~50° 的高山深谷中。那里气候温和，雨量充沛，空气湿润，日照时间短，土壤肥沃且呈酸性，质地疏松，具有良好的透水性，磷钾和有机质含量也十分丰富，适宜茶树生长。正是这种优越的生态环境，为黄山毛峰自然品质的形成创造了极其良好的条件。

2. 采制工艺

黄山毛峰的采摘细致，制作讲究，根据成茶等级的不同，用料和制作方法也略有不同。首先，开采于清明前后的特级毛峰，采摘标准是一芽一叶初展。一至三级黄山毛峰在谷雨前后开始采摘，一级毛峰的采摘标准分别为一芽一叶和一芽二叶初展；二级毛峰和三级毛峰的标准依次为一芽一二叶和一芽二三叶初展。为了保证成茶的品质，毛峰全部要求上午采的下午制，下午采的当晚制，不能过夜。

经过剔拣和摊晾的嫩叶主要有 3 道制作工序：杀青、揉捻和烘焙，各级毛峰都采用传统手工制作。杀青的要求有：单手翻炒，手势要轻，翻炒要快，扬得要高，撒得要开，捞得要净。炒至芽叶柔软，光泽褪去，青气散失，茶香显露即可。特级和一级原料杀青适度时，继续在锅内进行轻揉和理条；二三级原料杀青后立即起锅，散热、轻揉。揉捻时掌握宜慢不宜快、宜轻不宜重、边揉边抖的诀窍，以保持芽叶的完整，并使白毫显露，色泽绿润。烘焙分为初烘、足烘和复火3个部分，边烘边翻，且翻叶要勤，摊叶要匀，操作要轻，火温要稳。前两次烘焙之间摊凉一次，最后复火一次，起锅后趁热装入铁筒，封口储存。

黄山毛峰的感官分级标准

级别	外形	色泽	净度	汤色	香气	滋味	叶底
雀舌	芽头肥壮形似雀舌	嫩绿，呈象牙色	匀齐	淡黄色，清澈明亮	嫩香持久	鲜爽回甘	嫩匀肥壮嫩绿明亮
特一级	芽头肥壮微卷	嫩绿润	匀齐	淡黄色，清澈明亮	嫩香	鲜爽	嫩匀肥壮嫩绿明亮
特二级	芽头肥壮稍卷	黄绿润	匀齐	黄绿色，明亮	嫩香	鲜醇	嫩匀多芽黄绿明亮
特三级	芽叶壮实卷曲	绿润	匀整	黄绿色，明亮	清香	醇爽	嫩匀，黄绿亮
一级	芽叶较肥嫩，卷曲	绿润	尚匀齐	黄绿，尚亮	清香	醇尚爽	嫩尚匀，绿亮
二级	芽叶较嫩，卷曲	绿润	尚匀	绿色，尚亮	尚清香	醇和	尚嫩匀，黄绿
三级	芽叶尚嫩，卷曲	绿尚润	欠匀	绿色，明亮	纯正	尚醇和	尚匀，黄绿

3. 等级的划分

黄山毛峰的等级可以划分为四级：特级、一级、二级和三级。

特级黄山毛峰应在清明前后采制，采摘芽头壮实、茸毛多的用于制成特级茶。特级黄山毛峰堪称中国毛峰之极品，其形似雀舌，细嫩卷曲，峰显毫露，色如象牙，鱼叶金黄。冲泡后，汤色清澈明亮略带杏黄色，香气清新馥郁似白兰，沁人心脾回味甘甜。

一级毛峰，外形芽叶肥壮，较匀齐，显毫，色嫩绿润，冲泡后口感清香，汤色嫩绿，滋味鲜醇。二级毛峰芽叶较肥嫩，形较匀整，显毫，条稍弯，色泽绿润。三级毛峰芽叶尚且肥嫩，但条略卷曲。二级和三级毛峰的香气、口感、汤色较特级和一级毛峰略为逊色，但相差不多，不易分辨。

4. 特级毛峰的鉴别

特级黄山毛峰色似象牙，带有金黄色鱼叶，俗称"茶笋"或"金片"；条索细扁，形似"雀舌"，茶芽肥壮、均匀齐整、多毫；香气清鲜高远；滋味鲜浓、醇厚，回味甘甜，汤色清澈明亮，叶底嫩黄肥壮，匀亮成朵。其典型特征可概括为：香高、味醇、汤清、色润。其中，"鱼叶金黄"和"色似象牙"是鉴别特级毛峰的主要特征。

5. 杯中景象万千

取茶 3~5 克，以 80℃~90℃ 水温冲泡，玻璃杯或者白瓷茶杯皆可。先投茶，然后注入 1/3 杯水，待 3 分钟左右，茶叶舒展之后再将水加足。一般可续水冲泡 3~4 次。品质佳的毛峰茶冲泡后，雾气凝顶，芽叶竖直悬浮于汤中，之后徐徐下沉，芽挺叶嫩，景象万千，茶汤清澈，叶底明亮，嫩匀成朵。更有趣的是，用黄山泉水冲泡黄山毛峰茶，茶汤经过一夜，第二天也不会在茶杯中留下痕迹。

（三）洞庭碧螺春

1. 皇帝赐名

碧螺春又称"吓煞人香"，产于水汽升腾、雾气悠悠的江苏省苏州太湖的洞庭山碧螺峰，是中国十大名茶之一。

很多品饮过碧螺春的人，都会为它的嫩绿隐翠、清香幽雅和绝妙韵味所倾倒，但很少有人知道碧螺春这一名称的由来。清王彦奎《柳南随笔》还有如下记载："清圣祖康熙皇帝，于康熙三十八年（1699 年）春，第三次南巡驾幸太湖。巡抚宋荦从当地制茶高手朱正元处购得精制的'吓煞人香'进贡，帝以其名不雅驯，题之曰'碧螺春'。"这就是碧螺春雅名的由来。

后人评价说："此乃康熙帝取其色泽碧绿，卷曲似螺，春时采制，又得自洞庭碧螺峰等特点，钦赐其美名。"

2. 品相的甄别

碧螺春一般分为 7 个等级，芽叶随级数升高逐渐增大，茸毛逐渐减少。同时，炒制时的温度、放入茶叶的数量、炒制力度等，与级别成反比，即级别高锅温低，投叶量少，做形时用力较轻。

上等的碧螺春，银白隐翠，条索细长，卷曲成螺，身披白毫，冲泡后的汤色碧绿清澈，香气浓郁，滋味鲜醇甘厚，回甘持久。

3. 天然芬芳香百里

碧螺春主要产于江苏省苏州的洞庭东、西两山，该区域是中国著名的茶、果间作区。洞庭东山是一个伸进太湖的半岛，洞庭西山是一个屹立在湖中的岛屿，两山年平均气温 15.5~16.5℃，年降雨量 1200~1500 毫米，空气湿润，土壤呈微酸性或酸性，且质地疏松，极为适宜茶树和果树的生长。

茶树和桃、李、梅、橘、柿、杏、白果、石榴等各种果树交错种植，青葱翠绿的茶树紧紧排列就像守卫的士兵，漫山遍野的果树"蔽覆霜雪，掩映秋阳"。茶树和果树在地上枝叶相连，地下也根脉相通，茶吸果香，因此熏陶出碧螺春花香果味的独特香气。正是："入山无处不飞翠，碧螺春香百里醉。"

4. 炒制的技巧

目前，碧螺春大多采用手工方法炒制，其工艺过程是：杀青、炒揉、搓团、焙干。这些工序在同一锅内一气呵成，其炒制特点可以总结为："手不离茶，茶不离锅，揉中带炒，炒中有揉，炒揉结合，连续操作，起锅即成。"

杀青：当锅温达 200℃ 左右时，将茶叶投入锅中，以抖为主，辅以双手翻炒 3~5 分钟。

揉捻：要求锅温达到 70℃ 以上，抖、炒、揉 3 种手法交替，即边抖、边炒、边揉，这样随着水分的蒸发，茶叶条索渐渐形成。

搓团：当茶叶达六七成干时，大约在 15 分钟后，锅温在 50~60℃ 时开始搓团。

显毫：这道关键的工序要求在炒制时将全部茶叶揉搓成无数个小球，不时抖开，如此反复，直至搓成条形卷曲、茸毫显露。

烘干：要求锅温在 30~40℃，且当茶叶达八成干时，采用轻揉、轻炒的手法，以求达到固定形状、蒸发水分的目的。茶叶达到九成干时，把茶叶摊放在桑皮纸上，然后再连纸一起放在锅上用文火烘干，整个炒制过程大约历时 40 分钟。

碧螺春的感官分级标准

级别	外形	色泽	净度	汤色	香气	滋味	叶底
一级	条索纤嫩，卷曲成螺，幼嫩匀齐，白毫显露	银绿隐翠，润泽	匀净	嫩绿鲜艳	清鲜的花果香	鲜醇回甘	幼嫩成朵，嫩绿匀齐，明亮
二级	条索细嫩，卷曲成螺，尚匀齐，白毫显露	银绿润泽	略有单叶及小黄片	嫩绿明亮	嫩香持久	鲜爽醇正	细嫩成朵，黄绿明亮，略有单叶

级别	外形	色泽	净度	汤色	香气	滋味	叶底
三级	条索细紧，卷曲成螺，尚匀整，白毫尚显	色泽绿翠	含单叶，略含碎片	清绿明亮	清香鲜爽	鲜浓纯正	含单片，芽叶匀称

5. 一嫩三鲜

碧螺春的品质优异，尤其是它的"四绝"——形美、色艳、香浓、味醇，更是闻名世界。在清末震钧所写的《茶说》中有这样一段说明："茶以碧萝（螺）春为上，不易得，则苏之天池，次则龙井；舨枭源……次六安之青者（今六安瓜片）。"由此可见，碧螺春在历史上就曾位居众茶之首。

碧螺春的品质特点是：条索紧细重实，似螺旋形卷曲，茸毛披覆，香气浓郁，滋味甘醇，汤色清澈碧绿，叶底嫩绿明亮，素有"一嫩三鲜"之称。当地茶农将碧螺春生动地描述为："铜丝条，蜜蜂腿，香果味，浑身毛。"

6. 特殊的品饮方法

碧螺春宜采用细腻的白瓷杯或透明纯净的玻璃杯，先放入 70～80℃ 的温开水，然后取少量茶叶投入水中，顿时出现"雪浪喷珠"的场面；其后芽叶全部沉入杯底，杯底一片碧绿，好似"春染海底"，但此时茶汤尚无茶味；只有将水倒掉 2/3 时，才闻茶香袭人，这时再冲入滚水，茶叶则完全展开，渐渐舒展成一芽一叶，水色淡绿如玉，呈现"绿满晶宫"的景象。

此时茶色、香、味、形俱达到最佳状态，茶汤清洌，茶香清新，味道甘爽。先观其形，而后细品之，可以发现头酌汤色清淡，味幽香鲜雅；二酌汤色翠绿，味道芬芳醇美；再酌汤色碧清，香郁回甘。

7. 储存方法

如果新茶买回后不能短期内饮用完，为保证碧螺春原有的品质，家庭储藏也要讲究方法。传统的储藏方法是用纸将茶叶包裹起来，将块状的石灰装入袋中，起到吸湿的作用，与茶包一起间隔放入缸中，加盖密封储藏。由于这种方法使用起来并不方便，近年来已经不被人们所采用了。

如今大多采用 3 层塑料保鲜袋包装的方法，分层紧扎以隔绝空气，在 10℃ 以下的冷藏柜或冰箱内储藏，即使久贮仍能保持碧螺春的色、香犹如新茶，冲泡后味道依然鲜醇爽口。

（四）庐山云雾

1. 茶树的起源

千古文化名山庐山所出产的云雾茶，以其香爽持久，醇厚而甘甜，历来被茶人视为珍品，庐山自古是宗教名山，佛教极盛，曾有"山上名蓝五百寺"之说，且寺庙多枕山冈，适宜种茶。

传说庐山茶最早为野生茶，后来晋代东林高僧慧远将其发展为人工种植，并以寺中自种的庐山云雾茶款待田园诗人陶渊明及著名隐士刘程之等，写下一段"话茶吟诗，叙事谈经，通宵达旦"的佳话。其后各寺僧侣"攀危崖，越飞泉，竞野茶"，在白云深处，劈崖填谷栽植茶树，采制茶叶，庐山云雾茶自此在世间流传开来。

2. 汉始宋兴

庐山种茶，历史悠久。早在汉朝时，这里已种有茶树。东晋时庐山就是佛教中心之一，当时的名僧慧远，在山上居住期间聚集僧众，

广播佛学，并闲时在山中开辟茶园。唐朝时庐山茶已经远近闻名，唐代诗人白居易曾写下诗篇："长松树下小溪头，斑鹿胎巾白布裘。药圃茶园为产业，野麋林鹤是交游。"

在宋朝时，庐山已有洪州鹤岭茶、洪州双井茶、白露、鹰爪等名茶。北宋诗人黄庭坚的诗"我家江南摘云腴，落碨霏霏雪不如"，由此隐约可推测出宋朝已有云雾茶了。

在明代的《庐山志》中，庐山云雾茶的名称已经出现。由此推出，庐山云雾茶的历史已有四五百年了。

3. 加工工艺

由于独特的地理条件和气候环境，制作庐山云雾的茶树生长缓慢，成熟晚，茶芽在谷雨之后才开始萌发，因而云雾茶的采摘较其他茶叶品种晚一些，一般根据茶园地势海拔的不同，在谷雨和立夏之间开园采摘。采摘标准为一芽一叶初展，采收回来后即摊于阴凉通风处，4~5个小时后开始炒制。

制作工艺共分为杀青、抖散、揉捻、复炒、理条、搓条、拣剔、提毫、烘干、摊凉10道工序。其中，杀青、复炒、理条和搓条均在锅中进行，需要特别注意锅温的控制。茶叶炒至八成干时，将杂质、碎茶、茶梗等剔拣出来，然后将茶叶握在手中，微

微用力使茶条在掌中相互摩擦，芽叶上的茸毛竖起，显露出茸密的白毫，这道工序被称为"提毫"。最后将茶叶烘至含水量为5%~6%时下烘，稍微摊晾即可。

4. 色香幽细比兰花

庐山云雾茶芽肥毫多，条索紧凑，茶色绿润，香气悠扬，汤色清亮，滋味醇厚回甘，叶底嫩绿，以"味醇、色秀、香馨、液清"四绝而闻名，被评为绿茶中的精品。云雾茶茶味浓郁，甘美清爽，酷似龙井，由于庐山云雾弥漫、阴湿多雨，早晚温差大，因此茶树生长缓慢，各种内含物含量增多，不但有益健康，香气也格外出众。《采茶谣》中用"色香幽细比兰花"来赞美云雾茶，也有人喻其为"雾茶吸尽香龙脑"，足见其馥郁芳香给人们留下的深刻印象。

5. 好水泡好茶

古谚曾有"龙井茶，虎跑水""蜜溪水、神潭茶"的说法，证明自古泡茶就十分讲究茶叶与水的搭配。陆羽曾在其名著《茶经》中说道："其水，用山水上，江水中，井水下。"即是说：用庐山中的山泉水冲泡最能体味庐山云雾茶独有的清香淡雅，江河之水次之，井水最为不宜。

6. 仙鸟衔茶籽

关于庐山云雾茶的来历，有个美丽的传说。话说在花果山上当美猴王的孙悟空，整日逍遥自在，山上的仙桃、仙果都吃腻了，忽然想起王母娘娘喝的仙茶，清香味美，于是便想去王母娘娘的茶园中偷些茶籽，种在花果山上，等来年春天就可以喝到仙茶了。可是他不知道茶籽该如何采集，于是就请一群仙鸟帮忙。很快，仙鸟便衔着茶籽向花果山飞来。没想到经过庐山上空时，领头的仙鸟被庐山的美景深深吸引，禁不住唱起歌来，在领头鸟的带领下，其他鸟儿也跟着唱了起来，茶籽纷纷从它们的口中掉落下去，落在了庐山的峰谷间，之后庐山很快生长出茂盛的茶树，用树上的叶子制作出的茶香气扑鼻，滋味醇和清香，最终成为优质的名茶，这就是庐山云雾茶。

7. 声名远扬

品饮着杯中的庐山云雾茶，很多人都会联想到，老一辈革命家朱德同志当年在庐山品得此茶时，有感而发，即兴作诗赞誉云雾茶的品质："庐山云雾茶，味浓性泼辣。若得长时饮，延年益寿法。"

如前所述，庐山中凉爽多雾、泉水流淌、日光直射时间短、昼夜温差大等优越的自然条件，造就了庐山云雾茶叶肥，毫多，富含茶多酚、芳香油、生物碱和维生素等营养成分的特点。因此，庐山云雾茶不仅具有香高持久、浓郁甘醇的特色，还具有帮助消化、杀菌解毒、怡神解泻、延年益寿的特殊功效。自 1951 年进入国际市场以来，云雾茶长期销往中国港澳地区、日本、韩国、英国、德国、美国等众多国家和地区，深受各国人民的认可和欢迎。

8. 品质的鉴别

庐山云雾茶外形好似兰花，芽壮成朵，形如兰花初绽，汤色鲜亮，香味浓郁耐泡，叶底碧绿成朵，舒展从容。鉴别其优秀的品质一般从以下几个方面判断：外形紧结圆直，显毫，即茶叶卷紧而结实，挺直显峰，造型秀美，同时披满茸毛；色泽碧绿而鲜活，油润而富有光泽；香气高而持久；茶汤绿中泛着微黄，鲜艳清透；味道鲜洁爽口，富收敛性；叶底色泽浅绿微黄，明亮匀齐，老嫩、大小、厚薄等均匀一致。

（五）太平猴魁

1. 依山傍水的茶园

"太平猴魁"是中国的极品名茶，茶产于黄山脚下、太平湖畔，尤以猴坑高山茶园所采制的尖茶品质最为出众，因此称为"猴魁"。

太平猴魁优越的产地自然条件，使其保持长盛不衰。茶园大多坐落在海拔 500 ~ 700 米以上的山岭上，面积较大的有凤凰尖、九龙岗、五里培、狮形尖等。"猴岗"一带更是云海缥缈，翠峰叠嶂，登高远眺，依稀可见美丽的"黄山伴侣"——太平湖。这里山高林密，鸟语花香，肥沃的土质和湿润凉爽的气候，滋养着这里的茶树。在树香、花香的熏染下，使得"太平猴魁"的品质在众多茶类中独树一帜。

2. 传奇的"猴茶"

关于太平猴魁的发现在太平百姓中流传着一个神奇的传说。古时候，太平县的猴坑村有一座凤凰山，山势险峻，无路可攀，因此从来没有人上过山，人们只是远远看到山上住着一大群猴子，成群结队地在崖壁缝隙之间攀缘，猴坑村也由此而得名。每年春天，随着徐徐清风的吹送，山下的村民们时常能闻到阵阵清香，只是不明缘故。随着时间的推移，人们慢慢发现原来是山上的茶树萌发香气，于是便开始驯化猴子，利用其善于模仿的习性，教其采茶，每到春天来临便将猴子放上山去，颇通灵性的猴子竟能将鲜嫩的芽叶采回。人们用这些材料制出的茶香气诱人，滋味鲜醇，很快就远近闻名，流传开来。

茶经

太平猴魁的感官分级标准

级别	外形	色泽	净度	汤色	香气	滋味	叶底
极品	扁展挺直，魁伟壮实，两叶抱一芽，毫不多显	苍绿匀润，主脉暗红	匀齐	嫩绿鲜亮	兰花香，鲜高持久	鲜爽醇厚，回味甘甜，独具"猴韵"	肥壮成朵，嫩绿鲜亮
特级	扁平壮实，两叶抱一芽，毫不多显	苍绿匀润，主脉暗红	匀齐	嫩绿明亮	鲜嫩清高，兰花香较长	鲜爽醇厚，回味甘甜，独有"猴韵"	肥厚成朵，嫩绿明亮
一级	扁平重实，两叶抱一芽，毫不多显	绿润	较匀整	黄绿明亮	清高，带有兰花香	鲜爽回甘，独有"猴韵"	嫩匀成朵，黄绿明亮
二级	扁平，两叶抱一芽，少量单片，毫不显	绿润	尚匀整	黄绿明亮	带有兰花清香	醇厚甘甜	尚嫩匀，成朵，少量单片，黄绿明亮
三级	两叶抱一芽，少数翘散，少量断碎，有毫	尚绿润	尚匀整	黄绿明亮	清香纯正	醇厚	尚嫩，欠匀，少量断碎，黄绿明亮

3. 采摘的讲究

太平猴魁的采摘十分讲究，一般在谷雨前后开园，立夏前停采，每3~4天采一批。采摘天气一般选择在晴天或阴天午前（雾退之前），采摘时间较短，每年只有20天左右的时间。一般来讲，每天上午的6~10时进行采摘，即清晨朦雾中上山采茶，雾退即收工。

采茶时还要做到"四拣八不采"。"四拣"是指拣坐南朝北阴山上的茶叶，不拣阳山上生长的；拣高处生长的茶树芽叶，不拣低处生长的；拣生长旺盛的茶树上粗壮、挺直的健枝，不拣细梢弱枝上的叶子；最后是拣取枝上一芽二三叶初展的芽尖。"八不采"是指无芽的不采、大不采、小不采、瘦不采、弱不采、有虫食的不采、色淡的不采、紫芽的不采。

采收回来的鲜叶要再次分拣，即折下一芽二叶和一芽三叶的"芽尖"，挑出肥壮多毫、匀齐一致、叶缘背卷，且芽尖和叶尖长度相等的才能用来制作"猴魁"。上午采、中午拣，上好的太平猴魁必须在采摘当天完成制作。

4. 冲泡出的奇景

太平猴魁的色、香、味、形独具特色，冲泡后可见"刀枪云集，龙飞凤舞"的景象。有"两刀一枪"的景观，即干茶冲泡后每朵茶上都是两个叶环抱一个芽，不弯不曲，平扁挺直，俗称素有"猴魁两头尖，不散不翘不卷边"之称。

其色泽苍绿，叶脉绿中带红，肥厚壮实，满披白毫，含而不露，叶主脉呈绛紫色，如橄榄一般。冲泡后，茶芽挺直成花朵，扁平匀整，两端略尖，汤色明澈嫩绿，滋味醇厚鲜爽，具有"一泡香高，二泡味浓，三泡四泡香犹存"的特点，这也就是人们常说的，太平猴魁独特的"猴韵"。

（六）君山银针

1. 君山岛

君山为湖南省洞庭湖中的一座小岛，与岳阳楼隔湖相望，总面积不到 1 平方千米，由大小不一的 72 座山峰组成。君山茶的茶园就围绕着座座山峰，宛如碧色玉带。

君山古称湘山、洞庭山、有缘山，还有个别号叫"小蓬莱"，自古被视为神仙洞府所在的福地。岛上气候温和，年平均温度为 16~17℃，年平均降水量在 1300 毫米左右，3~9 月间空气相对湿度约为 80%，气候十分湿润。岛上多为沙质土，土壤肥沃，古树参天，竹木丛生。君山四面环水，每到春夏季节，湖水蒸发，云雾弥漫，生态环境十分适宜茶树的生长。

2. 历史悠久的君山茶

君山有着悠久的产茶历史，据说在 4000 多年前，舜帝南巡，二妃娥皇女英赶到君山时，听说舜帝驾崩，瞬时抚竹痛哭，泪洒如雨。后来，二妃将随身所带的茶籽撒于君山，从此君山产的茶中似乎都带着情义。君山茶始于五代，盛于唐，清代纳入贡茶，此后一直作为贡茶。文成公主出嫁时就选了君山茶带去吐蕃。

黄翎毛、白毛尖等名称都是君山茶曾经用过的。君山成品茶芽头健壮，大小匀称，茶芽内面呈金黄色，外面白毫毕显，其包裹坚实，茶芽外形极像一根根银针，因而取名为"君山银针"。

3. 非凡的品质

君山银针是黄茶中最杰出的代表，色、香、味、形俱佳，是茶中珍品。其成品茶芽头壮硕，坚实挺直，芽身金黄，身披银毫，内质毫香鲜嫩，汤色黄亮明净，叶底嫩黄清亮，香气清醇，滋味甘爽。冲泡时，可从清亮的茶汤中看到一根根银针直立向上，几番飞舞后慢慢沉落，最后聚在一起立于杯底，入口时清香醉人，满口芳香。

4. "九不摘"

君山银针的采制要求很高，采摘茶叶的时间只能在清明节前后 7~10 天内，不仅如此，还有 9 种情况不能采摘：雨天不采、露水芽不采、冻伤芽不采、紫色芽不采、开口芽不采、空心芽不采、瘦弱芽不采、虫伤芽不采、过长过短芽不采，此即所谓君山银针的"九不摘"。因为君山银针在采摘技巧和制作方法上有着特别的要求，所以有人把采银针形象地喻为在黑夜里寻找绣花针，一般 500 克鲜芽需要芽头 5 万~6 万个，2 千多克鲜芽大概可制作干茶 500 克，由此可见银针的珍贵。

5. 精工细作

君山银针的制作工艺精巧细致，别具一格。经杀青、摊凉、初烘、初包、复烘、摊凉、复包、足火等工序，历时三昼夜，长达 70 多个小时之久。整个制作工程中对茶叶的外形不做任何修饰，力求保持原状，从色、香、味 3 个方面下足功夫，追求完美。

杀青前要先将杀青锅磨光，茶叶下锅后，轻捞、慢推、上抛、下抖，手法轻柔，动作翻飞。茶叶含水量减至 70% 左右，出锅摊凉剔除碎杂，几分钟后初烘，至茶叶五成干时结束。

初包，即用牛皮纸包成小包，置于木箱内闷黄，40~48 小时后即可松包复烘。初包对于分量、时间、温度、环境等有很多要求，基本完成了银针品质的初步形成。之后依次进行复烘、摊凉、复包、复烘和足火，完成全部制作工序。

6. "三起三落"

冲泡君山银针最好的泡茶用具是玻璃杯，用沸水冲入，5~10 秒钟后，可见茶叶在杯中根根直立，竖悬于汤中，升到水面，之后缓缓下沉，再升再沉。如此往复 3 次，最终簇立杯底，每一芽叶含一水珠，雅称"玉舌含珠"。三起三落，十分有趣。品此茶，在味觉享受的同时，还可体会到绝妙的视觉享受。

（七）祁门红茶

1. "由绿转红"

祁门工夫红茶也被誉为"王子茶"，又简称"祁红"，产于中国安徽省西南部黄山支脉的祁门县一带，素以香高形秀享誉国际。1875 年，祁门红茶创制，以工夫红茶为主。

祁门茶叶早在唐代就已出名，据说，在清代光绪前，这里并不生产红茶，只盛产绿茶。1875年，黟县人余干臣从福建罢官，来到德县尧渡街设立茶庄，模仿"闽红"制法试制红茶；1876年，他再次来到祁门扩大生产和收购，使祁门一带逐渐改制红茶，并大获成功。由于祁红的价格高、销路好，人们纷纷改制，逐渐形成了祁门红茶的规模，距今已有100多年的历史。

2. 祁门香——"春天的芬芳"

祁门位于安徽省南部，这里峰峦叠嶂，山势陡峭，山林密布，土质肥沃，气候温暖湿润。茶园就位于峡谷、丘陵和山坡之上，有天然的屏障遮蔽恶劣的气候，有酸度适宜的土壤和丰富的水分提供营养，汲取天地精华，培育出祁门红茶清新迷人的茶香。

祁红特有的香气，馥郁持久，纯正高远，一直香飘海外。日本茶商称祁红这独特的香味为"醉人的玫瑰香"，欧洲茶商则直接将这难以形容的香气称为"祁门香"。有很多国内外的消费者在品饮祁门红茶时，生动地形容道："在中国的茶香里，发现了春天的芬芳。"

3. 采摘制作

采摘后的鲜叶要经过萎凋、揉捻、发酵，使芽叶由绿色变成紫铜红色，香气透发，然后用文火烘焙至足干。红毛茶制成后，还须进行精制。精制工序复杂，费工夫，经毛筛、抖筛、分筛、紧门、撩筛、风选拣剔、补火、清风等工序而制成。

4. 品饮的方式

祁门红茶可以冲泡数次，每次的口感都略有不同，细饮慢品，体味茶之真味，方得茶之真趣。清饮最能品味祁红的悠扬香气，冲泡工夫红茶时一般要选用紫砂茶具、白瓷茶具或白底红花的彩瓷茶具。祁门红茶还可加入牛奶或糖等调饮，口味另有变化。祁红的口味浓郁悠长，即使添加奶或糖也不失红茶的香醇。将鲜奶倒入红茶中，杯中会呈现淡粉红色，奶茶相融，形色优美，为其他红茶所不及。春天饮祁红最宜，下午茶、睡前茶也很合适。

5. 扬名天下

祁门红茶是中国传统工夫茶之一，其条索紧细秀长，汤色红艳明亮，特别是其香气清新芬芳，馥郁持久，似蜜糖香，隐伏果香，又蕴藏有兰花香，口感醇厚，汤中带香，香中伴甜，回味隽永。祁门红茶自1875年问世后不久就享誉国际市场，成为中国传统的出口珍品。

仅有 100 多年历史的祁门红茶，在全球种类众多的红茶中，已然独树一帜，长盛不衰，以其"形美、色艳、香高、味醇"的四绝在国际市场上占有重要的地位。在国际茶人的认同和推崇下，中国的祁门红茶与印度的大吉岭茶和斯里兰卡乌瓦高地茶并列为世界上最出众的三大高香红茶。

（八）安吉与溧阳白茶

1. 以白茶为名

安吉白茶产自浙江省安吉县的山河、章村、溪龙一带。溧阳白茶产自江苏省溧阳市天目湖的田家山、玉莲、玉枝、食思园、苏园及北山的曹山等地。因气候、土壤得天独厚、湖山秀美，茶质细腻滑润，如脂如玉，又名"玉蕊茶"。白茶虽然叫作白茶，但并非白茶，而是按照绿茶工艺制作而成的烘青绿茶。

专家研究发现，白茶合成叶绿素的基因对温度变化十分敏感。早春时节，气温较低，刚刚开始发芽的茶树叶合成叶绿素的途径受到阻碍，因此叶片呈现为白色，当气温上升至 25℃ 以上时，合成叶绿素的基因活跃起来，叶片即由白转绿，与普通茶树无异。因此，真正的安吉、溧阳白茶都是在早春时节采摘。

2. 白茶的采摘

优质白茶通常在谷雨前后开始采收，即采即炒。茶树蓬面开展，达到每平方米有 10~15 个芽时，即可采摘。茶叶采摘应分批多次进行，做到早采、嫩采、勤采、净采、不漏采。采摘标准为芽苞和一芽一叶，要求芽叶成朵，大小均匀，轻采轻放，用竹篓盛装、竹筐储运，防止重力挤压。通常炒制 1 千克的高档白茶需要采摘约 6 万个芽叶。

不同的鲜叶芽叶的大小、茎梗的粗细、叶张的薄厚、颜色的深浅以及水分含量多少都不一样，在采摘的同时，要将鲜叶分开。即幼龄茶叶与成年茶叶分开；长势不同的鲜叶要分开；晴天叶与阴天叶要分开；阳坡茶叶与阴坡茶叶分开；清晨采的与下午采的茶叶分开。

3. 制作工艺

鲜叶采回后，需经过筛青、簸青、拣青、摊青的"四青"处理。"筛青"和"簸青"即用谷筛和畚斗通过筛、簸的动作除去老叶片、茎梗、杂质、单片和鱼叶；"拣青"是分拣过大的芽叶，使芽叶大小均匀，保证品质；"摊青"要避免阳光直射，防止发热变色，其目的是散发青气，蒸发部分水分，利于茶叶成形和品质的提高。经过"四青"处理后炒制出来的成茶，细嫩光滑，色泽金黄，香气高长。之后就可以进行炒制了，主要工艺有杀青、清风、压片和干燥。杀青，即通过高温破坏茶叶中酶的活性，使鲜叶内含物迅速转化。操作时要把握茶叶的湿度和温度以及投叶量、时间和手法等。

清风，即用畚斗簸扬杀青叶 10~15 次，清除碎片，降温保色。然后将清风后的芽叶均匀地摊散开，用双手用力按压，使芽叶全部变成扁片状。最后在烘笼中进行干燥。烘至茶香显露，手捻即碎时起烘摊凉。

4. 养生茶

经过测定，由于出产安吉、溧阳白茶的茶树具有代谢机能的特异性，氨基酸的生成量也比其他一般绿茶含量高出 2~3 倍，其氨基酸的最高含量达到 9%，茶氨酸有利于提高人体的抵抗力，对提高记忆力、降血压、降脂减肥、养肾护肝等都有明显的药效。安吉、溧阳白茶茶多酚的含量在 10%~14%，仅为普通茶叶的一半。这种罕有的高氨低酚构成既是安吉、溧阳白茶香气鲜浓、口味柔和的基础，也是其良好的养生保健作用的根本。

5. 品质鉴别

鉴别安吉和溧阳白茶品质的优劣可以从以下几方面进行：首先，察看茶叶。茶叶外形匀整舒展，毫多肥壮，叶边呈锯齿状，上翘且不断碎，叶面灰绿，毫色银白有光泽，不含枳、老梗、老叶及腊叶，此即为上品。毫芽瘦小稀少，色泽为翠绿，叶片折贴弯曲的，品质次之；叶张老嫩不匀，色呈草黄或黑红无光泽，含有杂质的，则品质最差。其次，闻茶香。香气浓显、清鲜纯正的则为上品；香气淡薄，有异味、焦味、酸味、失鲜或发酵感的均为假茶。然后是审茶汤。茶汤呈杏黄色，清澈明亮，滋味鲜爽醇厚，微苦带甘，饮后口喉甘润的为上佳；汤色暗绿或泛红，口味淡薄、粗涩的品质则较差。最后是评叶底。仔细观察冲泡后的叶底，匀整、软亮、毫芽肥壮的为上品；硬挺、含杂质、暗红、焦叶红边的为差。

这种趁叶白而采制成绿茶的白茶，原产于浙江安吉，后引种到各地，江苏溧阳是引种最成功的后起之秀。

（九）武夷岩茶

1. 仙人亲手栽

武夷岩茶产于闽北的武夷山，茶树生长在岩缝之中，故被称为"武夷岩茶"。武夷岩茶属于半发酵茶，制作方法融合了绿茶和红茶的制法，同时具有绿茶的清香和红茶的甘醇，是中国乌龙茶中的极品。

传说，武夷山出产的茶原本不是人工种植的，而是由山里的仙人栽种而成。相传很久以前，武夷山中住着一位老者，常年以采药治病为生。因为他心地善良，常为乡民免费治病，而深得乡民们的敬重。一年盛夏，村中突发瘟疫，众多村民染病。老翁为医治村民四下寻药，终于在一处悬崖峭壁上发现几株药草，于是攀上采摘，不慎失足掉下悬崖昏死过去。突然一阵清风掠过，一位鹤发童颜的仙人飘然而下，将老者带入一处山洞，洞中有一株仙树，仙人将此仙树赠予老者，并指点他采摘此树上的叶子，带回村中，将其捣碎让村民服下。果然，全村的病人很快痊愈，人们感念仙恩，也为了让后人知道武夷山茶树的来历，便在第一株茶树生长的岩壁上刻下"茶洞"两个大字。

2. 高人精心制

武夷岩茶的制作可追溯到汉代，经过历代的发展沿革而成，至清代达到鼎盛时期。武夷岩茶是由武夷山独特的生态环境、气候条件和精湛的传统制作技艺造就的，其传统制作流程共有晾青、做青、杀青、揉捻、烘干、毛茶、归堆、定级、筛号茶取料、拣剔、筛号茶拼配、干燥、摊凉、匀堆、装箱、产品茶等十几道工序，环环相扣，缺一不可，其细致繁复为武夷岩茶所独有。

武夷岩茶的制作方法，汲取了绿茶和红茶制作工艺的精华，加上特殊的技术处理，使其独特的岩韵更加醇厚突显。这是武夷山历代茶他有异味的食品共同存放。符合上述存放条件，一般的武夷岩茶可保存 1~2 年，仍能保持原有的品质。

如要陈化传统方法发酵的岩茶，想要收藏更久最好选用专门的茶桶，在桶内先铺上一层具有吸附湿气和异味能力的生石灰或竹炭，再将茶叶包好放在上面，密封起来，可存放数年，陈化出别有风味的陈茶。

（十）武夷大红袍

1. 贡茶披红袍

武夷大红袍，产于福建省武夷山，是中国茗苑中的奇葩，是岩茶之王，更有"茶中状元"之称，堪称国宝。传说，天心寺的一位高僧用九龙窠岩壁上的茶树芽叶制成的茶汤，治好了一位皇官的疾病，这位皇官便将自己身上所穿的红袍脱下，盖在茶树上以示感谢。此后，被红袍盖过的几株茶树被染，远远望去通树艳红似火，犹如披着红色的袍子，"大红袍"由此而得名。从此，大红袍便成了贡茶。

2. 采摘仪式

清明节前，惊蛰之日，大红袍树下将举行一年一度的采摘仪式。这个采摘仪式在武夷山由来已久，真正有文字记载是在唐代。这种习俗从唐、宋、元、明、清代代相传下来，在元代达到鼎盛。

每年采茶时，在武夷山修建的一座御茶园内，由一位德高望重的茶农来主持采摘仪式，茶工、茶农、茶师和村民百姓都集聚到那里敲锣打鼓，抬着山神、水果、牲畜等贡品前来贡茶，并在口中齐喊："茶发芽！茶发芽!"久而久之便形成了这个武夷山特有的采摘仪式。

3. 浓浓桂花香

武夷大红袍属于品质特优的"名枞"，石壁和岩间滴水的独特生长环境使其具有独特的药效和卓越的品质，更润生出其浓郁的桂花香气。成品茶香气浓郁，滋味醇厚，饮后齿颊留香，经久不退。大红袍很耐冲泡，经过 9 次冲泡后，仍不失原茶真味和浓浓的桂花香，故被誉为"武夷茶王"。

4. 天价的"茶中之王"

武夷岩茶是中国十大名茶之一，系乌龙茶之鼻祖，更是乌龙茶中之珍品。大红袍则是武夷岩茶之王，以其稀贵而备受瞩目。历史上的大红袍很稀少，如今得到举世公认的仅有武夷山九龙窠岩壁上的 6 株而已，年产量不过几百克。由于产量的稀少，这 6 株茶树被视为稀世珍宝，所产茶叶自然也是身价不菲。

曾经有人把真正的九龙窠大红袍茶拿到市场上拍卖，仅 20 克干茶，竟拍出 18.68 万元的天价，从而创造了茶叶单价的最高纪录，故此大红袍被人们誉为天价的"茶中之王"。

5. 真假大红袍

喜欢大红袍的人都知道，大红袍生长在九龙窠的岩壁之上，仅有 6 株，产量极为稀少，因此很多茶人误认为市场上出售的大红袍大多是假冒伪劣产品，不足取。但是很多大红袍的产品包装上都有国家认证和许可出售的标志，究竟孰真孰假，现今的茶叶市场上有没有真的大红袍等问题令很多茶人感到迷惑。

首先需要了解的是，大红袍是茶树品种的名称也是茶名，不能等同而议。大红袍茶不仅生在九龙窠，据资料记载，武夷山上的天游岩和珠帘洞两处也有此茶，"当代茶圣"吴觉农在北斗岩也发现过大红袍。从植物学角度来说，只要具备与母本同样的性状特征，无论繁衍多少代都与母本具有同样的品种意义，除非品种发生变异，不存在品质下降的现象。事实上，现代的制作工艺和技术条件以大红袍茶树为原料制成的成品茶质量完全可以与母本茶相媲美。现如今市场上出售的大红袍，一部分是由母本大红袍的后代制作而成，一部分是采用多种优质岩茶为原料拼配而成，只是质量良莠不齐，购买时需要加以品鉴识别。

（十一）白毫银针

1. 白茶珍品

白茶属轻微发酵茶，白茶是中国的特产，新白茶是出现较晚的一种茶类。主要产于福建省的福鼎、政和、松溪和建阳等县，台湾地区也有少量生产。其主要品种有白毫银针、白牡丹、贡眉、寿眉等。白茶具有银白多毫，芽头肥壮，汤色黄亮，滋味鲜醇，叶底嫩匀等特点。尤其是白毫银针，全都由披满白色茸毛的芽尖制成，形状挺直如针，汤色浅黄，鲜醇爽口，饮后令人回味无穷，是白茶中的精品。

由于白毫银针中氨基酸的含量比普通茶叶高一倍，而茶多酚又比普通茶叶低一半，且只能每年春季采摘一次，因此产量稀少而价格昂贵。因白茶性温凉、健脾胃，具有退热降火等功效，一直深受港澳地区、东南亚和欧美等国家消费者的喜爱。

2. 北路银针

福建福鼎所产的银针白毫被称为"北路银针"，茶树品种为福鼎大白毫。北路银针显银白色，外形优美、芽头肥嫩、茸毛松厚，汤色碧青，呈杏黄色，香气清淡，滋味清新。根据采摘时间和气候的不同，这种大白毫可精制成金针王、茶王、白珍珠、白雪花等名贵茶叶。

3. 南路银针

福建政和所产的银针白毫被称为"南路银针"，茶树品种为政和大白毫。南路银针呈银灰色，外形粗壮，芽瘦长、茸毛略薄，光泽较差，香气清鲜，滋味略显浓厚。根据采摘时间和气候的不同，政和大白豪可精制成绿金针和银针等名贵茶叶品种。

4. 形如其名

白毫银针，形如其名，正是因其芽头肥壮，芽长近寸，全身披满茸毛，色白如银，外形圆紧纤细如针，故而得此"白毫银针"的雅号。

白毫银针冲泡后，稍许便可见针针直立，忽上忽下，争相沉浮。茶汤呈浅杏黄色，清澈透亮，香气清鲜，闻来沁人心脾，品来毫香显露，醇厚回甘，其滋味因产地不同而略有不同。

5. 制作方法

白毫银针是世博十大名茶之一，白茶中的珍品。不仅因为其主要产地只有福建的福鼎和政和，茶树品种只限于福鼎大白茶、福鼎大毫茶和政和大白茶，产量十分有限，更因为其遍披白毫、挺直如针、清鲜甘醇的特质。正是独具特色、精湛细致的制作工艺才造就出白毫银针的超群品质。

首先是银针的采制，以春茶采摘的第一、二轮顶芽品质为最佳，夏茶由于气温高、抽芽快，品质达不到银针制作的要求。采摘时要选择晴朗、刮东北风的天气，这种天气气温高、湿度低，利于鲜叶的干燥。雨天或雾天采制的银针颜色容易发黑，不鲜活，茶农形象地称之为"死针"。

银针的加工需要经过摊晾、烘焙、剔拣、复焙等几个主要步骤，每一步都要精工细作。如进行摊晾时，茶芽铺放要薄而匀，不能重叠，否则被叠在下面的茶芽就会变黑；烘焙时不能翻动，否则芽叶会因损伤而变红等。

6. 品质区分

白毫银针的等级主要从色泽、香气、滋味和叶底4个方面来区分，可分为3个级别。鉴定方法为：取3克茶叶用150毫升沸水冲泡，浸泡5分钟后对色、香、味和叶底等各项一一进行审评。

当年采制的白毫银针，以毫心肥壮、银白闪亮的第一、二轮春茶的顶芽为最佳，第三、四轮之后采摘的芽叶大多短而瘦小、颜色灰白，品质次之。

7. 冲泡方法

白毫银针的冲泡方法与绿茶基本相同，但因其未经揉捻，茶汁不易浸出，冲泡时间宜略长。一般每3~4克银针可冲入200毫升沸水。

茶芽最初浮于水面，约5分钟后，部分沉落，部分悬浮，此时，可见银针挺立，上下交错，非常美观。约10分钟后，茶汁被浸出得较为充分，汤色黄亮清澈，口感清香甜爽，恰好饮用。边观赏杯中景，边品饮清香味，顿时尘俗尽去，意趣盎然。

白毫银针的感官分级标准

级别	外形	色泽	净度	汤色	香气	滋味	叶底
特级	肥壮挺直，毫密	银白闪亮	洁净	淡绿清亮	清高持久	鲜爽	幼嫩肥软，匀亮
一级	圆浑壮直，毫显	鲜白匀亮	尚洁净	浅黄明亮	清醇持久	鲜爽	黄嫩柔软，匀亮
二级	圆直紧实，毫长	灰白黄亮	匀净	泛黄尚亮	鲜醇浓郁	鲜醇，温润	黄嫩松软，尚整

8. 尧母植仙茶

传说福建福鼎的大白毫是由尧帝的母亲亲手栽培的仙茶的后代。很久以前，尧帝带着自己的母亲在海上航行时遇到风暴，迷失了方向。船在海上漂了几天，直到太阳出来雨雾散去，眼前出现了一座大山，青山高耸入云，植物茂密，尧帝大喜，立即带着老母登陆游览。山上景色秀丽，气候宜人，于是母子二人便在山中住下。

一日，在山上散步的尧母在岩壁的夹缝中发现了一株芽叶葱绿、满披白色茸毛并散发出阵阵香气的茶树，将叶片放入口中，顿觉甘津滋生，令人身心舒畅。从此尧母十分爱护这株茶树，精心灌溉，并用此作为药材为百姓祛除病痛，人们称之为"仙茶"。年复一年，尧母教会了百姓种植这种茶树，用它制成的茶果真成为非同寻常的品种，代代相传下去。

（十二）白牡丹

1. 白牡丹茶的由来

白牡丹属白茶类，其形似花朵，绿叶夹白色毫芽，冲泡之后碧绿的叶子衬托着嫩嫩的芽叶，形状优美宛若蓓蕾初开，故名"白牡丹"。

白牡丹茶

2. 产地分布

为福建特产。1922 年白牡丹茶创制于大湖地区，同年政和开始栽培，成为主产区。19 世纪 60 年代，松溪县一度盛产白牡丹茶，如今产区主要分布于福建的政和、建阳、松溪、福鼎等县。

3. 制作工艺

制造白牡丹的原料主要为政和大白茶和福鼎大白茶两种茶树的芽叶，有时采用少量水仙品种茶树芽叶供拼配之用，选取毫芽肥壮、洁白的春茶加工而成。白牡丹不经炒揉，只有萎凋和焙干两道工序，其制作关键在于萎凋。

萎凋根据气候而灵活掌握，以春秋晴天或夏季不闷热的晴朗天气，采取室内自然萎凋或复式萎凋为佳。烘焙则是在拣除梗、片、蜡叶、红张、暗张后进行，宜以火香衬托茶香，更能显香露毫，使汤味鲜爽。

4. 品质特征

白牡丹采自大白茶树或水仙品种茶树的短小芽叶新梢的一芽一二叶制成，是白茶中的上乘佳品。采自大白茶树的肥芽制成的白茶则是前文介绍的"白毫银针"，也是白茶中名贵的品种。

白牡丹的感官分级标准

级别	外形	色泽	净度	汤色	香气	滋味	叶底
白牡丹王	幼嫩肥壮，毫心多，茸毛密，叶缘垂卷，匀整	灰绿或翠绿，毫色银白	匀净	杏黄色，清澈明亮	鲜爽，毫香浓显	醇厚，清甜鲜爽	叶色黄绿，柔软鲜亮
高级	叶尚嫩，毫显，茸毛尚浓，叶缘略卷，匀整	灰绿或翠绿，毫色银白	洁净，无老梗、枳及腊叶	淡杏黄色，清澈	醇爽，有毫香	尚醇厚，纯正清甜	叶色灰绿，尚嫩欠匀
一级	叶张较肥嫩，毫心瘦露，叶缘粗卷，尚匀整	灰绿欠匀，毫较白，有黄绿及暗红片	尚净，有少数嫩绿片、轻片	淡杏黄色，尚清澈	纯正，略有毫香	尚醇厚，较清鲜	叶色杂绿，粗嫩欠匀
二级	叶张粗卷，稍折皱，欠匀整	黄绿夹红或枯绿暗杂	夹杂腊叶	淡杏黄色	带青气	平淡，味粗	叶色暗杂，叶质较粗

二、华南茶区名茶

"江南生鄂州、袁州、吉州"

——《茶经·八之出》

华南茶区是我国四大茶区中最南的一个，产茶历史悠久，是我国乔木型及小乔木型茶树品种最适生长区和最佳经济栽培区之一。主要茶类有红茶、黄茶、青茶（乌龙茶）、绿茶及黑茶五大类，名茶花色品目比较多。

1. 地理特征

华南茶区南部属热带季风气候，最主要的特点是高温多雨，长夏无冬。年平均气温为 19~22℃，最低月份（1月）平均气温为 7~14℃。年降水量是 1200~2000 毫米，为中国茶区之最。茶树年生长期达 10 个月以上。

茶区北部属亚热带季风气候，最主要的特点是温暖湿润。全年只有春、夏、秋 3 个季节：春季多雨；夏季热而长，多台风暴雨；秋季雨水较少，较为干燥。年均降水量在 1500 毫米以上，主要降水集中在 5~10 月，占年降水量的 70~80%。

2. 茶树品种

华南茶区茶树品种资源比较丰富，主要有乔木型和小乔木型的大叶种，少数地区也有灌木型小叶种的分布。乔木茶对环境要求很高，需要在没有污染、天然纯净的自然环境中才能孕育出品质优良的大叶种乔木茶。这类品种植株十分高大，主干分明且粗壮，分枝部位高，叶片大，结实率低，所以茶叶的采摘比较困难，价格也比较昂贵。

3. 代表名茶

华南茶区因其适宜的气候环境和肥沃的土壤条件，茶叶产区分布广泛，盛产的名茶也是不胜枚举，如产于广东潮州的凤凰单枞、英德的英德红茶、仁化县的仁化银毫茶、福建省安溪的铁观音、武夷山的大红袍、福鼎的贡眉、永春县的永春佛手、广西凌云县的凌云白毫、苍梧县六堡山区的六堡茶、桂林的毛尖等。

（一）铁观音

1. 主要产地

在福建省的安溪县，出产一种出名的乌龙茶——铁观音。铁观音又称闽南乌龙，是乌龙茶中的珍品，兼有红茶和绿茶的品质特点，原产于福建省南部安溪县西坪镇，是中国的国茶和世界名茶。铁观音发现于清雍正四年（1725年）前后，后被传播到中国台湾、香港、澳门地区，以及越南、泰国、印度尼西亚、新加坡等国家。

2. 乌龙茶的代名词

铁观音发现于清雍正四年（1725年）前后。安溪县西坪尧阳松林头村，有一老农姓魏名饮，笃信佛教，每日以香茶敬奉观音。忽一夜，梦神点化，次日劳作时路过王府官石壁洞，发现崖岩石缝间有一棵茶树，生长苗壮，便挖回园中，精心栽培。翌年采得一斤多茶青，制干后泡饮，香韵非凡，滋味甜滑甘爽，冲泡多次仍有余香，人们便竞相压条繁殖引种，铁观音之茶名也渐渐传来。后来，此茶被传播到中国台湾、香港、澳门地区，以及越南、泰国、印度尼西亚、新加坡等国家。近些年逐渐成为享誉世界的名茶。尤其是日本市场，铁观音几乎被看作是乌龙茶的代名词。

3. 优越的自然环境

安溪位于福建戴云山东南坡，境内按照地形地貌的不同，分为内外安溪，而铁观音主要产在两部的"内安溪"，其产量占全县茶叶总产量的80%。这里群山环抱、峰峦叠嶂、云雾缭绕，年平均气温在15~18℃，土层深厚，特别适宜茶树的生长。

4. 七泡有余香

优质铁观音条索卷曲，紧实呈颗粒球状，色泽鲜润，叶表带白霜。其茶汤色泽金黄，浓艳清澈，叶底肥厚，具有丝绸般的光泽。茶汤醇厚甘鲜，入口甘甜略带蜜香，香气浓郁持久。

近年来，国内外试验证明，安溪铁观音所含的香气成分种类最多，而且中、低沸点的香气成分所占比重大于其他品种的乌龙茶。因此，安溪铁观音以其独特的香气令人心醉神往，享有"七泡有余香"的美誉。

5. 加工制作

安溪铁观音属于部分发酵品种，它的制作融合了红茶发酵和绿茶不发酵的特点。铁观音的加工制作十分复杂，制成的茶叶要颗粒紧结，色泽乌润，好的铁观音制成后还会凝成一层白霜，冲泡后，具有天然的兰花香，滋味浓郁。

铁观音制作的第一步是尽可能采回新鲜完整的叶片，而后对其进行晾青、晒青和摇青。摇青是制作中最为重要的工序，茶叶通过摇动旋转产生碰撞，从而激活了芽叶内部酶的分解，散发出独特的香气。就这样，直到茶香自然散发，香气浓郁时进行杀青、揉捻和包揉处理，待茶叶蜷缩成颗粒状，再进行焙干、筛分和拣剔，最后制成成茶。

6. 品质鉴赏

铁观音品鉴的方法首先是听声，优质的铁观音紧实叶重，取几粒投入壶中，清脆有声。其次观色，冲泡后汤色金黄明艳，清澈纯净为上品，汤色暗红的则次之。最后是闻香，铁观音与其他茶种最大的区别在于其独特的兰花香，冲泡后仅闻杯盖即有扑鼻的兰花香，高雅、含蓄、渗透力强，令人印象深刻。品鉴铁观音的品质应以冲泡出来的香气为准。茶汤呈金黄的琥珀色，叶底多为三叶一支，且软嫩肥厚，富有光泽。

高档的铁观音入口爽滑、不苦或微苦，无明显涩感，轻啜后顿觉茶香四溢，喉头回甘，口感饱满醇厚。

7. 铁观音的"音韵"

铁观音的品质特色除外形特征以外，尽可以用具有"音韵"来概括。"音韵"的全称是"观音韵"，无此不成铁观音。铁观音冲泡后，香气扑鼻，汤色同绿豆水，滋味鲜美，令人回味，而"音韵"就是来自铁观音特殊的香气和滋味。铁观音的香气馥郁清高，鲜灵清爽，犹如空谷幽兰，滋润心脾，令人兴致盎然；铁观音入口，醇厚鲜香，顺喉咙滑下，清爽甘甜，余味无穷，烦恼顿失。有人说，品饮铁观音中的极品——观音王，有超凡入圣之感，仿佛羽化成仙，将一切俗事抛之脑后，这至真至妙的感受恐怕就是人们将铁观音独特的风韵命名为"观音韵"的来历。

铁观音的感官分级标准

级别	外形	色泽	净度	汤色	香气	滋味	叶底
清香型特级	肥壮、圆结、重实	翠绿润、砂绿明显	洁净	金黄明亮	高香、持久	鲜醇高爽、音韵明显	肥厚软亮，匀整、余香高长
清香型一级	壮实、紧结	绿油润、砂绿明显	净	金黄明亮	清香、持久	清醇甘鲜、音韵明显	软亮、尚匀整、有余香
清香型二级	卷曲、结实	绿油润、有砂绿	尚净，稍有细嫩梗	金黄	清香、持久	清醇甘鲜、音韵明显	软亮、尚匀整、有余香
清香型三级	卷曲、尚结实	乌绿、稍带黄	尚净，有细嫩梗	金黄	清醇	醇和回甘、音韵稍轻	尚软亮、尚匀整、稍有余香

级别	外形	色泽	净度	汤色	香气	滋味	叶底
浓香型特级	肥壮、圆结、重实	翠绿、乌润、绿明	洁净	金黄、清澈	浓郁、持久	醇厚鲜爽、回甘、音韵明显	肥厚、软亮匀整、红边明显、有余香
浓香型一级	较肥壮、结实	润、砂绿较明	净	深金黄、清澈	浓郁、持久	醇厚鲜爽、回甘、音韵明显	尚软亮、匀整、有红边、稍有余香
浓香型二级	较肥壮、结实	乌绿、有砂绿	洁净、稍有细嫩梗	橙黄、深黄	尚清高	醇和鲜爽、音韵稍明	稍软亮、略匀整
浓香型三级	卷曲、尚结实	乌绿、稍带褐红点	稍净，有细嫩梗	深橙黄、清黄	清醇平正	醇和、音韵轻微	稍匀整、带褐红色
浓香型四级	卷曲、略粗	暗绿、带褐红色	欠净，有梗片	橙红、清红	平淡、稍粗飘	稍粗味	欠匀整、有粗叶和褐红叶

8. 加工工艺

通过传统工艺加工制作出来的安溪铁观音，具有外形卷曲，乌润砂绿，香气浓郁，滋味醇厚等特点，传统工艺铁观音发酵率达 30% 以上；而通过新工艺加工制作出来的铁观音，则具有外形圆实、色泽翠绿、香高持久等特点，其发酵率均低于 30%。

近几年来，随着气候环境的变化，平均气温的升高，尤其是安溪内陆乡镇变化明显，加速了安溪铁观音加工工艺上的变化和发展，其传统加工工艺（即浓香型）铁观音一度被新型加工工艺铁观音（即清香型）所代替。

9. 采摘

安溪铁观音一年四季均可采制。谷雨至立夏时节采摘制作的为春茶；夏至至小暑采摘制作的为夏茶；立秋至处暑采摘制作的为暑茶；秋分至寒露采摘制作的则为秋茶；个别地方由于气温较高，还可采得一季冬茶。

四季茶中，制茶品质以春茶、秋茶为最好，夏茶次之。鲜叶采摘必须在形成芽后、顶叶刚展开时，采下二三叶。采摘时不能折断叶片，不能折叠叶张，不能碰碎叶尖，不能带有单片、鱼叶和老梗。生长在不同地区的茶树，鲜叶要分开采摘，采回的鲜叶要尽量完整新鲜，然后再精工细作，制成铁观音成品茶。

10. 品饮方法

安溪铁观音茶的泡饮方法别具一格，独成一家，十分讲究"工夫"泡法。总的来说，水以泉水为佳，炉以炭火为妙，茶具以小为上。置茶量约为茶壶的一半，使用沸水高冲法，冲泡时间以 1~3 分钟为好。品饮时先观汤色，再闻茶香，最后细啜入口，边啜边闻，浅斟细饮，饮罢齿颊留香，口喉回甘，心旷神怡。

冲泡可分为 8 道程序进行，分别是白鹤沐浴（洗杯）、观音入宫（落茶）、悬壶高冲（冲茶）、春风拂面（刮泡沫）、友好往来（倒茶）、一一拜谢（点茶）、鉴尝汤色（看茶）和品啜甘霖（喝茶）。

（二）冻顶乌龙

1. 冻顶茶

冻顶茶是台湾地区所产乌龙茶的一种，原产于中国台湾南投鹿谷乡的冻顶山，采自青心乌龙品种的茶树上茶叶，属中度发酵轻焙火型茶。冻顶为山名，乌龙为品名，"冻顶乌龙"的茶名便由此而来。冻顶乌龙在中国台湾极负盛名，广受欢迎，被品茗人士推崇为中国台湾的"茶中之圣"。

2. 冻顶山

冻顶乌龙茶的主产地冻顶山是凤凰山的支脉，位于海拔 700 米左右的高岗上。由于此茶生长于海拔较高的山顶，那里冬季气温较低，中国台湾的茶农们穿草鞋上山采茶时，会冻到脚趾尖，所以人们称此山为"冻顶山"，冻顶山出产的乌龙茶便被称为"冻顶茶"。

3. 采制方法

冻顶乌龙的春茶多采于清明节后谷雨节气前，冬茶采于立冬前后，受全球气候变暖的影响，春茶的开采日需逐渐提前，冬茶则需逐渐推迟。采摘标准为一芽二叶，采折点以靠近上缘叶为宜。采摘在午后进行，最有利于提高成茶的品质。

掌握好杀青的程度对于制作优质的冻顶茶至关重要。程度轻不易产生茶香，茶汤容易苦涩；程度重则容易"只闻其香，不见其味"。阴天晒青需要人工设备辅助，光照强烈的天气则需遮荫。之后进行"摊青"和"摇青"，起到干燥和发酵的效果。"炒青"要求高温快炒，多翻揉、少复炒，这样才能更好地保留茶香、茶味。最后是焙茶，焙茶室要大小适中、干净无异味、通风良好、温度适宜，烘焙温度和时间长短根据茶叶品质的变化灵活调整。

4. 外观内质

品质优异的冻顶乌龙茶，其外观内质的特点表现为：外形卷曲呈条索状，条索紧结整齐，色泽墨绿油润，并带有类似青蛙皮般的灰白点，干茶具有强劲浓郁的芳香。

冲泡后，茶香浓烈，香气中有隐隐的桂花香且略带焦糖的甜香，茶汤呈金黄色且澄清明澈，叶底嫩柔透明，叶中部呈淡绿色，边缘呈锯齿状带红镶边，滋味甘醇浓厚，口感圆滑光润，口齿生津，回甘强，且经久耐泡。

5. 品级的评定

根据成茶品质和采制时间的不同，冻顶乌龙一般可以分为特选、春、冬、梅、兰、竹、菊共 7 个等级。评比的内容首先包括干茶的外形、条索是否紧结、颜色是否新鲜带有光泽、芽尖毫白是否匀整无杂等。

开汤后，先闻香气的浓淡、高低、清浊、纯杂，以及是否带有焦、烟、腥、霉等异味；再观汤色及是否清澈光亮；待茶温降至 40~45℃时，再品鉴茶汤滋味之浓淡、甘苦、纯杂以及刺激性、收敛性等；最后将茶汤倾倒，分辨叶底的色泽、老嫩、开展程度、完整程度等。

（三）茉莉花茶

1. "人间第一香"

茉莉花，原产自波斯，汉代传入中国，已有 1700 多年的历史。它是一种花色洁白、叶色翠绿、小花型花卉，花小素淡，芬芳怡人。茉莉花兼有梅花的清芬、兰花的幽雅和玫瑰的甜郁，与兰花、桂花并称三大香祖，并享有"人间第一香"之美誉。

茉莉花茶，是茶中加入茉莉花朵熏制而成的，自古被视为熏花茶中之名品。在茶与茉莉花的熏制过程中，融茶的清香和花的芬芳为一体，茶叶充分吸收花香的成分，泡出的茶水既有茶香，又有花香，从而成为不可多得的茶中美味。

茉莉花茶是花茶中的主要产品，历史悠久，备受欢迎，流传广泛，这是由于其品质特点是茉莉花香浓郁、洁白宜人，冲泡和饮用过程中，满室飘香，能够给人带来身心愉悦的感受。

2. 品质特点

要分辨出市场上出售的茉莉花茶品质是否优秀，可以从干、湿两个方面来比较判断。

首先看干茶：以福鼎大白毫幼嫩的芽叶加工制作出来的高级烘青绿茶，工艺标准要求要达到 6~8 个熏次，才可以称得上高级茉莉花茶。其形状多样，有圆形、扁形、针形、弯曲形、瓜子形等不一，但都完整洁净、银白闪亮、色泽嫩黄、多茸毫。需要注意的是，经过多熏次的茉莉花茶，茸毛会有少量脱落，而熏次少的才可能茸毛完整。干茶的香气清香扑鼻，闻起来有鲜、浓、醇、厚的特点。干茶的水分标准为7%~8%，水分超标的茉莉花茶不但重量增加，香气闻起来也鲜活许多，这种茶叶买回家就会发现冲泡开并不像闻起来那么香，而且很容易发霉变质。

其次是湿看：取3克样茶冲泡品尝。高档茉莉花茶冲泡出来的香气高、长、厚，芬芳浓郁，香气持久，滋味醇厚清爽，回味甘甜，满口生香。

最后别忘记看叶底，高档茉莉花茶叶片完整均匀，芽叶肥嫩，无杂物。

3. 冲泡方法

高档的茉莉花茶宜用玻璃杯或盖碗进行冲泡，水温在80~90℃为佳；中档的茉莉花茶，如银毫、特级、一级等，宜选用带盖瓷杯或盖碗进行冲泡，水温越高越好，以接近100℃为佳。通常茶和水的比例在1：50，冲泡时间为3~5分钟。茉莉花茶的具体冲泡步骤有：备具—烫盏—置茶—冲泡—闻香—品饮—欣赏。

茉莉花的感官分级标准

级别	外形	整碎	净度	色泽	茶汤	香气	叶底
特级	条索紧直，略显毫	匀整	匀净	黄绿润泽	汤色黄绿明亮，滋味醇爽	鲜浓	嫩匀，黄绿明亮
一级	条索紧实	尚匀整	尚净	黄绿尚润	汤色黄绿尚亮，滋味醇和	尚鲜浓	嫩尚匀，黄绿尚亮
二级	条索尚紧	匀齐	尚净，含嫩茎	尚黄绿	汤色黄绿欠亮，味尚醇和	尚浓	尚匀，黄绿
碎茶	条索细小重实	大小均匀	含碎梗	绿黄	汤色黄稍暗，滋味尚醇浓	醇正	欠匀
茶片	条索轻片形	尚匀	多碎片	绿黄暗杂	汤色黄暗，滋味粗淡	淡薄	花杂

4. 品饮的享受

茉莉花茶融合茶叶之味和鲜花之香于一体，品饮茉莉花茶，不如说是在品赏一件茶的艺术品。当茉莉花茶被拨入洁白如玉的白瓷盖碗中时，茶叶与茉莉干花飘然落下，看着片片香茶飞舞，可闻清香高远，韵味雅致。茶叶的淡淡素香映衬着茉莉花的馨香，顿时让人感到神清气爽。

品饮茉莉花茶不仅是感官享受，而且还是一种精神享受，正所谓"杯中清香泽情趣"。

5. 药用功效

茉莉花具有提神、清火、消食、利尿等保健作用和一定的解毒功效。据测定，茉莉花含有的香气化合物质有 20 多种，对于痢疾、伤寒杆菌也有很好的抗菌杀菌效果。其富含的茉莉花素等成分，用其漱口，既去油腻又具有坚固牙齿、防止口臭的功效。此外，清新的茉莉花香还具有舒缓情绪、放松心情的妙处。

茉莉花茶更能起到清热、解毒、疏胃、止痢的作用。淡淡的花香加上保健、美容、防病的功效，茉莉花茶让饮者感受到的是如入仙境一般的清新享受。

6. 储存条件

储存茉莉花茶时，影响其品质发生变化的主要因素有温度、湿度、空气和光线，首先最重要的就是湿度。空气中所含的水分被茶叶吸收后很容易引起茶叶的质变，轻则品质下降，影响口感，重则彻底变质，无法饮用。其次是空气。茉莉花茶最好采用真空包装，并且装紧装实，既可以防止空气中的氧使花茶变质，也能防止香气的散失。最后，将包好的茉莉花茶放在避免阳光照射的低温环境中就可以了，家用冰箱是最好的选择，理想温度是 5℃左右。

7. 优质茉莉花茶产地

江苏苏州出产的茉莉花茶以其优异的品质跻身于中国十大名茶之列。除此之外，福建省福州及闽东地区、浙江金华地区以及广东、四川出产的茉莉花茶品质都很出众，且历史悠久，深受人们的喜爱。近年广西横县所产茉莉花茶量大，品质也不错。

宋朝时，苏州已开始栽种茉莉花，并将其作为制茶的原料，约于清雍正年间（1723—1736 年）开始规模化生产茉莉花茶，距今已有 200 多年的历史。苏州茉莉花茶选用上好的烘青绿茶制作毛茶，高档的还会使用龙井、碧螺春、毛峰等名优茶作为茶胚，并用香气清新、成熟粒大、洁白光润的茉莉鲜花熏制而成。香气芬芳清灵，滋味醇和鲜爽。

福建制作茉莉花茶早在 16 世纪就已经有记载，清咸丰年间（1850—1861 年）开始大量生产。福州的银毫、宁德的天山春毫、福安的白云、福鼎的太姥香云、政和的雄峰银芽、寿宁的福寿银毫等都是茉莉花茶中的极品。福建省地处亚热带，气候温暖湿润，茉莉花栽植遍布全省，品质十分出众。

金华茉莉花茶，产自浙江省金华市，也有 300 多年的生产历史。茉莉花就来自于金华市罗店乡，那里土壤肥沃，山泉清澈，云雾缭绕，培育出来的茉莉花洁白光润、饱满芳香。

广西横县是改革开放以后新形成的茉莉花茶产区，吸吸了苏州、福州等地的熏花技术，所产花茶占全国花茶总产量的50%以上，品质花香味浓，畅销全国。

三、西南茶区名茶

"剑南以彭州上，绵州、蜀州次，邛州次，雅州、泸州下，眉州、汉州又下。"

——《茶经·八之出》

西南茶区是我国最古老的茶区，茶树品种多样，资源丰富，有灌木型和小乔木型茶树，更难得珍贵的是在部分地区还生长着乔木型茶树，有些乔木型茶树的树龄甚至在千年以上。本区茶类众多，有红茶、绿茶、边销茶、沱茶及花茶等。名茶的花色品种独具风格，深受国内外消费者的喜爱。

1. 地理特征

茶区位于中国西南部，茶树原产地的中心位于神农架、武陵山、巫山、方斗山以西；大渡河以东；红水河、南盘江、盈江以北；米仓山、大巴山以南。茶区范围包括四川、贵州，云南中北部和西藏东南等地。

2. 六大茶山

西南茶区最出名的就是"六大茶山"，最早记载见于清檀萃的《滇海虞衡志》："普茶名重于天下，出普洱所属六茶山，一曰攸乐、二曰革登、三曰倚邦、四曰莽枝、五曰蛮砖、六曰慢撒……"六大茶山自宋朝开始闻名天下，是中国最古老的茶区之一。除攸乐古茶山外，其余的五大茶山都在今天的云南省勐腊县，因位于西双版纳澜沧江以北，史称"江北六大茶山"。

3. 代表名茶

西南茶区是中国的四大一级茶区之一，地形比较复杂，主要集中在盆地和高原地区。这里海拔悬殊，气候差别很大，以亚热带季风气候区为主。茶树品种资源丰富，出产的名茶有云南普洱茶、云南沱茶、滇红工夫茶、四川红茶、四川蒙顶茶等。

（一）滇红工夫茶

1. 大自然的恩赐

滇红工夫茶，又称滇红条茶，属大叶种类型的工夫茶。该茶主要产于云南澜沧江沿岸的临沧、保山、思茅、西双版纳、德宏、红河6个地州的20多个县，以凤庆最为有名，是中国工夫红茶中的后起之秀。滇红工夫茶芽叶肥壮，金毫显露，色泽乌黑油润，滋味浓厚鲜爽，香气高醇持久等独树一帜的品质，都源于澜沧江水和两岸山峦的滋养。

滇红工夫茶

2. 品质鉴别

滇红工夫茶因采制时期不同，其品质也具有季节性的变化，一般春茶比夏茶稍好些，夏茶又略胜于秋茶。滇红香气浓郁，其香以滇西茶区的云县、凤庆和昌宁出产的为佳，滋味醇厚，回味清爽，香气高长且带有淡淡花香；而滇南茶区所产的工夫茶味道虽然浓厚，却略带刺激性。除季节与产地外，根据茶的条索、整碎、老嫩、净度、色泽等外形情况，也可以综合判断滇红品质的优劣。滇红工夫茶以一芽一叶为主制造而成，以条索紧结、洁净齐整、金毫多显、色泽乌润者为好。

3. 特级滇红

滇红工夫茶中，品质最优的当属"滇红特级礼茶"，全部以一芽一叶的鲜叶制成。成品茶具有条索紧直肥壮，芽峰秀丽完整，金毫多而显露，色泽油润乌黑等外部特征。冲泡后，汤色红艳透亮，滋味浓郁鲜爽，香气高醇持久，叶底红匀明亮。茶汤与茶杯接触处常显金圈，令人赏心悦目。茶汤冷却后立即出现乳凝状现象，通过观察这种现象出现的早晚，也可判断滇红的品质，凝结现象出现得越早，说明茶的品质越高。

4. 品饮的方式

滇红的品饮从使用的茶具来划分，可分为"杯饮法"和"壶饮法"两种。从茶汤中是否添加其他调味品来划分，又可分为"清饮法"和"调饮法"两种。中国北方绝大部分地区，品饮红茶都采用"清饮法"，不在茶中加添其他的调料。而在南方广东、福建、台湾等地，多以加糖、奶或柠檬切片调饮为主，使其营养更丰富，味道也富于变化；在西藏、内蒙古等少数民族聚居地区，"调饮法"应用则更为普遍，加入更加丰富的调配料烹制出美味的酥油茶和奶茶。

滇红工夫茶的感官分级标准

级别	外形	滋味	净度	色泽	汤色	香气	叶底
礼茶	条索肥嫩紧实，显峰苗，多金毫	鲜醇	匀净	乌润	红艳	嫩甜浓郁	柔嫩多芽，红艳
特级	条索肥壮紧结，有峰苗，金毫尚显	鲜醇	净	乌润	红亮	鲜嫩浓郁	柔嫩，红艳
一级	条索肥壮紧实，稍有峰苗，有金毫	醇厚	尚净，稍含嫩茎	乌，尚润	红亮	浓纯	嫩匀，红亮
二级	条索肥壮紧实，稍有金毫	尚醇厚	稍有茎梗	乌黑	红尚亮	醇正尚浓	尚嫩匀，红尚亮
三级	条索粗壮尚紧，略有金毫	醇和	有茎梗	尚乌黑	红尚亮	纯正	尚柔软，红匀

5. 蜚声国际

滇红工夫茶，是世界茶叶市场上著名的红茶品种之一。滇红工夫茶是云南省传统的出口商品，主要出口俄罗斯、波兰、英国、美国等东欧各国，以及西欧、北美共30多个国家和地区，深受国际市场的欢迎。

（二）云南普洱茶

1. 独特的品种

普洱茶是以云南大叶茶为原料加工而成的一个黑茶品类，原运销集散地在普洱市，故此而得名，距今已有1700多年的历史。普洱茶的产区气候温暖，雨量充沛，湿度较高，土层深厚，有机质含量丰富。

普洱茶采用优良品质的云南大叶种茶树的鲜叶为原料，可分为春、夏、秋3个规格。春茶又分为"春尖""春中"和"春尾"3个等级；夏茶又称为"二水"；秋茶又称为"谷花"。其中以"春尖"和"谷花"的品质为最佳。

2. 优秀的品质

普洱茶条形粗壮结实，芽壮叶厚，白毫密布，香气高锐持久，滋味浓强并富于刺激性，茶汤橙黄浓醇，入口后略感苦涩，稍后便顿生高雅沁心之感，香气可比幽兰清菊，甘津持久不散，回味长久。普洱茶有散茶与型茶两种，型茶根据形状的不同可分为：沱茶、饼茶和砖茶等。

长期以来普洱茶都深受国内外茶人的肯定，远销港、澳地区，以及日本、马来西亚、新加坡、美国、法国等十几个国家。海外侨胞和港澳同胞更是将普洱茶当作养生佳品，对其格外青睐。

3. 普洱茶的冲泡

传统的云南普洱茶味道醇厚，具有陈香，茶味较不易冲泡出来，所以必须用滚烫的沸水进行冲泡，但也不宜过沸，这样的水含氧量过少，会影响茶叶的活性。一般茶与水的比例掌握在 1：50，在水的选择上，以纯净水、矿泉水和山泉水为佳。若是茶砖、茶饼，则需拨开放置两周后再进行冲泡，茶的味道会更好。

在茶具选择上，由于普洱茶的浓度较高，故选用腹大的壶可避免茶汤过浓，建议以瓷壶、陶壶和紫砂壶为上选。

4. 普洱茶的饮用方法

饮用普洱茶通常需要以下几个步骤：首先是温杯，即用滚水冲烫茶具，主要起到温壶、温杯的作用。随后放入茶叶，冲入茶具容量约 1/4 的沸水，然后快速倒出，即润茶。这一步在冲泡普洱茶时必不可少，因为好的普洱茶至少要陈放 10 年左右，通常饮用的普洱也大多储存了 1 年以上，润茶是唤醒茶叶味道。倒入沸水冲泡 15 秒左右，将茶水倒入公道杯中，用滤网过滤碎茶后，分别倒入小杯中饮用，切不可停留过长，以免茶汤过浓。普洱茶十分耐泡，可续冲 10 次。

5. 普洱茶的种类

根据制作加工方法的不同，普洱茶可分为生茶和熟茶。生茶即晒青绿茶，初制后需要经历自然发酵，陈化数年后，茶性由刺激转为温和，方可饮用，简称"生茶"；熟茶，由人工发酵制成，茶性温和，制作完成后即可饮用，简称"熟普"。

根据存放方式的不同，普洱茶有干仓和湿仓之分。干仓普洱是存放于通风干燥的仓库中，茶叶自然发酵的普洱茶，以陈化 10~20 年的品质最佳。湿仓普洱通常存放在湿度较高的地下室，空气中的水分可以加快普洱的发酵速度，陈化速度较干仓普洱快。

根据普洱成茶的外形不同，还可以细分为：扁平圆盘状的普洱饼茶；形似碗一般大小的普洱沱茶；砖头形状的长方形普洱砖茶；还有未经压制的普洱散茶等。

6. 普洱茶的功效

长期饮用云南普洱茶，可使人体内的胆固醇、血尿酸等有所降低和改善。这是因为普洱茶是后发酵型茶，其茶碱、茶多酚等物质在长期的发酵过程中被分化，因而成茶品性温和，对人体无刺激，并具有防癌功能及减肥、降血脂等诸多保健作用，而且还能够促进新陈代谢，加速人体内毒素的消解和转化。

普洱茶的药理功用在古籍中早有记载，清人赵学敏《本草纲目拾遗》云："普洱茶性温味香，……味苦性刻，解油腻牛羊毒，虚人禁用。苦涩逐痰，刮肠通泄……"现代人尤其重视普洱茶减肥、降压、防癌抗癌以及抗衰老等奇效，饮用人群日趋广泛。

普洱茶的感官分级标准

级别	外形	滋味	净度	色泽	汤色	香气	叶底
礼茶	条索肥嫩，紧实，显峰苗，多金毫	鲜醇	匀净	乌润	红艳	嫩甜浓郁	柔嫩多芽，红艳
特级	条索肥壮紧结，有峰苗，金毫尚显	鲜醇	净	乌润	红亮	鲜嫩浓郁	柔嫩，红艳
一级	条索肥壮紧实，稍有峰苗，有金毫	醇厚	尚净，稍含嫩茎	乌，尚润	红亮	浓醇	嫩匀，红亮
二级	条索肥壮紧实，稍有金毫	尚醇厚	稍有茎梗	乌黑	红尚亮	醇正尚浓	尚嫩匀，红尚亮
三级	条索粗壮尚紧，略有金毫	醇和	有茎梗	尚乌黑	红尚亮	醇正	尚柔软，红匀

7. 普洱茶的收藏

普洱茶与其他种类的茶叶不同，绿茶以新采新制的为好，红茶或乌龙茶最长存储 1~2 年的时间。相对而言，普洱茶有越陈越香的特点，可以存放较长时间，如果储存得当，可陈化百年。普洱存放的时间越长久，味道反而越醇厚，价值也越高。除散茶外，紧压成型的普洱茶可以制成各种形状，小如丸药，大如巨型南瓜，方形、球形、饼形、匾额、屏风、一盘象棋、一幅浮雕均可由压制的普洱茶呈现出来。在现代工艺的包装下，普洱茶不但可以收藏，还可以赏玩。有些人把收藏普洱茶比作收藏葡萄酒，是"可以喝的古董"。

8. 普洱茶的辨别

普洱散茶一般分特级、一至十级，共11个等级，质量主要体现在外形和内质两个方面。普洱茶外形壮实，色泽褐红光润，条索整齐、紧结，芽头多毫；茶饼表面有霉花、霉点的均为劣质的普洱茶。

冲泡后的普洱茶汤色浓艳明亮，如红酒醇浓剔透；黄色、橙色或暗黑混浊的则为劣质茶。发出沁人心脾的陈香，且悠长高远的是上等普洱茶；带有霉味或阴沉香气的是劣质普洱茶。优质普洱茶的滋味浓醇、滑润，饮后舌根生津，口中香气盘旋；劣质普洱茶则滋味平淡，甚至苦涩，饮后舌根两侧感觉不适。

9. 普洱茶的储存

普洱茶和其他茶叶不同，可以存放很长时间。但并非无限期地存放，任何物质都有一定的"寿命"。

由于空气中的氧可以加速茶叶的发酵陈化，潮湿的环境容易使茶叶霉变，太阳直射会破坏茶叶中的营养成分；而空气中的异味也极易被茶饼吸附，因此普洱茶一般存放在通风、干燥、阴凉、无杂味的地方。

一般来说，生茶存放3~5年即可饮用，20年左右的时间，就可以达到很好的饮用效果。也有存放时间更长甚至达上百年的"古董普洱"，必须保证适当的储存条件才能保证其品质。但对于发酵过的"熟茶"，一般即买即饮，最多存放2~3年后饮用。

（三）蒙顶茶

1. 风水宝地蒙顶山

蒙顶山是一处风水宝地，秀丽的自然环境，遍山苍翠，花香飘散，奇峰险地且怪石嶙峋，山间清泉飞瀑，四季风景佳绝。蒙顶山不仅与峨眉山、青城山并称蜀中三大名山，而且因茶神吴理真在此种茶的传说，使其成为一座"神山"。又因为茶与佛之间的密切关系，蒙顶山还是茶佛文化的发源地之一，也是一座"圣山"。同时，蒙顶山还是蜀地本土文化的发源地之一。正是这样优越的自然环境和文化内涵丰富的人文环境孕育出品质超群的蒙顶茶，"仙茶"的声名远播，也使蒙顶山成为一座神秘的"茶山"。

2. 神秘的采制仪式

蒙顶茶是中国的名茶之一，产于四川名山区的蒙山五顶（上清、菱角、毗罗、井泉、甘露）。早在唐代，蒙顶茶便被列为贡品，一直延续了千年之久。在古代，蒙顶茶的采制过程弥漫着神秘气息。每年春天茶树刚抽芽的时候，当地县令便选择吉日，沐斋之后穿上朝服，率领同僚以及随从来到五顶中的最高峰——上清峰，设案焚香，行跪拜大礼，之后与特别挑选出来的12名僧人一起进入茶园，细心地选择采摘茶叶。一般一枝只摘取一芽，采足360芽后便交由茶僧去炒制。在炒制茶叶的过程中，旁边还要有众寺僧盘坐诵经。在茶叶烘焙完成后，精选其中精良的茶叶作为贡茶，其余的作为副贡，献给地方官吏。

3. 蒙顶茶的主要品种

由于制作过程的精雅和神秘，使得蒙顶茶历来被视为茶中珍品。蒙顶茶也只是对蒙山所出产的茶的总称，它具体包含不同的品种，其中的名优品种主要有蒙顶甘露、蒙顶石花和蒙顶黄芽三大品类，其中尤以蒙顶甘露为上。

每一种蒙顶茶的制作方法不尽相同。就蒙顶甘露来说，它的采摘标准是茶叶初展时候的一芽一叶，要经过鲜叶摊放、高温杀青、三炒、三揉、三烘和整形等数道工序制成。最后，形成蒙顶甘露在外形上紧卷多毫、色泽嫩绿匀润、芽叶纯整的特点，而且冲泡之后汤色黄绿，清澈明亮，香气芳郁且回味香甜。

4. 品茶之龙行十八式

品饮蒙山茶很有讲究，除了茶、水、器、室、人等方面的特别要求之外，尤其是在茶的冲泡技术方面要求更加精致。在蒙山上的茶技，流传着"龙行十八式"的绝活，进而形成了将沏茶与禅茶融合为一的独具特色的蒙山茶道。蒙顶龙行十八式是将舞蹈、武术、禅、茶、艺、理熔为一炉的特殊茶道。

据传品饮蒙顶茶的龙行十八式由宋代高僧禅惠大师所创。十八式包括：蛟龙出海、白龙过江、乌龙摆尾、飞龙在天、青龙戏珠、惊龙回首、亢龙有悔、玉龙扣月、祥龙献瑞、潜龙腾源、龙吟天外、战龙在野、金龙卸甲、龙兴雨施、见龙在田、龙卧高岗、吉龙进宝、龙行天下。每一招、每一式都极具艺术性和观赏性，不仅扣人心弦，而且充满玄机。

5. 蒙顶"仙茶"的传说

由于蒙顶茶的奇特功效，关于蒙顶"仙茶"的传说也有许多，而且流传久远，最具代表性的有两个：第一个是说在西汉末年，当地一位叫作吴理真的仙人在蒙顶山上清峰栽种了七棵仙茶树。如果有人采制了这七棵茶树上的茶泡饮，可以治疗各种疾病，甚至可以羽化飞仙。这七棵仙茶树像天降甘霖一样，后人便称之为"甘露茶"。另一个传说，说的是很久以前，一位得了重病的老和尚在梦中受到一位老仙翁的提示，于春分前后，饮用了从蒙顶山茶树上采制的"仙茶"，不但治愈了自己的病，还得到返老还童的奇效。这个消息很快传播开来，人们便惊奇地称蒙顶山茶为"仙茶"。

四、江北茶区名茶

"淮南以光州上，义阳郡、舒州次，寿州下，蕲州、黄州又下。"

——《茶经·八之出》

江北茶区是我国最北端的产茶区，相对于其他茶区，天气相对寒冷，气候变化较为明显，这里以长江以北，秦岭、淮河以南为界，东自山东半岛，西达大巴山，包括甘肃南部、陕西西部、湖北北部、河南南部、安徽北部、江苏北部、山东东南部等地。

（一）信阳毛尖

信阳毛尖也被称为"豫毛尖"，是我国有代表性的名茶，主产于河南信阳西南山一带，是针形细嫩烘青绿茶。信阳产茶历史悠久，唐代陆羽的《茶经》中，把信阳划归淮南茶区。采摘细嫩的一芽一二叶，经摊青、生锅、熟锅、初烘、摊凉、复烘制成。分特级、一至五级共6个级别。

1. 地理特征

江北茶区的土壤以黄棕壤和棕壤为主，土壤酸碱度略偏高，属于我国南北土壤的过渡类型。茶区长年气温较低，四季分明，冬季时间较长，年平均气温为15~16℃，冬季最低温为-10℃，茶树很容易遭冻害，因此防冻十分重要。

这里年降水量偏少，800~1100毫米，而且分布不均，干旱时节需要借助灌溉，因此茶树新梢的生长时间比较短，采茶时间只有180天左右，产量较低。这是中国茶树生长条件较为不利的区域，但这并没有影响江北茶区的茶叶品质。

2. 茶树品种

江北茶区茶树类型主要为灌木型中小叶群体，抗寒性较强。这类茶树树冠较矮小，自然生长状态下，树高通常只有 1.5~3 米，主干与分枝不明显，分枝密集，多出自近地面根茎处，茶树叶片小，其根系分布较浅，侧根发达。这也是中国栽培最多的茶树品种。

3. 代表名茶

与其他三大茶区相比，江北茶区的地理环境较为特殊，因此，茶叶的产量相对较低，但仍不乏优质名茶，如陕西西乡的午子仙毫、泰巴雾峰，河南的信阳毛尖，安徽的六安瓜片、舒城兰花、天柱剑毫等。

4. 千年历史

1987 年，考古学家在信阳固始县的古墓发掘中发现了茶叶，据考证距今已有 2300 多年的历史，由此可见信阳有着悠久的种茶历史。唐代时信阳毛尖已经成为朝廷贡茶，茶圣陆羽在《茶经》中记载了当时中国盛产茶叶的 13 个省 42 个州郡，并划分为 8 大茶区，其中的淮南茶区就包括信阳一带。《茶经》中载："淮南茶，光州上。"北宋时期的大文学家苏东坡也曾赞叹道："淮南茶，信阳第一。西南山农家种茶者甚多，本山茶色味香俱美，品不在浙闽下。"近年，信阳红茶风暴吹向中国，专家又说："信阳红，光州香。"

5. 崇山峻岭的优势

历史上的信阳毛尖主产于现在的信阳市狮河区、平桥区和罗山区，而后在信阳西南的崇山峻岭中又有了著名的车云山、集云山、连云山、天云山、云雾山、黑龙潭、白龙潭、何家寨，以这些地方出产的信阳毛尖品质为最佳，被当地人称为"五云两潭一寨"。

正如人们常说的，"高山云雾出好茶"。这里海拔高度在 300~800 米，有着山高雾浓，空气湿润，光照适宜，土层深厚，有机质丰富，水质纯净等诸多天然优势，成就了信阳毛尖卓越上乘的品质和独特诱人的魅力。

6. 三季采摘

俗语说："春茶苦，夏茶涩，秋茶好喝舍不得。"——说的正是信阳毛尖的采摘。信阳毛尖一年可摘三季，制作出来的茶叶即春茶、夏茶、秋茶 3 个品种。

阳春三月，茶芽开始萌发，春茶的采摘时间为 40 天左右，以谷雨前采摘的为最佳，也叫"雨前毛尖"，茶芽碧绿，茶汤的滋味先苦后甜。最迟到五月底，春茶的采摘就要结束了，之后停采 5~10 天，则开始采摘夏茶。夏茶颜色发黑，茶汤略带涩味，采摘时间为 30 天左右。白露过后，采摘的茶为秋茶。秋茶的香气和味道别具一格，但产量较少，因而格外珍贵，与春茶同为信阳毛尖中的上品。

7. 手工炒制

鲜叶采摘后要及时炒制。信阳毛尖的炒制工艺有生锅、熟锅、烘焙、拣剔 4 个过程。

炒"生锅"即杀青和初揉。鲜叶的档次越高，锅温越低，炒制时间根据芽叶的老嫩、肥瘦、水分多少灵活掌握。炒至叶片变软蜷缩，条索明显，嫩茎折而不断即可进入"熟锅"。熟锅是毛尖成形的关键步骤，除蒸发水分、挥发香气之外，使外形达到细、圆、紧、直的特点后，及时烘焙，以彻底破坏茶叶残余的活性酶，起到初步固定其形、色、香、味的作用。

毛尖初制后还要经过人工分拣，剔去粗老叶、黄片、茶梗和碎片，这些称为"级外茶"；留下来的条形茶，颜色翠绿，大小均匀，才符合制作高档信阳毛尖的标准和要求。

8. 明辨真伪

作为名优品种的信阳毛尖，是馈赠亲友、孝敬长辈的佳品，不仅享誉国内，还远销海外，销量好，价格高，因此市场上出现了很多假毛尖，或以陈代新，或以次充好，或以假乱真。如要明辨信阳毛尖的真伪，需要从以下几个方面着手。

首先，看外形。取适量茶叶摊于白纸上仔细察看，条索紧实、粗细一致、嫩度高、碎末少、色泽匀整的则是上乘毛尖。再用双手捧起茶叶，置于鼻端，用力深吸茶叶的香气，具有熟板栗的香气且高远醇正的必然是优质茶。

然后，取茶叶 3~5 克，放入白色瓷杯中，用沸水 200 毫升左右冲泡。此时，先嗅香气，将冲泡后的茶汤立即倾出，把茶杯连叶底一起送入鼻端，茶香清高醇正，令人心旷神怡者即为好茶。汤色以浅绿或黄绿为宜，清而不浊，明亮澄澈为上乘。滋味以浓醇爽口为上品。

最后评叶底，以软亮匀整为好。

市场上假冒的信阳毛尖，一般带有人工色素或叶片发黄，条叶形状不齐，汤色深绿、暗，无茶香，味淡薄、苦涩且有异味。

9. 保健功能

信阳毛尖不但香气鲜浓，口感鲜醇，而且含有丰富的蛋白质、氨基酸、生物碱、茶多酚、有机酸、芳香物质、各种维生素以及水溶性矿物质，具有强身健体的保健作用，对多种慢性疾病还有医疗效果。

常饮毛尖茶，能降低血压。茶叶内所含的咖啡因和儿茶素能促使人体血管壁松弛，使血管壁保持一定的弹性，消除血管痉挛。毛尖茶还具有净化人体消化器官的作用。茶叶中所含的黄烷醇可以净化消化道中的微生物及其他有害物质，同时对胃、肾、肝等内脏器官具有特殊的净化作用，特别有助于脂肪类物质的消化，并能预防消化器官疾病的发生。此外，信阳毛尖还具有生津解渴、清心明目、提神醒脑、防癌和防御放射性元素等多种功能。

10. 荣誉披身

喜欢饮绿茶的人，无不知晓"信阳毛尖"。据史书记载，历史上，信阳毛尖一直作为朝廷贡品，得到了无数茶人的喜欢和赞誉。传说，唐代武则天患了肠胃疾病，久治不愈，饮用了地方进贡的信阳茶后获愈，大喜，特下旨于车云山建千佛塔一座，以彰茶功。

到了近现代，信阳毛尖更是享誉世界。1915 年，信阳车云山出产的毛尖在巴拿马万国博览会上崭露头角，荣获一等金奖的桂冠，自此驰名海外。1959 年的中国名茶鉴定会上，经评茶界专家的评选，信阳毛尖被列入中国十大名茶。1985 年、1988 年、1990 年、1991 年、1999 年，信阳毛尖又先后多次在中国名优茶评比中获得金奖、银奖。时至今日，信阳毛尖已经不仅仅是受欢迎的饮品，更成为有着丰富内涵和体现国家茶文化精髓的使者。

（二）六安瓜片

1. 片茶

六安瓜片，简称片茶，以其形似瓜子而得名，是中国著名绿茶品种之一，也是绿茶中唯一去梗去芽的特种茶。据考证，六安产茶始于唐代，在宋代已有"茶中精品"之美誉。六安瓜片在明代成为贡茶，有《六安州志》记载："茶之精品，明朝始入贡。"清朝时，慈禧的膳食单上曾有"月供齐山云雾瓜片 14 两"的记载。1905—1920 年间，六安瓜片开始在市场上出现；1949 年，被列为中国十大名茶之一；之后多次在中国茶评会上获得金奖，盛誉满载。近年来，又因其具有一定的保健药效，逐渐受到海外市场的欢迎。

六安瓜片外形单片平展、顺直、匀整，叶边背卷，形似瓜子，色泽宝绿，满披白毫，明亮油润，汤色明澈，香气高远，味甘鲜醇，叶底黄绿。

2. 产地

六安瓜片主要产于安徽西部大别山区的六安、金寨、霍山 3 县，因金寨、霍山旧时同属六安州，故名。它最先源于金寨县的齐云山，也以齐云山出产的瓜片茶品质为最佳，因此又名"齐云瓜片"。

齐云山主峰海拔 800 多米，四周峰峦叠翠，气候温暖湿润，云雾弥漫，土壤肥沃，草木葱茏。茶树生长在这里，日照适宜，养分充足，环境纯净，受着朝露暮雾的滋润，故而产出的茶外形优美，内质极佳。齐云山上靠近山顶处所产的瓜片为内山瓜片，山腰和山脚下所产瓜片为外山瓜片。

在齐云山高处所产的内山茶中，以南坡峭壁上的一处蝙蝠洞最具特色。洞口高约 16 米，洞深 3 米多，无数蝙蝠栖息于洞内，排撒富含磷质的粪便，成为天然肥料，日积月累使土壤肥沃，洞口几株茶树，树高叶大，芽叶肥壮，制成的瓜片，号称极品。

3. 名茶的来历

据六安当地人流传，1905 年前后，六安茶行有一位评茶师，他将收购回来的绿茶挑出茶梗，只留下嫩叶，作为一种新产品推出，结果销量大增，获得了广泛的欢迎。其他茶行听说后，也纷纷效仿，如法采制，并为此茶起名为"蜂翅"。

这件事被住在皖西齐云山的一位老茶农知道了，他得到启发后，不但把采回的鲜叶剔除茶梗，还拣出茶芽，只留下叶片，然后将嫩叶和老叶分开炒制，结果制出的成茶无论色、香、味、形，均使"蜂翅"相形见绌。后来，他将此法授予附近的茶农，这种茶在茶市上出现得越来越多，就此逐渐成为一个独特的品种，因其外形完整，光滑顺直，酷似葵花子，而被人们称为"瓜子片"，简称"瓜片"，其主要出产在六安一带，故称"六安瓜片"。

4. 细采精制

六安瓜片的采制方法颇为特别，格外讲求精巧细致。首先，采摘不能太嫩，要等到茶树上的新芽全部展开才可以采。采摘时间较其他名优茶类要推迟 15～20 天以上，高山茶区比低海拔地区更迟一些。顶芽全部开展，嫩叶生长成熟，可使茶叶中有益成分进一步提高。

其次，采摘的过程十分精细。芽叶一定要选择茎顶上的一芽三叶，因为那是片茶最好的芽叶。然后，将采回的鲜叶进行"摘片"，也称为"板片"，即将鲜叶与茶梗分开。具体步骤是：首先摘下第三叶，后摘第二叶，再摘第一叶，最后将芽连同上部嫩梗与下部的老梗或第四叶拆开，这一步也完成了精细的分级。

最后是把叶片分炒。炒至萎凋状态时，即叶片变得柔软，及时出锅烘干。每次烘叶量仅 100~150 克，烘至色泽翠绿起霜，平展匀整，茶香充分发挥时趁热装入容器密封储存，即可达到外形与内质的两全其美。

5. 等级的划分

历史上六安瓜片根据原料的不同，分为"提片""瓜片"和"梅片" 3 级。提片采用最好的芽叶制成，质量最优；瓜片为第二片次之；梅片为第三片稍差些。现在的六安瓜片分为"名片"和瓜片几个级别。名片只限于齐云山附近的茶园出产，品质最佳。瓜片根据产地的海拔不同又可分为"内山瓜片"和"外山瓜片"，其中内山瓜片的质量要优于外山瓜片。

6. 入药珍品

六安瓜片既是消暑解渴的上佳茶品，又是清心明目、提神解困的良药，不仅可以生津，更是消食、解毒、美容、去疲劳的保健佳品。关于六安瓜片，自古便有许多具有"神效"的传说，但这些传说大多从侧面说明六安瓜片的药效。明代闻龙在《茶笺》中称"六安精品，入药最效"，现代医学刊物也曾用"六安精品药效高，消食解毒去疲劳"来总结六安瓜片。

（三）崂山茶

1. 茶中新秀

崂山茶历史并不长，1959—1962 年，崂山林场的工作人员从江南引进茶苗试种，经过精心培育和管理，在太清宫林区的茶树不但成活并安全越冬，这就是崂山茶的雏形。也有民间传说，崂山茶是由中国道教全真派的创始人之一的丘处机和明代太极创始人张三丰等道士自江南移植，亲手培育而成，数百年来仅作为崂山道观的养生珍品而没有外传。

崂山茶枝条粗壮，叶片肥厚，制出的茶耐冲泡，品饮时有豌豆和熟板栗的香气四溢飘散。崂山茶树的生长环境极佳，生长缓慢，因而内含大量的营养物质，有明显的保健功效，因而很快得到茶界的认同和欢迎，远销海外。

2. 山海相依

茶树是喜温喜湿的植物，在北方的适应能力差，多次引种培育，但是成活率很低，特别是冬天，冻害严重，培育出名优茶种是难以攻克的难题。众多的因素一直影响着北方茶树的生长、繁殖和推广工作。崂山山海相依，空气纯净，其优越的气候环境，培育出优秀的崂山茶，这里成为江北绿茶第一个成功的发源地。

3. 冲泡方法

冲泡崂山茶格外讲究泡茶用水和水温的把握。好水泡好茶，要泡出崂山茶自然醇正的品质，当以崂山泉水为上佳。冲泡时，水温应控制在85℃左右，即把水烧开后，稍微静置一段时间再冲入杯中。这是因为水温过高会使娇嫩的崂山茶被烫"老"，伴有轻微的煳味儿；如果水温过低，则"逼"不出茶香。

4. 崂山茶的种类

传统的崂山茶系共分为3大类，包括崂山绿茶、崂山石竹茶和崂山玉竹茶。

崂山绿茶：生长在崂山地区的茶树，因光照时长、霜期较长、昼夜温差大而生长缓慢，因此有更多的时间积累养分。崂山绿茶含有大量的茶多酚、咖啡因、维生素、蛋白质和芳香物质，不但清香醉人，还有益于人体健康，可以解除疲劳，清心明目，消毒止渴，促进血液循环，令饮用过的人赞不绝口。崂山绿茶在中国绿茶中享有极高的声誉，被誉为"江北第一名茶"，通常人们所说的崂山茶指崂山绿茶。

崂山石竹茶：崂山石竹为纯野生草本植物，多生长于崂山南面、太阳能够照射到的山崖石缝中。它内含丰富的皂苷、维生素和糖类，有清热、消炎、养气、通络的药用功能。崂山石竹茶即由崂山石竹烘炒加工制成，当地人称其为"崂山绿"。因其特殊的生长习性和崂山的气候环境，石竹生长期长，采摘次数少，使得崂山石竹茶品质自然醇正，色泽翠绿，香气持久，滋味醇爽，为非茶之茶，也是非茶之茶中的极品。

崂山玉竹茶：崂山玉竹与石竹正好相反，多生长于崂山北面背阴处，属性为阴，生长速度非常缓慢，每年只长出1~3厘米。每逢秋季采摘，经过摊晾使水分完全挥发后，即可制成饮品。冲泡后，口味甘甜。

第四节　茶之具

一、茶具的组成

中国民族众多，不同民族的饮茶习惯各具特点，所用器具更是异彩纷呈。此外，我国饮茶历史悠久，不同时代的茶具也有很大的差距，很难将茶具的组成做出一个标准的模式。所以，本节只能结合中国茶具的发展史，选择主要器具按功能加以总结。

1. 煮水用具

煮水用具主要有煮水器和开水壶。煮水器是加热泡茶之水的一种茶具。如古代的"茗炉"，炉身为陶器，可与陶水壶配套，中间置酒精灯等燃烧物用以加热，同时将开水壶放在"茗炉"上，也可以起到保温的作用。开水壶（古代称注子）则是专门用于贮存沸水的工具，其中以古朴厚重的陶质水壶最受人推崇，在民间最为流行的是金属水壶，它传热快，又坚固耐用，而且价格实惠。

2. 备茶用具

备茶用具是在元代散茶之风兴起之后才开始流行，是专门用于贮存茶叶的茶具，最为常用的有茶叶罐、茶则、茶漏、茶匙等。茶叶罐是专门用于贮放茶叶的罐子，在我国古代以陶瓷为佳质材，但用锡罐贮茶的也十分普遍；茶则是用来衡量茶叶用量的测量工具，以确保投茶量准确，通常以竹子或优质木材制成，但不能用有香味的木材；茶匙则是一种细长的小耙子，帮助将茶则中的茶叶耙入茶壶、茶盏，其尾端尖细可用来清理壶嘴淤塞，是必备的茶具，一般以竹、骨、角制成；茶漏是一种圆形小漏斗，当用小茶壶泡茶时，将它放在壶口，茶叶从中漏进壶中，以免洒到壶外。

3. 泡茶用具

泡茶用具是茶叶冲泡的主体器皿，主要有茶壶、茶海、茶盏等。茶壶是最为常见的一种泡茶用具，泡茶时将茶叶放入壶中，再注入开水，将壶盖盖好即可，一般以陶瓷制成，其规格有大有小，但古人都以小为上；茶海又可称为"公道杯"或"茶盅"，是用于存放茶汤的茶具，为了使冲泡后的茶汤均匀，以及不使因宾客闲谈致使壶中茶汤浸泡过久而苦涩，先将壶中泡出的茶汤倒在茶海里，然后再分别倒入茶杯中供客人品尝；茶盏是一种瓷质盖碗茶杯，也可以用它代替茶壶泡茶，再将茶汤倒入茶杯供客人饮用，但一个茶壶只配四个茶盏，所以最多只能供四个人饮用，其局限性比较大。

4. 品茶用具

品茶用具是指盛放茶汤并用于品饮的茶具，主要有茶杯、闻香杯等。茶杯，又可以雅称为"品茗杯"，是用于品尝茶汤的杯子，但因茶叶的品种不同，也要选用不同的茶杯，一般以白色瓷杯为好，也有用紫砂茶杯的。

5. 辅助茶具

辅助茶具是指用于煮水、备茶、泡茶、饮茶过程中的各种辅助茶具。常见的有如下几种：

茶荷：又称"茶碟"，是用来放置已量定的备泡茶叶，同时兼可放置观赏用样茶的茶具。

茶针：是用于清理茶壶嘴堵塞时的茶具。

漏斗：是为了方便将茶叶放入小壶的一种茶具。

茶盘：是放置茶具，端捧茗杯用的托盘。

壶盘：是放置冲茶的开水壶，以防开水壶烫坏桌面的茶盘。

茶池：是用于存放弃水的一种盛器。

水盂：是用来贮放废弃之水或茶渣的器物，其容量小于茶池。

汤滤：是用于过滤茶汤用的器物。

承托：是放置汤滤或杯盖等物的茶具。

茶巾：是用来揩抹溅溢茶水的清洁用具。

纵观中国茶具历史，我国的茶具组合大致经历了从"简"到"繁"，又从"繁"到"简"的循环发展过程，不少古茶具已因茶事变革而被后人摒弃，上文所介绍的五类茶具，只是现在仍活跃在茶事中的常见茶具，随着我国茶业的发展，这些茶具的组成还会不断地变化。

二、茶具的选配

在饮茶过程中，人们的意识、理念以及中华民族的文化艺术不断渗入茶事，茶饮生活也逐渐雅化，从而使人们对茶器具提出了典雅、质朴、精美等审美的要求，这也是人们选择茶具的一个重要标准。从古到今，凡是讲究品茗情趣的人，都崇尚意境高雅，强调"壶添品茗情趣，茶增壶艺价值"。

1. 以"色泽"选配茶具

在中国古代，人们非常注重茶叶的汤色，并以此作为茶具选配的标准。唐代茶人们喝的都是饼茶，这种茶的茶汤呈淡红色，当这种茶汤倒入瓷质茶具之后，汤色就会因瓷色的不同引起变化。当时邢州生产的白瓷，会使茶汤变红色；洪州生产的褐瓷，会使茶汤显出黑色；寿州生产的黄瓷，会使茶汤呈为紫色，因此，这些茶具都不宜选择。而越州的瓷为青色，倾入淡红色的茶汤，会呈现出赏心悦目的绿色，所以当时的雅士品茶都选择越州瓷茶具。陆羽更是从茶叶欣赏的角度，提出了"青则益茶"，认为以青色越瓷茶具为上品。

宋代，饮茶风俗逐渐由煎茶、煮茶发展为点茶、分茶，此时茶汤的色泽已经接近白色了。而唐代所推崇的青色茶碗无法衬托出茶的"白"色，所以，此时的茶碗已改为茶盏，而且对盏色也有了新的要求。当时，茶盏的选配原则是以黑色和青色为贵，认为黑釉茶盏才能反映出茶汤的色泽。元明时期，人们由饮团茶改为饮散茶，饮用的芽茶，茶汤已由宋代的白色变为黄白色，这样对茶盏的要求不再是黑色了，而是白色。所以白色茶盏又成为人们的首选茶具，如明代的屠隆就认为茶盏"莹白如玉，可试茶色"。

2. 以"韵味"选配茶具

自明代中期以后，随着茶壶和紫砂茶具兴起，茶汤与茶具色泽不再有直接的对比与衬托关系，这样，人们对茶具特别是对茶壶的色泽，不再给予较多的注意。到了清代，茶具品种逐渐增多，其中又融入了诗、书、画、雕等艺术，从而把茶具制作推向新的高度，这使人们对茶具的种类与色泽、质地与式样，以及茶具的轻重、厚薄、大小等，提出了新的要求。

一般来说冲泡西湖龙井、洞庭碧螺春、庐山云雾茶等名优绿茶，可用玻璃杯直接冲泡。因为玻璃材料密度高，硬度亦高，具有很高的透光性，可以看到杯中轻雾缥缈，茶汤澄清碧绿。杯中的芽叶嫩匀成朵、亭亭玉立、旗枪交错、上下浮动、栩栩如生。

黄山毛峰茶虽然是绿茶中的名品，但是黄山毛峰茶和龙井茶、碧螺春茶相比，冲泡水温要稍高些，浸润时间需长些，因此茶具最好选择瓷质盖碗杯。但不论冲泡何种细嫩名优茶，杯子宜小不宜大，因为杯大则水量多，热量高，会使茶芽泡熟，而不能直立，失去观赏效果。

冲泡红茶宜用的茶具是瓷质盖碗杯或紫砂茶具，其中以白瓷质地为佳，因为红茶冲泡后，白瓷杯衬托其红艳的汤色，具有较高的观赏价值。此外，为保香则可选用有盖的杯、碗或壶泡花茶；饮乌龙茶，重在闻香啜味，宜用紫砂茶具冲泡；饮用红碎茶或工夫茶，可用瓷壶或紫砂壶冲泡，然后倒入白瓷杯中饮用；此外，冲泡红茶、绿茶、乌龙茶、白茶、黄茶，使用盖碗，也是可取的。

一般而言，重香气的茶叶要选用硬度较高的瓷质壶、瓷质盖碗杯或玻璃杯。这类茶具散热速度快，泡出的茶汤较为清香；重滋味的茶要选用硬度较低的壶来泡，像乌龙茶，还有外形紧结，枝叶粗老的茶以及云南的普洱茶，可以选用陶壶、紫砂壶进行冲泡。

三、茶具的起源

早期的茶作为一种食物而存在，因此当时的茶具只是一种饮食器具，而中国饮食器具的历史久远。据考古发掘证明，现存最早的饮食器具是在新石器时代，这一时期的陶器门类众多，有杯、那、盏、艇、碗、钵、豆、篮等。这些陶器并不具备某种专门的功能，即使就饮食来说，也没有我们所想的那么严格，因此其用途很多。

1. 用途多样的"早期茶具"

茶具与饮茶是密切相关的，很多史料和实物证明，饮茶是在秦汉之际才出现的。魏晋时期则是我国茶文化的萌芽时期，茶的利用在当时是以诸多方式并存的，如食用、药用、饮用等，但其饮料的功能已上升为主导地位。此外，据《广陵耆老传》载，晋代时集市上已经有专门以卖茶为生的老婆婆了，而且"市人竞买"，生意十分红火，由此也可以看出饮茶在当时的普及程度。

按照事物的发展规律，饮茶器具也应当在茶成为饮料之后出现，不过，茶从被利用到发展为单纯的饮料是一个十分漫长的过程。在这一段时期内，茶都是食用、药用以及饮用的混合利用形式。即使到了晋代，茶作为饮品已经基本固定下来了，但是专用茶具并没有随着饮茶的普及而出现。

由于缺乏相应的历史资料，当时的饮茶器具的在史书之中只有零星的记载。如

《三国志》有一段关于"赐茶荈以当酒"的记录，这已经说明当时的茶从表面看应该类似于酒，而酒杯可以兼用作茶具。另据唐代杨晔《膳夫经手录》记载，茶类似于蔬菜。因此，专用茶具在那时就没有生产的必要了。从一般的生活常识而言，在饮食器物品种较少、数量有限的情况下，明显的分工是不可能的，加以茶文化在当时还处于萌芽阶段，茶还不是人们日常生活的一部分，专用茶具是不可能出现的。

2. "早期茶具"向专业茶具的过渡

随着饮茶的日渐普及，部分饮食器具已经越来越频繁地被用于饮茶，此外，文献中关于饮茶用具的资料也渐渐增多。如汉宣帝时，王褒所作《僮约》中有"烹茶尽具"的句子，近代在浙江湖州一座东汉晚期墓葬中发现了一只高 33.5 厘米的青瓷瓮，瓷瓮上面书有"茶"字。近年来，在浙江上虞又出土了一批东汉时期的瓷器，内中有碗、杯、壶、盏等器具。这些史料和出土文物表明，在晋以前，茶具还没有完全从饮食器具中分离出来。然而，随着茶由食用、药用向饮料的转变，一些饮食用具已经较为频繁地作为饮茶器具来使用，这就为饮器向茶具的过渡打下了基础。

3. 专用茶具的确立

唐朝是中国政治、经济、文化的繁盛时期，随着生活水平的提高，人们在日常饮食上就会有更高的要求。在这一背景下，茶开始从饮食之中独立出来而成为一种放松精神的消费品，这也就要求饮茶的器具独立出来，而且还要具备饮茶情趣的作用。陆羽的《茶经》不仅对茶具的认识达到了相当水平，而且将茶具提到了文化的高度。因此，专用茶具不仅在唐代出现，而且发展稳定。到了安史之乱前后，唐朝的茶具不但门类齐全，而且开始讲究质地，并且因饮茶的不同而择器了，所以唐朝应该是中国专用茶具的确立时期。

四、唐及唐之前的茶具

1. 唐及唐之前的茶具种类

茶具进入寻常百姓家是唐代之后的事情，而在此之前茶具的发展具体如下：

（1）陶土茶具

最早的茶具便是用陶土制成的，本来为食用之器皿，兼做茶器。这是人类最早能够制作的用具之一，最初是粗糙的土陶（仰韶文化的彩陶），然后逐渐演变为比较坚实的硬陶（龙山文化的黑陶），再后来发展为表面敷釉的釉陶（唐三彩）。

（2）金属茶具

商周时期，上层社会对金属器具相当推崇。作为权力和地位的象征，产生了专门的金属酒具、茶具，又有了专业的储茶、煮茶和饮茶的器具。在陕西扶风法地宫出土的成套唐代宫廷茶具，即为金、银所制，表明金属茶具的应用极为广泛。而今，四川一带的茶馆仍有长嘴铜壶倒茶的技术延存。

（3）竹木茶具

隋唐之时，饮茶达到"比屋而居"的境地。质地柔韧且造价低廉的竹木茶具在民间流行开来。此时，茶圣陆羽的《茶经》中所列的28种茶具，分别为风炉、灰承、炭挝、火筴、交床、夹、纸囊、碾、拂末、罗合、则、水方、漉水囊、瓢、竹夹、熟盂、鹾簋、碗、畚、札、涤方、滓方、具列、都篮等，多数即为竹木所制。

（4）漆器茶具

采割天然漆树汁液进行炼制，掺进所需色料，制成绚丽夺目的器件，这也是我国先人的创造发明。我国的漆器起源久远，在距今约7000年前的浙江余姚河姆渡文化中，就有可用来作为饮器的木胎漆碗。清代脱胎漆的产生，进一步促进了漆器茶具的发展。福州为当时的生产基地，生产的漆器茶具多姿多彩，有"宝砂闪光""金丝玛瑙""釉变金丝"等多种品种，鲜丽夺目，惹人喜爱。

（5）琉璃茶具

琉璃又称为流璃，其实是一种有色半透明的矿物质。用这种材料制成的茶具，能给人以色泽鲜艳、富贵吉祥的感觉。因此，历来为皇室专用，且有着极其严格的等级要求，所以民间很少见。我国的琉璃制作技术起步较早，陕西扶风法门寺地宫出土的唐僖宗供奉茶具是琉璃所制，证明至少在唐代，我国已开始烧制琉璃茶具，且技艺高超。宋时，中国独特的高铅琉璃器具问世。元、明时，规模较大的琉璃作坊在山东、新疆等地出现。清康熙时，在北京还开设了宫廷琉璃厂。

2.唐时5种生火用具

《茶经》"四之器"详细罗列了唐代煎茶法所涉及的用具，由于那时候采用煮饮法喝茶，因此茶具种类繁多，且十分讲究，与今日轻松的泡饮法十分不同。陆羽将煮茶、饮茶用具分为如下几类：即生火、煮茶、烤茶、碾茶、量茶、盅水、滤水、取水、盛

中华传世藏书

茶经

跟着《茶经》来学茶

盐、取盐、饮茶、盛器、摆设、清洁等器皿。这些器具造型各异、独具匠心，操作虽繁复但具有逻辑性。

生火用具（5种）

【原文】风炉：风炉以铜铁铸之，如古鼎形，厚三分，缘阔九分，令六分虚中，致其圬墁，凡三足。古文书二十一字，一足云"坎上巽下离于中"，一足云"体均五行去百疾"，一足云"圣唐灭胡明年铸"。其三足之间设三窗，底一窗，以为通飚漏烬之所，上并古文书六字：一窗之上书"伊公"二字，一窗之上书"羹陆"二字，一窗之上书"氏茶"二字，所谓"伊公羹陆氏茶"也。

简而言之，风炉就是生火煮茶所用。用锻铁或揉泥铸成，形状像古鼎，炉壁厚3分（0.3寸），边缘宽9分，炉壁与炉腔中间空出6分，用泥涂满。炉上有3只脚，上刻21个古文字。3足之间，有3个小窗，底部的用来通风，出灰。炉腹上也铸有6个古文字。炉里设有放燃料的炉床，又设3个支镘的架：分别刻有离、巽、坎三卦。

从此处可以看出，风炉的设计体现了中国五行的和谐统一，具有更深远的哲学思考。

【原文】其灰承作三足，铁柈台之。

灰承：有3只脚的铁盘，用来盛放炉灰。

【原文】筥：筥以竹织之，高一尺二寸，径阔七寸，或用藤作，木楦，如筥形，织之六出，固眼其底，盖若利箧口铄之。

筥：以竹丝编织，方形，用以采茶，不仅要方便，而且编制美观，高1尺2寸，直径7寸。或先做成筥形的木楦，用藤编成，表面编成六角圆眼，把底、盖磨光滑。

【原文】炭挝：炭挝以铁六棱制之，长一尺，锐一丰，中执细头，系一小金展，以饰挝。也若今之河陇军人木吾也，或作锤，或作斧，随其便也。

炭挝：六棱铁器，长1尺，用以碎炭。上头尖，中间肥，在握处细的一头拴上一个小银作为装饰品。做锤，或做成斧。

【原文】火筴：火筴一名箸，若常用者圆直一尺三寸，顶平截，无葱台勾锁之属，鍑以铁或熟铜制之。

火筴：又叫箸，就是火箸，圆而直，用以夹炭入炉。长1尺3寸，顶端扁平，不用装饰物，用铁或熟铜制成。

3. 唐时煮茶及烤茶用具

不同于今天的泡饮，唐代人喝茶之前需要先煮茶，再烤茶，也因此诞生了专门的用具。

（1）煮茶用具

【原文】鍑：鍑以生铁为之，今人有业冶者所谓急铁。其铁以耕刀之趄炼而铸之，内摸土而外摸沙土。滑于内，易其摩涤；沙涩于外，吸其炎焰。方其耳，以正令也；广其缘，以务远也；长其脐，以守中也。脐长则沸中，沸中则末易扬，末易扬则其味醇也。

鍑：小口锅，用生铁制成。生铁，即现在以冶铁为生的人所说的"急铁"，这种铁是用坏了的耕刀炼铸的。铸锅时，在里面抹上泥，外面抹沙土。泥土光滑，使内壁容易磨洗；沙土粗涩，使表面和锅底易于吸热。锅耳呈方形，令锅身端正。锅的边缘宽阔，好伸展开。锅脐要长，使水能集中在锅的中心。锅脐长，水就能在锅的中心沸腾，这样，茶沫就易于上浮，茶的味道就更加甘醇。

【原文】交床：交床以十字交之，剜中令虚，以支鍑也。

交床：以木制，十字交叉的木架，中间被挖空用来支鍑。

（2）烤茶用具

【原文】夹：夹以小青竹为之，长一尺二寸，今一寸有节，节已上剖之，以炙茶也。彼竹之筱津润于火，假其香洁以益茶味，恐非林谷间莫之致。或用精铁熟铜之类，取其久也。

竹夹：用小青竹做成，长1尺2寸。在距离一端的1寸处有节，节以上剖开，用它来夹着茶烘烤。这种小箭竹在火上烘烤出汁液，可借其香气来增益茶香。但如果不是在深山里烤茶，就很难找到这种小青竹。有的用精铁或熟铜来制作夹，这样的夹经久耐用。

【原文】纸囊：以剡藤纸白厚者夹缝之，以贮所炙茶，使不泄其香也。

纸囊：用白而厚的剡藤纸双层缝制，用以茶炙热后储存其中，不使其香散失。

4. 唐时碾茶及量茶用具

【原文】碾：碾以橘木为之，次以梨、桑、桐、柘为之。内圆而外方。内圆，备于运行也；外方，制其倾危也。内容堕而外无余木。堕，形如车轮，不辐而轴焉。长九寸，阔一寸七分。堕径三寸八分，中厚一寸，边厚半寸。轴中方而执圆。

碾：碾以用橘木制作的为最好，也有的是用梨木、桑木、桐木或柘木做成的。碾槽内圆外方。内圆便于运转，外方可以防止倒翻。碾槽内刚好可以放一个碾磙，没有多余的空隙。碾磙的形状好像只有一根中心轴而没有轮辐的车轮。中心的轴长9寸，宽1寸7分。直径3寸8分，当中厚1寸，边缘厚半寸。轴中间呈方形，手柄则是圆形。

【原文】其拂沫，以鸟羽制之。

拂末：用鸟的羽毛制成，作用是将茶拂清。

【原文】罗合：罗末以合盖贮之，以则置合中。用巨竹剖而屈之，以纱绢衣之。其合，以竹节为之，或屈杉以漆之。高三寸，盖一寸，底二寸，口径四寸。

罗合：罗是用来筛茶末用的，合即盒子，用来贮存筛好的茶末。把则放在盒中，将粗大的竹子劈开做成罗筛，并把罗筛弯曲成筒状，用纱或绢铺在底部做筛网。盒用竹节制成，或用杉树片弯曲成圆形，再涂上油漆。盒高3寸，盖1寸，底2寸，盒口直径4寸。

【原文】则：以海贝、蛎蛤之属，或以铜、铁、竹匕、策之类。则者，量也，准也，度也。凡煮水一升，用末方寸匕，若好薄者减之，嗜浓者增之。故云则也。

则：用海贝、蛎、蛤等类的壳，或用铜、铁、竹制成汤匙形，是用茶多少的标准。大致煮1升的水，用1方寸匕的茶末，喜欢喝淡茶的可减少，爱好较浓的可增加。

5. 唐时的取水用具

【原文】水方以桐木、槐、楸、梓等合之，其里并外缝漆之，受一斗。

水方：用来储生水。用棚木或槐、楸、梓等木板制成，内外的缝都用漆涂封，可盛水1斗。

【原文】漉水囊：漉水囊若常用者，其格以生铜铸之，以备水湿，无有苔秽腥涩。意以熟铜苔秽、铁腥涩也。林栖谷隐者或用之竹木，木与竹非持久涉远之具，故用之生铜。其囊织青竹以卷之，裁碧缣以缝之，纽翠钿以缀之，又作绿油囊以贮之，圆径五寸，柄一寸五分。

漉水囊：滤水用具，和平常用的一样。它的外框一般都是用生铜铸造的，以免被水打湿后生出铜苔和污垢，产生腥涩气味。在山林中隐居的人，也有用竹木制成的。但竹木制品不耐用，不便携带远行，因此选用生铜。水囊用竹篾编织卷曲成形，裁剪碧绿色细密的绢缝制，并用金银宝石等装饰，又做绿色的口袋把整个漉水囊装起来。漉水囊的圆口径约为5寸，柄长1寸5分。

【原文】瓢：一曰牺杓，剖瓠为之，或刊木为之。牺，木杓也。今常用以梨木为之。

瓢：又叫牺杓，把葫芦劈开或削木而成。其中的"牺"，就是木杓，现在通常用梨木挖成。

【原文】熟盂：以贮熟水。或瓷、或砂。受二升。

熟盂：瓷制或陶制，可盛水2升，储盛开水用。

【原文】碗：越州上，鼎州、婺州次；岳州上，寿州、洪州次。

碗：用于盛茶汤，材料为瓷质。规格似瓯（小盏），容量半升以下。

6.《茶经》中6件附属用具

（1）收纳用具

【原文】畚：畚以白蒲卷而编之，可贮碗十枚。或用筥，其纸帕，以剡纸夹缝令方。亦十之也。

畚：用白蒲卷编而成，用以贮碗。可放碗10只。也可用筥，衬以双幅剡纸，夹缝成方形，也可放碗10只。

【原文】具列：具列或作床，或作架，或纯木纯竹而制之，或木法竹黄黑可扃而漆者，长三尺，阔二尺，高六寸，其到者悉敛诸器物，悉以陈列也。

具列：用以陈列茶器，类似现代酒架。成床、架形，用木、竹制成。都要能关闭并漆成黄黑色。长3尺，宽2尺，高6寸。

【原文】都篮：都篮以悉设诸器而名之。以竹篾内作三角方眼，外以双篾阔者经之，以单篾纤者缚之，递压双经作方眼，使玲珑。高一尺五寸，底阔一尺，高二寸，长二尺四寸。阔二尺。

都篮：饮茶完毕，收贮所有茶具，以备日后用。用竹篾编成三角方眼，外面用宽的双篾作经，以细的单篾缚住。高1尺5寸，长2尺4寸，宽2尺，篮底宽1尺，高2寸。

（2）清洁用具

【原文】涤方：涤方以贮涤洗之余，用楸木合之，制如水方，受八升。

涤方：用来贮存洗涤后的水。它用楸木制成，制法和水方一样，容量为8升。

【原文】滓方：滓方以集诸滓，制如涤方，赴五升。

滓方：用来盛放各种茶渣，制法如同涤方，容量为5升。

【原文】巾：巾以絁为之，长二尺，作二枚，玄用之以洁诸器。

巾：用粗绸子做成，长2尺，做成两块，交替使用，用来清洁各种器具。

五、奢侈的宋代茶具

宋代文人的生活非常优越，但那种报国无门的痛苦却比任何朝代都要强烈，因此他们开始寻求精神上的满足，以营造精巧雅致的生活氛围来满足自我，而饮茶恰恰满足了他们的这一要求。在文人与皇帝的参与下，宋代饮茶之风达到了巅峰之境。但是宋代茶风，过于追求精巧，这也导致了宋人对茶质、茶具以及茶艺的过分讲究，从而日趋背离了陆羽所提倡的自然饮茶原则。

1. 斗茶之风对茶具的影响

从现存资料来看，宋人饮用的大小龙团仍然属于饼茶，所以现存的宋代茶具与唐代茶具相比并没有明显的差异。但在饮茶方法上，宋与唐则大不相同，最大的变化是宋代的点茶法取代煎茶法而成为当时主要的饮茶方法。同时，唐代民间兴起的斗茶到了宋代也蔚然成风，由此衍生出来的分茶也十分流行。这种点茶法以及斗茶、分茶的风气极大地影响了宋代茶具的发展。

宋人为达到斗茶的最佳效果，极力讲求烹渝技艺的高精，对茶水、器具精益求精，宋人改碗为盏，因为它形似小碗，敞口，细足厚壁，以便于观看茶色，其中著名的有龙泉窑青釉碗、定窑黑白瓷碗、耀州窑青瓷碗。为了便于观色，茶盏就要采用施黑釉者，于是建盏成了最受青睐的茶具。其中，产在建州（今福建建阳一带）的兔毫盏等，更被宋代茶人奉为珍品。因为茶盏的黑釉与茶汤的白色汤花相互映衬，汤花咬盏易于辨别，正是这样的特点，宋人斗茶必用"建盏"。可见，斗茶对宋代茶具的巨大影响。

2. 宋代茶具的特点

建州窑所产的涂以黑釉的厚重茶盏称建盏。建盏品种不多，造型也很单一，但其特别注重色彩美。因为建盏并非是单调呆板的黑色，而是黑中有着美丽的斑纹图案，即《茶录》和《大观茶论》中所说的黑釉中隐现的呈放射状、纤长细密如兔毛的条状毫纹的"兔毫斑"这使得本来黑厚笨拙的建盏显得精致而又极富动感。

从现存资料与实物来看，建盏受欢迎的原因主要是其适于斗茶。拿兔毫盏来说，其釉色纷黑，与茶汤的颜色对比强烈，加上胎体厚重、保温性强，使茶汤在短时间内不冷却，同时又不烫手，受欢迎就是很正常的了。此外，建盏在外观上也独具匠心，其敞口如翻转的斗笠，面积大而多容汤花。在盏口沿下有一条明显的折痕，称"注汤线"，是专为斗茶者观察水痕而设计制造的。因建盏特别是兔毫盏备受推崇，宋代诗文里也有很多赞美之词，如苏轼"来试点茶三昧手，勿惊午盏兔毫斑"、梅尧臣"兔毛紫盏自相称，清泉不必求蛤蟆"等。

此外，宋代上层人物极力讲求茶具的奢华，以金银茶具为贵的奢靡之风气很浓。如蔡襄的《茶录》和宋徽宗的《大观茶论》对茶具的质地都有极高的要求，认为炙茶、碾茶、点茶与贮水必须用金银茶具，用来表现茶的尊贵高雅。据史料记载，宋代还有专供宫廷用的瓷器，普通人不许使用，在宋代，这种奢靡之风已经蔓延全国，一些价值百金甚至千金的茶具成为士大夫们夸耀门庭的摆设。

六、简约的元明茶具

从饮茶方式上看，元代是一个过渡的时期，在当时虽然还有点茶法，但泡茶法已经较为普遍。这种饮茶方法的变革直接影响了元代茶具，部分点茶、煎茶的器具逐渐消失，在内蒙古赤峰出土的元代墓穴中的烹茶图中已经见不到茶碾。从制瓷的历史来看，元代茶具以瓷器为主，尤其是白瓷茶具有不凡的艺术成就，把茶饮文化及茶具艺术的发展推向了全新的历史阶段。元代不到百年的历史使茶具艺术从宋人的崇金贵银、夸豪斗富的误区中走了出来，进入了一种崇尚自然、返璞归真的茶具艺术境界，这也极大地影响了明代茶具的整体风格。

1. 朱权对茶具变革的影响

明代宁王朱权强调饮茶是一种表达志向和修身养性的方式，为此，朱权在其所著《茶谱》中对茶品、茶具等都重新规定，摆脱了此前饮茶中的繁杂程序，开启了明代的清饮之风。这使得明代的茶具发生了一次大变革。

因明代冲泡散茶的兴起，唐、宋时期的炙茶、碾茶、罗茶、煮茶器具成了多余之物，而一些新的茶具品种脱颖而出。明代对这些新的茶具品种是一次定型，从明代至今，茶具品种基本上没有多大变化，仅茶具式样或质地稍有不同。另外，由于明人饮的是条形散茶，贮茶、焙茶器具比唐、宋时显得更为重要。而饮茶之前，用水淋洗茶，又是明人饮茶所特有的，因此就饮茶全过程而言，当时所需的茶具并不多。明高镰《遵生八笺》中列了 16 件，另加总贮茶器具 7 件，合计 23 件。明代张谦德的《茶经》中专门写有一篇《论器》，提到当时的茶具也只有茶焙、茶笼、汤瓶、茶壶、茶盏、纸囊、茶洗、茶瓶、茶炉等 9 件。

2. 白色茶盏的兴起

宋代的斗茶到明代已经基本绝迹，而为斗茶量身定制的黑盏自然就不再符合时代的要求。白色茶盏再一次大受青睐，这是因为明人的泡茶与唐宋的点茶不同，所注重的不再是茶色的白，而是追求茶的自然本色，（明代饮用的茶是与现代炒青绿茶相似的芽茶，所以当时所讲的自然之色即绿色。）绿色的茶汤，用洁白如玉的白瓷茶盏来衬托，更显清新雅致、悦目自然，而黑盏显然不能适应这一要求。此外，人们在饮茶观念、审美取向上也发生了较大的变化，如张谦德《茶经》："今烹点之法与君谟不同。取色莫如宣定，取久热难冷莫如官哥。向之建安盏者，收一两枚以备一种略可。"就指出了随着饮茶方式的改变，人们的审美情趣也发生了变化。

3. 明代茶具的创新

由于饮茶方式的改变，明代的茶具与唐宋相比也有许多创新之处。

其一，贮茶器具的改良。许次纾《茶疏》中有较为具体的说明："收藏宜用瓷瓮……四围厚著，中则贮茶……茶须筑实，仍用厚蒻填紧瓮口……勿令微风得入，可以接新。"

其二，洗茶器的出现。其目的是除去茶叶中的尘渣，洗茶用具一般称为茶洗，质地为砂土烧制，形如碗，中间隔为上、下两层，然后用热水淋之去尘垢。

其三，烧水器具主要是炉和汤瓶。炉有铜炉和竹炉，铜炉往往铸有夔臀等兽面纹，明尚简朴；竹炉则有隐逸之气，也深得当时文人的喜爱。

其四，茶壶的出现。明代茶壶不同于唐宋用于煎水煮茶的注子和执壶，而是专用于泡茶的器具，这只有在散茶普及的情况下才可能出现，明人对茶壶的要求是尚陶尚小。

除茶壶外，茶盏也有所改进，即在原有的茶盏之上开始加盖，现代意义上的盖碗正式出现，而且成为定制。

综上所述，元明的茶具出现了返璞归真的倾向，而明人茶具在注重简约的同时，也对茶具进行了改进和发展，甚至影响到今天茶具的形制。

七、兴于明的紫砂壶

关于紫砂壶的起源，明人周高起的《阳羡名壶系》中有这样的记载：相传金沙寺僧是第一个把紫砂泥从一般的陶泥中分离出来的人，此前紫砂泥一直与陶土被视为低档原料，只用来制作水缸之类的日用陶器。金沙寺僧不是陶工，所以成型工艺没有采用陶业常用的工艺手段，而是另辟蹊径，所以，金沙寺僧是当之无愧的紫砂壶创始人。但是，这只是传闻而已。

紫砂陶器的历史可以追溯到宋代，但在当时并没有引起人们的关注，紫砂茶壶真正得到发展是在明代后期。正德、嘉靖时开始出现了名家名作。到万历以后，随着李茂林、时大彬、徐友泉、李仲芳、陈仲美、惠孟臣等制壶名家的出现，紫砂壶的制作工艺和造型艺术有了突飞猛进的发展。

1. 紫砂壶兴起的原因

紫砂壶泡茶具有其他陶瓷所不具备的优点。长期的实践证明，紫砂壶泡茶不失原味，不易变质，内壁无异味，而且能耐温度急剧变化，烹煮、冲泡沸水都不会炸裂，而且传热慢不烫手，非常适于泡茶。如文震亨《长物志》中所说："壶以砂者为上，盖既不夺香，又无熟汤气。"

紫砂壶的兴起还有其社会原因。明代末期，皇帝怠政、政治黑暗，文人士大夫在现实面前深感无力，从而走上独善其身的道路，再加上王阳明"心学"的流行，文人士大夫一方面提倡儒学的中庸之道，尚礼尚简，另一方面推崇佛教的内敛、喜平、崇定，并且崇尚道家的自然、平朴及虚无。这些思想倾向与人生哲学反映在茶艺上，除了崇尚自然、古朴，又增加了唯美情绪，对茶、水、器、寮提出了更高的要求，而紫砂壶适应了这种审美心理，得以大行其道。此外，明代散茶大兴，而且制茶工艺有所改进，出现了发酵茶类，这自然对茶具有新的要求，紫砂茶具便是在这种背景下逐渐被人们接受的。

2. 明代紫砂壶艺术

紫砂壶艺术最为典型的是陶壶铭款，艺术价值非常高。明清时期最为有名的制壶大师是时大彬。时大彬，明万历至清顺治年间人，是宜兴紫砂艺术的一代宗匠。他对紫砂陶的泥料配制、成型技法、造型设计与铭刻都极有研究，确立了至今紫砂壶制作所沿袭的制壶工艺。他的早期作品多模仿龚春，后根据文人饮茶习尚改制小壶，被推崇为壶艺正宗。据史料记载，时大彬为自己所制壶镌款，最初是请擅长书法的人先以墨写在壶上，然后自己用刀来刻。后来，自己直接书写再下刀镌刻，因为时大彬所镌款识具有独特的艺术风格，许多人争相模仿，可见紫砂壶是明代茶文化的一个重要象征，尤其是时大彬所制壶更具有符号化的特征。

明代文人饮茶崇尚自然、精致，因此紫砂壶也讲究小巧、朴实。冯可宾《齐茶录》说："茶壶以小为贵。"周高起《阳羡名壶系》说："壶供真茶，正在新泉活火，旋瀹旋吸，以尽色声香味之蕴。故壶宜小不宜大，宜浅不宜深，壶盖宜盎不宜低。"

综上所述，明代的紫砂茶具获得了极大的发展，无论是色泽和造型、品种和式样，都进入了穷极精巧的新时期。而它的质地、造型更是迎合了当时文人的审美时尚，并在文人士大夫的影响下开始向工艺品转化，使其自身的艺术价值不断提高，历经百年而不衰。

八、盛于清的"文人壶"

紫砂壶是清代最为流行的茶具，其经历了明代的发展，在此时已达到巅峰。尤其是文人的参与，则直接促进了其艺术含量的提高。

1. "文人壶"的出现

"文人壶"的创制标志着紫砂茶具发展到了极致，紫砂茶具不但成了茶文化的载体之一，而且本身的艺术内涵也取得了前所未有的进步，对紫砂茶具的评价不再是仅从形状、风格等方面，镌刻在上面的诗歌、书法以及绘画也同样受到重视。清代制壶名家陈鸣远最先开始探索紫砂壶的风格创新，迈出了文人壶的第一步。

陈鸣远，名远，号壶隐、鹤峰、鹤邨，主要生活在康熙年间，江苏宜兴人。生于制壶世家，陈鸣远技艺精湛，雕镂兼长，善翻新样，富有独创精神，堪称紫砂壶史上技艺最为全面精熟的名师。

陈鸣远的艺术成就主要表现在两个方面：一是取法自然，做成几乎可以乱真的"象生器"，使得自然类型的紫砂造型风靡一时，此后仿生类作品已逐渐取代了几何型

文人壶

与筋纹型类作品；二是在紫砂壶上镌刻富有哲理的铭文，增强其艺术性。陶器有款由来已久，但将其艺术化是陈鸣远的功劳。而陈鸣远的款识超过壶艺，其现存的梅干壶、束柴三友壶、包袱壶以及南瓜壶等，集雕塑装饰于一体，情韵生动，匠心独具，其制作技艺登峰造极。

2."文人壶"的初兴

自陈鸣远开创"文人壶"之后，陈曼生、杨彭年等潜心研究，不入俗流，使紫砂壶艺术得到进一步升华，他们将壶艺与诗、书、画、印结合在一起，创制出风格独特、意蕴深邃的"文人壶"，至今仍旧影响深远。

陈曼生，名鸿寿，字子恭，浙江杭州人，主要生活在嘉庆年间，清代著名的书法家、画家、篆刻家、诗人，是当时著名的"西泠八家"之一。他酷爱紫砂，结识了当时的制壶名家杨彭年、杨凤年兄妹，他以超众的审美能力和艺术修养，"自出新意，仿造古式"，设计了众多壶式，交给杨氏兄妹制作，后人也把这种壶称为"曼生壶"。

陈曼生为杨彭年兄妹设计的紫砂壶共有 18 种样式，即后来所谓的"曼生十八式"。陈曼生仿制古式而又能自出新意，其主要特点是删繁就简，格调苍老，同时在壶身留白以供镌刻诗文警句。陈曼生也曾经在紫砂壶上镌刻款识详述自己嗜茶之趣，以及饮茶变迁，这些文字甚至可以当作一篇意味隽永的散文小品来欣赏，从中透露出清代文人的散淡心绪。这种生活趣味同时也体现在紫砂壶中，也就是所谓的"文人壶"。

3."文人壶"的繁盛

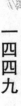

自"文人壶"开创了文人与工匠合作制壶的新局面后，文人、书画家们纷纷合作，使紫砂壶艺术达到了一个更高的境界。紫砂壶在当时也大受欢迎，烧造数量惊人，这是我国历史上文人加盟制壶业最成功的范例。

这一时期的书画家如瞿应绍、邓符生、邵大亨以及郑板桥等人也都曾为紫砂壶题诗刻字。有"诗书画三绝"之称的瞿应绍与擅长篆隶的邓符生联合制造的紫砂壶曾名动一时。郑板桥则在自己定制的紫砂壶上题诗说："嘴尖肚大耳偏高，才免饥寒便自豪。量小不堪容大物，两三寸水起波涛。"也算是讽世之作。道光、同治年间的邵大亨创制的鱼龙化壶，龙头和龙舌都可以活动。他还以菱藕、白果、红枣、栗子、核桃、莲子、香菇、瓜子等8样吉祥果巧妙地组成一把壶式。这些都是"文人壶"的经典之作。

总之，清代紫砂茶具不但继承了明代的辉煌而且又有很大的发展，尤其是文人与制壶名匠的合作开辟了紫砂壶茶具的新天地。

1. 清代的瓷质茶具

清代除了紫砂茶具得到了极大发展之外，瓷茶具也在技术上臻于成熟。经过明末清初短时间的衰落后，瓷器生产很快得以恢复，康、雍、乾三朝是我国瓷器发展的最高峰。康熙瓷造型古朴、敦厚，釉色温润；雍正瓷轻巧媚丽，多白釉；乾隆瓷造型新颖，制作精致。此后，随着饮茶的日益世俗化，民间的茶具生产渐趋繁荣。

清代的瓷质茶具从釉彩、纹样以及技法等几个方面都有较大发展。在釉彩方面，清代创造出很多间色釉，这使得瓷绘艺术更能发挥出其独具的装饰特点。据乾隆时景德镇所立"陶成记事碑"载，当时掌握的釉彩就已达57种之多。就纹样说，清瓷取材广泛，或以花草树木，或以民间风习，或以历史故事作为绘制的内容；就技法来说，或用工笔，或用写意，内容丰富，技法也极为精湛，这都表明了清代瓷茶具的生产进入了黄金期。

2. 鼎盛的瓷茶具产业

清代瓷业的烧造，以景德镇为龙头。福建德化，湖南醴陵、河北唐山、山东淄博、陕西耀州等地的生产也蒸蒸日上，但质量和数量不及景德镇，清代景德镇发展最辉煌时从业人员达万人，成为"二十里长街半窑户"的制瓷中心，更有人用"昼则白烟蔽空，夜则红焰烛天"来形容景德镇瓷业的繁盛。此外，清代官窑生产成就也不小。清官窑可分为御窑、官窑和王公大臣窑等三种，在景德镇官窑中，"藏窑""郎窑""年窑"影响较大。

蒸蒸日上的清代瓷业，为瓷茶具烧制提供巨大的物质和技术支持。而清代对外贸易的主要产品就是茶和茶具，这也形成了巨大的外部需求，但是最为主要的是饮茶的大众化和饮茶方法的改变。因为清代的茶类，除绿茶外，还出现了红茶、乌龙茶等发酵型茶类，所以在色彩等方面对茶具提出了更高的要求，这些都刺激了瓷茶具的迅速发展。

3. 精美的青花瓷茶具

青花瓷茶具是清代茶具的代表，它是彩瓷茶具中一个最重要的花色品种。它创始于唐，兴盛于元，到了清朝则发展到顶峰。景德镇是中国青花瓷茶具的主要生产地。据史料载，明代景德镇所产瓷器，就已经精美绝伦。但是到了清代，青花瓷茶具又进入了一个快速发展期，它超越前代，影响后代。尤其是康熙年间烧制的青花瓷器，史称"清代之最"。清代陈浏在《陶雅》中说："雍、乾之青，盖远不逮康窑。"此时，青花茶具的烧制以民窑为主，而且数量非常可观，这一时期的青花茶具被称为"糯米胎"，其胎质细腻洁白，纯净无瑕，有似于糯米，可见清代在陶瓷工艺上的精妙和高超。

4. "文士茶"情结

清代文人特别注重对品茗境界的追求，从而将茶具文化带进一个全新的发展阶段。他们既钟情于诗文书画，又陶醉于山涧清泉、听琴品茗，从而形成了精美的"文士茶"文化。《红楼梦》中关于妙玉侍茶的一段话，就反映了人们的"文士茶"情结。作者通过塑造妙玉离世绝俗的高傲性格，说明茶具实际上已经在某种程度上脱离茶而单独存在了。此外，中国文人自古都有好古之风，以至饮茶都是器具越古越好，茶反而退居其次。因此，清代的茶具不再追求高贵奢华，文人们更重视它的文化内涵。

九、独特的壶具铭文

中国的制壶刻铭发端于元代，元人蔡司霑在《寄园丛话》中提道："余于白下获一紫砂罐，镌有'且吃茶清隐'草书五字，知为孙高士遗物，每以泡茶，古雅绝伦。"文中的孙高士即孙道明，号清隐。他在元代生活了 71 年，因长期隐居不出，人们称他为高士，他也是我国历史上第一个在壶上撰写壶铭的文人。

纵观中国的历代壶铭，主要有壶外铭、壶底铭、壶身铭等三种。其中壶外铭不在壶上书写，而是散见于文人的笔记、绘画、诗歌中；壶底铭、壶身铭则是书写于壶面之上，是在壶的泥质未干之前用钢刀或竹刀所刻。它不但切合壶体形状，而且讲究书法和辞藻的优美，其中还蕴涵深刻的哲学意义。所以，鉴赏壶铭除了鉴别壶的作者或题诗镌铭的作者之外，更为重要的是欣赏题词的内容、镌刻的书画，还有印款（金石篆刻）。

1. 陈铭远的壶铭艺术

清代著名壶家陈鸣远是我国的壶铭艺术大师，他的文化造诣很深，其书法也有晋唐风格。他所创制的南瓜壶，很像是一只矮圆南瓜，顶小底大，壶盖则恰好是一只瓜蒂。壶身一侧的壶嘴上贴附着几片瓜叶，实现了壶与瓜的自然过渡。另一侧的壶把做成一根瓜藤，围成半环状，藤上显出丝丝筋脉。壶面所刻铭文"仿得东陵式，盛来雪乳香"，可见此壶并非仅仅为仿造南瓜，而是更有深意。

铭文中的"东陵式"就是"东陵瓜"。这里有一个典故，汉时有一个人叫召平，原来本是秦始皇时期的东陵侯，他性格清高，不入俗流，安贫乐道。秦朝灭亡之后，他沦为平民，在长安城东以种瓜为生，他种的瓜有五色，而且味道甜美。陈鸣远仿东陵瓜制造此壶，其中就有崇尚召平的人格之意。

陈鸣远的松竹梅树桩壶，造型别致。壶身形似一棵竹桩，由松枝、竹竿和梅桩组成，壶嘴形似梅花枝干，拦腰用藤柴紧束，还有数朵梅花绽开在壶身。壶盖形如竹节，最为相映成趣的是壶身还盘踞着两只活泼可爱的小松鼠，极富生态。壶底铭为："清风撩坚骨，遥途识冰心。鸣远。"这把壶的整体造型，可谓匠心别具，妙趣横生。壶底铭文，既点出了"三友"的浩然正气，又道明了此壶的内涵，堪称"绝世之作"。

2. 壶铭的美学境界

壶具铭文是中国传统艺术的一部分，它具有"诗、书、画、印"四位一体的特点。所以，一把茶壶可看的地方除造型、制作工艺以外，还有文学、书法、绘画、金石诸多方面，能给赏壶人带来很多美的享受。

数百年来，壶铭增添了壶具的意境美。如杨彭年的竹段壶上有朱石梅的铭文："采春绿，响疏玉。把盏何人？天寒袖薄。石梅作。"其中"春绿"指茶，"疏玉"喻泉，

"天寒袖薄"指佳人，意为美人为我煮泉烹茶。再如"径穿玲珑石，檐挂峥嵘泉，水许亦自洼，昨来龙井边""古山泉，蒙顶叶，漱齿鲜，涤尘热""汲甘泉，瀹芳茗，孔颜之乐在瓢饮""梅雪枝头活火煎，山中人兮仙乎仙""采茶深入鹿麋群，自剪荷衣渍绿云。寄我峰头三十六，消烦多谢武陵君""一杯清茗，可沁诗脾"等，壶铭无不显现出茶壶艺术的清雅之美。

十、瓷器茶具的分类

官窑、哥窑、汝窑、定窑、钧窑，宋代是瓷器发展的繁盛时期，而点茶法盛行，也让饮茶随同瓷器一起走入寻常百姓家。而瓷器茶具亦按照不同的烧制工艺和色泽形成不同的类别。

1. 白瓷茶具。白瓷茶具在唐代就非常盛行，具有坯质致密透明，上釉、成陶火度高，无吸水性，音清而韵长等特点。"闲停茶碗从容语，醉把花枝取次吟"的诗人白居易盛赞过四川大邑生产的白瓷茶碗。各窑场争美斗奇，相互竞争，形成了一批以生产茶具为主的著名窑场。元代，江西景德镇白瓷茶具已远销国外。湖南醴陵、河北唐山、安徽祁门都是白瓷茶具的主要产地。

2. 青瓷茶具。青瓷在坯体上施以青釉，在还原焰中烧制而成。青瓷历史悠久，早在东汉年间，我国就已经开始生产色泽纯正、质地考究的青瓷茶具了。发展至唐代，即有诗人赞誉它"九秋风露越窑开，夺得千峰翠色来"，宋代浙江龙泉哥窑就是生产青瓷茶具的主要产地之一。青瓷"青如玉，明如镜，声如磬"，用来冲泡绿茶最佳，既有益汤色之美，又不夺茶之真味。

3. 黑瓷茶具。黑瓷茶具在宋代甚为流行，因为斗茶斗胜的标准以"鲜白"为先，即"视其面色鲜白，着盏无水痕为绝佳；建安斗试，以水痕先者为负，耐久者为胜"。茶色白，与它色差最大的黑色成为检验水痕标准的绝佳选择，因此，黑瓷得到斗茶者的欢迎，进而大为推广沿用。福建建窑、江西吉州窑、山西榆次窑等，成为黑瓷茶具的主要产地。黑瓷茶具大发展脉络大体为：始于晚唐，鼎盛于宋，延续于元，衰微于明、清。逐渐被彩瓷所取代。

4. 彩瓷茶具。彩色茶具发展历史悠久，随着人们审美趣味的不断转换提高，元代开始批量生产带有传统绘画纹饰的彩瓷，及至明、清，青花成为彩瓷的主流。它以花纹相映成趣，色彩淡雅可人，加之彩料之上涂釉，显得滋润明亮而深得时人喜爱。江西景德镇、云南的玉溪、建水，浙江的江山等地都有青花瓷茶具的出产，因景德镇出产的青花瓷茶具，花色品种繁多、制作精良，无论是器形、造型、纹饰等都冠绝全国，故景德镇一跃成为闻名天下的瓷都。

十一、紫砂茶具的特点

紫砂茶具是陶土茶具中最具代表性的一种，古人将紫砂土喻为"紫玉"，主要产于我国宜兴地区。紫砂起源于何时，历来争议颇多，而从明正德年间紫砂开始制成壶，则是不争的事实。

宜兴位于沪（上海）、宁（南京）、杭（杭州）的中心。北宋初期，宜兴生产的褐黑色建窑茶具深受各位饮家珍赏。到了明代，宜兴紫砂壶名家辈出，紫砂壶具广受欢迎并大为流行。宜兴紫砂陶所用的原料，包括紫泥、绿泥及红泥三种，统称紫砂泥，深藏于宜兴丁蜀镇黄龙山黄石岩下夹层矿床中。由于其固有的化学组成、矿物组成和工艺性能，即便单独一种泥料，通过粉碎、炼泥，也能单独制成产品。

紫砂壶造型奇巧、古朴大方、气质典雅，紫砂器表面的色泽取于自然泥色，大凡名家对泥料的配制皆各有心法，不相私授，进而形成紫砂泥的有些特定泥料成为某些名家的代名词，也突显了名家的艺术风格。且紫砂壶具有良好的保温、保味功能，可使茶汤香味浓郁。

由于不同茶类的出现，对茶具有了新的需求，紫砂茶具一经问世，便以其独特的品质受到茶人的追捧，制壶大师辈出。明代周高起《阳羡茗壶系》："壶之土色，自供春而下，及时大彬初年，皆细土淡墨色，上有银沙闪点，迨砜砂和制，毂绉周身，珠粒隐隐，更自夺目。"

所烧制的紫砂壶颜色各异，有呈现天青、栗色、石榴皮、梨皮、朱砂紫、海棠红、青灰、墨绿、黛黑、冷金黄、金葵黄……紫砂泥若再掺入粗砂、钢砂，产品烧成后珠粒隐现，产生特殊的质感。

十二、紫砂壶的鉴别

紫砂壶是饮用乌龙茶、普洱、红茶，这些发酵老茶之首选。壶不仅造型独特，颜色浑厚，而且吸水力甚好，泡出的茶叶香味持久不散。茶壶用的时间越久，泡出来的茶叶香气就越醇厚。且好壶光润古雅，极具收藏价值。

那么，如何鉴别紫砂壶呢？新饮茶者，建议从壶的功能加以区别：

第一，从型制上看，如果去掉盖子，茶壶嘴、壶柄及茶壶口一般是在一个水平面上的。也就是说，如果将茶壶倒转放平，基本上是可以和水平面保持一致的。如果将壶中的水倒出，手按住茶壶盖的小孔或流口，水如果涓滴不出或壶盖不落，则表示工艺水准较好，是一把好壶。

第二，壶毕竟是用来泡茶的，如果将茶置于壶中不用，放置一二天后再观察，如果茶味没有霉馊变质。也是好壶的明证。

第三，如果是好的紫砂壶，由于泡茶日久，茶素慢慢渗入陶质中去，只泡清水时，也有一股淡淡的茶香。若没有，表明此壶品质不佳。

第四，造型上，虽然每个制壶名家都有自己的风格和特色，但大体上还是可以分为素色、筋瓢和浮雕3种类型。紫砂壶形态淳朴、色泽古雅、质地精密，而且使用的年代越久，经人手抚摩后越显出其古雅光亮。

第五，色泽上，真正的紫砂壶体重、色紫，因为长期被人手抚摩，上面呈现出汕润的光亮。而新制的紫砂壶一般来说质地都比较疏松，颜色偏黄，有光亮的少、无光亮的多。即使有光亮，也是用白蜡打磨上去的。

第六，款识上，伪制的紫砂壶即系冒仿名家产品。作伪者的方法其实很简单，或者在新壶上直接刻上名人的款识；或者用没有款识的旧壶，冒刻前代名人的款识。旧壶的款都是用阳文，字体极为工整。新壶如果用阳文，字体因为摹仿或显呆板，或笔画长短粗细不一。如果是用旧壶加刻新款，则所刻文字为阴文。

十三、现代茶具

饮茶发展到现在，精巧别致的茶器在招待宾朋的时候，既是一种感官享受，也表达了深厚的情感。从茶艺的角度来说，品茶是展演性的艺术享受，细致精巧的茶器在品茶过程中增加了不少雅致情调。

（一）备水具

1. 煮水壶

煮水壶是煮沸水用的泡茶辅助器具，一般都选择用陶制的煮水壶，因为保温效果比较好。现代的煮水壶，通常会在壶底加一层保温材质，以保持水温。

2. 茗炉

茗炉是用来煮烧泡茶水的炉子，一般是煮茶必备的茶具，通常炉身为陶器，下有一个金属支架，中间放置酒精灯，点燃后，将装好水的水壶放在"茗炉"上，可用来烧水或保持水温。但是价格比较昂贵，所以一般家庭使用的都是"随手泡"，用电来加热烧水，加热开水时间较短，水开后可以自动断电，十分便捷。现在茶室和茶客们喜欢使用陶土制成的茗炉套壶，即一把陶土壶加一个同材质的炉子。

3. 水方

水方是用来贮存生水的泡茶辅助用具。

（二）理茶具

1. 茶夹

茶夹又被称为茶筷，功用与茶匙十分类似。一般用它来烫洗杯具和将茶渣从茶壶中夹出，有人也用它夹着茶杯洗杯，防烫又卫生。

2. 茶针

茶针的形状类似一根细长的发簪，大多用竹、木制成。它的作用是疏通茶壶的内网，以保持水流的通畅，有时还被用于疏通壶嘴以及茶盘出水孔，以免茶渣阻塞，出水不畅。

3. 茶刀

茶刀一般都是在冲泡普洱茶时用来解茶用。普洱茶一般都是紧压饼茶，用茶刀轻轻撬开，将敲下的碎片放入壶中才能冲泡，因此，如果经常冲泡普洱茶，茶刀自然必不可少。

由于茶叶种类不同，用茶刀时不必将茶敲打得过于细碎，以免粉末较多。用茶刀适度按压，舒活茶叶，利于茶香发散、茶韵浓烈。

（三）置茶具

1. 茶瓮

这个是大量贮存茶叶的容器，如果家中藏茶量多的话，需要准备一个。茶瓮通常是陶瓷做的，小口鼓腹，利于防潮。讲究的人家，可以用马口铁制成双层箱，下层放干燥剂，上层用于贮藏茶叶，中间用搁板隔开。这样储存的茶叶久藏不坏。

2. 茶罐

平时存放少量茶叶作为备茶器具的茶罐也必不可少，一般分为茶样罐和贮茶罐两种。通常茶样罐的体积较小，能装下 50 克左右干茶。贮茶罐或叫贮茶瓶为大量贮藏茶叶用，约能贮茶 500 克左右。贮茶罐可以是金属的，也可以是瓷质的，一般都是造型美观多样且十分雅致。

3. 茶匙

茶匙是取茶必不可少的用具，它长柄、圆头又有凹陷。当然也可以用它将茶壶内剩余的茶渣取出。茶匙一般以竹质的居多，现今也有黄杨木质的，一端弯曲，古时也有以黄金、银、铜制成的。

4. 茶则

拨取茶叶用的器具，多为竹制。将宽一点的竹竿切开，利用竹管内部自然形成的节隔，可制作成茶则。一般将散茶入壶之时都要用到它。还有一类茶则偏小，一端尽头稍微向上隆起，在茶道中用来将粉末茶盛入茶碗。

5. 茶荷

茶荷的名称十分形象，而手托茶荷也犹如托一片荷叶在手，既可以观看鉴赏茶样的质色，同时也可以用作置茶分样。赏茶时，需先将茶叶装入茶盒内，供客人欣赏茶叶的外观，随后，再用茶匙将茶盒内的茶叶拨入壶中。

6. 茶漏

茶漏也被称为茶斗，呈圆形漏斗状，形制小巧可人。平时我们泡茶所用茶壶壶口都比较小，如果使用小茶壶泡茶的时候，都会在茶壶口处放置茶漏，茶叶便会从中缓缓漏进壶中，以防洒落在外。茶漏在茶艺表演过程中具有导引茶叶入壶的功用，能体现优雅的动感和韵律。

（四）品茗具

1. 茶海

茶海也被称为公道杯，外形是无盖的敞口茶壶。一般来说，茶海的容积要大于壶或盖碗，材质也较为多样，有瓷器的、紫砂的、玻璃器的等等。茶海从外形上看分为无柄和有柄的两种，有的还内置过滤网。

茶海的功用为分茶使用，将冲泡好的茶汤倾倒入茶海中，再由茶海分倒至各杯中，这样做能使各杯茶汤的浓度相当，起到公平饮茶的效果，所以它还有个公道杯的雅称。若饮用的干茶较细碎，一般都会在茶海上覆一个滤网，可以滤去茶渣、茶沫。

2. 闻香杯

闻香杯起源于台湾，即用来品闻茶香的专用杯。闻香杯的容积与品茗专用的品茗杯相同，杯身细长而高，以便于聚香。使用闻香杯时，将茶杯倒扣在闻香杯上，用手将闻香杯托起，稳妥地倒转，使闻香杯倒扣在茶杯上，稳稳地将闻香杯竖直向上提起，随后将闻香杯再次倒转，杯口朝上，双手夹闻香杯，贴近鼻端，细细闻来。

3. 品茗杯

品茗杯是饮茶必备的茶具，而今的品茗杯众多，有玻璃的、紫砂的、各种瓷的，各有各的妙趣。若想观茶的汤色，则建议用白瓷杯，若想品茶香，则最好用紫砂杯，若想赏茶的姿容，则建议用玻璃杯。

4. 杯托

杯托是用以承托衬垫茶杯的碟子。杯托的出现是饮茶习俗的普及和茶具装饰多样化的结果，是整个茶具的配套器具。茶托一般与所托茶杯在质地上保持一致，体现协调的美感。

5. 盖碗

盖碗又称为"三才杯"，分为盖、碗、托三部分，也符合我国道教格能反映出茶的色彩美和纯洁美。在传统的天人合一的观念，即"天、地、人"三才的文化意涵。清雅的风古代，盖碗的使用有讲究的礼仪，同时也是一种身份的象征。碗盖具有防尘、保温、闻香、拂去茶沫的作用。

（五）洁净具

1. 茶船

茶船的名称也很形象，像船托着若干茶具一般。有盘形、碗形，可以放茶碗，茶壶等，还能用来暖壶、烫杯、养壶。当注入壶中的水溢满时，茶船可将水接住，避免弄湿桌面。一般茶船的质地有竹木、陶瓷，还有少量的金属制品。

2. 茶盘

茶盘是用来盛放茶壶、茶杯、茶道组、茶宠乃至茶食等器具的浅底器皿。根据配套茶具的形状，可方可圆，还有时候作扇形，可以是单层也可以是夹层的，夹层用来盛放废水。

茶盘的质地多样，金、木、竹、陶皆可，各有特色，金属茶盘简便耐用，竹制茶盘清雅相宜，陶瓷茶盘精致讲究。

3. 水盂

水盂其实是用来倒废水和茶渣的。一般来说，水盂多为陶瓷制作而成，也有玉、石、紫砂材质等。水盂一般造型丰富、制作精细、纹饰细致精美，若是文人饮茶，也利于文思泉涌。

4. 茶巾

茶巾也被称为茶布，不同于抹布，它只是用来擦干茶壶、茶海底部残留的水分而已，一般都是选择吸水性较好的麻、棉料制成。茶巾需手感柔软，花纹要柔和，一般被放置在茶盘与泡茶者之间的案上。

5. 茶宠

茶宠是茶盘上摆放的一件小小的陶制工艺品，造型多样，如猪、狗、龟、金蟾、貔貅等，也有人物、佛像等，茶宠又名开汤佛，一般都是边喝茶边用茶扫蘸茶汤轻轻抚刷表面，被茶汤滋养着的茶宠日久就会显出茶色来，这也是饮茶者的小小趣味之一。

十四、茶器知识和问答

（一）陶瓷材质

1. 紫砂壶制作的泥料是天然的吗？

传统紫砂壶由于产量和生产有限，其泥料一般都是天然的，由于泥料中各种元素含量的不同，呈现出朱泥（红泥）、缎泥（绿泥）、紫泥三种不同颜色的基础泥料，泥料与泥料之间的相互掺和，以及烧成时温度和气氛的不同，使紫砂壶呈现出丰富的色彩。

到了近现代，由于茶文化的发展，喝茶的人越来越多，紫砂壶的市场也越来越大。由于市场扩大，生产紫砂壶的厂家也就越来越多，产量也越来越大，而紫砂泥是一种不可再生资源，正与日俱减。为了满足生产的需求，不少厂家采用在紫砂泥料中掺和别的类似泥料或金属发色剂，创造出不同颜色的紫砂壶。一般情况下，这些金属氧化物的发色剂在高温的烧制后对人体是没有坏处的，如氧化铁、氧化铜等等。但是有些厂商为了追求某种特殊的效果或片面地追求利益最大化，不惜采用一些对人体有害的色料或助溶剂（如铅、镉等元素），使紫砂产品达到特殊的效果，而忽视了使用过程中这些材料对人体的伤害。所以在选择茶具的过程中要仔细挑选，买到既适用又健康的紫砂茶具。除传统常见的品相外，特殊土色的产品最好附有检测的报告书。

蒋蓉《荸荠弄壶》

2. "紫砂壶"就是紫色的吗？

紫砂壶并不只是紫色，由于矿藏的分布层次不同，其成分也不同，不同的紫砂泥料可以单独运用，也可以相互之间按不同的比例掺杂运用，或是在泥料中加入一定比例的发色剂（即金属氧化物），加之在高温烧成过程中，不同的温度和气氛对相同的紫砂泥料也是有影响的，使得紫砂色彩变得相当丰富多彩，有朱砂红、枣红、紫铜、海棠红、铁灰铅、葵黄、墨绿、青蓝等。

紫砂泥从颜色上大体可分为三种基础颜色：一种是紫红色和浅紫色，称作"紫砂泥"，其主要成分为水云母，并含有不等量的高岭土、石英、云母屑及铁质等，肉眼可看到闪亮的云母微粒，烧成之后呈紫黑色或紫棕色；一种为灰白色或灰绿色，称为"绿泥"，是紫砂泥中的"夹脂"，烧成之后呈浅灰色或淡黄色；还有一种是棕红色，烧成之后呈朱红色，成为"红泥"。丁蜀镇蕴藏的以紫砂泥最多，绿泥、红泥较少。

呈色丰富的紫砂泥愿矿

从以上分析可看出，并非什么颜色的泥料烧出来的壶就是什么颜色，例如有的呈黄色、浅灰色的壶是由绿泥烧成的。铁含量比例在烧成后的呈色是这样的：≤0.8%为白色，0.8%~1.3%呈灰色，1.3%~2.7%呈淡黄色，2.7%~5.5%呈淡红色，5.5%~8.5%呈红色，8.5%~11.5%呈深红色，≥11.5%呈紫色。

3. 选用怎样的紫砂壶泡茶比较好？

紫砂壶是以紫砂泥料经过成型后，以 1100～1170℃ 氧化气氛烧成的一种陶器。紫砂土是一种颗粒较粗的陶土，含铁、硅较高。它的原料呈沙性，其沙性特征主要表现在两个方面：第一，虽然硬度高，但不会瓷化。第二，从胚子的微观方面观察，它有两层孔隙，即内部呈团形颗粒，外层是鳞片状颗粒，两层颗粒可以形成不同的气孔。如果制作的时候用熟陶与生泥均匀地掺和，成坯后与其他生坯没啥两样，一经烧成，由于熟陶和生泥的收缩率不同，使成品表面出现均匀颗粒，看起来有类似于橘皮、石榴皮、梨皮样的特殊"粗糙"效果。故意制作出来的这种效果，看起来有与众不同的特色，并且手感不滑不腻，甚是可爱。

泡茶效果（即使用功能）较好的紫砂壶，应选用做工精细、组件严密、气孔细密、造型优美的紫砂壶，能较好地发挥紫砂壶泡茶的优势。

4. 不是用宜兴的紫砂泥料做的紫砂壶就不能叫紫砂壶吗？

紫砂泥料的主要产地在宜兴，紫砂泥是当地特有的一种泥料，传统意义上的紫砂壶是指以产于宜兴的紫砂泥料制成的紫砂壶。但是到了现代，随着宜兴紫砂泥料的大量开采，产量渐渐变少。同时，由于生产的需要，在其他一些地区也有类似宜兴紫砂泥的发现。从科学意义上讲，只要成分相同，不同地点的紫砂泥应该都可以叫作紫砂泥。如做瓷器的高岭土，从传统意义上说，是指江西景德镇高岭村出土的泥料，因为这个村子出产的泥料产量高，质量又好，所以就称这种泥料为高岭土。但是随着现代瓷器产量的提高，很多地区也发现有类似景德镇高岭村的这种泥料，高岭土也就成了这种泥料的代称。所以说，用类似紫砂泥料制作的紫砂壶也可以叫作紫砂壶。

5. 怎样识别高温瓷，中温瓷和陶呢？

要区分高、中温瓷和陶，首先得区分开陶和瓷。陶和瓷的主要区别有：

（1）原材料：瓷的材料比陶的材料更加细腻、均匀、纯正。

（2）烧成温度与烧结程度：瓷的烧成温度普遍比陶高，同时烧结程度也比陶高。一般而言，陶的烧成温度小于 1200℃，而瓷的烧成温度大多大于 1250℃。

（3）颜色：瓷器的颜色比陶器的颜色普遍较浅，以不同程度的白色居多。

（4）密度：瓷的密度要远远大于陶的密度，从横截面来看，陶的颜色较深，质感粗糙，而瓷的横截面颜色以白色居多，质感细腻，类似贝壳断面。

（5）吸水率：由于烧结程度以及密度的不同，瓷的吸水率远远小于陶的吸水率。瓷的吸水率一般小于1%，而陶的吸水率一般大于2%。

（6）敲击声：同时轻叩完好的陶器和瓷器，闻其两者的声音是不同的，瓷器的声音清脆、响亮，而陶器的声音则深沉、低哑。但如果瓷器有裂缝，其声音也会是深沉、低哑的。

如果能分别出陶和瓷来，再去看处在陶和瓷之间的中温瓷，那就容易识别了。中温瓷又称精陶或炻器，其各方面的性质介于高温瓷和陶之间，因其生产烧成温度较低，烧成后收缩变形小，能大大缩小瓷器制作时的成本，因而被大量运用于日用瓷的生产中。

这就是所谓的陶瓷三分法。

6. 用瓷质的茶壶来泡茶也可以养壶吗？

所谓的养壶就是细心呵护保养泡茶的壶具。养壶是不分陶和瓷的，在日本茶道中，即使是一个上了漆的木制茶枣，也可以保养出很温润可爱的光泽来。通常意义上所说的养壶大多说的是紫砂壶的养护，而很少说到别的材质。其实是因为紫砂材质比较特殊，因其双气孔性质，能很好地吸附茶香与茶味，透气而不透水，用久了，就可以明显地感觉到其发生的变化来，所以用紫砂养壶一直都被广大喝茶人所接受。

瓷壶也可以养壶则很少被人认同，毕竟瓷和紫砂、陶不同，因其几乎不吸水，即使用久了，洗刷干净后看上去也就没有被浸染的痕迹。但实际上，瓷壶也是有一定吸水率的，就像玉石一样，它的密度很高，也不易吸水，但是用久了，同样会被浸染，同样会变得更加温润，光泽也更加柔和、可爱。瓷壶虽然胎釉细腻，但用久了，其表面也能散发出温润可爱的光泽来，而非刚刚从窑中拿出来时那样有闪闪夺目之光。

7. 用竹子或木头做的茶壶泡茶，对茶汤的味道有影响吗？

一般而言，我们很少看到有人用竹子或是木制的茶具来泡茶，除非是一些茶具的配件，如取水用的水勺，或是用来当杯托的木茶托，或是用来取茶的茶则，或是用来去渣的渣匙等等。竹子或木质的这些器物与陶瓷或金属搭配，可以很好地构成泡茶的用具，但是用它们来泡茶、喝茶却不太合适，因为无论是竹子还是木头，其材质的密度都不是很高，自然也容易吸收茶香和茶味，加之表面不是很光滑，自然也不容易清洗，会造成卫生问题。竹和木质本身就有其香气和味道，不同的竹、木香味不同，用

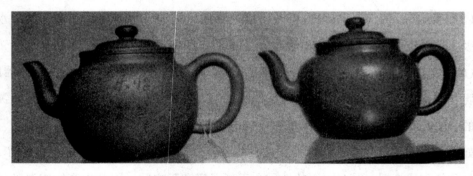

两把相同的壶，左为未经保养的壶，右为保养半年之久的壶（摄于长乐陶）。

以泡茶，容易影响茶的香气和滋味；而且竹木材质的化学、物理性能不如陶瓷的稳定，强度也不如陶瓷的高。所以，一般而言，人们泡茶、喝茶以陶瓷材质的茶壶和茶杯为主。

8. 用不锈钢的保温杯泡茶好吗？

有人说，用保温杯泡茶会破坏茶的营养成分，且对身体有害。这个说法科学吗？

保温杯，顾名思义是起保温效果的茶杯。如果用保温杯泡茶，茶叶长时间浸泡在高温、恒温的水中，就像用温火煎煮一样，其中的维生素大量被破坏，芳香油挥发，单宁酸和茶碱也大量浸出，这样不仅降低了茶的营养价值，还会使茶汁无香味，茶味苦涩，特别是绿茶，无论从营养的角度和茶的色、香、味的角度都是不适宜的。

当然科研人员曾对茶汤中的维生素 C 的稳定性做了专题研究，结果发现：溶解在水中的维生素 C 在 100℃时 10 分钟就被破坏 83%。但用沸水冲泡茶叶，一方面，水温在壶中是不断降低的，其中的维生素 C 能够很好地被溶解出来，但并不会被大量破坏；另一方面，茶汤中含有较多的多酚类物质，它们能与茶壶中的铁离子、铜离子等发生相互作用，抑制了维生素 C 的分解。

保温杯良好的保温效果有其两面性，一方面，可利用其良好的保温功能泡西洋参、白参之类；另一方面，为避免对茶汤造成的不良影响，尽量不要作为泡茶的器皿。

用塑料保温杯泡茶，经沸水冲泡后，常有一些异味物质或有害物质溶出，影响茶味，也会影响人体健康。经科学研究，如果长期饮用这种茶，就会危害健康，导致消化系统、心血管系统、神经系统和造血系统的多种疾病的发生。

如果想喝热茶，可以用紫砂壶或陶瓷茶具冲泡，茶泡好后待降至适口温度再倒入不锈钢保温杯中。

9. 用金银或玉石做成的茶具泡茶好吗？

从古至今，金、银都曾是制作茶器的材料。如陆羽《茶经》中罗列的茶器中就有煮茶所用的铁铸的"鍑"，也是传承前代的金属茶具。金和银的化学性质非常稳定，任凭火烧，也不会锈蚀。古代的金器到现在已几千年了，仍是金光闪闪。把金和银放在盐酸、硫酸或硝酸（单独的酸）中，安然无恙，不会被侵蚀。

银质地的茶具不仅有抗菌、消毒、人体保健的功效，而且还具有很高的艺术享受价值和收藏价值。银对液体中的微生物具有吸附作用，微生物被银吸附后，起呼吸作用的酶就失去功效，微生物就会迅速死亡。银离子的杀菌能力特别强，每升水中只要含亿万分之二毫克的银离子，即可杀死水中大部分细菌。用银做的茶具泡茶因其净化水质及强大的杀菌能力，不仅可使茶汤味美，而且可使茶汤不易变味。

磊鑫玛瑙茶具

长期使用玉石茶具泡茶，不但独特尊贵，而且它还有促进人体健康的作用。如《神农本草》《本草纲目》等古代医药名著中都有记载：玉石有"除中热，解烦懑，润心肺，助声喉，滋毛发，养五脏，安魂魄，疏血脉，明耳目"等疗效。根据现代生物、物理、化学分析，许多玉石中含有对人体有益的微量元素，一般多达十几种。

所以，用金石茶具经高温泡茶或煮茶，都不会有有害物质挥发出来，甚至会溢出许多对人体有益的微量元素，如锌、镁、铁、铜等。

10. 用塑料瓶来装茶、泡茶好吗？

塑料瓶的主要材料是 LDPE（Low Density Polyethylene，低密度聚乙烯）或者是 PP（聚丙烯），由于它们的热稳定性比较差，所以加了开水会有部分分解。如果用它来装热水，塑料的化学污染问题就更大。塑料瓶本身具有一定的腐蚀性，长期使用塑料茶具，会释放出有害的物质，产生异味，以热水泡茶，不仅会影响茶香茶味，还会对人体健康产生危害。塑料瓶不像玻璃或瓷制杯子那么容易清洁，容易滋生细菌。并且，长期饮用可能造成人体内矿物质或其他身体需要的微量元素缺失。

塑料瓶底往往有三个箭头组成的三角形，中间标有 1~7 七个数字。三个箭头是可回收再生利用的意思。里面的数字代表了不同的材料，如果制品是由几种不同材料制成的，标注的是制品的主要材料。例如，1 是常见矿泉水瓶、碳酸饮料瓶等。7 是常见水壶、太空杯、奶瓶。塑料瓶尤其是数字标示越小的，如果不是反复使用，仅是一次性喝未加热的饮料还是可以的，但是绝对不可以当成塑料茶具拿来泡茶，或是装热开水喝。

11. 怎样直观判断化工壶和紫砂壶？

化工泥是指在不是紫砂的泥料中或者纯度很低的紫砂泥料中通过加入化工原料冒充紫砂。那么我们该如何判断真假紫砂壶呢？以下是几种判断方法：

（1）一般而言，颜色过于鲜艳的或表面过于光亮的都是有问题的。大红、大绿或是颜色过于鲜艳的壶，大都不是紫砂加入金属氧化物的发色剂，而是普通陶土和化工染色剂调制成的；太亮者则是加入了过多的玻璃水或是喷浆制品。

（2）真正的紫砂壶，因为是紫砂泥制成，且烧成温度一般不会超过 1200℃，密度一般介于 1%~2% 之间，所以大都有一定的吸水性，而有些化工壶，因其材质不是紫砂泥，所以不具有同样的密度与吸水性，水淋在壶身上会直接流下去，而无法被壶体吸附。

（3）可以闻气味。开水（一定要是热开水）灌进紫砂壶内，过一会儿后将水倒出，如果是紫砂泥制成的壶，那么你能够从壶内闻到一股泥土的味道；如果是化工泥料，因为是非天然的产物，水倒出后，壶内散发出的气味是有些刺鼻的。

12. 玻璃与瓷组合的杯子用来喝茶好吗？

杯身采用玻璃来制作比较适合用来冲泡绿茶、花茶以及一些茶形好看或是香气高扬的茶类，因为这样有利于观赏茶叶浸泡逐渐舒展的过程和防止茶叶在冲泡过程中由于水温过高而产生的闷味。如果用这样的杯子来泡冷饮，如奶茶、调味茶，也可以很好地欣赏到茶汤的颜色，以及不同配料的组合之美。

而瓷杯托有利于增加玻璃制品的价值，一方面，从功能性来看，由于玻璃的密度高，传热速度很快，而瓷器的密度较玻璃为低，传热速度也比玻璃慢，拿茶杯的时候不容易烫手，放在桌子上也不容易烫坏桌面。另一方面，从美感上来看，精美的瓷器在西方向来都很受人推崇，价值甚至与白银相媲美，加之瓷器上还可以根据需要做不同的装饰，如画、刻、雕、塑等，更增强了玻璃杯的价值。再者，从卫生方面来看，无论是玻璃还是瓷，其表面都很光洁，便于清洗，所以用这样的茶杯来喝茶是很不错的一个选择。

13. 陶与瓷组合制作的茶壶好吗？

陶和瓷由于其密度的不同，其散热性能也不一样。陶的密度低，导致其传热速度慢，适合用来制作壶的把手、盖钮等在使用的时候需要用手拿的地方，以便在使用的时候不易烫手。所以当需要把手和盖钮不烫手时就可以使用陶、木、竹等传热速度慢的材质。而我们泡茶时，壶身的散热速度快，有利于茶香和清扬茶味的生成，所以可以用散热速度快的瓷来制作。但是，陶与瓷不同的材质存在烧成收缩率不一样的问题，解决的办法是在烧成前用介于两种材质间的泥料进行粘接，再一起烧制，或是分开烧制，在烧成后用陶瓷胶进行粘接。所以，如果条件允许，选用一把不同材质组合的茶壶泡茶也是很好的途径。

14. 用什么壶泡绿茶比较好？用什么壶泡红茶与普洱茶比较好？

壶的材质与茶也有各自的选择，一般来说，用瓷壶泡绿茶较好，紫砂壶泡红茶与普洱茶比较好。因为绿茶制作原料比较细嫩，冲泡的温度也不需要那么高，所以，用散热性能好的瓷壶泡绿茶较好，有利于绿茶茶汤香和味的清扬。而紫砂壶保温性能好些，如果用紫砂壶泡绿茶，温度不易散发，容易产生闷味。红茶和普洱茶都属于高温冲泡的茶叶，用保温性能好些的紫砂壶浸泡会比较好，能够较好地发挥红茶和普洱茶醇厚隽永的茶性。

（二）陶瓷工艺

1. 为什么手工茶具会那么贵呢？

在陶瓷制作的很多程序中，越多的程序是由手工制作，其价格就会越贵。众所周知，商品的价格是由社会生产的劳动时间决定的。正如汽车界的劳斯莱斯一样，有一句很经典的介绍词说：它的每一个零件都是手工打造的。和模是制作的茶具相比，手工制作的茶具更费时间，同时，每一道手工制作的程序中都汇聚了制作者的创作思想与独到的技艺，以及创作时的偶然性，使每一个手工茶具都具有不可复制性。正由于它的不可复制性，使其更具收藏价值。所以说，手工制作的茶具比大批量生产的茶具会贵很多。

烧成前的手拉坯茶杯

烧成后的手拉坯茶杯　王兴虎

2. 手拉坯制作与模具制作的紫砂壶有什么不同？

（1）传统紫砂壶主要是用拍身筒和镶嵌身筒这两种工艺制成的。"拍身筒"主要适用于圆形器的制作，即用矩尺、尺子等工具切划出一定形状的泥板放在转盘上，做成壶底、围成壶身，将手垫入身筒内，用"木拍子"根据预先设计好的形状，拍打出不同弧度的造型。"镶身筒"主要适用于方形体或其他几何平面形体的器型，由所拍打成的紫砂泥板按照一定的形状与顺序镶接而成。

（2）模具壶制作分注浆与压坯两种。第一种是先做好用于注浆的石膏模具，然后再把调好的泥浆灌入石膏模具里面，等石膏吸附住一定厚度的泥浆后，将里面的泥浆倒出，等吸附的泥坯稍干后再将石膏模打开，取出成型的泥坯，进一步加工，粘接壶的各个部件，加工完成一把壶。用这种方法制作陶瓷器，可以生产各种造型的器物，而不仅限于同心圆的器型；且生产效率比较高。

《福缘轩春舞单壶》模具成型　李玉静

另一种是压坯。做好用于压坯的模具后，直接利用压坯的机器将泥块压制成型。机器压坯制作的器形大致都是浅状的杯、盘等，且以同心圆的居多。此外还有一种手工压坯，是将用于压坯的石膏模具做好，然后做好一块泥板，再将泥板切割成想要的形状，将它按压进石膏模具的内壁，压紧后脱开模具，呈现出来的泥坯即为石膏内壁的造型。相比之下，手工压坯的效率没有机器压坯的效率高，但是手工压坯的造型可以更加丰富，也不限于同心圆等比较规整的器型。从现在市场上所见的紫砂茶具来看，很多都是这两种模具成型的。

（3）手拉坯壶也是一种手工成型的制壶方法，其特点是制作的器型多为同心圆，运用手对拉坯机上的泥块施力，让湿的泥土在手的外力下变化出不同的造型。手拉成型法一次只能做一个，所以几乎每一个都会有所差异，极具个性，并且也可以根据要求特别定制。因为转盘是做圆周运动，所以手拉壶也只能做成圆形器，具有成型上的局限性，且制作时间比较长，不利于批量生产。

综合以上几种成型方式，一般手工壶在制作上都比较花时间。制作过程中还可以根据壶的造型设计或是壶的功能性来进行细致化、个性化的塑造。同时，手工壶因为制作的成本（含生产时间）比较高，一般而言，质量与价格上也会相对较高，就像一件纯手工制作的礼服一样。而批量生产的壶一般针对的消费群体比较广，生产成本相对而言较低，价格相应也会便宜些。当然，陶瓷生产厂家一般都在寻求一种手工与机器、个性与共性的结合点，力争用机器加工，以较高的生产效率制作出富有个性与创意的陶瓷作品来。消费者也需要根据自己的经济情况及审美观，从这两者中寻求一个平衡点。

《泥韵咖啡杯组》手拉坯成型　王兴虎

3. 目前市场上的紫砂壶是怎样制作的？

现今的紫砂成型一般采用的是手工成型、拉坯成型、半手工（模具）、注浆、旋坯和印坯等几种成型方法。不过为了节约成本并提高劳动生产率，保证成品合格率，以满足市场的需求，市面上常见的批量形紫砂壶大部分都是机械、模具加工出来的。

4. 手绘与贴花的茶具图案有什么区别？

茶具店里同样是画有图案的两把壶，一把上千元，一把却不到一百元，店主说因为一把是手绘的，一把是贴花的。那么，手绘与贴花有什么区别？

釉上彩是陶瓷彩绘装饰的一种，又称"炉彩"。所谓釉上彩，就是先烧成白釉瓷、单色釉瓷、多色彩瓷，在这样的陶瓷上进行彩绘后，再入窑经750~850℃烘烤而成。

手绘瓷作品都是作者经过精心构思、设计，再将粉彩颜料一笔一画绘制而成，耗时多，难度大，这类作品相对于复制品更为生动，艺术表现力更强，色彩变化大，且更厚重。每件作品都有自己的特色，也是最能体现画家风格的作品，大多数的手绘作品都是形态、造型各不相同的孤品，或是限量版作品，极具收藏价值。因为成本较高，价格一般也比较贵。

《朱泥彩绘》紫砂壶手绘　台北陆羽茶艺

《山菊花》瓷壶手绘　刘乐君

　　贴花的彩绘装饰只需设计好装饰纹样，然后将其排好版，以适合烧成温度的色料用丝网批量印刷出来，再将印好的花纸贴在陶瓷器上，低温烧制就行了，不需太高的绘画技艺，也不需要很高的艺术修养，省工、省料、省时，适合大批量生产，如日用瓷、陈设瓷等等，现在工艺瓷器也大量采用贴花瓷。

　　5. 陶瓷的釉上彩与健康有何关系？

　　很多盖碗和茶杯的外表都装饰有漂亮的彩色花纹，这是陶瓷加彩装饰的一种釉上彩。釉上彩按原料与绘制工艺的不同，主要包括古彩、粉彩、新彩、珐琅彩、斗彩等。其颜色的特点是色泽鲜艳、颜色丰富，装饰的画面富有立体感。

　　釉上彩因为烧成的温度不能过高，所以对烧成的色料有特别的要求，需要往色料中添加一些帮助色料融化的原料，如铅、镉等重金属就是属于这些原料里的几种，如果这类重金属或别的有害物质用量过大或烤烧时温度、通风条件不够，烧成的陶瓷器容易引起铅、镉含量超标。在使用的过程中，这类釉上彩陶瓷中铅化合物能被酸渗解，当食物与画面接触时，尤其是在微波炉中加热，或是用来盛放热的食物，铅就可能被食物中的有机酸渗解出来，并随着食物进入人体，危害人的健康。而没有和食物接触的外侧就不易渗解，但还是会存留在陶瓷器表面，长期使用这样的器具，其中的铅、镉还是容易经由各种管道进入体内。铅可长期在血液中存在，引起血管平滑肌痉挛，使肝、肾、脑等重要器官缺血，细胞受损，影响神经细胞正常代谢，对少年儿童的智力发育也会起到不良作用。肾是镉损害的主要器官，镉还会在骨骼中蓄积，可导致人体免疫力下降、关节变形和疼痛，俗称"疼痛病"。所以碗内及口部，甚至于外侧，不能施用含有危害人体健康的釉上彩颜料。

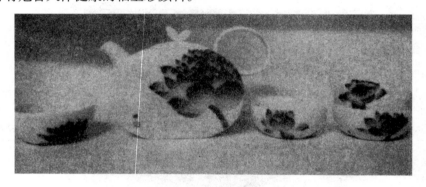

《清荷》刘乐君

　　另外，碗内有彩色花纹不适宜观赏茶汤的颜色，所以碗内及杯内宜上纯白的釉而不宜上彩。

　　6. 彩色的瓷器能放进微波炉里加热吗？

　　陶瓷彩绘装饰，按彩绘与施釉的层次关系，大致分为釉上彩、釉中彩、釉下彩三大类，而容易出现重金属超标的多为釉上彩瓷器。因为釉上彩陶瓷就是直接把色料画在陶瓷表面或用陶瓷色料花纸贴在釉面上，再经800℃左右的温度烧制而成。为使色料在这个温度之下能够烧融并有光泽鲜艳的效果，往往会在色料中加入一些成本较低而效果明显的含铅、镉等重金属物质的助溶剂。如果烧成的器物含铅、镉高的颜料用量过大或烤烧时温度、通风条件不够，很容易引起铅、镉溶出量超标。釉上彩陶瓷中铅化合物能被酸渗解，尤其是温度较高时，当食物与画面接触，这些物质就有可能被食物中的有机酸渗解出来，并随着食物进入人体。所以这种釉上彩瓷器不能放进微波炉里加热。

但青花瓷就不一样了，因为青花的原料是钴，用这些色料在泥坯上画完之后再施透明釉，并且在1300℃以上的高温还原气氛中一次烧成，这种呈现出蓝色花纹的釉下彩瓷器就是青花瓷。这种工艺要求烧制温度高，且色料在釉下面，色料长期使用都不会脱落，在微波炉里加热也不会有有害物质析出，所以说青花的瓷器是适用于微波炉的。

7. 高温烧制的茶具与低温烧制的茶具有什么区别？

一般而言，高温烧制的茶具密度大，瓷化程度高；低温烧制的茶具密度小，瓷化程度低。烧成温度的高低和密度、成瓷度的高低可从颜色、敲击声与吸水率等方面来分辨。

（1）从颜色来看：一般的瓷器烧成温度高者，颜色较白；而陶器则相反，同一种陶泥，随着烧成温度的升高，会从泥坯的深色到黄褐色、烧熟时的较浅色，再到烧过时的发黑的颜色。

《幽兰》青花爱盖砚王兴庆

（2）从声音来看：成瓷度高的瓷器，敲击声清脆、响亮；而成瓷度低的陶器则声音嘶哑、沉重。

（3）从吸水率来看：高温烧制的瓷化程度高的陶瓷因为其有较高的密度，所以吸水率小，大概不大于1%；而低温烧制的瓷化程度低的陶瓷则相反，大概不小于2%。

不同温度烧制的茶具会影响泡茶的效果。在相同条件下，烧成温度高的陶瓷的茶具，因其散热性能好，茶汤不会长时间处于高温状态，泡起茶来，香味比较高扬，味道比较清冽，比较适宜冲泡轻发酵或是高香的茶，如绿茶、清香型的乌龙茶或花茶，这样可以保持原茶的大自然风味；烧成温度低的壶，因其保温性能较好，茶叶能较长时间处于一种高温状态，泡起茶来，香味比较低沉，味道比较醇厚，适宜冲泡中发酵以上叶面较成熟的茶，如熟火乌龙、老普洱，可以充分体现这类茶的醇厚风味。

8. 为什么大部分紫砂壶都没有上釉？

紫砂泥作为一种陶泥，它本身就散发着一种自然的质朴与古雅之美，加之一些泥面上的雕、塑、堆、印、贴等工艺，使用时在视觉上很耐看，在触觉上有着很好的手感。

《飞天壶与盅》紫砂（蔡荣章监制）

紫砂最大的特色就是它特殊的双气孔的透气性。紫砂泥是由石英、赤铁矿、云母、黏土等各种矿物组成的混合结构。紫砂壶的气孔是紫砂泥的各种矿物之间结合面形成的气孔，和黏土微小泥团内部的气孔组合而成，这就是所谓双气孔。双气孔的产生，既有紫砂泥自身结构的原因，也和紫砂壶烧结过程中，各种矿物收缩率不同留下的气孔有关。各种矿物之间结合面形成的气孔一般为链式气孔，各气孔之间有的连通，有的闭合。微小泥团内部的气孔是闭合气孔，在小泥团表面的是开放式气孔。而闭合式气孔，是紫砂壶具有保温功能的主要原因。由于茶水的表面张力，茶水无法通过这些气孔透出壶的表面，但水蒸气可以通过气孔透出来，这就是所谓透气不透水。茶水的水蒸气在气孔内部通过时，由于气孔蜿蜒崎岖，会在气孔壁残留一部分，水汽蒸发后，茶物质会在气孔内部保存下来，这是紫砂壶留茶香的主要原因。而上釉后其特性就丧失了，所以紫砂一般情况下不上釉。上釉也多上于壶身外部，作为一种装饰。

9. 上釉的茶具和没有上釉的茶具，哪一种拿来泡茶比较好？

选购茶具时，发现有些茶壶里面有上釉，有些没有，这是为什么呢？

壶里面上不上釉取决于壶的材质。瓷宜上釉，上釉易清洗，一把瓷壶可以冲泡多种茶叶，冲泡不同的茶叶时只要清洗干净即可。如果是紫砂壶，不宜上釉，特殊的双气孔的透气性使其泡出的茶汤具有深沉醇厚的特点，上釉后就丧失特性了。所以应根据自己的需要选择适合的茶具，需要便于清洁、可泡多种茶的，应买内部有釉的瓷壶；喜欢紫砂壶特点的，应买内部不上釉的紫砂壶。

10. 青花瓷与青瓷是一样的吗？

青花瓷与青瓷是不一样的。青花瓷是在瓷坯上用青花色料画上装饰纹样，再施以透明釉，经1300℃左右的高温一次烧制而成。烧出的瓷器，光泽莹亮，在透明釉的覆盖下，白色的坯体底色上，清晰可见钴蓝色的装饰纹样，或深或浅，有点、有线、有面，一种雅致精细，朴实而又高雅，清新又脱俗的风格。

《湖石图》青花瓷赵兰涛

青瓷是指一种上了具透明性的青色釉的瓷器。釉面越厚的地方越发青，釉面越薄的地方越发白。整个青瓷的青色宁静而深远，不用刻意的装饰，而有一种清新、雅致的感觉。

总而言之，青花瓷的"青"是指画有青花色料的地方，烧成后呈现出的蓝色纹样的"青"；而青瓷的"青"则指青色釉的"青"，上过釉的地方，不用描绘，都呈大面积的青色。

11. 景德镇烧窑的师傅在烧窑前为什么都要拜一下窑神？

烧窑是陶瓷制作过程中最后的也是最重要的一道工序，一窑的作品，往往都经历了炼泥、成型、修坯、干燥、装饰、上釉等多个环节长时间的劳动，而烧窑是将陶瓷材质由泥土这样一种可变性很大的材质转化为陶瓷这样一种具有很稳定的化学、物理性能的过程，而这个过程操作的

《春韵》青瓷张玲芝

成功与否，直接决定了这一窑的作品质量的优劣。因烧窑的可变因素很多，烧成的温度相当高，烧制的时间也相当长，所以要烧好一窑并不是一件简单的事情。比如说，烧的不同的器物、烧的不同的釉、烧制不同的气氛，以及在不同的地方烧窑，不同的人，烧制的方法不同，烧出的效果都会不同，更不用说烧窑的天气、温度、湿度以及烧窑的季节都会对烧成的稳定性产生影响了。

景德镇清代御窑厂督陶官唐英题写的青花瓷匾"佑陶灵祠"

传统上，因为烧窑的可变因素太多，而且又担负着一整窑器物的成败责任，所以一般烧窑的师傅压力都很大，也就需要一种精神上的寄托。在景德镇，"窑神"童宾作为一个神化了的传统烧制御窑的窑工，因其烧出了很难烧成的一种祭红色釉而被陶人们广泛流传开来，传说他能保佑烧窑的窑工把窑烧好，所以，一般景德镇的烧窑师傅，不论是传统的柴窑，还是煤窑，或是现代的电窑、气窑，都会在烧窑前祭拜窑神，以求精神上的慰藉。

12. 瓷器烧成中的氧化烧与还原烧有什么区别？

瓷器烧成中的"氧化烧"与"还原烧"是因陶瓷烧制过程中燃烧产物中的游离氧及还原成分的含量而定的。氧化烧是烧窑的时候火焰一直处在供氧过剩的环境中，得到充分的燃烧。而还原烧则是指在烧窑过程中，烧到一定温度后，让火焰在缺氧的环境中燃烧。因为火要能燃烧，一定要与空气中的氧接触，而还原气氛中，火焰在燃烧的过程中处于缺氧状态，它会从釉药或是泥坯中夺取氧气，把一些带有氧的元素之氧分子燃烧掉。比如说，釉药中含有的氧化铁，在还原的气氛中氧分子被烧掉后就只剩下铁分子了。相对而言，氧化烧是一般烧窑的过程，是烧陶器常用的一种较普遍的充分供氧的烧法，而还原烧则是针对一些特殊的釉药需要用到的更复杂的烧法。

目前市场上常见的龙泉青瓷、景德镇青瓷、青花瓷、铜红等釉色，就必须在还原气氛中才能烧出来。

13. 选购紫砂壶时为什么要看是否三点平呢？

所谓三点平，即"壶把的最高点""壶口""壶嘴"在同一水平高度。三点要平的原因有以下几点：

（1）壶内可以装入最大容量的水，不至于从壶口或壶嘴中溢出来；

（2）传统工艺中制作紫砂壶时壶把与壶口、壶嘴在同一水平面，较便于操作；

传统"三点平"小石瓢蒋敏

（3）与当时使用紫砂壶时执壶的方式有关，传统的执壶方式可分为右手食指勾提，并用大拇指按住盖钮，或是右手指夹住把手，再用左手轻压盖钮两种方式，所以，传统紫砂壶的制作都是讲求"三点平"的。

一般现代泡茶所用的小壶不讲求所谓的"三点平"了，而只是要求"壶口"与"壶嘴下缘"两点平就行。因为随着执壶方式的改变，现代执壶方式更讲求方便、美观、自然，所以拿小壶可以用右手中指和拇指夹住壶把，用食指轻压盖钮，就可以很方便地倒茶了。而这样的方式倒茶，提拉壶把的部位愈接近壶的重心垂直线愈可以使茶壶提起来省力，而"壶口"与"壶嘴下缘"在同一水平线上，还是因为水流的原理。

因此不难发现，现代的茶具，如以台湾陆羽茶艺为代表的现代小茶壶，其壶把都高于壶口，甚至还出现了"飞天壶"，其造型与现代泡茶、饮茶的方式相配套，既精简，又适用，在传统的紫砂器型上大有创新。

现代小壶提壶手劳

（三）名家名壶

1. 陆羽是以什么标准来判断当时窑的优劣？

唐代喝的是饼茶，是以煮茶为主。当时煮茶需要注意的是：煮茶前先要烤茶，烤茶要讲究远近、茶色和时间长度，以保证饼茶香高味正。碾茶要适度，在烘干饼茶冷却后，将其敲成小块，再倒入碾钵碾碎，用箩筛选出粗细适中的茶颗粒，这样煮出的茶汤清亮，茶味醇正，不会生苦涩味。

在陆羽《茶经·四之器》中指出，"碗，越州上，鼎州次，婺州次，岳州次，寿州、洪州次。"后面还有这句："越州瓷、岳瓷皆青，青则益茶，茶作白红之色。邢州瓷白，茶色红；寿州瓷黄，茶色紫；洪州瓷褐，茶色黑，悉不宜茶。"所谓"越州瓷、岳瓷皆青"就是说当时的越窑与岳窑的瓷碗是青色的，因为当时的饼茶经烘烤（即现代的焙火）后，茶汤颜色发橙红色，橙红色的茶汤倒入青色的茶碗内，颜色就会变得不那么红，即"白红之色"，所以说茶碗"青则益茶"。"邢州瓷白"就是邢州瓷器是白色的，那么茶汤倒入其中反映出来的茶汤颜色是红色，看起来这种颜色没有浅红色那么好看。而"寿州瓷黄"是指寿州瓷器是黄色的，茶汤倒在杯子中就变成紫色了，"洪州瓷褐"是指洪州瓷器是褐色的，茶汤倒在褐色的瓷器里会变成黑色，所以用这些窑的碗喝茶都不如越州窑和岳窑的碗。可以说，这一标准代表了唐代的茶具审美。

2. 潮州工夫茶的茶具有何讲究？

我国南方和北方品饮茶的方式和习惯不同，南方的工夫茶不仅在用茶、泡法上有独到之处，连茶具都有所讲究，老年人讲到茶具，就会提到"孟臣壶，若琛杯"。"孟臣壶"是闽南、台湾茶人对工夫茶壶的习称，当地茶人沏泡工夫茶尤为珍爱小巧玲珑的紫砂陶制"孟臣壶"，它既是茶具，又是艺术品、收藏品。

"孟臣壶"相传系明代天启年间江苏宜兴紫砂陶壶名匠惠孟臣首创，他所制作的壶呈朱红色或紫褐色，胎壁薄，工艺细腻，体态轻巧，造型古朴，口盖严密且浑然一体，大不盈握，壶口小，壶嘴弧度独特，壶底有"惠孟臣制"楷书题款，很适合工夫茶的"杯小如胡桃，壶小如香橼，每斟无一两……"（清·袁枚《随园食单》）。因此，被后人奉为"南壶"的代表，称为"孟臣壶"。明末，"孟臣壶"就远销欧洲、拉丁美洲、中东地区及日、韩、泰、菲律宾等国，并对欧洲早期制壶业影响颇大，甚至欧洲皇家的银茶具也有的模仿"惠孟臣梨形壶"，足见"孟臣壶"在我国紫砂茗壶发展史上的地位。

"若琛杯"的名字同样来源于一位历史人物。相传若琛是清朝康熙皇帝身边一位受宠的大臣。若琛非常喜欢喝茶，有一次康熙皇帝为了赏赐他，专门让官窑为若琛设计和烧制了一批茶杯，后人称为"若琛杯"，而杯子的造型也世代流传下来。关于若琛的另一个传说是：若琛是清代江西景德镇的烧窑名匠，他烧出的茶杯小巧玲珑，薄如蝉翼，色泽如玉，极其名贵。故后人将品饮工夫茶的白瓷小杯统称为"若琛瓯"或"若琛杯"。其中，关于"若琛杯"的描述是：一种小得出奇的白瓷小杯。几个"若琛杯"的容量与"孟臣壶"相配恰到好处。而它的口沿外撇的设计也有独到之处，这样即使杯中盛有非常滚烫的茶水，口沿处都不烫手。

所以，当你喝工夫茶的时候，几只"若琛杯"配一把"孟臣壶"，将是完美的搭配。

3. 应该从哪些方面去鉴赏名家紫砂壶？

紫砂壶鉴赏，可以从以下三个方面来入手：

（1）工艺性。其评价的标准包括优良的材质和精湛的制作技巧。制作紫砂壶的材质——"泥"是鉴赏一把紫砂壶的基础，选用的泥料，可以是单独的一种泥料，也可以是多种混合而成。泥料以纯正、精细者为好，但即使是有些壶掺杂以不同的泥料，如果表现出的整体效果好，那也是不错的。在泥料的选择上最重要的是不能掺杂一些有害人体健康的化工原料。至于形象结构，是指壶的嘴、把、盖、钮、足，应与壶身整体比例协调。精湛的技艺，是评审壶艺优劣的准则，也是我们欣赏一把壶时可以直观感受得到的部分。

（2）实用性，即壶的"功能性"。可以根据以下几点进行评价：a. 壶盖要求盖和口之间的间隙越小越好。从壶盖通常就能看出一把壶是否做工精湛。b. 壶嘴出水是否流畅且无涎水。如果从茶壶中倾出的茶水"圆柱"光滑不散落，往容器中注水不会水珠四溅或是水柱旋转；倒完水提壶时，水不会沿着壶嘴流下来，则这个壶嘴合格。c. 壶把拿着是不是省力、舒适也是重要的标准。d. 容积和重量的恰当。相配套的杯子和壶的容积应适当，配三个杯的小壶就至少要装得下三杯水，配五个杯的小壶也要装得下五杯水。重量的恰当就是一把壶的重量要拿在手里不觉得累，如果茶壶太小，则装的水太少，如果茶壶太大，则手会感觉很累，更不用说装入茶水后。以上的实用功能部分要我们拿着壶实际装入水做实验才能感觉得到这把壶是否实用。

（3）艺术性。即一把壶表面的外在"形"态和蕴含在其中的"神"态，除了造型上点线排列组合聚散有致，面的过渡、转折应交代清楚，流畅外，壶的流、把、钮、盖、腹、足等部件应与壶身整体比例与形态相协调。除此以外，还要看看壶的款识。紫砂壶是"字随壶传，壶随字贵"。在鉴别款识的时候，一是鉴别壶的作者是谁，是否名家，或题词镌铭的作者是谁（一般情况下，名家的作品无论从其工艺上或是艺术上来说都是较具收藏价值的）；二是看刻的书画和印款（金石篆刻）的艺术功力如何，用刀是否精到，是否能达到"切茗、切壶、切情"的整体效果。

综上所述，在鉴赏一把壶的时候，应充分审视其"泥、形、款、功"四个方面的水准。

4. 紫砂壶真的是用得越久价值越高吗？

一把好的有价值的紫砂壶总会受到爱茶者和收藏家的青睐。而紫砂壶之所以受到茶人喜爱，一方面是由于紫砂壶材质、工艺、功能、艺术等方面的讲究，另一方面也由于它在泡茶时对茶汤的好影响。

（1）紫砂是一种双重气孔结构的多孔性材质，气孔微细，保温性能好。用紫砂壶沏茶，不失原味，且香不涣散，得茶之真香真味。

（2）紫砂使用越久，壶身色泽越发光亮照人，气韵温雅。紫砂壶长久使用，器身会因抚摸擦拭，变得越发温润可爱。

所以说，紫砂壶的价值不只是由于时间的长短决定的，决定紫砂壶价值的方面有很多，如壶的材质、造型、装饰、工艺、功能、题款等。从收藏的角度来说，也许使用越久、历史越长的一些紫砂壶甚至名家壶会越有收藏价值；但从使用者的角度来看，只要在其材质、工艺、功能、审美等方面做到够好，其价值就越高，反之，越有历史感的旧紫砂壶并不一定越好用。

5. 为什么大家都愿意花高价钱去买一把名家壶？

一般说名家壶不管是在功能上还是形态上和神态上都融入了自己和社会的和谐情感。名家壶一般具有以下五个特征：

（1）壶形：它们基本上都是手工成型，而不像工厂运用机器大批量复制生产的。从他们手上出来的东西是极具灵性和韵味的。而中国传统文化的审美价值取向正是这些东西。制壶十分讲究壶的形状，一般崇尚造型简洁、富有内涵与寓意的风格和式样。现代紫砂壶的风格和式样虽层出不穷，千姿百态，但仍然包容了先人制壶的风格，一把好的紫砂壶造型要简洁美观、比例协调、线条流畅、整体和谐而自然。

（2）色彩：紫砂壶的色泽是其他陶瓷器不可比拟的，它"紫而不姹，红而不嫣，绿而不嫩，黄而不娇，黑而不墨，灰而不暗"的高雅色彩一直受到藏家的欣赏。故一把好的紫砂壶还要讲究朱不能浓淡，紫不能深浅，黄不能老嫩，烧制的火候要恰到好处，深一点或浅一点，其品质都会相差甚远。

（3）工艺：做工要精致细巧、格律严谨，无瑕可寻。点、线、面是构成紫砂壶的基本元素。点，须方则方，须圆则圆；线，须直则直，须弯则弯；面，须光则光，须毛则毛，干净利落。分量要均衡，壶盖与壶口结合要严密，出窑后不磨口。达到这样的工艺水准的紫砂壶也算得上是壶中极品了。

（4）功能：名家紫砂壶通常具有"容量适度、高矮得当、口盖严紧、出水流畅、斟壶时无涎滴之虞"等主要功能美是其他茶壶无法比拟的。

（5）审美：紫砂壶的审美，可以总结为形、神、气、态这四个要素。形，即形式的美，是指作品的外轮廓，也就是具象的面相；神，即神韵，一种能令人意会、体验出精神美的韵味；气，即气质，壶艺所内含的本质的美；态，即形态，作品的高、低、肥、瘦、刚、柔、方、圆的各种姿态。

而名家壶正是从这几个方面贯通一气做出的一把好的紫砂壶，所以很多人都愿意花大价钱来买一把名家壶。

（四）茶具与茶艺

1. 紫砂壶在使用前为什么要开壶？

新紫砂壶使用前要进行一系列的处理，行家叫作"开壶"。开壶目的是除去泥料的土味，将壶内残留的砂粒清除，清除紫砂壶身上为打磨或美容残留的油脂与水蜡。

紫砂壶开壶最重要的是先将壶表的油脂水蜡洗干净，洗到水可以完全附着在壶表为止，然后再以热水或茶水浸泡除掉清洁剂或其他的味道，之后就可以开始使用了。

如果烧结程度很低，又在壶表涂有仿古壶的有色油脂，下面这种方法可供参考：

（1）用一个干净的锅，里面放满清水，壶和盖子分开放进水里，过个十几分钟，等壶、盖吸足水后把水倒掉，壶和盖拿出来。冲入刚开的沸水，把壶和盖放进去（水要完全盖过壶），这时壶身会冒出小泡泡，刚才吸进的冷水会带着杂质、土腥气跑出来。

（2）等水完全冷却后，再重复用沸水泡一遍。

（3）用准备养这把壶的茶叶放进壶内，再弄点放在锅子里，沸水冲入，泡上2小时，再用清水洗干净，壶、盖分开放在干燥通风处，晾干后就可以泡茶了。

2. 长期使用的茶具内壁留有一层茶垢，好吗？

对于经常喝茶的人来说，茶具与健康也关系密切。科学研究表明，在潮湿的环境中茶垢容易发霉，不只影响泡茶的味道，也有碍身体的健康，茶壶使用后应及时清洗，并使其干燥。这与养壶不相冲突，养壶是让茶色染附于壶身，造成温润古雅的质感，内外看来还得是整洁卫生才行。壶具清洗后，用柔质的布将外表擦拭一遍，使其着色均匀且有光泽。干燥的方法除阴干、烘干外，用热水烫过，打开壶盖，让壶口与盖子内侧朝上，很容易就会变干的。烘干时不要使用100℃以上的高温，否则不但壶身容易受损，养壶的效果也会被破坏。

3. 正确的养壶方法是怎样的？

茶道课上，老师说不能长时间把茶叶放在壶内，泡完茶后必须及时清理干净。但市场上一些茶叶店却把茶叶放在壶内好几天，甚至连盖子都粘上了，说是养壶。到底如何辨别对与错？

茶叶店这种做法是没有科学根据的。他是为了让茶汁短时间内浸入壶内才这么做的，这和长时间泡茶的茶汤养出的壶的效果是不一样的。正确的养壶方法是每次泡完茶就要将壶内的茶渣去掉，用热水冲去残留在壶身内外的茶汤和细小的茶渣，以保持茶壶的清洁。然后再将茶壶水平放置在通风干燥处，壶盖可以取下来平放，也可以斜盖在壶口上，便于壶内的湿气蒸发，保持壶内干爽，以便下一次使用时是干净而无杂味的，如此养出来的茶壶泡出的茶才能发挥茶的自然风味。

4. 紫砂壶有何特性？

"紫砂壶透气性能好，使用其泡茶不易变味，暑天越宿不馊。久置不用，也不会有宿杂气。"这是真的吗？

紫砂壶是一种双重气孔结构的多孔性材质，气孔微细，密度高，具有较强的吸附力，它能吸附茶之香味保持较长的时间；而施釉的陶瓷茶壶这种功能比较欠缺。紫砂壶与瓷壶相比，茶汁较不易变馊，这是由紫砂壶本身精密合理的造型和材质所决定的。紫砂壶嘴小，壶口壶盖紧密度往往极高，减少了混有黄曲霉素等霉菌的空气流向壶内的渠道，成为紫砂壶泡茶不易发馊变质的原因之一。但如果一把同样造型的紫砂壶与瓷壶相比，紫砂壶的这些特点倒是不明显，相反，从理论上来说，因为紫砂材质的密度较瓷壶为低，保温性能更好，茶汤长时间在高温中存放，反而易使茶产生闷味，并且，由于紫砂本身的密度较低，易吸收茶香茶味，用久了的紫砂壶尤其如此，用这样的壶来泡茶，茶汤也易受茶壶之前的茶味影响，干扰了这次的茶香茶味，更不用说久置不用不会有宿杂气的问题了。可见，紫砂壶的特性对于发扬茶性来说，既有好的一面，也有不利的一面。

5. 北方的大水杯泡茶与南方的小壶多次冲泡相比，有什么区别呢？

北方人常爱用大水杯喝茶，不光与他们的生活习惯相关，还跟他们豪爽的性格有关，就跟他们大碗喝酒一样。北方的大水杯泡茶是把茶叶放杯子里，再冲入开水，想要喝的时候直接拿杯子喝。茶汤的浓度直接由茶水的比例，以及泡茶的水温和喝茶的时间决定，如果茶叶放太多，在喝第一泡的时间等水温到达适口的温度时，茶汤会太浓；如果茶叶放太少，喝到的茶汤会太淡，尤其是续水时。所以说如果想用一个固定的大水杯喝到一杯适口浓度的茶，所投的茶量和水的温度都是很关键的。而南方常用的小壶正好克服了这个弊端，小壶泡茶是把茶叶放入小壶内，再根据需要浸泡的时间倒出茶汤，泡茶者除了可以控制投茶量和水量外，还可以控制茶叶在壶中浸泡的时间，这样一来，茶汤的浓度就能得到有效的控制，如果运用不同材质的小壶来泡不同的茶，则更能表现出不同茶的最佳风味。

6. 与茶壶配套的杯子，为什么里面都是白色的?

杯子里面上白色釉能较好地观察到所泡的茶的真实色泽，并便于看出有无杂质与漂浮物。但白釉也分暖色调的白（如象牙白、奶白）和冷色调的白（如月白、青白），暖色调的白会使茶汤看起来偏红，有利于发挥红茶类茶汤的色泽，而冷色调的白色会使茶汤看起来更绿，有利于发挥绿茶类茶汤的色泽，所以鉴定茶汤的时候用的是纯白色的鉴定杯。反之，如果杯子里面是杂色或是别的颜色，则会导致不易观察茶汤的真实颜色。一般而言，烧结度高的有光泽的白釉对茶汤的色、香、味没有不好的影响；紫砂杯或别的陶或瓷杯如果杯内不上釉，表面粗糙，用久了反而会容易留茶渍，难以清洗，影响美观并造成卫生问题，同时会对茶汤的色、香、味造成不好的影响。所以与茶壶配套的杯子，即使是紫砂杯，里面都是白色的。

7. 韩国茶道中的茶壶很多都是横把式的，而且会多出一个碗来，为什么?

韩国茶道中常使用横把壶的原因：

（1）是由韩国的生活习性所决定的，因为几千年以来形成的习惯，韩国人泡茶是席地坐在坐垫上，茶具则放在低矮的茶几上，所以横把式的茶具比侧把茶具使用起来更顺手。

（2）韩国茶道泡茶的时候侧把壶的把是对着自己的，而茶杯是放在茶桌的左手边，所以侧把壶的把和壶嘴的角度为 80~90 度，有利于泡茶。

（3）横把壶泡茶时比侧把壶更不会碰撞到其他茶具。

韩国人泡茶常"多出来的那个碗"有两个作用，一是承担调节水温的作用，韩国饮茶以绿茶为主，这个碗还起到可以盛放高温的水，让水在碗里冷却到适宜冲泡绿茶的温度再倒到茶壶里泡茶的作用，这时就是水注的功用了；二是当茶盅使用，它有一个流，可以盛放茶汤并且方便倒茶入杯。

8. 茶杯保温好不好？

茶杯的保温套可延长茶杯的保温时间，但同时也可能使茶变得过于浓烈和苦涩。这个弊端应如何解决？

要解决这个问题就得了解，茶杯为什么要保温，保温对茶汤有什么影响。普遍认为，茶杯保温，是为了长时间可以喝到热的茶汤。所以，我们会发现市场上就有不少茶杯是带有保温套的。但是，茶叶长时间浸泡在这样的高温中对茶汤并没有好处，相反，会使茶汤变得过于浓烈和苦涩。甚至，茶叶、茶汤中的维生素会被大量破坏，芳香油挥发，单宁酸和茶碱也大量浸出，这样不仅降低了茶的营养价值，还会使茶汁无香味，茶味苦涩。所以，喝茶的时候尽量是现泡现喝，如果真想泡一次茶长时间供应茶汤的话，可以在泡到恰当浓度的时候把茶渣与茶汤分离，这样一来，茶叶中一些不需要的物质就不会继续溶出，不易使茶汤变得浓烈和苦涩。万一在条件不允许的情况下，我们也可以采用含叶茶的泡法，严格控制茶水比例，以 1.5% 为宜，再以适宜的水温冲泡，这样一来，即使茶叶长时间浸泡在茶汤中，其浓度也不易变得太浓。另一种情况是，如果想续水的话，可以放入一倍或多倍茶叶量，在茶汤泡至一定浓度时，把合适的茶汤倒出来，再续一次或多次水。这样一来，就可以达到长时间都可以喝到热茶的目的。

9. 为什么青花白瓷杯比紫砂白釉杯更容易清洗？

简言之，就是因为上了釉的青花白瓷杯表面更加光滑，而便于清洗。而紫砂杯就没有这种优势了。具体要从这两种材质的物理性能来分析，首先，从材料上来看，瓷土比紫砂陶土更加细腻、致密、更耐高温，从而导致瓷器的烧成温度更高（紫砂烧成一般不高于 1200℃，而青花白瓷需要 1300℃ 以上的高温才能烧成），烧结度也更高，烧出的瓷器的密度更高，加之上了一层透明釉，基本上也不吸水，所以很难藏污纳垢，自然就容易清洗了。

而紫砂陶土烧结度低，从而决定其釉料的温度也不能过高，否则坯体与釉面收缩率不同，会易裂开，所以釉面就会有一定吸水率，长期使用，易导致紫砂白釉杯上的茶垢很难清洗。

10. 用紫砂壶泡茶最好是一把壶只泡一种茶吗？

因为紫砂材质密度比较小，多细微的气孔，具有特殊双重气孔结构，且一般里外都不施釉，使紫砂成品具有较强的吸附性。一把新壶，随着使用次数的增加，可以不断吸附茶香与茶味，且受到茶汤的滋养，壶身会愈加光泽、温润，一把经常使用的紫砂壶即使不加茶叶，单用沸水也能冲出淡淡的茶汤味。因此，一把紫砂壶如果经常更换茶叶，紫砂壶中积存的茶香茶味就会混淆，所以说用紫砂壶泡茶最好是一把壶只泡一种类型的茶，以保持茶味纯正。

11. 用一个瓷盖碗泡着不同种类的茶会不会串味？

瓷器烧成温度比陶器高，大都在 1300℃ 左右，烧成的瓷器密度高，基本不吸水；且由于上釉的缘故，表面非常有光泽且造型舒展，不易藏污纳垢，自然泡茶时的茶汤与茶香也不易滞留在瓷器表面，所以只要每次泡完一种茶之后，及时把茶具清洗干净晾干，或是加以适时的消毒后再泡别的茶，这样可以避免泡茶串味的现象。

12. 选购茶具时，一定要选择同一种材质的配成一套吗？

茶具形状千姿百态，材质也多种多样，装饰也是丰富多彩。如何选用，则要根据各个地方的饮茶风俗习惯，和饮茶者对茶具的审美情趣，以及品饮的茶类和环境而定。

瓷器本质细腻，加之釉色润泽，普遍造型细致，装饰精美。而陶器本质较粗糙，色泽古朴，造型厚重，装饰朴实。陶瓷茶具作为中国历代泡茶的主要器具，一直流行至今。而玻璃茶具，光泽透明，造型精致巧妙，作为近现代一种新兴的茶具种类，在泡茶时可观其形色的变化，并便于清洗，饮用无杂味，且散热速度快。

选择茶具的时候，可以根据不同的需要来选择不同的茶具，如泡普洱茶，就可以选用粗犷、古朴风格的陶器来泡，以发挥普洱茶醇厚、深沉的滋味；如泡花茶，就可选用精瓷的盖碗，以发挥其香高味长的特性，并便于观察茶叶的变化；如泡绿茶，则可选用透明的玻璃茶壶或盖碗，可在冲泡中欣赏到茶叶与茶汤色泽的变化，同时，茶汤散热快，不易产生闷味。

总之，选用不同的茶具组合，就是要充分发挥每一种材质与造型的特点与长处，并使各种器物和谐相处。比如，饮茶的茶杯可用白瓷小杯，便于充分表现真实的茶汤的颜色，而杯托则可以选用别的材质，如竹、木等，一种是硬质的杯，一种是软质的托，组合在一起，提拿之间，更能保持其相互的和谐与默契。

13. 不同颜色的紫砂壶对泡茶有影响吗？

紫砂泥根据原矿的特点，可分为朱泥、紫泥、绿泥（缎泥）三大类基础矿的颜色，朱泥烧成后呈朱红色，紫泥烧成后呈紫褐色，缎泥烧成后呈黄褐色。由于烧成时温度与气氛的不同，烧成之后呈现的色泽也会稍有变化，而我们在市场上看到的各种紫砂茶具的颜色丰富多彩，有些是由这三大类基础颜色构成，也有些是这三类颜色按照一定的比例相互混合而成，还有些是在紫砂泥料中加入了一些金属氧化物作为发色剂调配而成。

这些不同颜色的紫砂壶如果材质都是同一种质地的紫砂，对泡茶的影响差别不大，对茶的色、香、味来说差别也不大，只是从泡茶者的视觉及心理上来说，一般会做出一些取合。比如说想要泡一壶龙井，一般不会选用一把黑色的壶来泡，因为龙井本身的颜色和形状就很美，再加上冲泡的时候，茶叶本身的形态变化以及茶汤的色泽变化，这对泡茶者（主人）与客人来说都是一件赏心悦目的事情，因此，选用玻璃茶壶或是瓷盖碗的情况比较多，而选用黑色紫砂壶的比较少。如果想要泡一壶红茶，则选用朱泥的小壶来泡比较适合红茶的感觉。而想要泡渥堆普洱，选用紫泥的小壶来泡的话，比较能够体现出它那种醇厚的历史感。选用这些壶的颜色，都只是泡茶者从视觉上的直观感受和心理反应来选择的。

14. 用紫砂壶才能泡出茶的真香真味吗？

紫砂泥根据原矿矿层分布的不同，烧成时温度稍有不同，烧成之后呈现出不同的色泽与质地。而用紫砂壶泡茶能泡出茶的真香真味的说法，是因为紫砂壶密度较小，保温性好，而紫砂泥的良好的双气孔性，使紫砂泥具有透气而不透水的效果，有助于茶汤香味的保存，能较长时间保持茶叶的香味。这些特性对于发酵较低的茶类来说，不是很好，因为不能充分发挥这类茶的清扬的香气，茶汤的清爽、甘洌，以及茶色的清亮、透明，但有助于一些发酵程度较高的茶的醇厚特点及香味的保存。

15. 哪种茶壶可以泡多种不同的茶？

由于紫砂壶通常里外不上釉，而直接欣赏土质的美感，加上紫砂壶表面的光滑度不如瓷器，茶香茶味附着在壶壁的现象比瓷器要强，所以喝茶的人常有"一把紫砂壶泡一类茶"的说法，以免串味。所以如果想只用一把壶泡各种不同的茶，最好选用

第五节　茶之道

一、茶道的发展历程

茶道源于中国修身养性、学习礼仪和进行交际的综合性文化，它具有一定的时代性和民族性，涉及艺术、道德、哲学、宗教，以及文化的各个方面，借品茗倡导清和、俭约、廉洁、求真、求美的高雅精神。

1. 唐代茶道

"茶道"一词首见于中唐，这也是中国茶道开始走向成熟的时代。唐代封演所著的《封氏闻见录》中提出的"茶道"概念主要是指陆羽倡导的饮茶之道，它包括鉴茶、选水、赏器、取火、炙茶、碾末、烧水、煎茶、品饮等一系列程序、礼法和规则。陆羽茶道强调的是"精行俭德"的人文精神，注重烹瀹条件和方法，追求怡静舒适的雅趣。因此，陆羽也被称为中国茶道的鼻祖。

唐代文化昌盛，文人正是茶道的主要群体，许多文人都将茶作为修身的一种方式，并写出了传世的名作。皎然诗中的"茶道"是我国古代关于"茶道"的最早阐述："一饮涤昏寐，情来朗爽满天地。再饮清我神，忽如飞雨洒轻尘。三饮便得道，何须苦心破烦恼……孰知茶道金尔真，唯有丹丘得如此。"皎然认为，饮茶能清神、得道、全真。神仙丹丘子就深谙其中之道。

此外，唐代佛门的茶道也很兴盛，佛家茶道以"茶禅一味"为主要特征。最为典型的就是"径山茶宴"，一群和尚以"茶宴"的形式待客，僧徒围坐，边品茗边论佛，边议事边叙景，意畅心清，清静无为，别有一番情趣。

2. 宋代茶道

宋代是中国茶道走向多样化的时期。当时文人茶道涵盖的范围较广，包括炙茶、碾茶、罗茶、候汤、温盏、点茶等过程，同时借茶励志，颇有淡泊清尚的风气。许多文人笔下都有对饮茶之道的细腻描述，如黄庭坚《阮郎归》一词中的"消滞思，解尘烦，金瓯雪浪翻。只愁啜罢水流天，余清搅夜眼"，十分精细地表现了饮茶后怡情悦志的感受。陆游《北岩采新茶》："细啜襟灵爽，微吟齿颊香，归时更清绝，竹影踏斜阳。"把饮新茶的口感和心理感受表现得淋漓尽致。

当时的宫廷茶道非常奢侈，宋徽宗赵佶在《大观茶论》中对宫廷茶道的主要特征和精神追求做了经典的阐述，他说茶"祛襟涤滞，致清导和"，"冲淡简洁，韵高致静"，"天下之士励志清白，竞为闲暇修索之玩"。由此可见，宫廷茶道讲究茶叶精美、茶艺精湛、礼仪繁缛、等级鲜明，它以教化民风为目的，致清导和为宗旨。

3. 明代茶道

明代的茶道中融入了中国古代的自然哲学思想。冯可宾在《芥茶笺》一书中讲"茶宜"的十三个条件："无事、佳客、幽坐、吟咏、挥翰、徜徉、睡起、宿醒、清供、精舍、会心、赏鉴、文僮。""茶忌"七条："不如法、恶具、主客不韵、冠裳苛礼、荤肴杂陈、忙冗、壁间案头多恶趣"，这反映了中国茶道深层次的精神追求。中国古代茶人也主张"天人合一"，使生命行动和自然妙理一致，使生命的节律与自然的运作合拍，使人融入自然之中。

二、古今茶道观念

中国古代的"茶道"概念，不仅涵盖"饮茶之道""饮茶修道"，而且还包括"采茶、制茶、藏茶之道"，含义较广泛。

皎然《饮茶歌诮崔石使君》诗云："孰知茶道全尔真，唯有丹丘得如此。"说通过修习茶道可以保全真性，仙人丹丘子深谙其中奥妙。这首诗不仅描写了"越人遗我剡溪茗，采得金芽爨金鼎。素瓷雪色缥沫香，何似诸仙琼蕊浆"的饮茶之道，还描写了饮茶修道的过程，"一饮涤昏寐，情思朗爽满天地；再饮清我神，忽如飞雨洒轻尘；三饮便得道，何须苦心破烦恼"。道不可得，所谓得道即证道、悟道。皎然的"茶道"是"饮茶之道"和"饮茶修道"的统一，通过"饮茶之道"来修道、悟真，从而涤昏寐、清心神、破烦恼以至全真性。

明代张源在其《茶录》一书中单列"茶道"一条，其记："造时精，藏时燥，泡时洁，精、燥、洁，茶道尽矣。"张源的"茶道"概念含义较广，包括造茶、藏茶、泡茶之道。

当代茶圣吴觉农认为："（茶道是）把茶视为珍贵、高尚的饮料，饮茶是一种精神

上的享受，是一种艺术，或是一种修身养性的手段。"（吴觉农《茶经述评》）

一代宗师庄晚芳提出："茶道就是通过饮茶的方式，对人们进行礼法教育、道德修养的一种仪式。"（庄晚芳《中国茶史散论》）

马守仁认为对茶的觉悟是茶道，茶道是品饮而悟道的过程。"茶人通过品饮而悟道，这种过程就称作茶道。或者简单地讲，品饮者对茶的觉悟，称作茶道。"（马守仁《茶道散论》）

罗庆江认为中国茶道："（一）是糅合中华传统文化艺术与哲理的、既源于生活又高于生活的一种修身活动。（二）是以茶为媒介而进行的一种行为艺术。（三）是借助茶事通向彻悟人生的一种途径。""茶道是包罗了视觉艺术、行为艺术甚至音乐艺术于一身的综合艺术。"（罗庆江《"中国茶道"浅谈》）罗庆江的茶道概念强调了茶道是一种综合艺术，是一种修身活动，是通向彻悟人生的途径。

上述数家关于茶道的界定，都抓住了茶道的一些本质特点。

三、茶道构成

中国茶道，就其构成要素来说，有茶境、茶礼、茶艺、茶修四大要素。其中茶艺是基础，茶修是目的，茶境、茶礼是辅助。

1. 茶境

茶境就是茶道活动的环境。茶道可以陶冶、净化人的心灵，因而要有一个与茶道精神相一致的环境。

茶道环境基本上可以分三类，一是天然存在的自然环境，尤指清静、清洁、清雅的室外自然环境，或松间石上、泉侧溪畔，或清风丽日、竹茂林幽。这里不需要人为的布置，四季景物变化就是最好的布景，风声水声鸟鸣声就是最好的音乐。茶禀山川之灵性，集天地之精华，性本自然，因此在大自然的气息中、在绿水青山中品茗，更能品出茶之真味，体悟茶的超凡脱俗的意境，更能净化人的心灵、高扬人的精神品格。

二是人工环境，如僧寮道院、亭台楼阁、画舫水榭、书房客厅等。选择幽静高雅之所，亦不须刻意布置，约好友三两人，无拘无束，放怀烹点，间得赏乐、观画、谈禅、咏诗助兴。优游于茶艺之中，将物质生活转换提升为精神生活。

冯超然《煮茶图》

三是专设环境，即专门用来从事茶道活动的茶室。"小斋之外，别置茶寮。高燥明爽，勿令闭塞。""寮前置一几，以顿茶注、茶盂、为临时供具。别置一几，以顿他器。旁列一架，巾帨悬之。见用之时，即置房中。"（许次纾《茶疏·茶所》）"构一斗室，相傍书斋，内设茶具，教一童子专主茶设，以供长日清谈。"（屠隆《茶说·茶寮》）明代高濂的《遵生八笺》和文震亨《长物志》也都有关于茶寮的记载。

茶室包括室外环境和室内环境两方面。茶室的室外环境是指茶室的庭院及相关建筑和环境设施。茶室的庭院往往栽植青松翠竹等常绿植物和花草。茶室的室内环境是指茶席及相关器物的布置状态。除茶席外，室内还往往有挂画、插花、盆景、古玩、文房清供等。尤其是挂画、插花，一般是必不可少的。茶道活动最先影响人的就是环境，这就需要在茶席设计、环境布置上下功夫。在茶席设计中，茶几、铺垫、茶器、插花（盆花、盆景）、挂轴、相关工艺装饰品等的摆放位置也很重要。

总之，茶道活动的环境要清雅幽静，朴素自然，使人进入此境中，能忘却俗世，洗尽尘心，熏陶德化。

2. 茶礼

茶礼是指茶道活动中所遵循的一定礼法，"礼"即礼节、礼貌、礼仪，"法"即规范、法则。茶道不仅是独修，多数场合下是多人同修。多人之间的茶事，免不了有一些礼节、礼仪等。因而在茶艺中，有一些约定俗成的规范、法则，如茶器物的摆置、移动的位置和路线、奉茶的规仪等。

伸掌礼

礼是约定俗成的行为规范，是表示友好和尊敬的仪容、态度、语言、动作。"礼"的本质是"诚"与"和"，其核心是互相尊重、互相谦让，其内涵包括礼貌、礼节、礼仪三个既相互联系又相互区别的概念。

茶道中的礼节是指鞠躬、伸掌、奉茶、鼓掌等行为；礼貌是茶艺活动中容貌、服饰、表情、言语、举止等外在表现，贯穿于人的言、听、视、动的整个过程之中；礼仪是为表示礼貌与尊敬所采取的一种语言、行为的规范。茶道中的礼仪还要求参与者讲究仪容仪态，注重整体仪表的美。其中，仪容包括了服装、容貌、修饰和整洁程度等应该具有的一定要求；仪态包括姿态和风度，是人的所有行为举止的反映。

茶道中更看重的是茶人的气质，可以适当修饰仪表。女性也可以着淡妆，但以恬静素雅为基调，切忌浓妆艳抹。宜淡抹，不宜浓妆，宜清雅，不宜艳丽，以体现茶道的素朴、淡雅之美。服饰以简洁、明快为主。

茶人风度泛指美好的举止气质。风度比容貌重要，一个人的风度是在长期的社会实践和一定的文化氛围中逐渐形成的，是个人性格、气质、情趣、素养、精神世界和生活习惯的综合外在表现。在茶道活动中，各种动作均要求有美好优雅的举止。茶道中的动作要圆活、柔和，而动作之间又要有连贯、起伏的节奏，表现出韵味。在泡茶的过程中，身心合一，双手配合，心、眼、手、身相随，意气相合，动作优雅自如，才能进入"修身养性"的境地，使主客都全神贯注于茶的沏泡及品饮之中，忘却俗务缠身的烦恼，怡养心性，陶冶情操。

茶道之法是整个茶事过程中的一系列规范与法度，涉及人与人、人与物、物与物之间的一些规定，如位置、顺序、动作、语言、姿态、仪表、仪容等。

鞠躬礼

茶道的礼法随着时代的变迁而有所损益，与时偕行。在不同的茶道流派中，礼法有所不同，但有些基本的礼法内容却是相对固定不变的。总体来说，中国茶道的礼法偏重自然，反对造作，重内在，轻形式，有时甚至从心所欲，不拘礼法。

3. 茶艺

茶艺是艺术性的饮茶，是饮茶生活的艺术化。中国是茶艺的发源地，目前世界上许多国家、民族拥有自己的茶艺。中华茶艺是指中华民族发明创造的具有民族特色的饮茶艺术，主要包括备器、择水、取火、候汤、习茶等一系列技艺和程式。

茶艺是茶道的基础，是茶道的必要条件，茶艺可以独立于茶道而存在。茶道以茶艺为载体，依存于茶艺。茶艺重点在"艺"，重在习茶艺术，以获得审美享受；茶道的重点在"道"，旨在通过茶艺修身养性、参悟大道。茶艺的内涵小于茶道，茶艺的外延大于茶道。茶艺、茶道的内涵、外延均不相同，应区别二者，不能混同。

4. 茶修

茶修即借茶修行。修行的路径有千万条，借茶事而修行的茶道只是其中之一。

"茶之为饮，最宜精形修德之人，兼以白石清泉，烹煮如法，不时废而或兴，能熟习而深味，神融心醉，觉与醍醐、甘露抗衡，斯善赏鉴者矣。使佳茗而饮非其人，犹汲泉以灌蒿莱，罪莫大焉；有其人而未识其趣，一吸而尽，不暇辨味，俗莫甚焉。"（屠隆《茶笺》）品茗利于精形修德，苟有佳茗而饮非其人，亦是憾事。不识茶趣的牛饮，则是庸俗不堪。

茶道是要实践的，须在日常生活中修持。茶道往往与焚香、读史、涤砚、观画、鼓琴、养花等日常生活相结合，在不拘限形式下赋以生趣，也唯有如此，人生精神境界才能升华。

修行是茶道的根本，是茶道的宗旨，茶人正是通过茶事活动来怡情悦性、陶冶情操、修心悟道。中国茶道的特点是"性命双修"，修"性"即修心、修神，修"命"即修身、修形，"性命双修"亦即身心双修、形神双修。修命、修身，也谓养生，在于祛病健体、延年益寿，道家、道教对此阐述较多；修性、修心在于志道立德、怡情悦性、明心见性，儒道释三家对此都有论述。性命双修，二者同时进行，最终落实于尽性至命。修命旨在形神俱妙而同化，修性旨在超凡入圣而登真，要在燮理阴阳，参天地而同造化。

中国茶道的根本追求就是养生、怡情、修性、证道。证道是修道的结果，是茶道的理想，是茶人的终极追求，是人生的最高境界。

茶道的宗旨在于修行，茶境也好，茶礼也好，茶艺也好，都是为着一个共同的目的——茶修而设，并服务于茶修。修行是为了每个参加者自身人生境界的提高和完美人格的塑造。

四、茶道精神

皎然是中国茶道的开拓者之一，他在《饮茶歌诮崔石使君》诗中提出："再饮清我神""三饮便得道""此物清高世莫知""孰知茶道全尔真"。在道家和道教的理论中，得道与全真是统一的，得道方能全真。清神也即清心，清神、全真是皎然提出的茶道功用。

宋徽宗赵佶在《大观茶论》中说："祛襟涤滞，致清导和，则非庸人孺子可得而知矣；冲淡简洁，韵高致静，非惶遽之时可得而好尚矣。"赵佶强调茶的清、和、淡、静、洁、韵的精神和美学，其中明显带有道家思想色彩。

宋代文学家苏轼，亦是著名茶人，尝作茶诗、茶词数十首，更作茶的传记《叶嘉传》，颂茶的品德："臣邑人叶嘉，风味恬淡，清白可爱""其志尤淡泊也"，意即茶叶清白、恬淡、淡泊。

综上所述，中国茶道精神可概括为清、淡、静、和、真。此五者，同时也是茶的基本品性，茶人的精神追求、人格理想。

1. 清

"天得一以清"（《老子》第三十九章），"一"者道也，清与道合。首先，"清"的基本内涵是明晰省净，即清洁、清纯、清晰、清朗。其次，"清"是指清新绝尘和超凡脱俗的境界。胡应麟曰："清者，超凡绝俗之谓。"（《诗薮》外编）最后，新颖是"清"的另一重要内涵，即"清新"之义。总之，"清"不仅有清洁、清纯、清晰、清朗、清新的意思，而且有清越、清婉、清远、清奇、清简、清真、清和、清丽等意义。

在茶道活动中，"清"是基本要求。"茶事极清"（徐勃《茗潭》），"品茗最为清事"（黄龙德《茶说》）。不但要求茶清、水清、器清、境清，而且还要求人清、心清。

水清，"自临钓石取深清"（苏轼《汲江煎茶》），"水以清轻甘洁为美"（赵佶《大观茶论》）。大凡取清流、清泉，更有取雪水、露水煎茶者。

器清，"泉甘器洁天色好，座中拣择客亦佳"（欧阳修《尝新茶呈圣俞》）。茶道器具必须清洁。

境清，茶道活动的环境必选择清幽、清洁、清雅的所在，或松间石上，泉侧溪畔；或清风丽日，竹茂林幽。茶室建在松竹之间，闲云封户，花瓣沾衣，芳草盈阶。山水能脱解尘俗之累，霞外清音、幽绝之景，则令人心地清凉畅舒。茶是清心之品，最宜于山林水际。清，更要求人清、心清，只有心灵之清，才能把握自然世界之清。"五碗

茶具清雅

肌骨清"（卢仝《走笔谢孟谏议寄新茶》），"故人风味茶样清"（范成大《谢木韫之舍人赐茶》），通过茶事之清而达到人清、心清，这是中华茶道的追求。

2. 淡

"淡"有淡泊、平淡、冲淡、恬淡等含义，本质上是一种平和质朴的人生态度和审美趣味。庄子提出"游心于淡""虚静恬淡"，以淡作为人生的最高境界。诸葛亮说："非淡泊无以明志，非宁静无以致远。"淡泊强调的是朴实自然，但是又要求在平淡中显出不平淡的一面，即在平淡中显露出深远意蕴。因此，淡是在平实无华中显示出达到高境界的那种不露痕迹的状态。

明人董其昌认为"大雅平淡，关乎神明"，"有潜行众妙之中，独立万物之表者，淡是也"，他将"淡"作为艺术和整个生命追求的最高境界。唯有去掉浮华方能近于平淡，使人生和艺术达到一种"至淡而不淡"的境界。

淡所体现出来的是清明高妙的境界。淡不是枯淡无味，而是平淡之中有华采，平淡之中有滋味，让人觉得余味无穷。苏轼说："所贵乎枯淡者，谓其外枯中膏，似淡而实美。"质朴枯淡的表面下，实则蕴含着丰腴和美丽，昭示出艺术趣味和人格精神平淡充盈、余味无穷的境界。

在茶道活动中，淡主要是指环境的淡雅、器物的素淡、人心的简淡、水味的冲淡、茶味的恬淡。淡与浓相反，所以反对浓艳、华丽、缤纷。

清人陆次云曰："龙井茶，真者甘香如兰，幽而不冽，啜之淡然，似乎无味。饮过之后，觉有一种太和之气，弥沦于齿颊之间，此无味之味，乃至味也。"苏轼说："发纤秾于简古，寄至味于淡泊。"至淡无味就是一种最高的味，是味之极，味之至。

在茶席和环境布置中，茶具、铺垫、插花及茶室环境，都要尽量布置得淡雅。就连插花的花材都不能选用香气浓烈、色彩艳丽的，而是选用花朵小、色彩素、香气淡的花材。

从茶、水、器、境之淡，导向人心之淡，这是中华茶道的又一追求。

3. 静

"静胜躁，寒胜热，清静而为天下正"（《老子》第四十五章），清静可以正天下。"人生而静，天之性也；感于物而动，性之欲也"（《礼记·乐记》），静乃人之天性。心在"静"的状况下，才能不被世俗欲望所干扰，才能如明镜般观照万物，"万物静观皆自得"（程颢《秋日偶成》）。"抱神以静，形将自正，必静必清，无劳汝形，无摇汝精，乃可以长生"（《庄子·在宥》），静以养生。

"心为道之器宇，虚静至极，则道居而慧生"，"心者，一身之主，百神之帅，静则生慧，动则成昏"（司马承祯《坐忘论》）。心静则道居而慧生。

"虚静"是庄子所提倡的审美心态。"夫虚静恬淡，寂寞无为者，万物之本也。"（《庄子·天道》）"虚静"是万物之本。以"虚静"为审美心态，体察万物，心就会得到"自由"，从而观照到无限之"美"。

在茶事活动中，静是指环境的幽静、茶事过程中的安静和茶人的心静。

茶宜独饮静品，众则喧嚣。若独坐书房，萧然无事，烹茶一壶，则心静神清。茶人通过茶事活动，在纷扰的社会中获得心灵的安宁。

静是修行的入门功夫，也是茶道的追求。茶人通过茶道活动，先求身静而后心静，心静则智慧生，世事洞明，静中气象万千。

4. 和

"万物负阴而抱阳，冲气以为和"（《老子》第四十二章），"天时不如地利，地利不如人和"（《孟子·公孙丑下》），"和也者，天下之达道也"（《礼记·中庸》），中华文化重视"和"，"天人合一"的和谐思想是中国文化的宝贵遗产。"和"有和敬、和睦、和平、和谐、和合、和顺、中和等含义，乃至人与自我、人与他人、人与社会、人与自然的和谐统一。

茶道中的"和"，主要是指人与人的和敬，人与环境、人与器具的和谐，物与物的协调。与人和、与物和、与天和、与地和、与自我和，从而达到"物我无二、天人合一"的境界。

"茶滋于水，水藉乎器，汤成于火，四者相须，缺一则废。"（许次纾《茶疏》）茶、水、器、火四者相辅相承。器乃土、木、金，茶汤的调制是金、木、水、火、土五行的调和。

通过茶道活动，从茶之和，参悟人茶之和、人伦之和、人天之和。

5. 真

《庄子·渔父》云："真者，精诚之至也，不精不诚，不能动人。""真"即不事雕琢、质直平淡的自然状态，是大道的体现。

"真"有三层含义：其一是真诚。没有矫饰，没有虚伪，是发自内心的情感，是真情流露。其二是自然，自然的特点是随手拈来，不加雕琢。虽对客观事物进行艺术加工却不见加工的痕迹，仍然保持了事物自然形态的美的本色，"豪华落尽见真淳"。其三是真性、真道、真德。

茶有真香、真味，"简便异常，天趣悉备，可谓尽茶之真味矣"（文震亨《长物志》）。"然天地生物，各遂其性，莫若叶茶，烹而啜之，以遂其自然之性也。"（朱权《茶谱》）

在茶事过程中崇尚本真、自然、不事雕凿、质朴无华、返璞归真。茶人之间讲究真诚、坦诚、率直。从茶的真香、真味体悟其自然之性，从而通达大道。

五、茶与艺术

茶文化在长期的发展过程中，不断吸收、整合已经出现的生活文化。文人雅士在举行茶会时，把象征文人趣味的琴棋书画吸收进来，使得茶文化内涵更加丰富，并且形成茶与艺术结合的完整形式——点茶、插花、熏香、挂画的组合。文人雅士往往精于茶与艺术。明朝文震亨在《（长物志）跋》中说："士大夫以儒雅相尚，若评书品画，瀹茗焚香，弹琴选石等事，无一不精……盖贵介风流，雅人深致，均于此见之。"明朝许次纾在《茶疏》中提出品茶需要适宜的环境氛围，如听歌拍曲、鼓琴看画、课花责鸟、小院焚香等。在茶文化活动风生水起的今天，品茶日益追求高雅的艺术氛围，聆听音乐、写字作画、赏花弈棋等项目在茶事活动中频频出现。

（一）茶与琴棋书画

品茶能够释躁平矜、怡情养性，激发文人墨客的艺术灵感，而且茶与琴、棋、书、画诸艺相通，彼此之间相得益彰。

1. 茶与琴

琴乐追求和、雅、清、淡、柔、静的审美情趣。茶得天地日月的滋润，集纳山川的灵气，涵养了清、淡、静、和、真的品性。茶与琴性情相宜，一边品味佳茗，一边聆听妙曲，确是人生一大赏心乐事。

茶与琴可以彰显"君子陶陶"的尚德风范。琴素、茶清，可以洗涤凡尘、陶冶情操。唐代诗人白居易《琴茶》诗云："兀兀寄形群动内，陶陶任性一生间。自抛官后春多醉，不读书来老更闲。琴里知闻唯渌水，茶中故旧是蒙山。穷通行止常相伴，谁道吾今无往还？"白居易以琴、茶相伴的生活为乐。琴增茶之高雅，茶添琴之幽逸。

当然，茶事音乐不仅有琴乐，其内容和形式都是十分丰富的。我国古典音乐最能入茶，代表性的有《阳关三叠》《梅花三弄》《平沙落雁》《高山流水》《雨打芭蕉》《平湖秋月》等乐曲，以及古琴、古筝、洞箫、竹笛、琵琶、二胡、埙、瑟等乐器。

茶韵箫声

饮茶时伴以音乐，不仅有助于品尝茶的颜色、香气、形状、滋味，更有助于体味茶文化之韵，获得高雅的精神享受。明代唐寅《琴士图》，描绘一位高士在青山旷野中，静坐苍松前，面对飞瀑流泉，边抚琴边品茶。琴声与煮水声、松涛声、泉声交相融合，不知不觉中人亦回归自然。

在现代，音乐在茶事中的应用更加普遍，甚至形成了独具特色的茶音乐、系列化的茶道音乐。比如品赏青茶时，可以选择《铁观音》《凤凰单枞》《水金龟》《白毫乌龙》《永春佛手》《大红袍》《铁罗汉》《白鸡冠》等曲目，在古筝、胡琴、排箫等乐器的诠释下，和乌龙茶做一次心灵深处的亲切交流。

品赏西湖龙井茶时，可以聆听《月落西子湖》《茶雨》《听泉》《戏茶》《古刹幽境》等曲目。让如波光闪动的琵琶、悠扬远飘的竹笛、飞雨般的扬琴……带我们走入西湖龙井茶的世界，闲看柳浪如烟，静听禅院钟声。品茶，让心灵变得闲适淡雅。

在倾听《凝翠》《飘香》《醉人茶色》《神清骨醉》《两相忘》《茶禅一味》《白云自去来》《本来无一物》等曲目时品茶，茶的色、香、味随着音乐逐渐内化深入禅的意境，再三回味，让人神清骨醉，犹如脱胎换骨一般。

2. 茶与棋

棋是启迪智慧、陶冶情操的一门艺术。古人将棋声、煎茶声等列为最清音。人生似棋局，棋品如人品。一边弈棋，一边品茗，平添闲情雅趣。

唐代刘禹锡《浙西李大夫述梦四十韵并浙东元相公酬和斐然继声》诗云："茶炉依绿笋，棋局就红桃。"宋代陆游《晚晴至索笑亭》诗："堂空响棋子，盏小聚茶香。兴尽扶藜去，斜阳满画廊。"在自然状态下，人们品茶、弈棋、吟诗、览胜，自在悠闲。

普洱茶乡云南临沧凤庆曾举办过"六大茶山"杯中国围棋名人邀请赛，十几名围棋国手汇聚一堂。他们品着普洱茶，拈着棋子对弈，连奖杯都是普洱茶饼，别具一格。棋茶相得益彰，棋道茶道高度契合。

传统养生学以形神兼养，首重养神为特色。养神以清静内敛、淡然无虑为本，养形以少私寡欲、去奢去泰为本，其实质是一种自我心理状态的调适。有一副对联，其上联曰"盖碗茶，淡淡清香乾坤大"，下联为"珍珑棋，子子落盘日月长"，横批是"浮生半日闲"。棋以潇洒、超然为神趣，茶以清雅、淡泊为妙韵，棋道与茶道都是养生之道。尽管现代生活节奏越来越快，但是喝喝茶、下下棋，偷得半日闲，不愧为很好的养生之道。

3. 茶与书画

书法艺术蕴含着丰富的文化内涵，体现着时代精神、气韵和意境，是古代文人的一门必修艺术。中国画借助笔墨形式表达对宇宙、自然的精神意识感受，以"精、气、神"为最高境界，展现出纯粹的美、人文的美、哲学的美。宋代陆游在《临安春雨初霁》诗中说："矮纸斜行闲作草，晴窗细乳戏分茶。"分茶是一种技巧性很强的游戏，又称"水丹青"。宋代斗茶活动盛行，分茶高手利用茶沫和水纹在茶盏中形成各种图案，如同陆游所说闲暇时分在纸张上写字作画一样。

茶与书画颇有渊源，我国茶文化第一个高峰在唐代形成，现存最早的茶事书法就出现在唐代，狂草书法家怀素僧人写有《苦笋帖》，文曰："苦笋及茗异常佳，乃可迳来，怀素上。"书法家对茶的喜爱与期盼之情跃然纸上。现存最早的茶事绘画也出现在唐代——阎立本所绘《萧翼赚兰亭图》，描绘了御史萧翼借品茗论字之机，从辩才手中骗取"天下第一行书"——《兰亭集序》的故事。

唐代以来，文人雅士常有品茶时赏字观画、写字作画的习惯。无茶不文人，文人多是茶人。他们寄情山水，放情茶事。宋徽宗赵佶的《文会图》描绘北宋文人雅集时品茗、弹琴、把盏、点香、吟咏、画图的场景。唐寅《事茗图》描绘文人优游林下、夏日品茶的悠闲生活。屋外板桥上，有客策杖来访，一僮携琴随后。听琴、品茗，文人山居生活何其闲适。

现代人雅集时亦是如此，尤其是在开展形式多样的茶文化活动时，品茶、赏花、焚香、听琴、观画、弈棋等活动往往兼而有之。在1989年北京举办首届"茶与中国文化展示周"上，书法家赵朴初、启功欣然题诗，诗书双绝。

（二）茶与插花

早在唐代，花卉就已频繁地出现在茶会中。《全唐文》中吕温的《三月三日茶宴序》曰："三月三日上巳，禊饮之日也，诸子议以茶酌而代焉。乃拨花砌，憩庭荫，清风逐人，日色留兴。卧借青霭，坐攀香枝，闲莺近席而未飞，红蕊拂衣而不散。乃命酌香沫，浮素杯，殷凝琥珀之色。不令人醉，微觉清思，虽五云仙浆，无复加也。"文人雅士在室外举行茶宴，还专门搭建了花台，花朵随风拂衣，即使是玉液琼浆也不能与此时的茶汤媲美。

茶事插花多选择山花野卉，花枝数量不多，一枝或两三枝，颜色一般不超过三种，用最自然的方法摆放在花器里，清雅脱俗，极具自然美。这契合了人们品茶时追求的心境，使人在清寂宁静的环境中，以平和的心态去品味人生。

茶事插花，以自然、朴实为美，避免矫揉造作。自然界的花枝千姿百态，千变万化，表现力非常丰富。粗枝劲干表现雄壮气势，纤细柔枝表现温馨秀丽，飞动的线条有挥洒自如的韵味，顺势而下的线条有一泻千里之美感。茶事插花要色泽淡雅，清纯而不艳，如菊花、梅花、水仙花等。不能带刺，香气不宜太浓，否则容易冲淡茶香。茶事插花亦注重自然情趣，着力表现花材自然的形式美、色彩美。根据花枝的粗细、曲直、刚柔、疏密，形成简洁、飘逸、瘦硬、粗犷等多种造型。顺乎花枝叶片的自然之势，或直或曲，或仰或俯，巧妙组合，各得其所。即使经过了人工修剪，也不显露丝毫痕迹，"虽由人作，宛若天成"。

茶道插花注重发挥花材的自然美，花之高者为天，低者为地，中间为人，契合茶道所追求的天、地、人"三才"之道。同时，运用花材的寓意和象征性，或谐音，或隐喻，以有限的形象表达深邃的茶文化内涵，创造出诗情画意的意境，使人不仅获得视觉的美感，更能感悟到茶文化的无穷艺术魅力。

茶事插花，也体现出主人的艺术修养。由于茶道讲究人与自然的和谐，因而插花也具有很强的季节感，要选择和月令一致、开在原野或院子里的鲜花，体现出季节之美与生命活力。假如是秋天，采摘几茎雪白的芦花，或者几枝无名山果，就能让人联想到原野中的秋风秋色。台湾茶人林资尧创立的四序茶会，通过茶会表现大自然圆融的律动。四序茶会中不同的季节分别采用该季节的代表性花卉，也很好地体现了四季更迭、岁月流转的寓意。

当代茶艺表演也讲究插花的运用。比如在《菊花茶道》中，泡茶台上摆放组景式插花，直立式造型的野菊花插在方形的青花瓷盆中作为主体，平卧式的一束野菊花随意放在由细竹枝编织的形似排箫状的器具中作为辅体。主辅体插花高低错落，造型上下呼应，让人在特定的环境氛围中感受回归自然的快乐。

（三）茶与焚香

香料是一种气味芬芳的物质，闻过之后让人感觉舒适愉快。大约在春秋时期，中国人就开始用香。汉代时，上层社会流行薰香，道教、佛教兴盛并且都提倡用香，香文化略具雏形。魏晋南北朝时，文人阶层开始较多使用薰香，香文化初步发展。香文化在唐代趋于成熟与完备，至宋代达到鼎盛与普及，成为普通百姓日常生活的一个部分。人们在"品香""用香"时，布置特定的环境氛围，采用艺术性的香具，通过熏点、涂抹、喷洒等方式产生香气、烟形，讲究用香、品香的礼法规矩，丰富生活，修身养性。

中国文人不仅与茶有着不解之缘，而且与香关系密切。据吴自牧《梦粱录》记载，宋代形成了"焚香、点茶、挂画、插花，四般闲事"。焚香成为文人生活中不可缺少的一部分。文人们品茗论道，书画会友，调弦抚琴，案头燃香。明朝文震亨在《长物志》里说："香、茗之用，其利最薄。"自古以来，名流雅士都以品茗为乐，陶冶性情，养生益寿。焚香怡情添意趣，煎茶品茗养天年。

在品茶的同时品香，可以采取线香、香篆、炭火熏香、电子香炉低温熏香等多种方式，熏香的主要原料有檀香、沉香、合香等。檀香理气和胃、解郁止痛，沉香通关开窍、香气典雅。香料释放出芳香气味，能提神醒脑、除烦去躁、涤秽除昏，使人容易入定修行。经常闻香，能增益精气、美颜悦神、畅通气脉、治病养生、延年益寿。香料之香与茶叶之香都使人感到身心愉悦，用心品味都能达到陶冶性情之目的。

茶道与香道均是修身养性的高雅艺术活动，品茶与品香都能使人清醒、平和、理智，契合儒家的中庸之道。自古以来，很多香谱、茶谱、香乘、茶乘中都浸润着这种中庸智慧。明代茶书《茗谭》说："品茶最是清事，若无好香在炉，遂乏一段幽趣。焚香雅有逸韵，若无名茶浮碗，终少一番胜缘。是故，茶香两相为用，缺一不可。"是的，每一种茶都有一款与之"香气宜韵"的香品。茶道和香道结合，让人身心得到调理与清净，精神获得松弛与安宁，压力得以缓解与释放。当茶的清香与香品的妙香圆融之时，便可尽情享受茶和香带来的韵味与心灵的感应，领略茶道与香道的深邃意境。

六、茶与哲学

（一）茶与道家及道教

道家与道教是两个不同概念，两者存在区别但又有密切关联。狭义上的道家是先秦时期的一个哲学流派，以老子、庄子为主要代表。道家思想是道教社会思想来源的一个主要方面。通常情况下，我们所说的道家是广义的，包含作为学派的道家和作为宗教的道教两个方面。道教是在古代宗教信仰的基础上，以"道"为最高信仰，沿袭方仙道、黄老道某些宗教观念和修持方法于东汉时逐渐形成的中国本土宗教。道教注重炼丹、服食、吐纳、导引等养生延年之术，相信人经过一定修炼可以长生不死，超越自然，成为神仙。道教尊老子为教主，以老子的《道德经》为主要经典。道教清静无为的长生养生观以及道家天人合一的哲学思想，极其深刻地影响着茶道的形成、发展与传播。

1. 道家与茶道的形成及发展

道家与茶的渊源久远，在茶道的酝酿和形成过程中，以道家的影响最大。道家清静淡泊、自然无为的思想，与茶的清、和、淡、静的自然属性极其吻合。中国的饮茶习俗始于古巴蜀，而巴蜀也是道教的发源地。道教以长生不死为终极目的，以得道成仙、飞升羽化为理想。为了"得道"，道教发展出许多修炼方术。"服食"又名"服饵"，是指服食药物以养生，是道教的主要修炼法术之一。道教徒较早就接触到茶，茶成为道教服食的一种草木之药，下能除病，中能养性，上能延命，养生延年就成为茶与道教形成关联的结合点。道教认为茶能使人轻身换骨，羽化成仙，视茶为成道的仙药。

陶弘景是南朝著名的道教思想家，他在《杂录》中说"苦茶轻身换骨，昔丹丘子、黄山君服之"，从道教修炼的理论角度提出饮茶能使人轻身换骨。传说壶居士为道教的真人，又称壶公，其《食忌》说"苦茶久食，羽化"。羽化是道教术语，指飞升、得道成仙。壶居士的"久食羽化"和陶弘景的"轻身换骨"，都与道教得道成仙的观念有着内在的联系。可见道教对饮茶早有深刻认识，并将其与追求永恒的精神生活联系在一起，使茶成为精神文化的一部分。

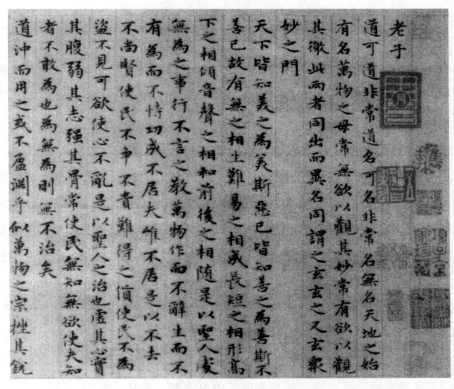

赵孟頫书《老子》

两晋南北朝时期，道教徒，玄谈名士、隐士之流，如壶居士、华佗、陶弘景等，宣扬茶的功效、饮法，促进了饮茶的广泛传播和饮茶习俗的形成，也为茶道的酝酿和形成奠定了理论基础。

退居山林的隐士与道家有着不解之缘，多以道家思想、道教方术怡情悦性。茶是隐士生活中的必需品，煎水品茶，反映出隐士们崇尚自然、返璞归真的人生旨趣。

陆羽著《茶经》，对茶道的形成功莫大焉。陆羽坚辞太子文学和太常寺太祝职务，不愿入仕为官，可说是受了道家思想的影响。《全唐文·陆文学自传》记载："上元初，结庐于苕溪之滨，闭关对书，不杂非类，名僧高士，谈宴永日。"陆羽少年时虽曾心慕儒学，但最终还是成为有才德而隐居不仕的处士。在陆羽的友人中，有女道士李冶、隐士张志和。陆羽曾深入道教圣地茅山考察茶事，晚年一度寓居江西洪州玉芝道观。《茶经》中有许多羽化飞升、神仙鬼异等富有道教色彩的茶故事，所列唐代以前茶人，也以道家人物居多。他淡泊名利，曾写下诗句"不羡黄金罍，不羡白玉杯，不羡朝入省，不羡暮登台，千羡万羡西江水，曾向竟陵城下来"，意境多么高远。早在唐代，民间就已把他奉为"茶仙",祀为"茶神"。

卢仝曾隐居少室山,自号玉川子。他的《走笔谢孟谏议寄新茶》诗(又名《七碗茶歌》)脍炙人口,广为流传。此诗细致地描写了饮茶的身心感受,特别是五碗茶肌骨俱清,六碗茶通仙灵,七碗茶得道成仙、羽化飞升,阐明了道教的饮茶观,高扬心灵的超越境界。

皎然是中唐著名诗僧,曾学过道教长生之术,知胎息之诀,后来写了不少游仙诗,其中不乏与道士往来的故事。皎然在本质上是个文人,身在空门,心融儒道。在《饮茶歌诮崔石使君》中,皎然将茶比作"诸仙琼蕊浆",说饮茶可以修道成仙,"三饮便得道",肯定道家仙人丹丘子懂得茶道的真谛,修习茶道全真葆性。皎然是佛教徒,但是他的茶道理念来源于道教,认同道教饮茶可以得道、全真的理念,将茶道的起源归于道教。

陆羽著《茶经》,中国茶道正式形成。道士常伯熊对陆羽《茶经》进行广泛润色,促成"茶道大行"。道家学者李约、隐士卢仝等进一步推动了茶道的发展和传播。茶道可以说是在道家思想的直接影响下形成的。

中国茶道的发展深受道家思想的影响,崇尚自然、简朴、淡泊、清静,不拘礼法形式,率性任真。陆羽《茶经》之"俭"和皎然之"全真"的思想是中国茶道精神之源,经过唐代裴汶、宋代赵佶、明代朱权等人的发展,形成清、淡、和、静、俭、真等茶道精神,其中道家思想成分偏重一些。

2. 茶与道家天人合一的思想

老子《道德经》说"道生一,一生二,二生三,三生万物""万物负阴而抱阳,冲气以为和",指出"道"是先于天地而生的宇宙之源、人类之本,由它衍生万物。道家认为人与自然是互相联系的整体,万物都是阴阳两气相和而生,可见"和"是道家哲学的重要思想。战国末年的《易传》继承并发展了老子的思想,明确提出"天人合一"的哲学命题。到唐代陆羽《茶经》创立茶道时,吸收了道家思想的精华,天人合一的理念成为中国茶道的理想。

茶是吸取了天地灵气的自然之物,茶的品格蕴含道家淡泊、宁静、返璞归真的神韵。茶性的清纯、淡雅、质朴与人性的静、清、虚、淡,两者"性之所近",在茶道中得到高度统一。道家在发现茶叶的药用价值时,也注意到茶叶的平和特性,具有"致和""导和"的功能，于是道家之道与饮茶之道和谐地融合在一起。

中国古代知识分子一般受儒家思想的影响为主，但是受道家思想的影响也不小。特别是士大夫们在政治上受到挫折，人生抱负得不到实现时，道家淡泊名利、回归自然的思想就开始占上风，所以历代知识分子普遍遵循"达则兼济天下，穷则独善其身"的守则。在晚明许多文人的茶事绘画中，如唐寅的《事茗图》、文徵明的《惠山茶会图》等，均描绘了文人雅士们在野石清泉旁、松风竹林里煮茗论道的图景。相对于在室内煮茶品饮，文人似乎更钟情于在大自然的山水间品茶，追求寄情于山水、忘情于山水、心融于山水的理想境界。历代许多茶诗茶文也反映了这一点，如唐代诗人陆龟蒙的《奉和袭美茶具十咏》描写户外煮茶，"闲来松间坐，看煮松上雪。时于浪花里，并下蓝英末"。唐代诗僧灵一的《与元居士青山潭饮茶》诗吟："野泉烟火白云间，坐饮香茶爱此山。岩下维舟不忍去，青溪流水暮潺潺。"明代艺术家徐渭在《徐文长秘籍》中指出，品茶宜精舍、云林、竹灶、幽人雅士、寒宵兀坐、松月下、花鸟间、清流白石、绿藓苍苔、素手汲泉、红妆扫雪、船头吹火、竹里飘烟等，都充分体现了道家的天人合一思想，人与自然融为一体，通过饮茶去感悟茶道、天道、人道。正因为道家"天人合一"的哲学思想融入了茶道精神之中，在茶人心里充满着对大自然的无比热爱，有着回归自然、亲近自然的强烈渴望，所以茶人最能领略与大自然"物我玄会"的感受。文人雅士置身于幽谷深林，煮泉品茗，观云听籁，回归大自然，达到天人合一的境界。

茶道蕴含的道家精神，更直接的是对自然之趣的追求。老子《道德经》说："人法地，地法天，天法道，道法自然。"郭象注"自然"曰："自己而然，则谓之天然。天然耳，非为也，故以天言之。"道家认为道是自然而然的，这种观念也渗透进茶道。元代全真道第二任掌教马钰的《长思仙·茶》词云："一枪茶，二旗茶，休献机心名利家，无眠为作差。无为茶，自然茶，天赐休心与道家，无眠功行加。"

茶是上天赐给道家的琼浆仙露，饮了茶更有精神，不嗜睡就更能体道悟道，增添功力和道行。道家从养生、贵生的目的出发，以茶来助长功行内力，品茶不讲究太多的规矩，更多的道家高人都把茶当作忘却红尘烦恼的逍遥享乐之事。在道家贵生、养生、乐生思想的影响下，中国茶道特别注重"茶之功"，重视茶的保健养生与怡情养性功能。道家淡泊无为的思想与"自然"主义，要求在大自然的环境中品饮自然之茶，并在饮茶中寻求回归自然，也就是天人合一、返璞归真。在品茶时，古代茶人强调"独啜曰神""独品得神"，追求天人合一、物我两忘的意境。

道家主张静修，将"入静"视为一种功夫，一种修养。只有朴素虚心，静养人生，提升悟性，才能更好地享受大自然的赐予。如果人们能够以虚静空灵的心态去沟通天地万物，就可达到物我两忘、天人合一，也就是"天乐"的境界。而茶是清灵之物，通过饮茶能使静修得到提高，所以茶是道家修行时的必需之物。

道家在养生修炼过程中，发现茶叶自然属性中的"静"，与道家学说中的"虚静"有相通之处，于是就将道家的思想追求融入茶事活动中。受道家思想的影响，中国茶道把"静"视为真谛之一，提倡在品茗时，通过"坐忘"入静，融化物我之间的界限，人与自然相互沟通，心境达到一尘不染、一妄不存的空灵境界。赖功欧在《茶哲睿智》中指出，在品饮过程中，"人们一旦发现它的'性之所近'——近于人性中静、清、虚、淡的一面时，也就决定了茶的自然本性与人文精神的结合，成为一种实然形态"，"茶人需要的正是这种虚静醇和的境界，因为艺术的鉴赏不能杂以利欲之念，一切都要极其自然而真挚。因而必须先行'入静'，洁净身心，纯而不杂，如此才能与天地万物'合一'，亦即畅达对象之中，不仅'品'出茶之滋味，而且'品'出茶的精神，达到形神相融的情态"。道家思想对中国品饮的艺术境界影响尤为深刻，道家学说密切关系到中国茶道精神之"静"的形成，使得中国茶道虚静空灵，美学境界深幽恬明。茶人的品茶审美过程其实是茶人修身养性的过程，是茶与心灵的对话，是茶人的返璞归真。庄子所说"独与天地精神往来，而不傲倪于万物"，也正是中国茶道审美追求的境界。茶道强调道法自然，返璞归真，使人的心境清静、恬淡，仿佛人与宇宙融合，升华到"无我"的境界。

3. 茶与道教清静无为的养生观

在道教正式形成前，茶便已和神仙结缘。陶弘景《茶录》所提及的汉代仙人丹丘子是最早涉茶的道教人物，《神异记》中也有关于丹丘子饮茶的故事。"余姚人虞洪入山采茗，遇一道士，牵三青牛，引洪至瀑布山，曰：'予丹丘子也。闻子善具饮，常思见惠。山中有大茗可以相给，祈子他日有瓯牺之余，乞相遗也。'因立奠祀，后常令家人入山，获大茗焉。"这说明至少在汉魏之际，茶与道教已有了某种联系。《续搜神记》中也有仙人与茶的传说，晋武帝时，宣城人秦精在武昌山采茶，遇到一高丈余的神仙毛人，把成丛的茶树指引给秦精。神仙不仅自己嗜茶，还引导凡人采摘饮用，神仙与茶结下了不解之缘。陆羽《茶经》引述了大量此类记载，说明陆羽相信道士与茶关系密切。壶居士《食忌》说饮茶可以羽化成仙，恰似卢仝《走笔谢孟谏议寄新茶》诗云："五碗肌骨清，六碗通仙灵，七碗吃不得也，唯觉两腋习习清风生。"卢仝茶诗浸透着道教的神仙思想，体现了道教对饮茶得道的追求。《广陵耆老传》也记载，晋元帝时有个老姥，"每旦独提一器茗，往市鬻之，市人竞买，自旦至夕，其器不减"。官吏捕之入狱，"至夜，老姥执所鬻茗器，从狱牖中飞出"。这些故事传说将茶与道教养生得道的思想联系在一起。

道家茶礼

道教与茶结缘后，表现道士饮茶的诗歌随之出现，道教思想逐渐渗透到茶道精神之中。温庭筠《西陵道士茶歌》生动地描写了道士伴茶夜读的情景，品饮着清静无为、契合自然之性的茶，道士的思绪已进入空灵虚无的神仙境界。皎然《饮茶歌送郑容》吟咏："丹丘羽人轻玉食，采茶饮之生羽翼。名藏仙府世空知，骨化云宫人不识。"诗歌反映了道士们通晓茶效，领悟茶趣，深知茶味，颇得茶助。道士中也出现了一些著名茶人，如唐代吕岩，即道教"八仙"之一的吕洞宾，在《大云寺茶诗》中以茶自喻，"幽丛自落溪岩外，不肯移根入上都"，表示宁可"自落"山林幽居，却不肯在上都为官，茶性正好契合了茶人淡泊名利的平常之心。

道教追求人生长寿，认为清静无为是养生要旨。清静无为有助于养生长寿，而养生的关键是淡泊名利，洗却宠辱，看破生死，保持心地纯朴专一，奉行清心寡欲、与世无争的养生之道。道教吸收了道家思想，要求人们追求精行俭德、淡泊自守，达到清静之境。道教认为心是一身之主，百神之师，静则生慧，动则生昏。虚静可以推天地，通万物，因此"静"成为道教的显著特征。茶道精神与道教思想是相辅相成的。茶清静淡泊，朴素天然，无味乃是至味。茶须静品，只有在宁静的意境下才能品出茶的真味，感悟品茶的要义，获得品饮的愉悦。静品才能使人安详平和，实现人与自然的完美结合，进入超凡忘我的仙境。道教和茶道在"静"的方面高度契合。

（二）茶与儒家

1. 儒家茶道的发展及传播

儒家由春秋时期的孔子创立，经过战国时期孟子、荀子等人的丰富和发展，形成完整的思想体系。西汉武帝时期，废黜百家，独尊儒术。自隋唐开始，儒家经典成为知识分子参加科举考试的重要内容，因此儒家思想成为知识分子人生观的核心，对知识分子的人格理想产生了极为深刻的影响。

儒学讲究和谐，追求完善的人格，这些也是中国茶道基本精神的核心构成。"和"是儒家哲学核心思想之一，又由于儒学在中国知识分子思想中占据主导地位，故对中国茶道的影响深远。儒家以"修身、齐家、治国、平天下"作为人生信条和奋斗目标，这种积极入世的思想，使得文人非常关注社会秩序的稳定与人际关系的和谐，高度重视道德教化和人格理想建设。当儒家文人介入茶事活动中，发现茶的特性与儒家学说的主要精神很接近，认为茶是儒家思想在人们日常生活中的理想载体之一，他们便不但自己陶醉于茶事之乐，而且将茶道发扬光大，让更多的人从茶事活动中得到生活乐趣，同时也受到儒家思想的教化。

中国历史上先后形成三种类型的茶道形式：煎茶道、点茶道、泡茶道。在这些茶道的萌芽、形成和流行过程中，儒家茶人都是重要的力量。

在唐朝肃宗、代宗时期，中国茶道的奠基人陆羽将儒家修身养性、克己复礼的道德追求融入茶道，在《茶经》中提出对品茶者的人品要求为"精行俭德之人"，这成为中国茶人普遍推崇的个人品德追求。

北宋时期，著名书法家、文学家蔡襄撰写《茶录》，完整阐述了点茶茶艺，为点茶道的形成奠定了基础。

明朝中期，张源著《茶录》记录自身的心得体会，书中单列"茶道"一条，"造时精，藏时燥，泡时洁，精、燥、洁，茶尽矣"，将茶道概念阐释为造茶、藏茶、泡茶之道。《茶录》一书奠定了泡茶道的基础。许次纾著《茶疏》，写了择水、贮水、舀水、煮水、烹点、品茶环境、注意条件等丰富内容，集泡茶道之大成。清代袁枚《随园食单》记载："一杯之后，再试一二杯，令人释躁平矜、怡情悦性。"饮茶怡情悦性，令人释躁平矜，因此清代工夫茶道十分流行。

孔子

2. 茶与儒家的中庸和谐思想

中庸之道是儒家的处世信条，儒家认为中庸是处理一切事情的原则和标准，并从中庸之道中引出"和"的思想。在儒家观点中，和是中，和是度，和是宜，和是当，和是一切恰到好处，无过亦无不及。儒家的"和"更注重人际关系的和睦、和谐与和美。饮茶令人头脑清醒，心境平和，茶道精神与儒家提倡的中庸之道相契合，茶成为儒家用来改造社会、教化社会的一剂良方。

中庸之道及中和精神是儒家茶人自觉贯彻并追求的哲理境界和审美情趣。

中庸是儒家最高的道德标准。孔子说："中庸之为德也，其至矣乎！"朱熹在《中庸章句》里注解道："中者，不偏不倚，无过不及之名。庸，平常也。"中和是儒家中庸思想的核心部分。"和"是指不同事物或对立事物的和谐统一，它涉及世间万物，也涉及生活实践的各个领域。中和从大的方面看是使整个宇宙，包括自然、社会和人达到和谐，从小的方面看是待人接物不偏不倚，处理问题恰到好处，一切都顺畅安宁。《中庸》说："喜怒哀乐之未发，谓之中，发而皆中节，谓之和。中也者，天下之达本也；和也者，天下之大道也。致中和，天地位焉，万物育焉。"意思是说人的内心不受各种感情的冲动而偏激，处于自然状态，这就是中，中是"天下之大本"。感情发泄出来时又能不偏不倚，有理有节，这就是和，和是"天下之达道"。中和思想在儒家文人的脑海中是根深蒂固的，也反映到茶道精神中。儒家不但将"和"的思想贯彻在道德境界中，而且也贯彻到艺术境界中，并且将两者统一起来。但是儒家总是将道德摆在第一位，必须保持高洁的情操，在茶事活动中才能体现出高逸的中和美学境界。因此无论是煮茶过程、茶具的使用，还是品饮过程、茶事礼仪的动作要领，都要求不失儒家端庄典雅的中和风韵。儒家将茶道视为一种修身的过程，陶冶心性的方式，体验天理的途径。

唐代陆羽创立中国茶道，在《茶经》里吸取了儒家和谐思想。比如煮茶用具——风炉的设计，采用了《周易》中的象数原理，风炉厚三分，缘阔九分，令六分虚中。炉有三足，足间三窗，中有三格。风炉的一足上铸有"坎上巽下离于中"的铭文，坎、巽、离都是《周易》的八卦名，坎代表水，巽为风，离为火。陆羽将其引入茶道中，把三卦及其代表物鱼（水虫）、彪（风兽）、翟（火禽）绘于炉上，以此表达煮茶过程中风助火，火熟水，水煮茶，三者相生相助，以茶协调五行，达到和谐的平衡状态。风炉的另一足上铸"体均五行去百疾"，这也是传统"阴阳五行"观念的反映，是以"坎上巽下离于中"的中道思想、和谐原则为基础的，因其得到平衡和谐，才可"体均五行去百疾"。"五行"指金、木、水、火、土。风炉以铜铁铸从金象，上有盛水器皿从水象，中有木炭从木象，用木生火得火象，炉置于地得土象。五行相生相克，阴阳调和，从而可以达到"去百疾"的养生目的。陆羽以"方其耳以令正也，广其缘以务远也，长其脐以守中也"为指导思想创造了鍑（锅），也体现出儒家的中正精神。儒家中和思想强调事物的适度性，在茶道中得到了充分的体现。

裴汶《茶述》指出，茶叶"其性精清，其味浩洁，其用涤烦，其功致和。参百品而不混，越众饮而独高"。朱熹以理学入茶道，说建茶如"中庸之为德"，江茶如伯夷叔齐。《朱子语类·杂说》中云：先生因吃茶罢，曰："物之甘者，吃过必酸，苦者吃过却甘。茶本苦物，吃过却甘。"问："此理何如？"曰："也是一个道理，如始于忧勤，终于逸乐，理而后和。盖理本天下之至严，行之各得其分，则至和。"这里以茶喻理，巧妙地将中和之道的哲学理念与政治、伦理制度结合起来。茶道兴起，对社会风俗的醇化作用是显而易见的。苏廙著《十六汤品》，进一步完善发展了陆羽茶道思想，在品评茶汤的字里行间倡导一种良好的茶风茶俗，特别强调了儒家中庸、守一、和谐、完善的茶道原则。

中国茶道以"和"为最高境界，充分说明了茶人对儒家中和哲学的深切把握。无论是陆羽提倡的谐调五行的中道之和，斐汶指出的其功致和，都是以儒家的中和精神作为中国茶道的精神，灌注着中庸之道的深刻内涵，提倡通过茶道营造和谐稳定的人

3. 茶与儒家礼义和人格思想

儒家认为要达到中庸和谐，不可忽视礼的作用。荀子说"发乎情，止乎礼义"，意指人天生的性、情、欲，可以通过引导、修饰、加工，使之成为至美。孔子强调"礼之用，和为贵"，把礼作为调整人际关系的行为规范。《礼记》云："夫礼者，自卑而尊人。"礼要求以谦让的精神处理自己与他人的关系。如果每个人都能按照礼的精神律己待人，社会就会和谐。由于儒家的重视和提倡，中国人特别看重礼，自觉地以礼规范行为，力求以礼达到和谐的境界。

儒家将茶叶视为具有灵性的植物，称茶为灵草、瑞草魁、灵芽等。韦应物《喜园中茶生》诗云："洁性不可污，为饮涤尘烦。此物信灵味，本自出山原。"儒家茶人在饮茶时，将具有灵性的茶叶与人的道德修养联系起来，认为品茶活动能促进人格修养的完善，因此沏茶品茗的整个过程，就是陶冶心志、修炼品性和完善人格的过程。

儒家注重人格完善，认为只有完善的人格才能实现中庸之道，良好的修养才能实现社会完美和谐。茶叶的中和特性也为儒家文人所注意，并将之与儒家的人格思想联系起来。陆羽《茶经》开宗明义地指出，茶"宜精行俭德之人"，以茶示俭、示廉，倡导茶人的理想人格。刘贞亮提出"以茶可雅志"，通过饮茶达到修身养性之目的，表现出人的精神气度和文化修养，以及清高廉洁与节俭朴素的思想品格。茶道寄寓着儒家企求廉俭、高雅、淡洁的君子人格。正如北宋晁补之《次韵苏翰林五日扬州古塔寺烹茶》诗曰："中和似此茗，受水不易节。"赞美苏轼具有中和的品格和气节，如同珍贵名茶，即使身处恶劣的环境之中，也不会改变节操。

儒家的人格思想也是中国茶道的思想基础。吴觉农说"君子爱茶，因为茶性无邪"，林语堂也说"茶象征着尘世的纯洁"。茶是文明的饮料，是"饮中君子"，具有"君子性"，其形貌风范为人景仰。苏轼《和钱安道寄惠建茶》称赞建茶"建溪所产虽不同，一一天与君子性。森然可爱不可慢，骨清肉腻和且正"。司马光把茶与墨相比，"茶欲白而墨欲黑；茶欲新而墨欲陈；茶欲重而墨欲轻，如君子小人之不同"。周履靖的《茶德颂》盛赞茶有馨香之德，可令人"一吸怀畅，再吸思陶。心烦顷舒，神昏顿醒"。文人将茶品与人品相连，说茶德似人德，将茶的高洁比作人的高洁。

文人雅士的茶事活动有深刻的文化情结，以怡情养性、塑造人格精神为第一要素。文人雅士在细细品啜、徐徐体察之余，在色、香、味、形的品赏之中，移情于茶，托物寄情，从而感情受到了陶冶，灵魂得到了净化，人格在潜移默化中得以升华。唐代陆羽将品茶作为人格修炼的手段，一生中不断地实践和修炼"精行俭德"的理想人格。历史上儒士阶层都与茶结下不解之缘。苏轼以茶喻佳人，并为茶立传，留下了不少有关茶的诗文。裴汶、司马光等也都在品饮之中，将茶视为刚正、纯朴、高洁的象征，借茶表达高尚的人格理想。陆羽称茶"宜精行俭德之人"等，均赋予茶节俭、淡泊、朴素、廉洁的品德，寄托人格理想。因此茶道中寄寓着儒家对理想人格的企求，即修身为本、修己爱人、自尊尊人、敬业乐群和志趣高尚等君子人格。

4. 茶与儒家积极入世的人生观

孔子称自己"其为人也，发愤忘食，乐以忘忧，不知老之将至"，指出："饭疏食饮水，曲肱而枕之，乐亦在其中矣。"在儒家人生观的影响下，人们总是充满信心地展望未来，并且重视现实人生，往往能从日常生活中找到乐趣。

中国茶道形成之初便受儒家思想影响，儒家乐感文化与茶事结合，使茶道成为一门雅俗共赏的室内艺能。饮茶的乐感体现在以茶为饮料使口腹获得满足，体现在以茶为欣赏对象在审美中获得愉悦。鲍君徽的《东亭茶宴》诗云："闲朝向晓出帘栊，茗宴东亭四望通。远眺城池山色里，俯聆弦管水声中。幽篁引沼新抽翠，芳槿低檐欲吐红。坐久此中无限兴，更怜团扇起清风。"这是典型的儒家乐感文化，以山水之乐、弦管之乐烘托饮茶之乐。黄庭坚的《品令》词吟："凤舞团团饼。恨分破，教孤令。金渠体净，只轮慢碾，玉尘光莹。汤响松风，早减了、二分酒病。味浓香永。醉乡路，成佳境。恰如灯下，故人万里，归来对影。口不能言，心下快活自省。"这首词将只可意会不可言传的品茗感受化为鲜明的视觉形象，淋漓尽致地表达了饮茶之乐。

儒家知识分子在"修齐治平"时，以茶修性、励志，获得怡情悦志的愉快，而在失意或经历坎坷时，也将茶作为安慰人生、平衡心灵的重要手段。《茶录》的著者蔡襄，平日以品茶为乐。晚年因病不能饮茶，但照常每天煮茶，烹而玩之，自得其乐。白居易经历过宦海沉浮后，在《琴茶》诗中云："兀兀寄形群动内，陶陶任性一生间。自抛官后春多醉，不读书来老更闲。琴里知闻唯渌水，茶中故旧是蒙山。穷通行止长相伴，谁道吾今无往还。"琴与茶是白居易终生相伴的良友，以茶道品悟人生的真谛，清心寡欲，乐天安命。唐代韦应物诗曰"为饮涤尘烦"，指出饮茶可以消除人世的烦恼。儒家的乐观主义精神融入茶道，使得中国茶道文化呈现出欢快、积极、乐观的主格调。

（三）茶与佛教

佛教约在两汉之际从古印度传入我国，经魏晋南北朝时期的传播与发展，到隋唐时达到鼎盛。唐代以后，佛教基本被汉化，形成了具有中国特色的佛教。佛教与中国茶道的形成、发展和传播密切相关。魏晋时期，茶叶就已成为我国僧道修行或修炼时常用的饮料。而茶叶广泛用于佛教以及茶道深受佛教影响，主要还是中唐以后的事情。诗僧皎然在《饮茶歌诮崔石使君》诗中明确提出了"茶道"一词，这是"茶道"一词在历史上首次出现，使茶道从一开始就蒙上了浓厚的宗教色彩。

虽然佛教对茶道形成、发展的影响不及儒家、道家与道教，但是在推动茶道的传播方面，特别是"茶禅一味"的观念对茶道精神的形成，佛教的贡献是不容忽视的。

1. 佛教与茶道的发展及传播

唐代是佛教禅宗飞速发展的时期，禅宗对饮茶习俗的传播起到了极其重要的媒介作用。封演在《封氏闻见记》中记载，唐代开元年间，山东泰山灵岩寺大兴禅教。学禅务于不寐，又不夕食，唯许饮茶，于是"人自怀挟，到处煮饮，从此转相仿效，遂成风俗"。由于饮茶对于佛教极其重要，于是许多寺庙都出现了种茶、制茶、饮茶的风尚。吕岩《大云寺茶诗》盛赞僧侣的制茶技艺，诗曰"玉蕊一枪称绝品，僧家造法极功夫"。

茶圣陆羽最初就是从寺庙中了解到茶，并对茶产生兴趣的。后来陆羽以湖州为中心，与皎然等名僧交游，谈经论道，品茗赋诗，推动了茶道的形成和发展。皎然所作《饮茶歌诮崔石使君》等诗在社会上广为流传，对我国茶道的发展与传播起到了一定的影响。寺院茶会、茶宴等茶道活动的流行，推动了饮茶普及并向高雅境界发展。

佛门茶事兴盛以后，茶寮、茶堂、茶鼓、茶头、施茶僧、茶宴、茶礼等各种名词出现，茶事成为佛寺日常活动的重要组成部分。有些法器甚至用茶命名，如召集众僧饮茶时用的"茶鼓"，《宋诗钞》中有陈造的"茶鼓适敲灵鹫院，夕阳欲压赭圻城"诗句，描写了茶鼓声中寺院的幽雅意境。寺院专门设有种茶僧、制茶僧，从事茶叶种植与制作。还专设茶头，负责烧水煮茶，献茶待客。此外，佛寺门前一般安排数名"施茶僧"，为施主、香客、游人惠施茶水。寺院茶叶称作"寺院茶"，一般用来供奉佛祖、敬施主与自用，而且规格不同。据《蛮瓯志》载，觉林院用上等茶供佛，中等茶招待客人，下等茶自用。寺院茶按照佛教规矩有不少名目，每日在佛前、堂前、灵前供奉茶汤，称作"奠茶"；按照受戒年限的先后饮茶，称作"戒腊茶"；化缘乞食得来的茶，称作"化茶"；平时住持请全寺僧侣吃茶叫"普茶"；等等。

中晚唐时，怀海禅师制定了一部《百丈清规》，其中对佛门的茶事活动做了详细的规定，有应酬茶、佛事茶、议事茶；等等，各有一定的规范与制度。比如佛事茶，诸如圣节、佛降诞日、佛成道日、达摩忌日等均要烧香行礼供茶，以达摩忌日最为隆重。"住持上香礼拜，上汤上粥，……粥罢，住持上香上茶。……半斋，鸣僧堂钟集众，向祖排立，住持上香三拜，不收坐，……仍进前烧香，亲毕，三拜收生具，鸣鼓讲经为茶。"佛门结、解、冬、年四节及楞严会礼佛仪式中均要举行茶礼，端午节点菖蒲茶，

佛门茶礼

重阳节点茱萸茶。楞严茶会上举行茶礼时，"鸣堂前大板三下，鸣大钟，……住持至佛前烧香上茶汤毕，归位……"，都很有讲究。再如议事茶，禅门议事多用茶来进行。寺中的住持圆寂丧事毕，寺中管事僧众请附近各寺有名望的僧人来寺会茶。新方丈上任，山门有"新命茶汤礼"，通过茶礼，让各寺僧众与新任住持见面，并使他们承认其合法地位。住持遇大事，亦采取茶会的形式召集大家共同商议。

在佛教寺院中，茶道礼仪也是联络僧侣感情的重要方式。特别是在每年一次的

"大请职"时，住持设茶会请新旧两序职事僧，举行"鸣鼓讲茶礼"。住持请新首座饮茶，还有一定的礼仪形式。一般事先由住持侍者写好茶状，其形式如同请柬。新首座接到茶状，应先拜请住持，后由住持亲自送其入座，并为之执盏点茶。新首座也要写茶状派人交与茶头，张贴在僧堂之前，然后挂起点茶牌，待僧众云集法堂，新首座亲自为僧众一一执盏点茶。在寺院大请职期间，通过一道道茶状，一次次茶会，使僧众感情更加融洽。此外，有的寺庙在佛的圣诞日以汤沐浴佛身，称为"洗佛茶"，供香客取饮，祈求消灾延年。

禅宗建立的一系列茶礼、茶宴等茶道表现形式，具有高超的审美趣味，而高僧们写茶诗、吟茶词、作茶画，或与文人唱和茶事，推动了中国茶道的发展。

2. 茶与茶禅一味的佛家茶理

佛教哲学是深奥的宗教哲学，与茶道文化的结合也是深层次的。茶叶具有提神益思、生津止渴等功能，加上含有丰富的营养物质，对于坐禅修行的僧侣非常有帮助，因此茶成为僧人最理想的饮料。随着佛教僧侣对茶的认识逐渐加深，发现茶味苦后回甘，茶汤清淡洁净，契合佛教提倡的清苦寂灭的人生态度，佛教对茶的认识就逐渐从物质层面上升到精神层面。佛教僧侣发现茶与禅在精神实质上有相似之处，提炼之后，终至形成"茶禅一味"的理念。茶道讲究井然有序地喝茶，追求环境和心境的宁静、清静，而禅宗修行也追求清寂。茶性平和，饮茶易入静，心内产生中和之气，就可保持平衡心态，便于收心向佛。看着茶烟袅袅，闻着茶香悠悠，端杯细品慢啜，于是杂念顿消，由茶入佛，从参悟茶理而上升至参悟禅理。

据《五灯会元》记载：有僧到赵州，从谂禅师问新近是否曾到此间，曰："曾到。"师曰："吃茶去。"又问僧，僧曰："不曾到。"师曰："吃茶去。"后院主问曰："为什么曾到也云吃茶去，不曾到也云吃茶去？"师召院主，主应诺，师曰："吃茶去。"从谂禅师的"吃茶去"，后来成了禅林法语，"赵州茶"也成了著名的典故。从谂禅师发展了禅宗茶的义理，认为"平常心是道"，茶是平常，茶中有道。

宋代，禅宗逐渐发展为中国佛教的主流，"禅"甚至演变成佛教和佛学的同义语。禅宗强调对本性真心的自悟，茶与禅在"悟"上有共通之处，茶道与禅宗的结合点也体现在"悟"上。禅林法语"吃茶去"，和"德山棒""临济喝"一样，都是"直指人心，见性成佛"的悟道方式。钱锺书在《妙悟与参禅》中说："凡体验有得处，皆是悟。"当然，讲究饮茶之道，不必遁入空门，只要通过饮茶引发出某种精神感悟即是殊途同归。当禅宗将日常生活中常见的茶，与宗教最为内在的精神"顿悟"结合起来时，实质上就已经创立和开辟了一种新的文化形式和文化道路。而"茶禅一味"本身所展示的高超智慧境界也就成了文化人与文化创造的新天地。

在佛学尤其是禅宗思想中，"静"具有非常重要的地位。禅的意思是"修心"或"静虑"。禅宗就是通过静虑方式来追求顿悟，即以静坐的方式排除一切杂念，专心致志地冥思苦想，直到某一瞬间顿然悟到佛法的真谛。禅宗始祖达摩来中国传播佛学，曾在河南嵩山少林寺面壁静坐九年，成为静虑的典范。静指的是思想不为外物干扰，心灵不为名利欲望纠缠。茶性俭，又能抑制人的欲念，有助于更快地入静，所以禅宗视茶为最得力的帮手，茶事也成为佛门的重要活动，并被列入佛门清规，形成一整套庄重严肃的茶礼仪式，最后成为禅事活动中不可分割的部分。至今佛教寺院中的禅堂，禅茶仍是僧人的日常功课之一。赖功欧在《茶哲睿智》中指出："茶对禅宗是从去睡、养生，过渡到入静除烦，从而再进入'自悟'的超越境界的。最令人惊奇的是，这三重境界，对禅宗来说，几乎是同时发生的。它悄悄地自然而然地但却是真正地使两个分别独立的东西达到了合一，从而使中国文化传统出现了一项崭新的内容——禅茶一味。"僧人坐禅入静，要求摈弃杂念，心无旁骛，目不斜视，进入虚静状态，在追求领悟佛法真谛的过程中，达到空灵澄静、物我两忘的境界，也就是禅意或禅境。而茶道也追求空灵静寂的禅境。禅与茶相得益彰，禅借茶以入静悟道，茶因禅而提高了美学意境。

我国诸多诗词都反映了茶道追求具有禅味的茶境。如郑巢《送琇上人》诗云："古殿焚香外，清羸坐石棱。茶烟开瓦雪，鹤迹上潭冰。孤磬侵云动，灵山隔水登。白云归意远，旧寺在庐陵。"刘得仁《慈恩寺塔下避暑》诗曰："古松凌巨塔，修竹映空廊。竟日闻虚籁，深山只此凉。僧真生我静，水淡发茶香。坐久东楼望，钟声振夕阳。"曹松《宿僧溪院》诗吟："少年云溪里，禅心夜更闲。煎茶留静者，靠月坐苍山。"牟融《游报本寺》诗咏："茶烟袅袅笼禅榻，竹影萧萧扫径苔。"明代陆树声在《茶寮记》中记载："其禅客过从予者，每与余相对，结跏趺坐，啜茗汁，举无生话。……而僧所烹点绝味清，乳面不黔，是具人清静味中三昧者。要之，此一味非眠云跛石人未易领略。余方远俗，雅意禅栖，安知不因是，遂悟入赵州耶？"陆树声喜欢与僧人一起品茗，并称"余方远俗，雅意禅栖"。他设计的茶寮从择地、置具到烹茗之法，皆极力仿效赵州禅茶，追求清静脱俗的美学旨趣。

中国茶道受到哲学及宗教的综合作用。中国文人、士大夫往往兼修儒道佛，道士、佛徒也往往旁通儒佛、儒道，他们在茶事活动中融入自己的思想，从而儒、释、道的哲学思想必然会融入茶道精神之中。从茶道的发展过程看，道家精神体现在源头，儒家思想体现在核心，佛教则体现在茶道的传播与发展上。儒家思想提倡积极进取的生活态度与"修身、齐家、治国、平天下"的价值追求，而道家或者老庄思想则倡导消极无为、随遇而安。儒、道互补极有意义，人们以儒家"修齐治平"为目标积极进取，而遇到挫折或无奈时，便以老庄的生活态度去面对，寻求自然、平静、超然物外的心态。佛教自印度传入中国后，不断吸取儒、道思想，与中国本土文化融为一体。儒、道、佛在唐代融合以后，成为塑造民族精神的主导思想文化，茶道在这种背景下形成与发展，因而承载了儒、道、佛的思想，形成了独特的中国茶道精神。儒家以茶养廉，表现为茶礼与儒雅的追求；道家以茶求静，体现出养生与对自然的崇尚；佛家以茶助禅，表现在"茶禅一味"的理念与饮茶实践方面。

茶道在发展过程中主要吸收了道、儒、佛三家的哲学理念。道家的自然境界、儒家的人生境界、佛家的禅悟境界，融汇成中国茶道的基本格调与风貌。茶道从哲学的高度广泛地影响茶人，特别是知识分子茶人的思维方式、审美情趣、艺术想象以及人格的形成，从小小茶壶中探求宇宙玄机，从淡淡茶汤中品悟人生百味。

第六节　茶之礼

一、豪华的宫廷茶礼

宫廷饮茶源远流长，据相关史料记载，上古时期的周武王伐纣时就接受巴蜀之地的供茶，这也是皇室饮茶的最早记载，随后的周成王还留下了推行"三祭""三茶"礼仪的遗嘱；三国时的吴国皇帝孙皓曾率群臣饮酒，而韦曜不胜酒力，孙皓便赐茶以代酒；西晋惠帝司马衷逃难时都把烹茶进饮作为最重要的事；隋文帝也由不喝茶到嗜古代宫廷饮茶主要在以下场合：娱乐、王子公主婚嫁、殿试、内廷赏赐、清明宴、帝王清饮、供养三宝、赐茶、接待外国来使、祭天祭祖等。饮茶成为宫廷日常生活内容之后，皇帝很自然地将其用于朝廷礼仪，从而使茶在国家礼仪中纳入规范。但是正式的宫廷茶礼形成于唐朝，在吸收文人茶道和寺院茶道的基础之上，逐渐形成了独特的体系和特色，以后的各代相沿成习。宫廷茶礼之中最有代表性的是宫廷茶宴和赐茶。

（一）恢宏的宫廷茶宴

宫廷茶宴源于唐代，其中最为豪华的是"清明宴"。唐朝皇宫在每年清明节这一天，要举行规模盛大的"清明宴"，并以新制的顾渚贡茶宴请群臣。其仪规是由朝廷的礼官主持，有仪卫以壮声威，有乐舞以娱宾客，还有用以辅茶的各式糕点，所用的茶具也十分名贵。其目的就是以浩大的茶事来展现大唐富甲天下的气象，显示君王精行俭德、泽被群臣的风范。当时，后宫嫔妃宫女也有饮茶的习惯，她们不光注重茶叶的质量、茶具的精美，也注重饮茶的乐趣和心境，对她们而言，饮茶具有消遣娱乐性。此外，茶叶还具有多种保健的功效，嫔妃们饮茶又有美容养生的目的。

宋代宫廷也常举行茶宴，但最为频繁的还是在清代。据史料记载，清代皇室光在重华宫举行的茶宴就有六十多次，此宴一般是元旦后三日举行，由乾隆钦点的文武大臣参加，一边饮茶一边看戏，用的是茶膳房供应的奶茶，还要联句赋诗，是极为风雅的宴会。清代不仅有专门的茶宴，而且几乎每宴必须用茶，并且是"茶在酒前""茶在酒上"。康乾两朝曾举行过四次规模巨大的"千叟宴"，饮茶也是一项主要内容，开宴时首先要"就位进茶"，酒菜人人有份，唯独"赐茶"只有王公大臣才能享用，在这里饮茶成了地位的象征。

（二）宫廷赐茶

赐茶是宫廷茶俗的一种，是宫廷茶仪的重要组成部分。贡茶入宫，除供皇帝使用外，皇帝常有赐茶之举。如唐代的贡茶在祭祀宗庙之后便要赏赐给亲近大臣，随后赐茶对象也在不断扩大，得赐者有军人、大臣、学士；等等。赐茶的目的或为犒赏将士，或为优遇文人、笼络近臣，目的性非常明确。这种由皇帝遣宦官专赐，臣下得茶后上表谢赏的习惯，在唐中后期成为上层社会的一种隆重礼遇。

宫廷赐茶也受宫廷仪规的限制，因严肃、隆重而显得不够活泼，但宫廷赐茶仍有"和""敬"的因素在内。在当时人看来，皇帝赐茶，首先表现的是一种恩宠，一种荣幸，是一种君臣关系的调和剂。如赐茶给外国使节是一种礼节；游观寺庙而赐僧众以茶，是对宗教信仰的尊重；视学赐茶则表明对教育的重视；等等。所以，宫廷赐茶也有积极的一面，它作为饮茶礼俗的一种，丰富了茶文化，同时这种华贵精巧的宫廷茶礼又对民间茶礼产生了深远的影响。

二、独特的寺庙茶礼

佛教是东汉末年传入中国的，魏晋南北朝时期开始盛行，到了唐代而大为兴盛。众所周知，中国传统文化是儒、释、道三教合流的结果，而茶与佛教又有着密切的关系，所以，谈到茶礼就不能不提到寺庙中的饮茶礼仪。

（一）寺庙茶礼溯源

僧人们清心净欲，从茶中悟道并形成一整套的茶仪，但这是一个缓慢发展的过程。

关于寺庙饮茶起源目前还没有定论，最早的文字记载，是东晋怀信和尚的《释门自境录》，其中说："跣足清谈，袒胸谐谑，居不愁寒暑，唤童唤仆，要水要茶。"但此时僧人饮茶并不是普遍的现象，僧人饮茶成风是在唐朝出现的。据封演《封氏闻见记》载："开元中，泰山灵岩寺有降魔师大兴禅教。学禅务于不寐，又不夕食，皆许饮茶，人自怀挟，到处煮饮。从此转相仿效，遂成风俗。"同时，此时产生了"茶禅一味"说，从而真正把茶与佛理结合起来。此时，寺庙也开始大兴茶事，但并没有形成一套寺庙专有的饮茶礼俗。因此，僧人饮茶也没有什么限制，更没有一定的程式可以遵循，也就是所谓的"人自怀挟，到处煮饮"。直到唐朝末年，怀海和尚创制"百丈清规"才将僧人饮茶纳入寺庙戒律之中，从而有了最初的寺庙茶仪。

（二）寺庙茶礼制度

随着饮茶在僧徒生活中越来越重要，规范饮茶就开始成为必要了。其中最具代表性的就是《百丈清规》中对茶事的规定，其内容据《景德传灯录》载："晨起，洗手面；盥漱了，吃茶；吃茶了，佛前礼拜，归下去。打睡了，起来洗手面；盥漱了，吃茶；吃茶了，东事西事，上堂。吃饭了，盥漱；盥漱了，吃茶；吃茶了，东事西事。"可见，僧人的一天几乎就是在吃茶中度过的。

此外，随着寺庙茶礼的日益完善，寺庙中还开始设置"茶堂"，供僧家辩佛说理、招待施主佛友品茶之用。还在法堂左上角设茶鼓，按时敲击召集僧众饮茶。宋代诗人林通的《西湖春日》诗："春烟寺院敲茶鼓，夕照楼台卓酒旗。"说的正是这一景象。此外，在寺院一年一度的挂单时，要按照"戒腊"年限的先后饮茶，称"戒腊茶"，平时，住持请僧众吃茶，称"普茶"。在佛教节日或朝廷赐杖、衣时，往往举行盛大的茶仪。

宋代时，寺庙还常常举办大型茶宴。而这些茶宴多是在僧侣间进行，仪式开始时，众僧围坐在一起，由该寺住持法师按一定程序泡沏香茗，以表敬意；再由近侍献茶给众僧品尝。僧客接过茶，打开盖碗闻香，举碗观色，接着品味，用以赞赏主人的好茶和泡沏技艺，随后进行茶事评论，诵佛论经，谈事叙谊，类似于今天的联谊活动。

后来，元人德辉修改了《百丈清规》，把日常饮茶和待客方法加以规范，对出入茶寮的礼仪及"头首"在厅堂点茶的过程都有详细说明，最为重要的是，它还将茶礼等级化，即依照客人的身份，献不同档次的茶。

三、传统的待客茶礼

中国人自古以来讲究以茶待客、以茶示礼，凡有客人到来，主人定会捧出一杯热气腾腾的清茶，这是基本的礼仪，可以表达主人的敬意。同时，主客也可以在饮茶时共叙情谊。这一传统礼仪至少已有上千年的历史，据史书记载，早在东晋，太子太傅桓温就"用茶果宴客"，吴兴太守陆纳以茶招待来访的谢安。到了宋代，随着饮茶之风盛行，这种待客茶礼也就相沿成习、流传至今。

（一）客来敬茶的基本原则

首先是注重茶的质量，有宾客上门，主人家往往将家中最好的茶叶拿出来款待客人。敬茶往往以沸水为上，因为用未开的水冲泡的茶叶，一定浮在杯面，这会被认为是无意待客，有不够礼貌之嫌。如果时间仓促，不得不用温水敬茶或先端凉茶待客，主人应先向客人表示歉意，并立即烧水，重沏热茶。

其次讲究敬茶礼节。主人敬茶时，必须恭恭敬敬地用双手奉上，讲究一些的，还会在茶杯下配上一个茶托或茶盘。奉茶时，用双手捧住茶托或茶盘，切忌捏住碗口，举到胸前，轻轻说一声"请用茶！"这时客人就会轻轻向前移动一下，道一声"谢谢！"或者用右手食指和中指并列弯曲，轻轻叩击桌面，表示"双膝下跪"的感谢之意。

此外，客人为了对主人表示尊敬和感谢，不论是否口渴都得喝点茶。客来敬茶，体现的是以茶为"媒"，首先是为了向来客示敬，其次也是为了让远道而来的客人清烦解渴，再者也表达了主人让客人安心入座和留客叙谈之意，使气氛更加融洽。

（二）不同地域的敬茶之礼

安徽人的茶礼非常讲究，主人家首先端上醇香的热茶。给客人上茶，双手上为敬，茶满八分为敬，饮茶以慢和轻为雅。有贵宾临门或是遇喜庆节日，讲究吃"三茶"，就是枣栗茶、鸡蛋茶和清茶，三茶又叫"利市茶"，象征着大吉大利、发财如意。

在湖南怀化地区芷江、新晃侗族自治县的侗族同胞喜欢用甜酒、油茶招待客人，请人进屋做客，要用酒肉相待，对客人还有"茶三"（吃油茶要连吃三碗）、"酒四"（酒要连喝四杯）、"烟八杆"（烟要连抽八袋）的招待规矩。

西南人敬茶讲究"三道茶"，每道茶都有含义。一道茶不饮，只是表示迎客、敬客；二道茶是深谈、畅饮；三道茶上来即表示主人要送客了。

（三）茶谚中的待客茶礼

民间流传的很多茶谚之中也深谙以茶待客之道，如："嫩茶待客"：在产茶区，茶农们多以上好的茶叶待客，茶农热情好客，平时自己多饮粗茶，客人上门则敬以细茶。闽西客家人家家备茶，有嫩、粗两种。粗茶置于暖壶内冲泡，自饮解渴；嫩茶为待客之用，客来，先递上一杯茶，以小茗壶冲泡，用小杯品茗。

"礼遇长者"：陕西农村如乡贤长者、至亲老人来家，主家多用煎小罐清茶的方式敬奉。因煎小罐清茶所用为好茶、细茶，煎大罐面茶，则用粗茶、大路茶。

"因客制宜"：江南饮茶，有在茶叶中另加搭配的习俗。若来客为老年人，加放几朵代代花，一是香气浓郁，二是祝福老人子孙代代富贵；来客若为新婚夫妇，则杯中各放两枚红枣，寓有甜甜美美、早生贵子之意。

四、悠久的祭祀茶礼

在中国古代祭祀习俗中，茶的使用非常普遍。以茶为祭的历史也十分悠久，南朝梁武帝萧衍就曾立下遗嘱："我灵上慎勿以牲为祭，唯设饼、茶饮、干饭、酒脯而已。天下贵贱，成同此制。"梁武帝开了以茶为祭的先河，此后以茶祭祀逐渐形成一定的定制，茶不仅可用来祭天、祭地、祭神、祭佛，也可用来祭鬼，并成为一种风俗流布天下，上至王公贵族，下至庶民百姓，在祭祀中都可以用茶。

（一）茶祭的方式

在茶祭方式中最为常见的就是以茶水为祭。这在江南地区比较常见，祭祀一般是在傍晚五时左右，家族的长辈备好丰盛的祭品，其中就有茶水一杯，放在祭桌上。祭祀开始时，一家之主嘴里念念有词，祈祷祖先保佑全家平安、子孙后代成才；祈祷完毕，主人会烧一些纸钱，借此与自己的祖宗对话，最后将茶水泼在地上，希望祖先也能品饮清茶。

我国还有用茶及茶壶象征茶水来祭祀的习俗，清代宫廷祭祀祖陵时就用干茶。据载同治十年（1871 年）冬至大祭时即有"松罗茶叶十三两"的记载。在光绪五年（1879 年）岁暮大祭的祭品中也有"松罗茶叶二斤"的记述。关于祭品在祭祀中的盛装组合规格，在《大清通礼·卷六》中也有明确记载，而《兴京公署档》记载，内有"茶房用镀金马勺、银碗、玉碗二十余种"。

此外，民间还有以"三茶六酒"（三杯茶、六杯酒）和"清茶四果"作为祭品的习俗。浙江绍兴、宁波等地供奉神灵和祭祀祖先时，祭桌上除鸡、鸭、肉等食品外，还置杯九个，其中三杯茶、六杯酒。因九为奇数之终，代表多数，以此表示祭祀隆重丰盛。在我国广东、江西一带，清明祭祖扫墓时，有将一包茶叶与其他祭品一起摆放于坟前，或在坟前斟上三杯茶水，祭祀先人的习俗。

（二）少数民族茶祭风俗

在少数民族地区，以茶祭神更是习以为常。湘西苗族聚居区旧时有流行祭茶神的习俗，祭祀分早、中、晚三次：早晨祭早茶神，中午祭日茶神，夜晚祭晚茶神。祭茶神仪式极为严肃，禁止细微的笑声，因为在苗族传说之中，茶神穿戴褴褛，闻听笑声，就不愿降临。因此，白天在室内祭祀时，不准闲人进入，甚至会用布围起来。倘若在夜晚祭祀，也得熄灯才行。祭品以茶为主，辅以米粑、钱纸、簸箕等，也放些纸钱之类。

云南西双版纳傣族自治州基诺山区的一些兄弟民族还有祭茶树的习俗，通常在每年夏历正月间进行。其做法是各家男性家长，在清晨时携一只公鸡，在茶树底下宰杀，再拔下鸡毛连血粘在树干上，边贴边在口中念叨："茶树茶树快快长，茶叶长得青又亮。神灵多保佑，产茶千万担"等吉利话，以期待茶叶有个好收成。据说这样做，就会得到神灵保佑。

藏族人更是把茶视为圣洁之物。据《汉藏史集》记载，藏族把茶奉为"天界享用的甘露，偶然滴落在人间"，在藏传佛教中"诸佛菩萨都喜爱，高贵的大德尊者全都饮用"，因此，藏民向寺庙供奉的"神物"中必有茶叶。每到藏族的重大宗教活动时，如"萨嘎达""雪顿"节中，茶也是主要的供品。至今拉萨的大昭寺、哲蚌寺还珍藏着上百年的陈年砖茶，并被僧侣们作为护神之宝。到寺院礼佛的人，都必须熬茶布施，所以藏族人到喇嘛教寺院礼佛布施，也俗称为"熬茶"。

五、多彩的婚俗茶礼

很早以前，茶就被看作一种高尚的礼品。在众多与人们生活密切相关的场合，都将茶作为一种吉祥的象征物。反映了在婚礼方面，茶叶不仅成为女子出嫁时的陪嫁品，而且还逐渐演变成一种茶与婚礼的特殊形式——茶礼。中国婚姻茶礼就像一幅多姿多彩的书画长卷，南宋时，杭州富裕之家就已经"以珠翠、首饰、金器、销金裙褶，及缎匹茶饼，加以双羊牵送"，作为行聘之礼。此后，以茶定亲行聘之俗得到了更大的发扬。

（一）汉族婚俗茶礼

古代江南汉族地区流行"三茶礼"，"三茶"即订婚时的"下茶"，结婚时的"定茶"，合卺时的"合茶"。此外，湖南等地也有"三茶"的风俗。当媒人上门提亲，女家以糖茶甜口，即"一茶"，含美言之意。男子上门相亲，女子就会递清茶一杯，即"二茶"。男方喝茶后将贵重之物置于茶杯中送还女方，如果女方收受，这门婚事则已达成。洞房前夕，还要以红枣、花生、桂子、龙眼泡茶招待客人，即"三茶"，有早生贵子之意。这三次喝茶，既受父母之命，又有媒妁之言。

湖南北部的洞庭湖地区则流行交杯茶，新婚夫妇拜堂入洞房前饮用。交杯茶具用小茶盅，茶水为煎熬的红色浓汁，要求不烫也不凉。由男方家的姑娘或姐嫂用四方茶盘盛两盅，双手献给新郎新娘，新郎新娘都用右手端茶，手腕互相挽绕，一饮而尽，不能洒漏茶水。交杯茶象征夫妇恩爱，家庭美满。

婚礼茶中最热闹的要数"闹茶"了。"闹茶"是指闹新房时所行的茶礼，古代鄂南地区的要连续闹上三天。当主婚人宣布"闹茶"开始时，新人双双抬起一茶盘，盘中有一支红烛和四只斟上香茶的茶盅。茶抬到哪个观众面前，这个观众就得说上一段茶令才喝得上茶。新郎新娘通过抬茶闹茶，可以增进了解和心灵交流，对日后夫妻感情有很大作用。另外，通过三天的闹茶，也可以使新娘结识村里的人，便于日后的交往。

（二）少数民族的婚俗茶礼

我国不少少数民族也有婚俗茶礼。如德昂族就有"以茶为媒"的传统习俗，德昂族的未婚男女都有自己的组织，男青年的头目叫"叟色离"，女青年的头目叫"叟色别"，头目的职责是负责组织未婚男女的社交活动，以寻找意中人。若某小伙子钟情某姑娘时，便会在夜间，到姑娘家的竹楼前，低声吟唱或轻吹芦笙。姑娘若无意，便不出门搭理；若开门迎进，并在火塘上烧煮好茶水，请小伙子喝茶、嚼烟，那就意味着姑娘也有意了，这就是以茶为媒。

侗族则流行着一种"说茶"之礼。侗族媒人前去说媒只带两个"棕片包"，黄草纸包装的半斤盐巴和白皮纸包装的二两茶叶。女家父母见媒人送来"棕片包"，就知道是来说亲的。媒人和女家当场交换意见后，如果女家收下"棕片包"，并且用盐、茶、糯米面、黏米面、猪油等烧成油茶，端进堂屋敬奉祖先后，招待媒人，就表示说媒成功，婚事已定。如果女家不收这份"棕片包"，退还媒人，则表示女家不同意这门亲事，说媒告吹。

六、茶席茶会

（一）品茗环境

1. "品茗环境"与"品茗空间"有何特定的意义？

"品茗环境"与"品茗空间"是同义词，泛指泡茶、奉茶、品茗的空间，除显现功能性的需要外，尚包括审美与气氛上的要求。简单者提供个人、家人、朋友之间日常生活所需，进一步则专为举办正式茶会而设。

2. 什么是茶席？

茶席就是茶道（或是说茶艺）表现的场所，它具有一定程度的严肃性，必须有所规划，而不是任意一个泡茶的场所都可称作茶席。泡茶也罢、茶艺也罢、茶道也罢，任何地方都可实施的，但如果只是单纯地冲一壶茶或是一杯茶来喝，这样的场所我们不称为"茶席"。茶席是为表现茶道之美或茶道精神而规划的一个场所。

依上述的定义，茶席是必须有所作为的，虽没有规定非达到什么标准不可，但要有一定程度的专属性，也就是要以表现茶道之美或茶道精神为标的而设置的场所。

3. "茶屋"与一般居住的房屋有何差异？

茶屋是指包含泡茶席在内的一间或一组房子，这一间或一组房子都只是作为品茗或举办茶会使用，而不应该将卧室或餐厅放在里面。如果是将上述居家的功能放在一起，在谈论到茶道设施时只能提到"泡茶席"了，如说成"我家有个泡茶席"，而不能说成"我家有间茶屋"。

为什么说茶屋可以是一间或一组房子呢？因功能完备的茶屋还可以有"待合处"与"水屋"等规划，待合处是让参加茶会的人摆放大衣、雨具、皮包、鞋子的地方，也可以在此稍事休息，等客人到齐后一起进入茶席。水屋也叫流理间，是摆放待用茶具、花器、茶食，以及清理茶具、供应泡茶用水的地方。如果空间允许，"茶屋"还可以设置另一个活动的空间，当品茗或茶会进行到中途，移动到这个"第二会场"，从事赏画、听乐、欣赏插花、闻香等活动，然后回到茶席上继续喝茶。

泡茶席

4. "茶屋""茶庭""茶席"在茶道生活中居于什么地位？

品茗环境所指的泡茶、奉茶、品茗空间可以小到只是个人泡茶、喝茶的场所与设备，或进一步容纳一些人参与茶事活动，这个基本的品茗环境单元可以称为"泡茶席"。这个泡茶席所在的房间或室外局部空间则称为"茶室"。如果泡茶席所在的空间不只是一个房间，而是包含待合处、流理间、第二活动室等，就可以称为"茶屋"。茶屋还可以包括庭园，如果这个庭园特为茶道而设，就可以称为"茶庭"。

"泡茶席"可以简称为"茶席"，但"茶席"除狭义地指"泡茶席"外，尚有人作广义的解释而将泡茶席、茶室、茶屋等统统包括在"茶席"之列。茶屋可以只是建筑物的部分，但也有人在说"茶屋"时，其意是包含"茶庭"的。茶庭又称为"露地"，那是从佛学上的典故延伸而来的，一般指室外，但如果设于室内或建筑物的阳台上也未免不可。

茶室

茶屋

5. "茶庭"在规划时有什么特殊要求？

茶庭特指茶屋外面的庭院，这个庭院与茶屋结合，协助人们在进入茶屋之时已是心平气和，甚至忘却了世俗的烦恼，所以特别称呼为"茶庭"。有人还沿用《妙法莲华经》上的一个典故，强调这样的一个地方是进入"茶屋"清静之地前的一块"露地"。所以露地也成了茶庭的同义词。

为达到忘却烦恼、心平气和的效果，茶庭必须设置得像深山原野一般，让人们从喧嚣世界踏入茶庭后，被这些异于街市的景物所迷惑而瞬间产生了另一个新的情境。

茶庭

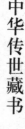

6. 水与植物在茶庭设计上有何应用要领？

"手水钵"是茶庭上经常被应用的景物。手水钵是一种装水的盆状物，在石头上打造，或直接放一个木桶代替，大小如一个人提一桶水倒进去可以满溢的程度。不论是以涌泉的方式注水或是在茶会之前由主人提水加满，都要是干净可以饮用的水。手水钵设置于靠近茶屋的茶庭上，钵上放着长柄勺一支，走过茶庭进入茶屋之前，必须以长柄勺取水冲洗左右两手，然后以一手之手掌接水漱口，漱口之水可以视状况决定吞下与否，标准的手水钵之水是可以喝进肚里的。最后再舀一瓢水逆冲自己用过的手柄部分，然后放回钵上供他人继续使用。双手与嘴唇用自备的手巾或纸巾擦拭。这个动

手水钵

作意指进入茶屋之前、进入清净之地之前，必须先洁手净心，再说，这样的一盆水在茶庭上也造就了清爽、极富生命力的实际效果。

茶庭通常不种花，而密植深山里的树木，蕨类植物是常被应用的品种。地上长满了地衣类的苔藓也是易于让人进入清净世界的景致。淙淙的水声、自然涌出的泉水，带领人们放松肌肉、降低血压，然而假山瀑布与喷泉就极少被茶庭使用，因为那与鲜花一般，是属于都市的产物。

7. 可以一边泡茶一边弹奏音乐吗？

原则上品茗环境是要安静才好，尤其是突如其来的声音极易打扰品茗的心情。但

煮水的声音、走路的声响、茶具操作的一些响声被视为茶席的一部分。这些声响的大小、频率与组合还被作为茶会举办成绩的考核项目。

有些茶会的举办会选择嘈杂的地方，那是别有用心，希望训练茶人定、静的功夫，不受外界声音、色相的影响。

至于音乐的播放或是现场演奏与演唱，都不是品茗环境的自然因素，只能说是相关艺术的应用。有人将这时的音乐称为背景音乐，长时使用于品茗环境上，这是不对的观念。茶道就是茶道，有其自主性与自足性，我们应该提供一个没有干扰的环境供它使用。

8. 一边泡茶一边点着香，会影响茶的香味欣赏吗？

"焚香"在学科上可以称为"香道"，在茶席上的应用分成"香气"与"烟景"。香气可以协助塑造品茗空间的气氛，让人们初入这个环境时，不假思索地就可以接收到主人想要给予的感受。这条管道配合上其他视觉、触感，甚至音乐、声响的效用，更立体地传达了茶席的环境语言。沉香木的香气让人沉思，檀香木的香气让人思古，割草皮的香气让人感受到青春活力，玫瑰花香将人带进爱情的浪漫之中。在茶的品饮上我们不是也感受过不发酵茶的菜香、轻发酵茶的花香、重发酵茶的果香、全发酵茶的糖香、后发酵茶的木香吗？

然而这股香气不能太强，否则会干扰到稍后品茗时的茶味。应用上是在茶会开始之前，打扫完房间，点上一炉香，适当的强度后即停止。客人进入时，可体会到香气的存在，也引领了该次茶会所要塑造的风格，但是强度不会影响到对茶香、茶味的欣赏。

9. 品茗环境对光线有何要求？

一般认为喝茶的地方要够亮才能辨识茶汤的颜色与茶叶的外观，其实品茗环境的光线可有多种选择，如自然光源还是人造光源，如高亮度还是低亮度，是看得见外面还是只能专心于茶席内的空间。如果既要低亮度，又要专心内省，只好选择密闭的空间，或将窗户遮掉大部分的光线且不透明；若要低亮度，又要看到外景，只好举办夜晚茶会，如下雪之夜赏雪景，或中秋之夜赏月色。

光线的应用还可以变成"品茗环境的应用平台"之一部分，利用开窗技巧、光源或灯具、物件反射等因素塑造成光影造型、影像雕塑的效果。

不透明的窗子

有人担心光线不足将影响茶叶与茶汤的欣赏，也无法清楚看见器物的质地与色感，但当重点放在环境气氛的酿造时，只好牺牲某一部分的功能了。

10. 常与喝茶行为衔接在一起的艺术项目有哪些？

流行于宋朝，被我们称为"四艺"的所谓点茶、挂画、插花与焚香，是当时讲究生活情趣的人们经常应用的生活艺术。现在我们以点茶（即现代通称的泡茶）为主，将其他的三项——挂画、插花、焚香作为衬托茶道、增强茶道表现力的相关艺术。

另外石艺也是经常与茶道衔接在一起的艺术，尤其是集中欣赏石头造型与质感的"非形象石"。在茶文化系的课程安排上，每学年都会有一次捡石头与花材的时间，到校园或校外选些自己想要的材料，作为茶席设计的表现元素。

11. 挂画在茶席上的应用有何意义？

"挂画"是将书法、绘画等作品挂于泡茶席或茶屋的墙上、屏风上，或悬空吊挂于空中的一种行为。挂吊的作品不论是书还是画，也不论是中还是西。挂画可以增进人们对艺术的理解，可以帮助人们表现自己想要述说的美感境界与气氛，也可以借此陶冶自己、家人或其他观赏者的心性。在品茗环境里，挂画还有一个任务，就是帮助主人表达他的茶道思想给进入茶屋或泡茶席的人。挂画可以是一幅墨宝，如果上面写着：

茶席挂画

"煎茶水里花千斤"，那就是要大家除了欣赏水墨线条之美外，留意到茶道在社交功能上的重要性，不要以为一把小壶不值几两重。挂画也可以是一幅绘画作品，这时为茶席造成的效应就要依它所表现的内容而定，写意的水墨画、写实的油画、抽象画……体现的效果是截然不同的。

所挂的画要与茶席（广义的茶席，包括泡茶席与茶屋）相协调，整体的风格与美感要一致，否则主题不明显，理念述说的力道就不足，不能称得上是好的茶席规划。挂画在茶席上也要严守"相关艺术"的本分，不可挂得太多，好像画廊在举办画展一样。

12. 插花在茶席上的效用何在？

插花所使用的材料不只是花，包括叶子，或只是叶子，还可以是枯枝，可以是石头，也可以是果实。将这些元素组合成一件美丽的作品，就是所谓的"插花"。也有人扩大它在艺术与道德上的领域而称之为"花道"。

插花在茶席上能发挥怎样的功能呢？它可以帮助主人说话，帮忙表达主人想要述说的茶道审美境界与茶道思想，因为它与挂画、茶具摆置、空间规划等，都是茶席组成的一部分。插花这个元素还有一项特殊的功能，就是造成茶席的"生动感"，只要有盆花草，整个空间顿时生机盎然。

茶席的花（马来西亚紫藤文化）

插花已经是一门独立的艺术，但在茶席上还是要以茶为主角来搭配与衬托，让人们进到茶席，一眼望去，首先意识到的是泡茶或是茶具的组合，进一步才注意到花在一旁助威。花在茶席上还提醒人们珍惜现在："你不要看我已经从整棵花或树上被剪下，过不了几小时或几天就会被丢到垃圾桶去。但现在我被供奉在对我最有利的地方，而且主人把我插得比原来长在原野时更加美丽，我会好好把握这段美好的时光。"

13. 品茗一定要在正式的茶席上进行吗？

任何的时空都可以是"品茗环境"，现在我们谈论的是比较专属性的品茗环境，但事实上任何一个地方都可以是喝茶、奉茶、品饮或从事茶道表演的场所。

再说得深刻一些，对茶道已有深入体会的喝茶人，品茗环境是限制不了其品茗乐趣与茶道境界之表达的。基于这样的理念，才有在极其嘈杂、混乱的地方，或一无所有的旷野从事茶道表演的安排。有了这个理念，才不至于遇到不如意的品茗环境就影响到自己的品茗心情与表演效果。

（二）茶会类型

1. 常见的茶会类型有哪些？

常见的茶会类型主要有以下五种：

席地茶席

（1）茶席式：客人来了，在家里的泡茶桌上泡壶茶招待客人，这是茶席式茶会的第一种形式。在庭院里，或在户外，席地设置茶席接待客人，这是茶席式茶会的第二种形式。日本茶道在一个榻榻米上设茶席招待客人，这是茶席式茶会的第三种形式。

（2）宴会式：为庆祝国际学术研讨会的召开，或为庆祝公司成立一百周年，举办一场开幕茶会或庆祝茶会。这样的茶会可能设置许多茶席，每个茶席冲泡着不同的茶招待来宾（是为"茶席个别供茶式"），也可能只设置一个大吧台，统一由此供应各种茶水与饮料（是为"统一供茶式"）。茶席或吧台前是不设座位的，大家游走于会场，观赏各茶席或找朋友聊天。这种茶会形式称为宴会式。

（3）流觞式：这是由"曲水流觞"演变而来的一种茶会形式，与会者围坐曲水两侧，其中一组人员集中于上游泡茶，将泡好的茶以茶盅盛放，置于可以漂浮水面的小船（称为羽觞）上，任其顺流而下。坐于两岸的来宾就可以从船上取盅，将茶倒入自己手上的杯子饮用。稍后可能漂下来一盘茶食，大家也可以取而食之。中席以后，漂

宴会式茶会

下来的可是红色的羽觞，这是每人都要从中拾取一张签条的意思，签条上会写明每位
与会者所要做的一件事，如吟唱一首诗、回答一个问题。这样的茶会形式称为流觞式，
这样的茶会可以称为曲水茶宴。

曲水茶宴

（4）环列式：大家围成圆圈泡茶的一种茶会形式。这通常有一定的进行方式，如

抽签决定座次，席地泡茶，茶具自备，泡法不拘。依事先约定好的泡茶杯数与次数，如约定泡茶四杯，就将三杯奉给左邻（或右邻）三位茶友，一杯留给自己。泡完约定的泡数，听一段音乐或静坐二、三分钟，收拾茶具，结束茶会。这也就是所谓的"无我茶会"。

（5）礼仪式：这种形式的茶会有较严谨的仪式，通常用来表达特定的意义。如四序茶会用来表达四季运转的自然规律与变化，献茶礼用以追念先圣先贤；寺院茶礼应用于寺院内诸如新住持上任、讲经开始、感谢供养人等仪式上。

四序茶会

2. 举办茶会可以有哪些理由？

茶会之举办一定有其目的，或是庆祝某个节日，或是庆祝某人生日，或是追思某位朋友，或是单纯为了游兴，或是以此作为一种社交活动，或是将茶会当作一种仪轨进行，或是为了学习茶会而举办，都可以为这些理由定出茶会名称。你或许会说我们什么都不为，只是爱上因茶而形成的聚会，那这个茶会就是"纯茶会"，没有"标题"的茶会了。茶会有了命题，我们才有办法依照它的性质理解它的需要，从事各项准备工作。

3. 茶事集会时经常安排的表演式的节目如何称呼？

茶事活动上有关茶的表演不外乎茶道表演与茶艺歌舞两大类型。茶道表演是为了述说茶文化内涵而从事的演出；茶艺歌舞是以茶文化为题材所从事的歌舞节目，均包

茶席之命题

括戏剧的形式。

有的茶道表演是为了告诉观众"泡茶"上的一些做法，如小壶茶法如何操作、大桶茶法如何进行；等等。有的茶道表演是为了告诉观众一些茶道的形式，如将日本在榻榻米上进行的茶会扼要地搬上舞台，如将无我茶会的缩小版在舞台上呈现，也可以将某个境界的品茗方式在舞台上告诉大家。这些都有如上课时的演示，只是将之以比较富于表演性的方式展现而已。

相对于茶道表演，茶艺歌舞的娱乐成分要高一些，寓教于乐的目的要强一些。它可以只是以"茶"作标题，尽情表现歌舞的效果，如采茶歌、采茶戏，也可以将泡茶的手法、茶道的精神、茶会的形式、茶文化的历史以歌舞夸张的手法展现出来。

茶道表演的"茶汤浓度"要高一些，茶艺歌舞的"茶汤浓度"可以淡一些，当茶艺歌舞的"茶汤浓度"浓到一定程度，如到达 70% 以上，就可以归到茶道表演中去了。

（三）茶会举办

1. 茶会举办时，如何满足与会者的喝茶需求？

如果是参加大型茶会的泡茶，必须考虑与会的茶席是否有足够的供茶能力以满足来宾的品饮需求。例如 400 人的茶会，主办单位安排了以小壶茶为泡茶方式的 12 个茶席，这个茶会是以介绍武夷山六种特色岩茶为主题，茶会进行时间设定为两小时，请问这 12 个茶席必须做何准备方足以应对来宾的品饮需求？

因为是介绍武夷山的六种岩茶，所以每位来宾都会要求自己喝到六种茶，每种茶可能要喝上两小杯。因为是以小壶小杯的方式供应，所以我们应以 400 人，每人喝两杯作为最低要求的标准。因此本次茶会必须供应 400 人×6 种茶×2 杯的茶汤，一共是 4，800 杯。12 个茶席，4，800 杯÷12 席，每个茶席平均必须供应的杯数为 400 杯。

2. 茶会举办时，如何规划茶席的数量？

仍然继续上个例子，每席供应 400 杯茶，若他们是准备使用 6 杯量的壶来泡茶，则每壶供应 6 杯茶，那每席在这次茶会就必须冲泡 67 道茶。一般大型茶会上的泡茶不宜让每道茶的浸泡时间拖得太久，也就是要以量多汤少的方式冲泡。每装一次茶只泡三道较易达到此目的，虽然这种泡法的茶叶在三泡后尚未尽善使用，但可以不让来宾在茶席前等太久。如此每壶茶泡三道，67 道茶就得泡 23 壶才够。一般小壶茶，每装一次茶叶冲泡三道茶需花费 20 分钟，23 壶茶就要花掉 460 分钟，接近 8 个小时，显然与这次两小时的茶会不符。调整之道可以是：每席准备 2 把 10 杯量的壶，由二人同时负责冲泡。如此每席每装一次茶叶，可供应 10 杯×2 壶×3 道＝60 杯的茶，4，800 杯的供应量必须由每席装 7 次茶才够，也就是泡 7 壶茶（4，800 杯÷60 杯÷12 席）。每壶茶泡三道一般需时 20 分钟，泡 7 壶就需要 140 分钟，还是超过 2 小时。这时要增加泡茶的席数有困难，可能是场地空间不够大，也可能邀请不到那么多的人设置泡茶席。剩下的办法就是要求各席的泡茶速度加快一点，控制好每壶茶泡三道，在 15 分钟内完成，这样 7 壶茶就可以在 1 小时又三刻钟内完成，留下 15 分钟的缓冲时间。这是可以办到的，只是邀请来的每位司茶者必须是熟练泡茶的人，而且热水之补给顺利无误。

3. 一次茶会所需的茶叶量如何估算？

仍依上面提出的例子。泡茶席数与泡茶的方式决定后，还要算出所需的茶叶供应量。一般 10 杯量的壶，装一次茶泡三道，大约需要 20 克的茶叶，每壶装 7 次茶，共需要 20 克×7 次＝140 克茶，也就是每位司茶者发给 200 克重的茶叶一罐，24 个人泡茶，一共需茶 4，800 克。再将这些茶分成六大种类，也就是每种茶需要 800 克。

4. 茶会上所需泡茶用热水如何估算？

大型茶会的泡茶用水要准备事先加温至80℃左右，以保温瓶分送到各茶席使用。泡茶席上还要有煮水器，用以调整水温。10小杯量的壶，其容积约为400毫升，若依上面的例子，本次茶会一共要冲泡：12席×2人×7壶茶×3道＝504道茶，每道茶需水400毫升，整个茶会最少需水：400毫升×504道＝201，600毫升。每壶换装新茶叶时会有涮壶的动作，每次涮壶大约要用掉2茶壶量的热水。所以总热水量还要加上如下的涮壶用水：12席×2人×7壶茶×800毫升＝134，400毫升。也可以将总热水量的算法改为：12席×2人×7壶茶×（3道+2道）×400毫升＝336，000毫升，即336升。知道了所需热水量，接下来就要考虑现场煮水器的容量与加热能力了。

5. 茶会上的来宾用杯如何解决？

大型的茶会可能是供应大杯茶，大家在供应大杯茶的地方取得茶后就各自带开饮用，并与他人交谈；也可能是供应小杯茶，这时会场大概会有数个泡茶席供应着数种茶。大家在一处专门供应茶会用杯的地方取得杯子，然后到各茶席去品茗。一个茶会上供应数种茶时，通常都是每人使用同一个杯子，因为每种茶使用一个杯子太不经济，应用起来也不方便。曾经有次茶会，每个茶席使用自己的杯子，客人使

每人使用纪念性杯子

用后马上清洗，然后再行让后来的客人使用，这时的清洗一般只能用冷水或热水冲洗一下，在现代公共卫生的标准下是有缺点的。如果能准备许多杯子，用过后即不再重复使用，也是可行的办法，但只能在数十人的中型茶会上应用，百人以上的大茶会就显得太浪费了。

6. 在茶会上可以用同一个杯子品饮各种茶吗？

大型茶会上若多个茶席供应各种茶，在入口处发给来宾每人一个杯子，这一个茶会用杯就要用来品饮各种茶，有人会顾虑到不同茶类相互串味的问题。但现在我们所讨论的茶会是社交性大于评鉴性的，有点茶味上的不够严谨应被接受。

7. 茶会上使用一次性杯子好吗？

正式的茶会不太适宜使用一次性的杯子，一次性的杯子对环保也不利。较具纪念性的茶会用杯一般采用赠送的方式，这样的杯子往往制作得比较精致，杯身上还可以印上这次茶会的名称与纪念性的文字。例如为某对新人举办的结婚茶会，杯子上就可以烙上两位新人的结婚纪念词句，茶会后让亲朋好友带回去作纪念。

8. 茶会上，来宾应如何向各茶席索茶喝？

茶会上的奉茶方式应该如何执行才好？来宾来到会场，在入口处拿到杯子，应该到各茶席去欣赏各茶席的设计与主泡者的泡茶风范和茶道表演，然后在主泡者泡妥茶后，将手上的杯子放在茶席上索茶来喝。主泡者或助手奉完茶，要向来宾行礼说声："请喝茶"，来宾端起杯子，也要回个礼说："谢谢"，甚或赞美茶席的设置与茶道的表演。司茶者泡茶或倒茶期间，来宾可以先将杯子放在茶席上排队等候，表达出期待品尝一杯茶的心情。

9. 茶会进行间，各茶席能不能将茶端出去奉给来宾？

设置茶席奉茶的茶会是不宜将泡好的茶倒到杯内或盛放于茶盅内，以奉茶盘端到茶席外向来宾或贵宾奉茶的，这样做，来宾会忽略掉茶席的欣赏，忽略掉茶道人员在茶席上用心泡茶的场景，而只觉得有人会把泡好的茶端来给自己喝。如果这样做了，来宾都是三三两两聚集于会场的中间聊天、喝茶，四周的各茶席只忙着泡茶，没人理会，这将失去了设置茶席奉茶的意义。安排茶席奉茶的茶会是要与会者领悟到精致生活的一面，欣赏茶席的美、茶道表演者的美、茶汤的美、奉茶者与被奉茶者的彬彬有礼……这与正式的音乐会是同样道理，来宾必须正襟危坐地聆听演出者的音乐，而不

向茶席索茶喝

能聊天与走动。

10. 来宾拿着杯子到茶席上要茶喝，那茶席上还需要摆放整套茶具吗？

前面说到来宾的杯子若是统一供应的方式，那茶席上搭配在全套泡茶用具中的杯子怎么办呢？如果茶席主人认为应有杯子摆在一起才能显现茶具的完整性，就将茶杯摆在茶席上，主泡者与茶席助手可以使用，但客人还是使用茶会统一供应的杯子。如果茶席主人认为不摆放杯子也不影响茶席的风格，就只保留席上自行使用的杯子而省略掉其他茶杯的摆放。在摆放茶杯的情况下，是不宜将泡好的茶汤倒在茶席上的杯子，让客人移倒到自己的杯子内饮用的，因为这样太麻烦，而且有些人就直接拿来喝了，茶席主人很难控制。

11. 可以自带杯子参加茶会吗？

在茶会举办的邀请函上要求来宾自行携带杯子是否适当呢？这是可行的办法，只要主办单位认为受邀的对象大部分是茶文化界的朋友。但在会场上依然要准备一些茶会用杯供未能自备茶杯的来宾取用。

12. 茶会进行期间，来宾都手拿一个杯子方便吗？

不论是统一供应的茶会用杯还是赠送性的茶会用杯，主办单位都要考虑到客人携

布杯套

带的方便，如在提供时就供应承装杯子的布杯套。若能在会场上提供纸巾供客人取用，更是很周到的做法，客人可以在不使用杯子的时候，用纸巾擦拭一下杯子，暂时放入衣袋或提袋内，这样与其他来宾交谈时就可以握手或交换名片，在茶会主人或贵宾致辞时就可腾出双手以便鼓掌。

13. 如何在茶会上供应茶食？

设有泡茶席供茶的茶会，茶食是在泡茶席上提供好呢，还是需要有个专门的地方供应？经验告诉我们，后者的做法优于前者。

遇到某茶席供应的茶是需要糕点搭配的，如绿抹茶，可将此简单糕点的供应视为该茶席供茶的一部分，但茶会整体的"茶食时间"则另行安排。

茶会上如果安排有茶食时间，供应茶食时可在茶会会场的一角摆上一条长桌，铺上桌巾，桌上布置几盆插花，或在桌面的四周缀上一排美丽的花朵。一盘盘的茶食就摆放桌上，桌上多处放置一沓沓餐巾。看情况决定是否提供一次性小叉子，但可以不必提供餐盘，大家就餐巾垫着点心食用。餐巾放置多处，以便大家分散各处同时取用，不提供餐盘，以免有人取用太多，吃不完造成浪费。一种茶食最好分装成数盘分别放置于餐桌的各部位，免得大家为了要拿取某种茶食而等待多时。茶食的种类三五样也就够了，太多花色，让人未能尝遍而感到遗憾。尽量使大家在轻松、愉快的气氛下，短时间内（如 20 分钟）享用完茶食，并有多余的时间可以与周遭的朋友交谈。

14. 如果茶会上排不出茶食时间，还有什么方式可以提供茶食？

如果茶会会场的空间不允许另行设置茶食桌，或整个茶会安排下来没有足够的时间可以安插上一段完整的茶食时间，但又不得不提供茶食，这时可以采取"端出"的方式。就是由数位"茶食天使"端着大型的托盘，上面摆上二三样茶食，以及一小叠餐巾或加茶食叉。如果每盘放 30 客茶食，在 400 人的茶会中，一次进场供应茶食的天使就得有 14 位。等五分钟后再行第二回合的进场，如此供应个三四回也就够了。

第三四次回合供应完茶食回程的时候，可以特意地收回客人手上用过的餐巾纸。为引起大家的注意，或是增加会场活泼的气氛，可以将茶食天使特别打扮一番，或是让每位茶食天使带上一个飞得高高的气球进场，这样每位客人就知道到哪里找茶食天使们要茶食吃了。

15. 茶会行程如何安排？

将茶席设置妥当，客人到来就可以开始泡茶、品茗、交谈。一段时间后，客人大致到齐，大家的心情也已安定，主人就可以在会场中央或一角开始招呼来宾，举行开幕式，说明这次茶会举办的缘由，欢迎大家的光临，感谢协助此次茶会的朋友，接着还可邀请贵宾致辞。结束后又恢复到品茗交谊的时间。

茶会上的颁证活动

茶会可以在终场之前安排一段音乐欣赏，中小型茶会安排小型室内乐团，大型茶会安排较大规模的乐团，音乐结束时就作为茶会的高潮来结束。如果安排有如颁证、表扬之类的活动，就将上述的音乐欣赏改为这些活动，活动结束的热浪也正可为茶会画上圆满的句号。

16. 茶会的邀请函需要附上会程吗？

茶会召开之前总会有张邀请函，茶会邀请函上最好附上茶会的会程表，让与会来宾知道茶会是如何进行的，茶会将进行到什么时候。客人知道主人精心地规划了茶会，较会慎重以赴。

第七节　茶之艺

一、多姿多彩的茶艺

传说从前有一个茶艺师，有一天出去散步，恰好撞上一个剑客。这剑客很嚣张地说："咱俩明天比武吧？"茶艺师慌了，直奔城中最大的武馆，见到师傅就拜："我只是个茶艺师，遭遇强敌。求你教我一种绝招。"师傅笑了"你为什么不先给我泡一次茶呢？"茶艺师让人取来最好的山泉水，用小火一点一点地煮开，又取出茶叶，然后洗茶、滤茶、泌茶，一道一道，从容不迫，最后他把这一盏茶捧到了师傅手里，师傅品了一口茶说："用你刚才泡茶的心去面对你的对手吧。"第二天比武时，他从容不迫、拿出绑带把自己的袖口、裤脚都一一绑好，最后解下腰带，紧一紧，整束停当，他从头到尾、一丝不苟、有条不紊地收拾妥当，然后一直就这么微笑地看着他的对手。那个剑客被茶艺师看得越来越毛，惶惑之极。到了最后的时候，那个剑客跪下了："我求你饶命，你是我一生中遇到的武力最高的对手。"由此可见，茶艺确实是一种很高的境界，而且这种境界也可用在生活的其他方面。

（一）茶艺的渊源

中华茶艺，萌芽于唐代，发扬于宋代，改革于明代，极盛于清代，而且自成系统，但它在很长的历史时期里却是有实无名。中国古代的一些茶书，如唐代陆羽《茶经》，宋代蔡襄《茶录》、赵佶《大观茶论》，明代张源《茶录》、许次纾《茶疏》等，对茶艺记载都较为详细。纵观各类历史典籍，古代虽无"茶艺"一词，但零星可见一些与茶艺相近的词或表述，如"茶道"一词，并承认"茶之为艺"。其实古籍中所谓的"茶道""茶之艺"有时仅指煎茶之艺、点茶之艺、泡茶之艺，有时还包括制茶之艺、种茶之艺。所以，中国古代虽没有直接提出"茶艺"概念，但从"茶道""茶之艺"到"茶艺"仅有一步之遥。

（二）茶人视域下的茶艺

"中华茶文化学会"创会理事长范增平认为茶艺可分成广义和狭义两种。广义的茶艺，是研究茶叶的生产、制造、经营、饮用的方法和探讨茶叶原理、原则，以达到物质和精神全面满足的学问。狭义的茶艺，是研究如何泡好一壶茶的技艺和如何享受一杯茶的艺术。著名茶人陈香白则认为，茶艺是人类种茶、制茶、用茶的方法与程式。随着时代之迁移，茶艺也以"茶"为中心，向外延展而成为"茶艺文化"系列。陈香白等将茶艺扩大到茶叶的各个领域，其茶艺文化相当于茶文化。茶界名人蔡荣章认为茶艺是饮茶的艺术，其讲究茶叶的品质、冲泡的技艺、茶具的玩赏、品茗的环境以及人际间的关系。丁以寿认为的茶艺，则是指备器、选水、取火、候汤、习茶的一套技艺。由此可见，关于茶艺的界定可谓见仁见智，在中国茶界也没有形成统一的标准。本章则依据习茶法，从煮茶茶艺、煎茶茶艺、点茶茶艺和泡茶茶艺来研究。

（三）茶艺与茶俗

所谓茶俗，是指用茶的风俗，诸如婚丧嫁娶中的用茶风俗、待客用茶风俗、饮茶习俗等。中国地域辽阔，民族众多，饮茶历史悠久，在漫长的历史中形成了丰富多彩的饮茶习俗。茶俗是中华茶文化的构成方面，具有一定的历史价值和文化意义。茶艺重在茶的品饮艺术，追求品饮情趣。茶俗重在喝茶和食茶，目的是解决生理需要和物质需要。有些茶俗经过加工提炼可以上升为茶艺，但绝大多数的茶俗只是民族文化、民俗文化的一种；有些茶俗虽然也可以表演，但不能算是茶艺。

二、历史悠久的煮茶法

提起煮茶还有一段佳话。宋代人赵抃家境贫寒，经常夜宿在别人的屋檐下。一天早上，贤士余仁合见到他，便邀请他到家中。余仁合一向有乐善好施之名，他发现赵抃聪慧过人，便供养他读书求学，一直到赵抃得中进士踏上仕途。赵抃为了报答余仁合曾赠送许多金银财宝，还在皇上面前举荐他做官，但都被余仁合拒绝了。于是赵抃来到余仁合的家里，用陶土烧制成的粗瓷瓦壶，放进茶叶，把水煮开，用洁白瓷杯，沏满茶，恭恭敬敬地捧到余仁合面前。赵抃在余仁合家逗留的三天日子里，天天早起晚睡，煮茶送水，伺候余仁合。余仁合深为感动地说："茶引花香，相得益彰，人逢知己，当仁不让"，从此后人便称之为"煮茶谢恩"。煮茶的历史很长，是我国最早的饮茶方法。直到今天，我国一些地区的煮茶之风依旧浓郁。

（一）魏晋之前的煮茶之法

煮茶脱胎于茶的食用和药用。古代先民用鲜叶或干叶烹煮成羹汤，再加上盐等调味品后食用。茶的药用则是在此基础上，再加上姜、桂、椒、橘皮、薄荷等药材熬煮成汤汁饮用。关于煮茶的起源有比较明确的文字记载，是西汉末期的巴蜀地区，以此推测煮茶法的发明也当属于巴蜀人，时间则不会晚于西汉。

汉魏六朝时期，茶叶加工方式比较粗放，因此茶叶的烹饮也很简单，源于药用的煮熬和源于食用的烹煮是其主要形式，同时还有羹饮，或是煮成茗粥。晚唐时期皮日休的《茶中杂咏》就认为陆羽以前的饮茶，就如同喝蔬菜汤一样，煮成羹汤而饮，那时也没有专门的煮茶、饮茶器具，往往是在鼎、釜中煮茶，用食器、酒器饮茶。

（二）唐代陆羽的煮茶之法

唐五代时期的饮茶延续了汉魏六朝时期的煮茶法，尤其是在中唐以前，煮茶法是主要的形式。其间"茶圣"陆羽在总结前人饮茶经验的基础上，并结合自己的亲身试验，提出了新的煮茶理论，确立了陆羽煮茶法的地位。陆羽不但讲究技艺，注重茶性，而且还要求茶、水、火、器"四合其美"，同时他还特别强调煮茶技艺。

陆羽煮茶时，特别注重水的火候。当水烧到一沸时，加入适量盐来调味，并除去浮在表面、状似"黑云母"的水膜，从而使茶的味道纯正。当水烧到二沸时，舀出一瓢水，再用竹夹在沸水中边搅边投入一定量的茶末。当水烧到三沸时，应加进二沸时舀出的那瓢水，使沸腾暂时停止，以"育其华"。"华"就是茶汤表面所形成的"沫

"饽""花"。薄的称"沫",厚的称"饽",细而轻的称"花"。如果继续煮,水就"老了",不适饮用。三沸茶就可以饮用了。

中唐以前,这种煮茶法是主要形式。之后,随着制茶技术的提高和普及,直接取用鲜叶煮饮便不被采用了,但煮茶法作为支流形式却一直保留在局部地区。

（三）唐以后的煮茶之法

自唐代之后,由于煎茶法的兴起,煮茶法开始日渐式微,主要流行于少数民族地区,正如苏辙《和子瞻煎茶》诗中的"北方俚人茗饮无不有,盐酪椒姜夸满口"。而且,其所用的茶多是粗茶、紧压茶,通常与酥、奶、椒盐等作料一起煮。

三、流行一时的煎茶法

唐代宗李豫喜欢品茶。有一次,他命宫中煎茶高手用上等茶叶煎出一碗茶,请积公和尚品尝。积公饮了一口,便再也不尝第二口。李豫问他为何不饮,积公说:"我所饮之茶,都是弟子陆羽为我煎的。饮过他煎的茶后,旁人煎的就觉淡而无味了。"李豫听后便派人四处寻找陆羽,终于在吴兴县的天杼山上找到了他,并把他召到宫中,当即命他煎茶。陆羽立即将带来的紫笋茶精心煎制后献给李豫,其味道果然与众不同。于是李豫又命他再煎一碗,让宫女送给积公和尚品尝,积公一饮而尽。然后走出书房,连喊"渐儿（陆羽的字）何在?",李豫忙问"你怎么知道陆羽来了呢?"积公答道:"我刚才饮的茶,只有他才能煎得出来,当然是他到宫中来了。"上述的传说,虽说难辨真伪,但从中也可以窥见陆羽的煎茶技艺之精湛。

（一）源于煮茶的煎茶

在汉语中,煎、煮意义相近,往往可以通用。这里所称的"煎茶法",是指陆羽《茶经》中所记载的习茶方式,为了区别于汉魏六朝的煮茶法故名"煎茶法"。

煎茶法是从煮茶法演化而来的,具体而言是从末茶煮饮法直接改进而来的。在末茶煮饮过程中,茶叶的内含物在沸水中容易析出,所以不需较长时间的煮熬,而且茶叶经过长时间的煮熬,它的汤色、滋味、香气都会受到影响。正因如此,人们开始对末茶煮饮方法进行改进,在水二沸时投入茶叶,三沸时茶便煎成,这样煎煮时间较短,煎出来的茶汤色香味俱佳。它与煮茶法的主要区别有两点：一是煎茶法入汤之茶是末茶，而煮茶法用散、末茶皆可；二是煎茶法是在水二沸时投茶，时间很短；而煮茶法茶投入冷水、热水都可以，需经较长时间的煮熬。由此可见，煎茶在本质上属于煮茶法，是一种特殊的末茶煮饮法。

（二）陆羽的煎茶方法

根据陆羽《茶经》记载，煎饮法的程序有：备器、择水、取火、候汤、炙茶、碾罗、煎茶、酌茶、品茶等流程，前边都是一些准备程序。煎茶时十分重视水的火候，当水一沸时，加盐等作料调味。二沸时，舀出一瓢水备用。随后取适量的末茶从水中心投下，当水面初起波纹时，用先前舀出的水倒回来停止其沸腾，并使其生成"华"。当水三沸时，首先要把沫上形似黑云母的一层水膜去掉，因为它的味道不正。最先舀出的称"隽永"，可放在熟盂里以备育华，而后依次舀出第一、第二、第三碗，茶味要次于"隽永"。第五碗以后，一般就不能喝了。品茶时，要用匏瓢舀茶到碗中，趁热喝。

煎茶法在实际的操作过程中，也可以视情况省略一些程序，如果是新制的茶饼，则只需碾罗，不用炙烤。此外，由于煎茶器具较多，普通人家也难以备齐，有时也可以进行简化。如中唐以后，人们开始用铫代替鍑和铛来煎茶，因为这样不需用交床，还能省去瓢，直接从铫中将茶汤斟入茶碗。

（三）煎茶法的"宿命"

煎茶法在中晚唐很流行，并流传下许多描写"煎茶"的唐诗。刘禹锡《西山兰若试茶歌》有"骤雨松声入鼎来，白云满碗花徘徊"。白居易《睡后茶兴忆杨同州》诗有"白瓷瓯甚洁，红炉炭方炽。沫下麹尘香，花浮鱼眼沸"等。之后，煎茶法在北宋开始没落，直到南宋后期彻底消亡。

四、妙趣横生的点茶法

点茶法风行于文人士大夫阶层，在宋代的诗词中多有描写。如范仲淹《和章岷从事斗茶歌》有"黄金碾畔绿尘飞，碧玉瓯中翠涛起"。苏轼《试院煎茶》诗有

"蟹眼已过鱼眼生，飕飕欲作松风鸣。蒙茸出磨细珠落，眩转绕瓯飞雪轻"。苏辙《宋城宰韩秉文惠日铸茶》诗有"磨转春雷飞白雪，瓯倾锡水散凝酥"。释德洪《无学点茶乞诗》诗有"银瓶瑟瑟过风雨，渐觉羊肠挽声度。盏深扣之看浮乳，点茶三昧须饶汝"，等等。

（一）源于煎茶法的点茶法

点茶法源于煎茶法，是对煎茶法的改进。煎茶是在鍑（或铛、铫）中进行，等到水二沸时下茶末，三沸时茶就已经煎成了，用瓢舀到茶碗中就可以饮用。由此想到，既然煎茶是在水沸后再下茶，那么先置茶叶然后再加入沸水也应该可行，于是就发明了点茶法。因为用沸水点茶，水温是逐渐降低的，因此将茶碾成极细的茶粉（煎茶则用碎茶末），又预先将茶盏烤热。点茶时先加入水少许，将茶调成膏稠状。煎茶的竹夹也演化为茶筅，改为在盏中搅拌，称为"击拂"。为便于注水，还发明了高肩长流的煮水器，即汤瓶等器具。

（二）宋代的点茶法

宋代盛行点茶，许多文人志士嗜好此道，宋徽宗赵佶也精于点茶、分茶，连北方的少数民族也深受影响。根据《大观茶论》和蔡襄《茶录》等相关文献归纳起来，点茶法的程序有：备器、择水、取火、候汤、焙盏、洗茶、炙茶、碾罗、点茶、品茶等。

点茶法的主要器具有茶炉、汤瓶、茶匙、茶筅、茶碾、茶磨、茶罗、茶盏等，以建窑黑釉盏为佳，择水、取火则与煎茶法相同。候汤是最难的一环，汤的火候很难把握，火小了茶叶会浮在上面，大了茶叶又会沉下去。一般情况下用风炉，也有用火盆及其他炉灶代替的。煮水则用汤瓶，因为汤瓶口细、点茶注汤又准。点茶前先焙盏，即用火烤盏或用沸水烫盏，盏冷则茶沫不浮。洗茶是用热水浸泡团茶，去其尘垢、冷气，并刮去表面的油膏。炙茶是以微火将团茶炙干，如果是当年新茶则不需炙烤。炙烤好的茶用纸密裹捶碎，然后入碾碾碎，继之用磨（碾、硙）磨成粉，再用罗筛去末，若是散、末茶则直接碾、磨、罗，不用洗、炙。

这时就可以点茶了，用茶匙抄茶入盏，先注少许的水并调至均匀，叫作"调膏"。然后就是量茶受汤，边注汤边用茶筅"击拂"。点茶的颜色以纯白为最佳，青白中等，灰白、黄白为下等。斗茶则是以水痕先现者为输，耐久者为胜。点茶一般是在茶盏里直接点，不加任何作料，直接持盏饮用，如果人多，也可在大茶瓯中点好茶，然后再分到小茶盏里品饮。

（三）明代点茶法的终结

明代宁王朱权也精于茶道，他在《茶谱》中所倡导的饮茶法就是点茶法。只是宋代点茶往往直接在茶盏内点用，朱权却在大茶瓯中点茶，然后再分酾到小茶瓯中品啜，有时还在小茶瓯中加入花蕾以助茶香。朱权所用茶粉是用叶茶直接碾、磨、罗而成的，从而不再使用团茶。朱权还发明了一种适于野外烧水用的茶灶，这些大概就是他所说的"崇新改易，自成一家"。尽管在明朝初年有朱权等人的倡导，但由于散茶开始兴盛，而且简单方便的泡茶法也开始兴起，点茶法在明朝后期终归销声匿迹。

五、经久不衰的泡茶法

总体来讲，中国历代饮茶法可分两大类四小类。两大类是指煮茶法和泡茶法，自汉至唐末五代饮茶以煮茶法为主，宋代以来饮茶以泡茶法为主。四小类是指煮茶法，在煮茶法的基础上形成的煎茶法，泡茶法，以及作为特殊泡茶法的点茶法。煮茶法、煎茶法、点茶法、泡茶法在中国不同时期各擅风流，汉魏六朝尚煮，唐五代尚煎，宋元尚点，明清以来泡茶法流行。

（一）撮泡法

泡茶法萌芽于唐代，由于煎茶法的兴起和煮茶法的存在，泡茶法在唐代流传不广。五代宋兴起点茶法，点茶法本质上也属于泡茶法，是一种特殊的泡茶法，即粉茶的冲泡。点茶法与泡茶法的最大区别在于点茶需调膏、击拂，而泡茶则不用，直接用沸水冲点。在点茶法中略去调膏、击拂，便成了粉茶的冲泡，将粉茶改为散茶，就形成了"撮泡"，撮泡法萌发于南宋。

撮泡法有备器、择水、取火、候汤、洁盏（杯）、投茶、冲注、品啜等程序。直接将茶倒入杯盏，然后注入沸水即可。撮泡法在明朝时采用无盖的盏、瓯来泡茶；清代在宫廷和一些地方采用有盖有托的盖碗冲泡，便于保温、端接和品饮；近代又采用有柄有盖的茶杯冲泡；当代多用敞口的玻璃杯来泡茶，透过杯子可观赏汤色、芽叶舒展的情形。撮泡法一人一杯，直接在杯中续水，颇适应现代人的生活特点。

（二）壶泡法

壶泡法萌芽于中唐，形成于明朝中期。明朝张源《茶录》、许次纾《茶疏》等书对壶泡法的记述较为详细，壶泡法大致形成于明朝正德至万历年间。因壶泡法的兴起与宜兴紫砂壶的兴起同步，壶泡法也有可能是苏吴一带人的发明。壶泡法的大致程序有：备器、择水、取火、候汤、泡茶、酌茶、品茶等。

泡茶法的主要器具有茶炉、茶铫、茶壶、茶盏（以景德镇白瓷茶盏为妙）等。择水、取火与煎茶、点茶法相同。然后是候汤，之后就是泡茶，当水纯熟时，可以先在壶中注入少量的水来驱荡冷气，然后再倒出。根据壶的大小来投放茶叶，有上中下三种投法。先倒水后放茶叫上投；先放茶后倒水叫下投；先倒半壶水之后添茶，再将水倒满叫中投。其中茶壶以小为贵，尤其是一个人独品，小则香气浓郁，否则，香气容易散漫。酌茶时，一只壶通常配四只左右的茶杯，一壶茶，一般只能分酾两三次，而杯、盏是以雪白为贵。品茶时要注意，酾不过早，饮不宜过迟，还应旋注旋饮。

（三）工夫茶法

在清朝以后，源于福建武夷山的乌龙茶逐渐发展起来，于是在壶泡法的基础上又产生了一种用小壶小杯冲泡品饮青茶的工夫茶法，又叫小壶泡。袁枚《随园食单·武夷茶》载："杯小如胡桃，壶小如香橼……上口不忍遽咽，先嗅其香，再试其味，徐徐咀嚼而体贴之。"民国以来，安溪、潮汕等地多以盖碗代茶壶，方便实用。

由此可见，明清的泡茶法继承了宋代点茶的清饮，不加作料，但明朝人喜欢在壶中加花蕾与茶同泡。就其品饮方式而言主要有撮泡法、壶泡、工夫茶（小壶泡）等三种形式。在当代，以壶泡与撮泡及工夫茶为基础，又创造了一些新式泡茶法，如发明闻香杯和茶海的台湾工夫茶。

六、原汤本味的清饮

纵观汉族的饮茶方式，大概有品茶、喝茶和吃茶三种。其中古人多为品茶，他们注重茶的意境，以鉴别茶叶香气、滋味和欣赏茶汤、茶姿为目的；现代人多为喝茶，他们以清凉解渴为目的，不断冲泡，连饮数杯；吃茶则鲜见，即连茶带水一起咀嚼咽下。汉族饮茶虽方法各样，却大都崇尚清饮之道，因为清茶最能保持茶的纯粹韵味，体会茶的"本色"。其基本方法就是直接用开水冲泡或熬煮茶叶，无须在茶汤中加入食糖、牛奶、薄荷、柠檬或其他饮料和食品，属纯茶原汁本味的饮法，其主要茶品有绿茶、花茶、乌龙茶、白茶等。

（一）龙井茶的清饮

龙井茶以"色绿、香高、味甘、形美"而著称，因此与其说是品茶，还不如说是欣赏珍品。当龙井茶泡好后，不可急于大口饮用。首先，得慢慢提起那清澈透明的玻璃杯或白底瓷杯，细看那杯中翠芽碧水，交相辉映，一旗（叶）一枪（芽），簇拥其间。然后，将杯送入鼻端，深深地吸一下龙井茶的嫩香，闻茶香，观汤色，然后再徐徐作饮，细细品味，清香、醇爽、鲜香之味则应运而生。正如陆次云所说"啜之淡然，似乎无味。饮过后，觉有一种太和之气，弥沦于齿颊之间，此无味之味，乃至味也"。

（二）乌龙茶的清饮

品乌龙茶时，应先用水洗净茶具。待水开后，用沸水淋烫茶壶、茶杯之后，将乌龙茶倒入茶壶，用茶量大概为茶壶容积的三分之一至二分之一。然后用沸腾热水冲入茶壶泡茶，直至沸水溢出壶口，之后用壶盖刮去壶口的水面浮沫，接着用沸水淋湿整把茶壶，以保壶内茶水温度。与此同时，取出茶杯，分别以中指抵杯脚，拇指按杯沿，将杯放于茶盘中用沸水烫杯，将茶汤倾入茶杯，但倾茶时必须分次注入，使各只茶杯中的茶汤浓淡均匀。然后，啜饮者趁热以拇指和食指按杯沿，中指托杯脚，举杯将茶送入鼻端，闻其香，接着茶汤入口，并含在口中回旋，细品其味。乌龙茶一般连饮3~4杯，也不到20毫升水量，所以，小杯品乌龙，与其说是喝茶解渴，还不如说是艺术的熏陶，精神的享受。

（三）吃早茶

吃早茶，是汉族名茶加甜点的一种独特的饮俗，多见于我国大中城市，尤其是南方。用早茶时，人们可以根据自己的喜好，品味传统香茗。同时，也可以根据自己的需要，点上几款精美的小糕点。如此一口清茶，一口甜点，使得品茶更为有趣。如今，人们不再把吃早茶单纯地看作一种用早餐的方式，而将它看成一种充实生活和社会交往的手段。如在假日，随同全家老小，登上茶楼，围坐在四方小茶桌旁，边饮茶、边品点，畅谈家事、国事、天下事，其乐无穷。亲朋之间，上得茶楼，面对知己，茶点之余款款交谈，倍觉亲切，更能沟通心灵。所以，许多人即便是洽谈业务、协调工作、交换意见，甚至青年男女谈情说爱，也愿意用吃早茶的方式。这就是汉族吃早茶的风尚，自古以来，不但不见衰落，反而更加流行。

（四）喝大碗茶

喝大碗茶的习俗在我国北方最为流行，无论是车船码头，还是城乡街道，都随处可见。自古以来，卖大碗茶都被列为中国的三百六十行之一。这种清茶一碗，大碗饮喝的方式，虽然看起来比较粗犷，甚至颇有些野蛮之味，但它自然朴素，无须楼、堂、馆、所的映衬，而且摆设简便，只需几张简易的桌子、几条农家长凳和若干只粗制瓷碗即可。故而，它多以茶摊、茶亭的方式出现，主要为过路行人提供解渴小憩之用。

七、风味各异的调饮

调饮是在茶汤中加入调味品（如甜味、咸味、果味等）及营养品（主要是奶类，其次是果酱、蜂蜜，以及芝麻、豆子等食物）的共饮方法。中国的调饮是以少数民族为主体的，其饮用方法具有强烈的民族性、地域性和时代性。

（一）古代的调饮文化

茶叶进入人们的日常领域后，茶便与日常饮食联系在一起，茶与其他食物配合，也成为人们日常饮食生活的组成部分。在古代的文献典籍中，陆羽的《茶经》中至少有九处讲茶的食用；壶居士的《食忌》中也谈道："苦茶与韭同食，令人体重"；晋郭璞《尔雅》中说："茶叶可煮糕饮"。另外，唐代的《食疗本草》中记载"茶叶利大肠，去热解痰，煮取汁，用煮粥良"；《膳夫经手录》载："茶，吴人采其叶煮，是为茗粥"等，这些都说明当时人们已把茶叶用于食用。当然，有些调饮茶也作为药物饮用。

实际上，陆羽除了"三沸煮饮法"外，在《茶经》中还说将茶"贮于瓶缶之中，以汤沃焉，谓之痷茶。或用葱、姜、枣、橘皮、茱萸、薄荷之等，煮之百沸（当成茶粥），或扬令滑（清），或煮去沫，斯沟渠间弃水耳，而习俗不已！"唐以后，调饮法继续发展壮大。宋时的苏辙就在诗中说"俚人茗饮无不有，盐酪椒姜夸满口"，还有黄庭坚的《奉谢刘景文送团茶》中也写道"鸡苏胡麻煮同吃"，直到现在江西修水县仍有吃芝麻豆子茶的习惯。这些历史典籍的记载说明我国古代北方与南方都有调饮的习俗。

（二）现代的调饮文化

茶与食结合的吃法，多出于民间中下阶层。茶叶进入老百姓"柴米油盐酱醋茶"的开门七件事，被看作食品而成为居家饮食之谱。所以，人们自然讲求茶汤调制，添加调味品（咸或甜）和配伍其他食品（如奶类、杂果），调食佐餐，从而成为民间的饮茶法，循此食用路线发展，便形成茶的"调饮文化"流派。

直到今天，中国以畜牧业为主要生产方式的地区，形成了以内蒙古、新疆奶茶和西藏酥油茶为代表的调味加料饮茶法（一般咸味加奶类食品）。茶既是饮料，又是食品，既有维生素，又有蛋白质。而在以农业为主要生产方式的地区，形成了以湘、闽、桂、黔、川、滇等偏僻山区习饮的烤茶、打油茶为代表的非奶类加料调味饮茶法（茶中加芝麻、花生、豆子、大米、生姜等），农闲、雨天、节日、喜事、待客时搞调饮，是当地民间传统美味饮食。

（三）调饮文化的传播和发展

中国调饮文化，通过陆海丝绸之路传往海外，形成了很多加味料调饮法。如红茶以英式为代表的茶汤中加糖、加牛奶的调饮法；绿茶以西北非摩洛哥等国家为代表的茶、糖、薄荷共煮的调饮法；其他如东欧、中东、南亚、北美、西欧、东南亚，以及大洋洲等饮法都属于调味、加料或单调味的调饮文化体系，具体方式大同小异，而且饮茶多与三餐饮食相联系，一般每日分次饮，定时饮，如英国的早茶、午茶、午后茶，非洲的每日三餐后三杯茶等，调饮文化的流派日见扩展。

（四）风雅的品饮环境

古人饮茶时除了要有好茶好水之外，还十分讲究品茶的环境。所谓品茶环境，不仅包括景、物，还包括人、事。宋代品茶有一条叫作"三不点"的法则，就是对品茶环境的具体要求。"三不点"的具体内容虽然没有明确的历史记载，但是从之后的有关诗文中可以推断出来，如欧阳修《尝新茶》诗中提出，新茶、甘泉、清器、好天气、再有二三佳客，才构成了饮茶环境的最佳组合，如果茶不新、泉不甘、器不洁、天气不好、茶伴缺乏教养、举止粗俗，在这些情况下，是不宜品茶的。

（五）文人笔下的品饮环境

文人饮茶对环境、氛围、意境、情趣的追求体现在许多文人著作中。例如，明代著名书画家、文学家徐文长描绘了一种品茗的理想环境："茶，宜精舍、云林、竹灶、幽人雅士，寒宵兀坐，松月下，花鸟间，清白石，绿鲜苍苔，素手汲泉，红妆扫雪，船头吹火，竹里飘烟。"茶在文人雅士眼中，乃至洁至雅之物，因此，应该体现出"清""静""净"的意境：窗明几净的房屋，品行高洁的友人，月照松林，秉烛夜谈，清丽女子，汲泉扫雪，船泊江上，边饮边行，竹影婆娑，悠然自得，此境此景，可谓深得品茗奥妙。

唐代诗僧皎然认为品茶伴以花香琴韵是再好不过的事了，他曾在诗中叙述几位文人逸士以茶相会的情景，赏花、吟诗、听琴、品茗十分和谐地结合成一体，在我们眼前呈现出了一个清幽高雅的品茗环境。苏东坡在扬州做官时，曾经到西塔寺品过茶，给他留下了深刻印象，他后来写诗记道："禅窗丽午景，蜀井出冰雪，坐客皆可人，鼎器手自洁。"

（六）品茶的人文环境

文人饮茶还十分注重品饮人员，与高层次、高品位而又通茗事的人款谈，才是其乐无穷之事。到了明代，连饮茶人员的多少和人品、品饮的时间和地点也都非常讲究。张源在《茶录·饮茶》中写道："饮茶以客少为贵，客众则喧，喧则雅趣乏矣。独啜曰神，二客曰胜，三四曰趣，五六曰泛，七八曰施。"可见在品茶环境中，人是其中不可或缺的因素。

明清茶人往往爱将茶品与人品并列，认为品茶者的修养是决定品茶趣韵的关键。明代茶人陆树声曾作《茶寮记》，其中提及了人品与茶品的关系。在陆树声看来，茶是清高之物，唯有文人雅士与超凡脱俗的逸士高僧，在松风竹月，僧寮道院之中品茗赏饮，才算是与茶品相融相得，才能品尝到真茶的趣味。

此外，明清文人品茶喜欢在幽静的小室，他们往往自己修筑茶室，然后隐于其中细煎慢品。这种清幽的茶室，我们还可以在明代画家文徵明、唐寅等人的画中看到。

总之，对品茶环境的讲究，是构成品茶艺术的重要环节。所谓物我两忘，栖神物外说的都是人与自然、人与人和谐统一的最高境界。

八、茶艺美学的渊源

老子、孔子、孟子、庄子等哲学家奠定了中国古典美学理论根基，为茶艺美学打下了深厚的哲学基础，如茶艺中的"和""清""淡""真""气""神"等。茶艺美学并不是从一般的表现形式上去欣赏和理解茶，而是在茶事活动中追求美感的理论指导，更重要的是从哲学的高度广泛地影响茶人，特别是茶人的思维方式、审美情趣。

（一）佛家禅宗中的茶艺美学

在茶艺美学当中，融入了佛教美学的思想。"直指本心，见性成佛。"佛教禅宗主张在一种绝对的虚静状态中，直接进入禅的境界，专心静虑，顿悟成佛。这种思想与中国老庄道家思想的"清静无为，心如死灰"很相近。茶的本性质朴、清淡、纯和，与佛教精神有相通之处。中华茶艺追求清、静，要求心无杂念，专心静虑，心地纯和，忘却自我和现实存在，这些都体现出佛家思想。

（二）道家哲学中的茶艺美学

道家"天人合一"的自然精神在茶艺美学中表现为人对回归自然的渴望，以及对"道"的体认。中华茶艺吸收了道家的思想，把自然万物都看成具有人的品格、人的情感，并能与人进行精神上的相互沟通的生命体，道家的自然观，一直是中国人精神生活及其观念的源头。同时，道家崇尚自然，崇尚朴素，崇尚真实的美学理念和重生、贵生、养生的生命观，也使中国茶人的心里充满了对大自然的热爱，有着回归自然、亲近自然的强烈渴望，从而树立起了茶艺美学的灵魂。

茶生于天地之间，采天地之灵气，吸日月之精华。源于自然的茶用泉水冲泡，高山流水，一杯在手，给人一种将自身融于秀丽山川的感觉，以致天人合一，飘然欲仙。道家强调自然，因此茶艺不拘泥于规则，因为自然之道乃变化之道，心通造化，使自然妙契，大象无形，法无定法。喝茶的时候忘记了茶的存在，快乐自足。泡茶不拘于规矩，品茗不拘于特定的环境，一切顺其自然。

（三）儒家文化中的茶艺美学

儒家思想贯穿于茶文化之中，是影响茶艺美学发展的重要方面。儒家思想的基本特征是无神论的世界观和积极进取的人生态度。它强调情理结合，以理节情，追求社会性、伦理性的心理感受和满足，提倡尊君、重礼，廉俭育德，和蔼待人。由此可见，儒家美学是中华茶艺美学的基础，中华茶艺美学也遵循了儒家美学的思想和基本原则。

九、茶艺美学的特质

茶艺美学有着深厚的传统文化积淀，属于中国古典美学的一部分，具有中国古典美学的基本特征，同时也具有其自身的独特之处。茶艺美学侧重于审美主体的心灵表现，虚静气氛中的自我观照和默察幽微的亲切体验。

（一）淡泊之美

"淡泊"意指闲适、恬淡，不求逐利，隽永超逸，悠然自远。道家学说不重社会而重个人，不重仕途而重退隐，不重务实而重玄想，不重外在而重精神。文人们在饮茶过程当中，自然要把这种淡泊境界作为他们在艺术审美上的一种追求。因此这种清淡之风和尚茶之风，深刻影响着茶艺的发展，也成为茶艺美学的一部分。

（二）简约之美

品茶本是人们日常生活中的一种行为，一种习惯，一种文化需要，所以它贵在简易和俭约。我国古代的茶文化，历来奉行尚"简"、尚"俭"之风，呈现出雅俗共赏的简约之美。没有烦琐的操作程式，没有浩大的礼仪排场。我国茶人们深知品茶之道，越是简朴平易的茶，越能品得茶汤的本味，悟得人生的真谛。

（三）虚静之美

天地本是从虚无而来，万物本是由虚无而生，有虚才有静，无虚则无静。中华茶艺美学中的虚静之说，不仅是指心灵世界的虚静，也包括外界环境的宁静。虚静对于日常品茗审美而言，是需要仔细品味的，从而在品茗生活中更好地获得审美感悟。品茗需把心灵空间的芜杂之物，尽量排解出去，静下神来，走进品茗审美的境界，领悟茶的色、香、味、形的种种美感，以及饮茶中的择器之美、择水之美、择侣之美、择境之美。

（四）含蓄之美

含蓄之美是指含而不露，耐人寻味。晚唐之际，司空图在《诗品》中提出了"含蓄"的美学范畴，并用"不着一字，尽得风流"来形容诗歌的美学特征。对茶艺而言，"含蓄之美"特别讲究此时无声胜有声的境界。茶艺美学是以文人意识为基础而创造的，茶道之美则是以实用为基础而发扬的美，是在茶道实践中体会并完成的，以实现一种人生的情感体验和精神升华。

十、茶艺编演原则

（一）生活性与文化性相统一

茶艺是一门生活艺术，是饮茶生活的艺术化。茶艺要走下舞台，走入家庭，走进日常生活，自然、质朴，还原其生活性。茶艺要走出"表演"，其动作、程式不宜舞台化、戏剧化，更不能矫揉造作、过度夸张，而是要符合生活常识和日常习惯。

茶艺源于日常生活，但又超越日常生活，成为一种风雅文化。茶艺是一门综合性艺术，其中蕴含许多文化要素，诸如美学、书画、插花、音乐、服装等。文化性是对生活性的提升，使饮茶从物质生活上升到精神文化层面，从而使茶艺成为中国文化不可或缺的组成部分。

生活性是茶艺的本性，在茶艺编演中不能背离这一点。文化性是茶艺的特性，在茶艺编演中要尽量与相关文化艺术结合，表现出高雅的文化性。

（二）科学性与艺术性相统一

科学泡茶（含煮茶）是茶艺的基本要求。茶艺的程式、动作都是围绕如何泡好一壶茶、一杯（盏、碗）茶而设计的，其合理与否，检验的标准是看最后所泡出茶汤的质量。因此，泡好茶汤是茶艺的基本也是根本要求。科学的茶艺程式、动作是针对某一类茶或某一种茶而设计的，以能最大限度地发挥茶的品质特性为目标。凡是有违科学泡茶的程式、动作，即便具有观赏性，也要去除。

茶艺无疑又是一门艺术，作为艺术，必须符合美学原理。所以，茶艺程式和动作的设计以及表演者的仪容、服饰等都要符合审美的要求，一招一式都能给人以美的享受。有些虽不能发挥但又不影响茶的品质的程式、动作，因符合审美艺术性要求，亦可保留。

科学性是茶艺编演的基础，艺术性则是茶艺成为一门艺术的根本所在。

（三）规范性与自由性相统一

各类、各式的茶艺，必须具有一定的程式、动作的规范要求，以求得相对的统一、固定。当前，蔡荣章的《茶道基础篇》《茶道入门三篇》和童启庆的《习茶》《生活茶艺》等书对当代茶艺做出了有益的规范。规范性是茶艺得以持续健康发展的保证。

规范是法度，但不能因为规范而扼杀个人的创造。茶艺可以不受规范的限制，不必拘泥于固定的程式、动作，可以展示茶艺师的个性风格，自由发挥。茶艺表演达到一定境界时，表演的形式甚至内容已经淡化，重要的是表演者的个性展现——准确地说是个人修养的展现。但自由不是随心所欲，而是建立在规范基础上的自由。

规范性是共性、是同，是茶艺得以良好传承的前提；自由性是个性、是异，是茶艺多姿多彩的必然要求。规范性与自由性的统一，是个性寓于共性之中，是求同存异。

（四）继承性和创新性相统一

创新是一切文化艺术发展的动力和灵魂，茶艺也不例外。所以，在茶艺编演的动作及程式设计上不能墨守成规，要勇于创新，与时俱进，创造出茶艺的新形式、新内容。

茶艺的创新不是无源之水，而是在继承传统茶艺优秀成果的基础上的创新，是推陈出新。继承不是因循守旧，而是批判性地加以继承，创造性地加以继承。

创新性是茶艺发展的客观要求，继承性是茶艺创新的必要前提。没有创新，茶艺就不能持续发展；没有继承，茶艺就缺少深厚的文化积淀。

十一、基本茶艺

（一）玻璃杯泡法茶艺

用无花无色玻璃杯泡茶，可以充分欣赏汤色和茶芽浮沉、舒展、舞动的情景，这一冲泡法适用于各种细嫩名优绿茶、黄茶、白茶的冲泡。

1. 备器

（1）主泡器：玻璃杯（含杯托）3~6 只。

（2）备水器：茗炉、汤壶、暖水瓶各一。

（3）辅助器：大茶盘、中茶盘、奉茶盘各一，茶罐（含茶叶）、茶荷、茶匙、茶巾、茶巾盘、水盂、花器（含花）、火柴、茶桌、座椅各一，铺垫若干。

奉茶盘放置容量为 150 毫升左右的无花无色玻璃杯 3~6 只，杯子倒扣在杯托上。大茶盘内置花器（含花）、茶罐（含茶叶）、水盂、茶巾及茶巾盘、茶荷、茶匙，中茶盘内置茗炉、汤壶、火柴。

2. 布席

放有花器（含花）、茶罐（含茶叶）等的大茶盘置于茶桌中间，距茶桌内沿 10 厘米左右。奉茶盘纵置茶桌左侧。放有茗炉的中茶盘纵置茶桌右侧，与中间大茶盘间距 10~20 厘米（以容下水盂为度）。装有温水的暖水瓶摆放在茶桌右内地面。

主泡和助泡走到距离茶桌一步远的地方并排立正，然后行鞠躬礼。主泡坐下，助泡立于主泡右侧后（若有两助泡则分列两侧后）。

3. 择水

尽可能选用清洁的天然水、矿泉水、纯净水、自来水等。在茶艺演示的场合，通常预先将水加热，装在暖水瓶中备用，以节省时间。

助泡上前，用拇指、食指和中指夹提壶盖，无名指、小指微翘成兰花指，按抛物线轨迹置壶盖于茶盘上。右手提暖水瓶，左手打开瓶塞，向汤壶内注入适量温水。暖水瓶归位，壶盖逆向归位。

主泡双手捧花器（含花）置茶桌左前角桌上，捧茶罐（含茶叶）置中间茶盘的右前侧桌上。双手捧茶荷及茶匙置中间茶盘的左后桌上。茶巾盘（内置茶巾）置中盘右后桌上。水盂置中盘右侧桌上。火柴置右盘内右侧。

用双手按从右到左、从后到前的顺序将玻璃杯翻正并置大茶盘内。若3只杯，则呈直线形摆在中盘斜对角线位置（左后、中、右前），或摆成品字形，或成一字形；若4只杯，则摆成四方形；若5只杯，可按五行放置，或在四方形基础上中心加1只；若6只杯，前3后3横摆，平行对称。

右手虎口向下、手背向左（即反手）握住茶杯的左侧基部或杯身，左手位于右手手腕下方，用大拇指和虎口部位轻托在茶杯的右侧基部或杯身；双手同时翻杯并相对捧住茶杯，然后轻轻放下。

4. 取火

助泡取出茗炉里酒精灯的灯罩，置于茶盘内。取火柴点燃酒精灯（若使用电热炉、燃气灶，打开开关即可），提汤壶置于茗炉上。

助泡立于主泡右侧后

5. 候汤

急火煮水至初沸（90℃左右），需要低温泡茶的，初沸后熄火，待水温降低。

6. 赏茶

双手捧取茶罐（含茶叶）至胸前，开盖。左手横握已开盖的茶筒（罐），开口向右移至茶荷上方；右手以大拇指、食指、中指和无名指四指持茶匙或渣匙，伸进茶罐中将茶叶轻轻扒出并拨进茶盒内。目测估计茶叶量，足够后将茶匙或渣匙搁回茶箸筒。取盖压紧盖好，茶罐（含茶叶）临时放在茶荷与茶巾盘之间位置待用。助泡走到主泡左侧，接过茶荷，双手奉给来宾欣赏干茶外形、色泽及嗅闻干茶香。赏茶毕，将茶荷归还主泡，退至原位。

7. 洁杯

单手提汤壶，顺时针或逆时针转动手腕，令水流沿茶杯内壁冲入约总量的1/3后右手提腕断水，按从前到后、先左后右、最后中间的顺序，逐杯注水完毕后将汤壶复位。右手握杯身或持杯把，左手食指、中指和无名指托杯底。右手手腕逆时针转动，双手协调使茶杯内部与开水充分接触。涤荡后，右手拿杯身，杯口朝左，置于平伸的左手掌上，同时伸开右手掌，向前搓动，使杯中水在旋转中倒入水盂。或者左手托杯身，杯口朝左。右手拿杯基，旋转杯身，使杯中水在旋转中倒入水盂。然后轻轻放回茶杯。

候汤

8. 投茶

主泡双手拿起茶荷，然后左手虎口张开托住茶荷（或提拿茶荷），并使茶荷开口朝右。右手拿茶匙将茶叶从茶荷中拨入茶杯，视情况采用上投法、中投法、下投法，按从前到后、先左后右、最后中间的顺序投入茶杯中。一般的茶水比例为 1 克：50 毫升。若茶杯多，茶荷一次盛不下，可以分次完成，茶荷中多余的茶叶要倒回茶罐（含荷叶），盖好茶罐（含茶叶）并复位。

投茶

9. 温润

当汤壶中水初沸（90℃左右），即鱼眼气泡泛起之时，取下汤壶，熄灭酒精灯。

双手将茶巾盘中的茶巾拿起，置于左手。右手提汤壶，左手指部垫毛巾处托住壶底。双手以"回旋注水法"依从前到后、先左后右、最后中间的顺序，向杯内注入少量开水（水量为杯子容量的 1/4 左右），使茶叶充分浸润、吸水膨胀，以便于内含物析出。若不用茶巾，则左手半握拳搭在桌沿或大腿上，右手执壶以"回旋注水法"向杯内注水。温润时间约 20~60 秒，可视茶叶的紧结程度而定。

右手轻握杯身基部，左手托住茶杯杯底。运动右手手腕逆时针转动茶杯，左手指轻托杯底作相应运动三圈。此时杯中茶叶充分吸水舒展，开始散发香气。在近距离分坐的场合，可依次奉茶杯给来宾品嗅茶之初香，随后依次收回茶杯。

10. 冲泡

双手取茶巾，搁在左手。右手执壶，左手以茶巾部位托在壶流底部，双手用"凤凰三点头法"，按先右后左、从前到后、最后中间的顺序注水入杯，促使茶叶上下翻动、飞舞。汤壶、茶巾归位。这一手法除具有"礼"的内涵外，还有利用水的冲力来均匀茶汤浓度的作用。冲泡水量控制在杯容量的七成左右，中国传统礼仪有"七茶八饭十分酒"之说。若不用茶巾时，左手半握拳搭在桌沿或大腿上，右手执壶用"凤凰三点头法”，按从前到后、先左后右、最后中间的顺序注水入杯。汤壶、茶巾归位。

11. 静蕴

在水的润泽下，杯中茶叶渐渐舒展开来，先是浮在上面，而后又慢慢下沉。茶芽直立杯中，犹如雨后春笋，千姿百态。

温润后的茶叶

凤凰三点头

静蕴

12. 奉茶

主泡将泡好的茶一一端放在奉茶盘中杯托上，茶杯的排列方式与布席时一样。主泡用左手示意，助泡上前端起奉茶盘，后退两步。主泡起身，领头走到客席，助泡密切配合。主泡双手端杯托，按主次、长幼顺序奉茶给客人，并行伸掌礼。受茶者点头微笑表示谢意，或答以伸掌礼，这是一个宾主融洽交流的过程。奉茶完毕，主泡、助泡归位，奉茶盘归位。

13. 品饮

待茶叶舒展后，以右手虎口张开拿杯，女性辅以左手指轻托茶杯底，男性可单手持杯。先闻香，次观色，再品味，而后赏形。

一杯绿茶在手，汤色碧绿清亮，香气清如幽兰。芽笋林立，亭亭可人。趁热品啜茶汤的滋味，细品慢咽，体会茶的醇和、清淡；深吸一口气，使茶汤由舌尖滚至舌根，轻轻的苦、微微的涩，细品却舌有余甘。

14. 续水

奉茶者应该留意，当品饮者茶杯中只余 1/3 左右茶汤时，就该提壶续水了。若水温已低，则应将壶中未用尽的温水倒掉，重新注水煮烧。通常一杯茶可续水两次（或应来宾的要求而定），续水用"凤凰三点头法"或"高冲低斟法"注水。续水毕，汤壶归位。

15. 复品

第二泡茶香最浓，滋味最醇，要充分体验甘泽润喉、齿颊留香的感觉。第三泡茶淡若微风，静心体会，这个"淡"绝非"寡淡"，而是"冲淡之气"的"淡"。静坐回味，茶趣无穷。看着碧绿清澈的茶汤，娇嫩的灵芽，仿佛是听一曲春天的歌，看一幅春天的画，读一首春天的诗，如同置身在一片浓浓的春色里，感受那大自然的气息。

将茶杯端放至奉茶盘

奉茶

16. 收具

茶事完毕，将桌上的泡茶用具全收至盘中归放原位，对茶杯等使用过的器具一一清洗。主泡和助泡平端放有茶器的茶盘，共行鞠躬礼，退至后场。

（二）盖碗泡法茶艺

盖碗茶具上常绘有山水花鸟图案，而以白底青花瓷具较为常见，适于冲泡普通绿茶、黄茶、黑茶、白茶、红茶、花茶等。

1. 备器

（1）主泡器：盖碗（含碗托）3~4只。

（2）备水器：同玻璃杯泡法。

（3）辅助器：奉茶盘放置盖碗（含碗托）3~4只。其他用具同玻璃杯泡法。

2. 布席

布席同玻璃杯泡法。

3. 择水

择水同玻璃杯泡法。

4. 取火

取火同玻璃杯泡法。

5. 候汤

急火煮水至二沸（95℃左右）。

6. 赏茶

赏茶同玻璃杯泡法。

备器

布席毕

7. 洁碗

按从前到后、先左后右、最后中间的顺序，用"习茶基本手法"中的"洁盖碗法"中任一方法洁碗。

8. 投茶

右手拇指及中指夹持盖钮两侧，食指按住盖钮中心下凹处，向内顺时针转动手腕，并依抛物线轨迹将碗盖斜搭在碗托一侧。或将碗盖斜搭（插）于碗托右侧，按从前到后、先左后右、最后中间的顺序依次将碗盖揭开放好。其他步骤同玻璃杯泡法。

9. 温润

当汤壶中水达二沸（水温约95℃），即气泡如涌泉连珠时，取下汤壶，熄灭酒精灯。注水方法同玻璃杯泡法。注水毕，左手按开盖的顺序复盖。

右手持盖碗，左手托住盖碗底。运动右手手腕逆时针转动茶杯，左手轻托杯底作相应运动三圈，以促使碗中茶叶吸水舒展。

10. 冲泡

右手依前揭盖法按从前到后、先左后右、最后中间的顺序揭盖。冲泡手法同玻璃杯泡法。注水毕，右手按开盖的顺序复盖。汤壶、茶巾归位。

11. 静蕴

盖碗又称"三才碗"，盖为天、托为地、碗为人，盖、碗、托三位一体。茶蕴杯中，象征着"天涵之，地载之，人育之"。天地人三才合一，共同化育出茶的精华。

12. 奉茶

奉茶同玻璃杯泡法。

投茶

温润

13. 品饮

品饮即闻香、观色、啜饮。动作要舒缓轻柔，不宜无所顾忌随意将盖子一揭，抄起盖碗来牛饮。

女性双手将盖碗连托端起，置于左手。以左手四指托碗托，大拇指扣碗托。右手大拇指、食指及中指拿住盖钮，向右下方轻按，令碗盖右侧盖沿部分浸入茶汤中。复再向左下方轻按，令碗盖左侧盖沿部分浸入茶汤中。接着右手顺势揭开碗盖，将碗盖内侧朝向自己，凑近鼻端左右平移，嗅闻茶香。然后撇去茶汤表面浮叶（动作由内向外共三次），边撇边观赏汤色。最后将碗盖左低右高斜盖在碗上（盖碗左侧留一小隙）。

闻香、观色已毕，开始品饮。右手虎口分开，大拇指和中指分搭盖碗两侧碗沿下方，食指轻按盖钮，提盖碗向内转90度（虎口必须朝向自己，这样饮茶时手掌会将口唇掩住，显得高雅），从小隙处小口啜饮。端托碟的左手与提盖的右手无名指与小指可微微外翘做兰花指状。

男性可单手持碗，用拇指和中指夹住盖碗，食指抵住钮面，无名指和小指自然下垂。品饮法同女性。

14. 续水

当品饮者茶杯中只余1/3左右茶汤时，就该提壶续水了。若水温已低，则应将壶中未用尽的温水倒掉，重新注水煮烧。盖碗茶一般续水两次，也可按来宾要求而定。泡茶者用左手大拇指、食指、中指拿住碗盖提钮，将碗盖提起并斜挡在盖碗左侧，右手提汤壶回转高冲法向盖碗内注水，然后复盖。汤壶归位。

15. 复品

第二泡茶香最浓，滋味最醇，要充分体验甘泽润喉、齿颊留香的感觉。第三泡茶淡若微风，要静心体会。

16. 收具

收具同玻璃杯泡法。

（三）壶泡法茶艺

壶泡法是在大茶壶中泡茶，然后分斟到茶杯（盏）中饮用的一种茶叶泡饮方法。茶具可选用成套紫砂、青瓷、青花瓷、白瓷或素色花瓷茶具，注意茶杯内壁以白色为佳，便于欣赏茶汤真色。该法适于冲泡普通绿茶、黄茶、黑茶、白茶、红茶、花茶。

1. 备器

（1）主泡器：瓷壶1只、瓷杯（含托）4只。

（2）备水器：同玻璃杯泡法。

（3）辅助器：同玻璃杯泡法。

奉茶盘内放置瓷杯 4 只，杯子倒扣在杯托上。大茶盘内放置茶壶、茶罐（含茶叶）、茶巾及茶巾盘、茶荷及茶匙、水盂、花器（含花）各一，铺垫若干。中茶盘放置茗炉、汤壶、火柴。

2. 布席

茶壶置中间茶盘中后位置。右手虎口向下、手背向左（即反手）握住茶杯的左侧基部或杯身，左手位于右手手腕下方，用大拇指和虎口部位轻托在茶杯的右侧基部或杯身；双手同时翻杯并相对捧住茶杯，然后轻轻放下。置中盘内，按先左后右的顺序一字排开或呈弧线型排开。其他步骤同玻璃杯泡法。

3. 择水

择水同玻璃杯泡法。

4. 取火

取火同玻璃杯泡法。

5. 候汤

候汤同玻璃杯泡法。

6. 赏茶

赏茶同玻璃杯泡法。

7. 洁壶

首先开壶盖。单手用拇指、食指和中指拈盖钮而提壶盖，并依弧线运动轨迹放置茶盘中。单手或双手提汤壶，按顺时针（或逆时针）方向回转手腕一圈低斟，使水流沿圆形壶口注入。然后提腕高冲，待注水量为小壶容量的 1/2 或中壶容量的 1/3 或大壶容量的 1/4 时复压腕低斟，回转手腕一圈并令壶流上扬使汤壶及时断水，然后轻轻将汤壶放回原位。复盖。与开盖顺序相反即可。

取茶巾置左手上，右手持壶放在左手茶巾上（若非烫不可触，亦可不用茶巾）。双手协调按逆时针方向转动手腕，外倾壶体令壶身内部充分接触热水，荡涤冷气。持壶将水倒入水盂。

8. 投茶

左手拇指、食指、中指夹持壶钮，以兰花指手法持壶盖按抛物线轨迹置茶盘上。

然后左手托茶荷，右手拿茶匙将茶叶拨于壶中。以壶容量决定茶量，每50毫升水用茶1克。

9. 温润

当汤壶中水达二沸（水温约95℃），即气泡如涌泉连珠时，取下壶，熄灭酒精灯。

双手以"回旋注水法"向壶内注入少量开水（水量为壶容量的1/4左右），使茶叶充分浸润、吸水膨胀，以便于内含物析出。不用茶巾时，左手半握拳搭在桌沿或大腿上，右手执壶以"回旋注水法"向壶内注水。然后将汤壶、茶巾、壶盖先后归位。

双手将茶巾盘中的茶巾拿起，搁在左手。右手握壶把或提壶梁，左手托住壶底。运动右手手腕逆时针转动茶壶，左手轻托壶底作相应运动三圈。茶壶归位。

10. 冲泡

左手复开壶盖。双手用"凤凰三点头法"注水至壶肩，促使茶叶上下滚动。汤壶、茶巾、壶盖先后归位。不用茶巾时，左手半握拳搭在桌沿或大腿上，右手执壶用"凤凰三点头法"注水至壶肩。这一手法除具有"礼"的内涵外，还有利用水的冲力来均匀茶汤浓度的作用。

11. 静蕴

静置2~5分钟，以孕育汤华。

12. 洁杯

在静蕴等待之时按从左到右的顺序洁杯。

单手提汤壶，逆时针转动手腕，令水流沿茶杯内壁冲入，约总量的1/3后右手提腕断水。逐杯注水完毕后汤壶复位。右手握杯身或持杯把，左手食指、中指和无名指托杯底。右手手腕逆时针转动，双手协调使茶杯内部与开水充分接触。涤荡后将水倒入水盂，然后放回茶杯。

13. 斟茶

双手或单手持茶壶，用"平均分茶法"斟茶入杯，也可以直接按先左后右的顺序斟茶入杯。为避免叶底闷黄，斟茶完毕后茶壶复位，将茶壶盖揭开放于茶盘上。

14. 奉茶

奉茶同玻璃杯泡法。

注水

荡涤

15. 品饮

宾客右手虎口张开拿杯，女性辅以左手指托茶杯底，男性可单手持杯，先闻香，次观色，再品味。

16. 续茶

若茶壶中的茶汤已尽或不多时，则准备泡第二道茶。双手或单手提汤壶，采取"凤凰三点头法"直接向茶壶内注水至壶肩。每壶茶一般泡2~3道，因茶类而异，也可依来宾要求而定。

泡第二道、第三道茶的要点是保证茶汤的浓度。有的茶还可泡第四道、第五道，乃至更多道。

当品饮者茶杯中只余1/3左右茶汤时，就该续茶了，主泡提茶壶直接向宾客杯中斟茶。

17. 复品

第二道茶香最浓，滋味最醇，要在这一泡时充分领会茶之真味。第三道茶汤仍有回甜，称之为"醇和"，是优质茶的标志之一。在品饮时，要体味每道茶的特点。静坐回味，茶趣无穷。

18. 收具

收具同玻璃杯泡法。